爆破及其振动力学分析

周家汉　著

科学出版社

北京

内 容 简 介

本书共 8 章,主要包括爆破基础知识、爆破机理研究、定向爆破,拆除爆破及塌落振动,轨道列车运行振动及对文物保护的影响等三个方面的内容,是作者多年从事爆破试验研究的成果和爆破工程设计、环境振动监测研究工作的总结。

本书第 1、2 章主要介绍爆破漏斗及与抛掷运动相关的爆破基础知识,与爆破振动有关的波动力学知识,介绍了作者提出的爆破质点速度的测定方法和关于能量分配的爆破机理研究成果。第 3 章介绍了定向爆破技术的研究成果和设计计算方法。第 4 章通过多项爆破工程振动监测数据和研究成果来论述爆破振动数据的处理和分析方法,以及环境振动安全距离的确定方法。第 5~7 章介绍了建筑物爆破拆除技术和典型爆破拆除工程案例,通过分析研究塌落振动速度的实测数据,提出建筑物塌落振动速度的计算方法和计算公式,并介绍了其工程应用及案例。第 8 章是作者关于轨道列车运行振动的传播规律并用于确定文物保护距离的研究成果,书中有关轨道列车振动的大量实测资料具有重要的参考价值。

本书可作为爆破相关专业及文物建筑保护的科研人员和工程师的学习与参考用书。

图书在版编目(CIP)数据

爆破及其振动力学分析/周家汉著. —北京:科学出版社,2021.6
ISBN 978-7-03-068521-6

Ⅰ. ①爆… Ⅱ. ①周… Ⅲ. ①建筑物-爆破拆除-工程振动学-研究
Ⅳ. ①TU746.5

中国版本图书馆 CIP 数据核字 (2021) 第 060304 号

责任编辑:赵敬伟 田轶静/责任校对:彭珍珍
责任印制:赵 博/封面设计:无极书装

科 学 出 版 社 出版
北京东黄城根北街 16 号
邮政编码:100717
http://www.sciencep.com

固安县铭成印刷有限公司印刷
科学出版社发行 各地新华书店经销
*
2021 年 6 月第 一 版 开本:720 × 1000 1/16
2025 年 1 月第三次印刷 印张:23 3/4
字数:474 000
定价:188.00 元
(如有印装质量问题,我社负责调换)

作者简介

周家汉，中国科学院力学研究所研究员，生于 1941 年，湖北宜昌人，1964 年毕业于中国科学技术大学近代力学系。曾任中国工程爆破协会副理事长，国家文物局顾问专家，现为中国科学院老科学家科普演讲团成员。长期从事爆破理论和爆破技术应用的研究工作，1975 年主编《定向爆破及其在农田基本建设中的应用》一书。参加并负责编制住房和城乡建设部委托的《爆破工程消耗量定额》(GYD—102—2008)。监测总结爆破振动传播规律，研究列车运行振动对文物建筑的影响，提出采用列车运行振动传播规律结合"比例距离"的方法预测高速铁路列车运行振动,为我国文物建筑防工业振动国家标准的制定、多项轨道交通建设项目线路与文物建筑间距离的确定提供了科学依据。

前　　言

　　爆破是利用炸药爆炸瞬间释放的能量进行土石方开挖，以及基础、建筑物、构筑物的拆除或破坏的一种技术手段。炸药在很短的时间里完成爆轰，生成大量气体，同时释放出大量热量。高温高压气体作用于周围的岩石，在介质中产生很强的冲击波，冲击波使岩石运动和破坏；同时爆炸气体向外膨胀进一步破坏岩石并使其加速运动，突出地面形成鼓包。当鼓包破裂时，有一部分能量散逸到空中。炸药的能量是在瞬间释放出来的，那这些能量到哪里去了？有多少炸药的能量被利用了？爆破地震波的能量对邻近建筑物的安全有多大危害？我们需要研究炸药爆炸的能量传播和效应问题。

　　我长期从事爆破理论和爆破技术应用的研究工作，完成了大小数百项爆破及爆破拆除工程。1975 年我曾主笔编著了《定向爆破及其在农田基本建设中的应用》一书。半个多世纪以来，中国科学院力学研究所有数十人从事爆炸力学的研究工作。在郑哲敏院士带领下，研究所创造性地运用钱学森的"工程科学"思想指导爆炸力学研究，把许多来自实践的问题，通过科学地提炼，找出主要因素，形成力学问题，进行理论分析或实验研究，然后再指导工程实践。这些方面的研究都是开创性的，至今仍有重要的指导意义。

　　爆破过程方面的研究工作是我在爆炸力学室工作期间的主要研究工作，作为本书的第一部分，在第 1、2 章里我收录整理了认为有必要了解的爆破和波动力学的基础知识及爆破作用机理研究方面的基础知识；第 3 章是与我多年研究工作相关的定向爆破技术与工程方面的内容；第 4 章是我参与过的爆破工程振动和测量技术的介绍。

　　爆破时总有一部分能量在地层中传播，引起邻近地面的振动。炸药的一部分能量用于破碎岩石做功，一部分能量转化为岩石中的应力波。爆破所引起的地震波是由应力波转化而成的，其特点是距离爆破源较近时高频振动成分比较丰富。随着地震波向外传播，高频成分逐步被吸收，传到较远的地方后，无论速度还是加速度都很小。因此一般来说爆破所引起的振动，在一定距离以外所造成的振动危害很小。

　　本书的第二部分是关于爆破拆除技术与建筑物拆除塌落振动的，包括典型的建筑物爆破拆除工程案例。建筑物爆破拆除时，周围地面产生振动的原因：一是被拆建筑物中安置的药包爆炸所产生的振动；二是建筑物拆除塌落解体对地面撞击造成的振动。随着高大建筑物拆除项目增多，塌落振动引起了人们的重视。显然，这种振动作用不宜简单地和爆破振动进行比较。对于同一建筑物，不同的爆破拆除方案，拆毁后的解体尺寸和下落次序都会在不同程度上影响塌落时的地面振动。

通过量纲分析，我提出了建筑物爆破拆除时塌落振动速度的计算公式，此公式说明了建筑物爆破拆除时的塌落振动速度不仅与结构的解体尺寸和下落的高度有关，还与构件的材料性质、地面土体性质有关。为了减小对地面的撞击作用，控制下落建筑物解体的尺寸十分重要。尽管建筑物的总体高度不能改变，但可以通过设置分层分段延迟爆破，控制依次下落的解体构件的大小以减小振动的影响范围。我提出的建筑物塌落振动速度计算公式已被工程师广泛用于爆破拆除工程设计中。

第 5 章系统性地介绍了拆除爆破的技术原理和设计方法；第 6 章列举了我参与的典型拆除爆破工程案例的设计和计算方法；第 7 章则是典型建筑物拆除爆破塌落振动速度的监测和分析，并以典型案例的预测和实测结果比较说明塌落振动速度计算公式的应用。

第 8 章轨道交通振动与文物保护是本书的第三部分，是我在研究爆破振动对龙门石窟的影响课题后的拓展。焦枝铁路从龙门石窟经过，铁路列车运行振动对石窟文物也有所影响，我们需要关注并研究轨道交通列车运行振动对文物保护的影响。

和地震、爆破作业振动一样，轨道交通列车运行时也总有一部分能量会传递到邻近地层中，导致地面振动，过强的振动将导致文物损坏。和爆破振动相比，轨道交通列车运行振动是长期存在的、不断重复发生的一种微振动。和分析爆破振动传播一样，我采用无量纲参数组合，通过分析研究结果给出了由列车轴动载荷、列车速度和传播距离组成的"比例距离"来说明列车振动速度的衰减规律。列车轴重大、速度高，对地面振动影响大；随着距离的增加，振动强度减弱。地面振动速度随着至路轨距离的平方关系而减小，距离的远近比列车速度或载重的大小对地面振动的影响更大。在第 8 章里我介绍了北京地铁 6 号线绕道故宫角楼、西安地铁 4 号线绕道大雁塔，合武铁路避绕汉代王陵地下墓藏文物等案例，说明科学地规划好城市发展的未来、建设好现代新城、展现好古代文明是北京、西安等文明古城发展要面对的共同课题，要妥善处理好城市轨道交通建设和文物保护的矛盾。其原则是"保护好文物，离文物远点"。文物建筑、文化遗产是先人留下的宝贵遗产，是全民族、全人类的共同财富。它们不但属于今天，更属于未来。

多年前郑哲敏院士曾组织召开编写"现代力学丛书爆炸力学分册"座谈会。我仅就自己在爆破及相关技术方面的研究工作进行整理,自定书名《爆破及其振动力学分析》,由科学出版社付印出版。

在书中,我把自己多年和同事们进行的研究工作和工程实践进行了总结,重点介绍了爆破过程研究,定向爆破技术,拆除爆破以及爆破振动、建筑物塌落振动的力学分析。我认为列车振动的传播规律为文物建筑保护安全距离的确定提供依据的研究方法很有参考价值。通过本书,我们可以在本无直接关联的爆破和文物建筑保护两个学科的研究工作中都有所收获,给人以启发和思考。我相信,本书的出版将有助于我国爆破工程专业和轨道交通振动专业科研与技术人才的培养。

多年来,我是在郑哲敏院士开创的爆炸力学学科及研究方法指导下,并在杨振声教授具体领导下进行研究工作,有的课题是和杨先生合作完成的。和我一起工作的同事有庞维泰、许连坡、金星男、陈善良、金宝堂、丁汉堃、吕淑萍、杨业敏等,在此谨向他们表示敬意和感谢。

本书的出版得到了老师和朋友们的鼓励和帮助。本书在编辑出版过程中得到了中国科学院力学研究所领导的大力支持,在此特表谢意。还要感谢王柏懿先生的关心和支持。

在此十分感谢王峰先生对本书的部分章节内容提出的修改建议,感谢他对本书出版的支持。

特别感谢我的夫人杨明兰在文稿复制、整理、出版中的支持和关怀。

由于精力有限,文稿中的不妥之处在所难免,请读者批评指正。

周家汉

2021 年 3 月 10 日

目　　录

第1章 绪 论

钱学森先生十分关注爆炸工程，他说："爆炸的好处是威力大，而尤以功率极大为其特点。1吨黄色炸药爆炸的能量折合成 $4.2×10^9$J，而其爆炸时间则为 10^{-3}s，功率达 $4.2×10^9$kW，即42亿千瓦。所以爆炸的好处是能'毕其功于一役'！速度极高。同样的人力，用其他方法，不用机器，也许得干十年，用机器得干一年，用爆炸也许一个月(连打眼、放炮、清除)就行了；爆炸(作者注：在这里，钱先生讲的爆炸指的就是爆破)的缺点是不好控制，好像是破坏力！但那是因为我们还没有掌握它，有种神秘感。一旦掌握了规律，那同样是可以控制好的。"

爆破就是利用炸药爆炸瞬间释放的能量破坏周围的土和岩石质，达到开挖、填筑、拆除或开采石料等特定目标的技术手段。

炸药在很短的时间里完成爆轰，生成大量气体，同时释放出大量热量。1L固体炸药爆炸生成约1000L气体产物。由于反应速度极快，所以气体产物在爆炸反应结束的瞬间，实际上还限制在炸药的原有体积内，也就是说，约1000L气体被压缩在1L体积内。爆炸释放出的大量热量把气体产物加热到2000~4000℃，压力达到几万到十几万标准大气压。高温高压气体作用于周围的岩石，在介质中产生很强的冲击波，冲击波把一部分爆炸能量传给介质，使之产生运动、变形和破坏。另外，在有自由面存在的条件下，气体向外膨胀，使药包到自由面间的岩石进一步破坏并加速运动，突出地面形成鼓包。当鼓包破裂时，还有一部分气体从裂口喷出，使一部分能量散逸到空中。

炸药的能量是在瞬间释放出来的，这些能量到哪里去了，如何控制和充分有效地利用它们是我们关心的问题。

现代工业、现代交通建设的发展都离不开土木开挖工程，矿山爆破是土石方开挖工程中常见的施工手段。炸药爆炸的能量有多少用于岩石的破碎？如果把大量土石方爆破抛掷到一定距离，有多少炸药的能量能被利用呢？

爆破时总有一部分能量在地层中传播，引起邻近地面的振动。爆破地震波的能量对邻近建筑物的安全有多大危害？如何减少爆破和振动的危害？我们需要关心炸药爆炸的能量分配问题。

20世纪70年代，郭永怀先生曾经有过平地爆破堆山的设想。在平地定向爆破试验研究中为探索合理的药包布置方案，我们选择廉价的炸药，研究了不同炸药的抛掷能力，试验结果说明炸药爆炸用于抛掷的能量仅是炸药能量的百分之几。为研究爆破作用机理，我们通过室内模型试验利用电磁法测定土中球形药包爆炸时的质点速度，分析爆炸气体膨胀对外做功的过程，试验结果说明用于介质变形和破坏的能量为炸药能量的 60%~70%。

爆破作用机理的研究成果说明要充分利用炸药爆炸对岩石的破碎作用，尽量不要用炸药爆破去抛掷岩石。国家"七五"科技攻关项目"定向爆破滑动筑坝"课题的提出就是要充分利用炸药爆破的破碎能量，利用高差大的山坡地段通过爆破使爆破漏斗内的岩石移出漏斗到山坡面滑动，在山坡谷底堆积形成坝体。这样减少了大量炸药能量的浪费，也减少了对环境的危害影响。

如何改进钻孔爆破技术，提高矿山炸药能量利用率对于减少炸药用量具有重要意义。爆破作用下岩石的变形、破坏和移动程度取决于岩石的力学性质、爆炸载荷本身及问题的几何条件。只有了解爆炸载荷的特征及在爆炸载荷作用下岩石的一些特殊性质，才能充分利用炸药能量改善矿山爆破效果。

炸药的一部分能量用于破碎岩石做功，一部分能量转化为岩石中的应力波；总有部分能量经地面传播产生振动。爆破所引起的地震波是由应力波转化而成的，其特点是距离爆破源较近，高频振动成分比较丰富。随着地震波传播，高频成分逐步被吸收，而且持续时间较短，传到较远的地方后，无论速度还是加速度其幅值都很小，因此一般来说，爆破所引起的振动，在一定距离以外所造成的危害很小。

炸药在工业上的应用范围随着人们对炸药性能和主要爆破作用的认识不断深化而扩大，控制炸药的巨大爆破能量作为一种施工手段已成为现代技术的一部分。利用炸药爆炸对土岩体的爆破作用进行开挖、切割或破碎岩石是矿山生产和土木工程施工中的重要手段之一。根据不同的施工目的进行的不同爆破作业已被称为专门的爆破技术，如定向爆破、预裂爆破、光面爆破、水下爆破等。拆除爆破技术是指在建筑物密集的城市或室内进行的爆破作业。这种爆破技术是利用少量炸药把需要拆除的建筑物或构筑物，或是某一部位按所要求的破碎度进行破碎拆除，同时要严格控制爆破可能产生的损害因素，如振动、飞石、噪声，保护周围建筑物和设备的安全。

第二次世界大战后，为清除战争带来的大量废墟，重建那些被破坏了的桥梁、大楼和房屋，许多欧洲国家用炸药爆破作为一种拆除清理废墟的方法。当时一般采用军用 TNT 炸药与战争时期的爆破技术和药量计算方法。因为周围都是受战争破坏的建筑物，无所谓保护问题。这种拆除爆破谈不上有什么控制或要求，炸倒算数。在城市重建之后，爆破技术转向工业采矿、采石，为提高生产效率，加快了爆破的技术研究工作。重建后的许多工业日益发达的国家和地区(如东欧、西欧、美国)的大量农村人口涌入城市，这就必须改建城市中的老区，拆除旧的建筑物，建设更多的楼房。为使城市现代化，城市设计规划者不得不做出拆除大量旧房子的决定，有的是成片地进行拆除。

　　由于城市建设总是在不断更新，相应的建筑工业技术也得到不断发展，这些发展包括快速扩建和改建工业厂房设施以及更新一些宿舍和公寓、桥梁。在有些情况下，一些旧有建筑物必须拆除以便在原地新建。对人工、机械、爆破不同施工方法作了比较后发现爆破方法往往是最容易被采用的，特别是对那些不仅高大而且强度较高的建筑物。从时间和费用方面来看，爆破方法拆除是最可行的快速施工方法。许多旧建筑物采用爆破法拆除的效果使越来越多的人乐意接受并称赞这种新技术。

　　中国改革开放 40 余年来，随着大量基础设施的更新，快速交通干线的建设，全国城市化建设更新改造，废旧厂房设备或是楼房拆除的工程项目日益增多。我国爆破工程师结合工程施工，进行了大量的科学研究。分析了不同建(构)筑物在爆破作用下的失稳、解体、倒塌机理和构件破碎过程。提出了在不同结构和环境条件下可以采用的不同的倒塌爆破拆除方案。利用导爆管塑料多通道连接插头、连通管及四通传爆元件、导爆管激发器，以及非电导爆管网路式闭合起爆网路保证了大规模起爆网路的实现和拆除爆破的成功。一次大型建筑物的拆除爆破往往需要设计安置数千个药包，需要采用数千发雷管并相应分区分段地进行延期起爆，大量拆除爆破工程的实施促进了起爆技术的发展和应用。

　　1999 年 2 月上海市联合爆破公司成功地拆除了位于上海市中心地段的长征医院 16 层的高楼。爆破效果达到了设计预定的目标。据不完全统计，在中国，每年都有近千座建筑物、数千座烟囱是采用爆破方法拆除的，控制爆破拆除技术在中国城市更新和改造建设中发挥了重要作用。

　　建筑物爆破拆除时，周围建筑物产生振动的原因，一是被拆建筑物中安置的药包爆炸所产生的振动波，二是由于建筑物拆毁塌落解体对地面撞击造成的地层振动。随着高大建筑物拆除项目的增多，建筑物爆破拆除后塌落至地面撞击造成的地面振动引起了人们的重视。显然，这种振动作用不宜简单地和爆破振动的大小相比。对于同一建筑物，不同的爆破拆除方案，拆毁后的解体尺寸和下落次序都会在不同程度上影响塌落时的地面振动。当然，好的设计方案可通过合理布药、控制结构物拆除的解体尺寸来减小塌落时的振动。显然，建筑物塌落至地面的撞击作用造成的地面振动与它的体量和下落高度有关。通过量纲分析，作者提出的建筑物爆破拆除时塌落振动速度的计算公式揭示了爆破拆除设计的技术原理。建筑物爆破拆除时的塌落振动强度与结构的解体尺寸和下落的高度，以及构件的材料性质、地面土体性质有关。为了减小对地面的撞击作用，控制下落建筑物解体的尺寸十分重要，逐段延迟爆破可以控制下落物体的质量；尽管建筑物的总体高度不能改变，但可以通过设置上下缺口分层爆破，控制先后下落的解体构件的大小；改变地面覆盖状态也可以减小振动的影响范围。作者提出的建筑物塌落振动速度计算公式已被国内外爆破工程师广泛用于爆破拆除工程设计计算。本书在详细介绍了爆破拆除技术原理及有关设计原则后，还列举了作者参与设计的拆除爆破工程技术设计及振动监测结果。

列车振动的危害现在已引起人们的重视，列车振动对环境的影响，特别是对文物建筑的影响将越来越受到人们关注。我们知道，和地震、爆破作业一样，轨道交通运营总有一部分能量会传递到邻近地层中，导致地面振动，过强的振动将导致文物损坏。和地震、爆破等产生的振动相比较，轨道交通导致的振动有如下特点：轨道交通导致的振动作用是长期存在的；轨道交通导致的振动是重复、反复发生的；轨道交通振动是一种微振动，其作用时间很长。尽管人们已采取了多种减振隔振措施，其振动能量仍能导致邻近地面的振动，从而形成建筑物的响应振动。和分析爆破振动传播一样，我们采用无量纲参数组合，分析列车影响地面振动强度的主要因素，研究结果给出了由列车轴动载荷、距离，列车速度组成的比例距离来说明列车振动速度的衰减规律。地面振动速度大小与列车速度有关，列车速度高，对地面振动影响也大；随着距离的增加，振动强度减弱，距离越远，振动速度越小，并且随着至铁路的距离的平方关系而减小，距离相比列车速度或载重量对地面振动的影响更为重要。

文物建筑、文化遗产是老祖宗留给后人的宝贵遗产，是全民族、全人类的共同财富，它们不但属于今天，更属于未来。规划好城市发展的未来、建设好现代新城、展现好古代文明是北京、西安等文明古城发展面对的共同课题，要妥善处理好城市发展和文物保护的矛盾。列车运行振动对环境的影响研究不多，本书给出的研究列车振动影响的方法和思路，包括涉及的工程实例，对未来大型城市发展建设，高铁、地铁建设线位设计规划，文物建筑等文化遗产保护都有重要的指导意义。

1.1 爆破的基本概念

1.1.1 单药包爆破的基本现象

如果把一个1kg的药包埋在地平面以下1m深的土中，点火起爆后，就可以看到药包上边的土被炸成碎块并抛散到空中，然后这些碎土块又回落到地面上。结果，在原来埋置药包的地面上形成了一个坑，这就是单药包爆破时的基本现象。因为爆破形成的坑的形状像漏斗，所以把爆坑叫做爆破漏斗。药包在地面下的埋置深度称为最小抵抗线。

在实际爆破工程中，有的需要炸成一定形状的漏斗，如开挖渠道、水池等；有的需要挖取一定的土石方量，如采石；有的需要把土或岩石抛掷到一定位置，如定向爆破搬山造田、筑坝等。因此需要了解爆破时土岩体的运动情况，以及爆后形成漏斗的大小和爆破的破坏范围。

　　图 1.1.1 是在黏土中单药包爆破地面中心点的速度变化曲线。最小抵抗线 W=1.5m，球形装药半径 r_0=15.5cm，装药密度 ρ=1g/cm^3，比例埋深 $W/Q^{1/3}$=0.6m/kg$^{1/3}$，Q 为炸药量。我们看到起爆后，t_0 时地表开始运动，在几十毫秒内，以上百 g 的加速度迅速上升，并达到最大速度 v_m，可达几十米每秒。在 $t_0\sim t_m$ 十几毫秒内地表减速上升。然后是一等速上升阶段。根据高速摄影资料，在 t_b 以后，地表运动鼓包破裂，爆炸气体冲出。爆破岩块在重力场作用下飞散并回落。

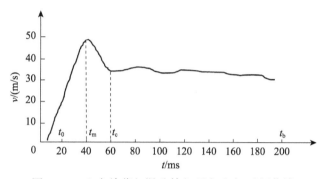

图 1.1.1　土中单药包爆破鼓包顶点速度-时间曲线

　　Knox 曾在引用一次近 500t 炸药、埋深 38.2m 的药包爆破地面中心点速度曲线时给出了早期鼓包表面运动的加速度阶段，说明在形成漏斗的爆破中，压缩应力波在到达自由表面反射成拉伸波后产生了破坏作用。起爆后 0.12s，岩石运动最大速度为 21.3m/s(图 1.1.2)，之后有一减速过程。大约在 0.35s 时，由于药室空腔内高压气体作用，地表做第二次加速度运动，最大速度达到 40~50m/s。气体加速在爆破漏斗形成过程中起主要作用。

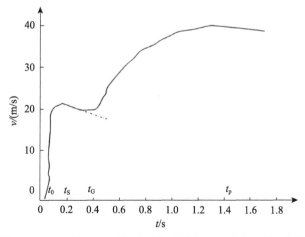

图 1.1.2　一次近 500t 炸药爆破时鼓包顶点速度-时间曲线

　　从上述描述地表运动的一般特征中,可以看到地面产生显著位移是在爆炸气体产物作用下的加速过程,这一阶段的运动特征对爆破形成的可见漏斗尺寸和抛掷堆积形状具有十分重要的意义。

1.1.2　爆破鼓包运动特征

　　利用高速摄影机可以记录爆破时抛掷体的运动情况,分析高速摄影所得到的图片,可以看到抛掷体的运动分为两个阶段:第一阶段是漏斗中的土和石块以某一变化着的速度上升,土石虽已破碎,但仍保持为一连续的整体在运动,其外形轮廓类似钟形,叫做鼓包,这一阶段叫做鼓包运动阶段;第二阶段是鼓包破裂,土岩体分成块,继续运动,最后回落到地面上。

　　分析高速摄影记录还可以看到,在药包 Q 爆炸后,地表从 A 点附近首先升起,如图 1.1.3 所示。升起的高度随时间增加而增加,同时其范围也向外逐渐扩展;当鼓包扩展到一定程度时,便不再扩大了,当鼓包高度上升到 $(1\sim2)W$ 时,鼓包顶点破裂,爆破气体和破碎岩块混在一起飞散出去。

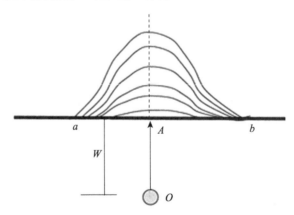

图 1.1.3　鼓包运动发展过程

　　由图 1.1.4 可以看到,在最小抵抗线 OA 方向上速度最大,偏离这个方向速度变小,偏离越大,速度就越小。鼓包表面岩块运动的方向也不相同。A 点的运动方向是在最小抵抗线方向上,偏离最小抵抗线方向的 B,C 点或 B',C'点,其运动方向大致如箭头所示,它们和辐射线 OB,OC 及 OB',OC'方向相比向中心轴偏转。由此可见,爆破的抛掷作用有集中于最小抵抗线方向的倾向,抛掷体沿着或倾向于最小抵抗线方向抛出。这是单药包爆破甚至群药包爆破的基本特征之一。在工程爆破设计中经常用到这一特征,也被称为最小抵抗线作用原理。

　　单药包爆破反映了爆破作用的一些基本特点。但是在工程上却很少使用单药包爆破,大都使用群药包爆破。这是因为:①一次群药包爆破可在很大范围内进行,提供足够的爆破方量，而且破碎岩石的效果较好，炸药的能量利用率高；②利用群药包爆破时药包的相互作用使被抛掷的土或岩石具有比较均匀的速度，因而能改善爆破或抛掷效果。

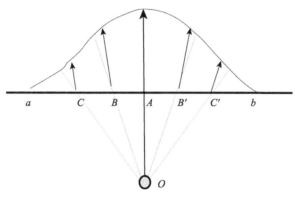

图 1.1.4　地表各点运动方向

　　下面通过最小抵抗线和药量都相等的四个药包的爆破来说明被抛掷的土岩体速度比较均匀的特点。图 1.1.5 中，O_1，O_2，O_3，O_4 为四个药包。当各药包之间的距离选择适当时，六面体 $O_1O_2O_3O_4A_1A_2A_3A_4$ 中土岩体的抛掷速度比较均匀。便可得到如图 1.1.5(b)所示的鼓包运动图形。因此，若在斜坡地形上进行这种爆破，六面体中的土石块将抛掷堆积在比较集中的范围内，同单个药包爆破相比，在总药量相同的条件下，整个土岩体的重心抛距将会增加，堆积也更为集中。

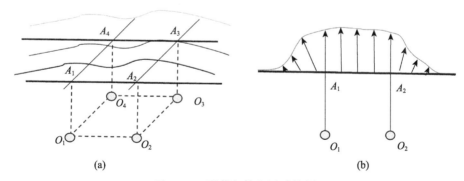

(a)　　　　　　　　　　　　　　　　　　(b)

图 1.1.5　群药包鼓包运动特征

1.1.3　爆破漏斗

　　根据不同介质的性质和破坏情况，文献中对各种漏斗的定义不尽相同，但一般都把在地面上可以看到的漏斗坑定义为可见漏斗，可见漏斗半径是指原地面中心点至漏斗边缘地平面的距离，如图 1.1.6 所示。可见漏斗下面是爆破抛起回落的松散介质。图 1.1.6 中虚线 AO'B 表示爆破瞬时形成的抛掷漏斗，在这个漏斗以上的介质都以一定的速度抛出地面。

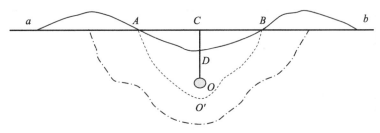

图 1.1.6 爆破漏斗断面图

图 1.1.6 中爆破漏斗断面图中实线 ACBD 是原地面线，aADBb 叫做可见漏斗线，虚线 AO'B 表示爆破时岩石被抛出而形成的抛掷漏斗线，实际上，这个漏斗线看不见，其准确形状也不易确定，在工程上一般用直线 OA，OB 表示抛掷漏斗，以便计算抛掷方量。O 点是药包埋设的位置，可见漏斗线和抛掷漏斗线中间的土方为抛掷回落部分，抛掷漏斗线下边的点划线为松动漏斗线，其间的土石只是被炸松了。松动漏斗比抛掷漏斗要大。在工程上把药包中心到地表面的最短距离，即长度 OC 称为最小抵抗线，用 W 表示。CA 或 CB 称为可见漏斗半径，用 r 表示。OA，OB 称为破坏半径，用 R 表示，CD 称为可见漏斗深度，用 p 表示，可见漏斗的大小可以用 p 和 r 的大小来说明，实际抛掷漏斗的大小则是用 W 和 r 的大小来确定的。工程上用抛掷爆破作用指数 n 来表示漏斗口的大小，即

$$n=r/W$$

当最小抵抗线 W 不变时，r 越大，n 值也越大，说明漏斗开口越大。

如果是在倾斜的山坡进行爆破，这时形成的漏斗如图 1.1.7 所示。抛掷的土石方将落在山坡下面，这时形成的爆破漏斗下方的破坏半径 OA 和在平地条件下的差

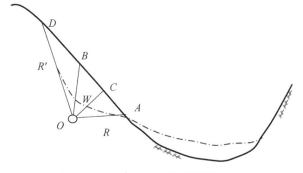

图 1.1.7 斜坡地面的爆破漏斗

不多；由于上面的土石被爆破松动震落，上方的破坏半径不是 OB 而是 OD，一般 OD 大于 OB，坡度越陡，二者相差越大。这时爆破松动土石方量比平地爆破时要大。

1.1.4　爆破漏斗公式

为了预计爆后漏斗尺寸，人们一直在寻求可见漏斗尺寸和药量的关系，即药量公式。

爆破现象十分复杂，如果我们假定在漏斗爆破中应力波的作用破坏了介质，气体的加速作用把被破坏的介质抛掷出去，不考虑抛掷过程中介质相互作用的详细情况，忽略空气阻力，那么，我们可以根据不同地形和工程要求，运用量纲分析方法，设计和进行小规模的模拟试验，以寻求影响爆破效果的各参数间的关系。影响爆破漏斗尺寸的主要参数有药包埋深 W，炸药能量 E，岩石密度 ρ 和破坏强度 σ_0，还有引力常数 g，用爆破作用指数 n 表示漏斗口尺寸的大小。我们可以略去空气阻力，不考虑飞多远，也不考虑岩石颗粒间的碰撞，只考虑在重力作用下爆破漏斗的形成。这时，相关的主要物理量如下：

炸药：能量 E(量纲为 ML^2/T^2)。

介质：表示介质的破坏特征参数是岩石强度 σ_0(量纲为 M/LT^2)；岩石密度 ρ(量纲为 M/L^3)。

几何尺寸：药包埋深，最小抵抗线 W(量纲为 L)；重力加速度 g(量纲为 L/T^2)。

爆破效果用爆破作用指数 n 来描述，其值的变化与上述参数有关。爆破作用指数 n 的定义是

$$n = r/W \tag{1.1.1}$$

采用量纲分析，很容易得到

$$n = f(E, \sigma, \rho, W, g) \tag{1.1.2}$$

根据无量纲参数组合有

$$n = f\left(\frac{E}{\rho g W^4}, \frac{E}{\sigma W^3}\right) \tag{1.1.3}$$

如果假定破碎岩石所需的能量比克服重力大很多，或者当最小抵抗线 W 较小时，有

$$\frac{E}{\rho g W^4} \ll \frac{E}{\sigma W^3}$$

可以不考虑括号内第一项的影响，这时，漏斗的任何线性尺寸和炸药能量的立方根成正比。我们可以忽略重力影响，抛掷运动时间也短，这时

$$n = f\left(\frac{E}{\sigma W^3}\right)$$

可以改写成

$$E = \sigma W^3 f(n)$$

用炸药量替代炸药能量，即

$$Q = KW^3 f(0.4 + 0.6n^3)$$

这就是被实践证明有效的鲍列斯科夫药量计算公式。最小抵抗线小于 20m 的爆破药量计算公式为

$$Q = kw^3(0.4 + 0.6n^3) \qquad (1.1.4)$$

这里改变一下假定，若认为介质的强度小，破坏能量有限，破碎介质所需能量比克服重力要小得多。例如，对破坏强度比较低的砂子，或是最小抵抗线比较深的爆破(要把爆破漏斗内的岩石抛出去，需要克服重力做功)，要抛掷一定距离，重力影响比较突出。这时可以忽略括号内第二项的作用，于是

$$n = f\left(\frac{E}{\rho g W^4}\right)$$

我们重新整理一下写成

$$E = \rho g W^4 f(n)$$

或

$$Q = KW^4 f(n)$$

可见药量是和最小抵抗线的四次方成正比的。20 世纪 70 年代，在一些定向爆破、抛掷爆破工程设计计算药量中，当 $W \geqslant 30\text{m}$ 时，有人建议采用如下公式：

$$Q = KW^3(0.4 + 0.6n^3)\{1 + k(W/30)^\alpha\}, \quad \alpha \geqslant 1$$

当最小抵抗线大于 25m 时，采用下述公式进行修正计算[1]：

$$Q = KW^3 f(0.4 + 0.6n^3)\sqrt{\frac{W}{25}} \qquad (1.1.5)$$

就是说最小抵抗线大的药包爆破时，药量 Q 与最小抵抗线 W 的关系不是三次方，而是大于三次方，如式(1.1.5)所示，为 3.5 次方。一些地下核爆炸的漏斗试验结果说明 $Q \sim W^{3.4}$。

在实际爆破中，介质的强度和重力影响都存在，爆破漏斗尺寸不是简单地和炸药能量的三次方根或四次方根成比例，似乎应是介乎二者之间的一个幂方次。

1.1.5 爆破抛掷堆积

关于爆破岩体的抛掷堆积规律，具有实际工程意义的是斜坡地形条件下的定向爆破开挖工程。在 20 世纪 70 年代，我国在铁路工程施工爆破中曾经总结了一套基于体积平衡原理的抛掷堆积计算公式[1]。假定堆积呈三角形分布，利用经验公式计算抛掷堆积体最远抛距，重心抛掷距离，最大堆高的位置，横向塌散宽度。只要经验系数选择恰当，就可以较好地预计抛掷堆积效果，主要公式是从药包中心至抛掷堆积体最远点的距离

$$X = \frac{\gamma}{1750} W \sqrt[3]{K_0 f(n)} (1 + \sin 2\theta)$$

式中，γ 为岩石单位容重(t/m)；θ 为抛掷角，是最小抵抗线与水平线的夹角；n 为爆破作用指数。

由药包中心至抛掷堆积体重心的距离为

$$X_1 = \frac{X}{1.6} (\text{m})$$

由药包中心到堆积体最高点的距离为

$$X_2 = \frac{\gamma}{2060} w \sqrt[3]{k_0 f(n)} (1 + \sin\theta)(\text{m})$$

堆积体横向塌散宽度

$$L = CnW$$

C 为塌散系数。

由于经验公式来自大量斜坡定向爆破抛掷堆积资料的整理，缺乏对抛掷体运动规律的认识。我们看到，抛掷距离均正比于最小抵抗线，在最小抵抗线小时，计算值偏小，最小抵抗线大时，计算值偏大。若把经验公式用于缓坡地形爆破和群药包爆破就遇到了更多困难。本书第 3 章将专门讨论有关定向爆破抛掷堆积计算问题。

1.1.6 爆破分类和药量参数

实践表明，当最小抵抗线 W 不变时，漏斗口的大小及深度，即 n 和 p 都随药量 Q 的增加而变大。相反，如果减少药量，则 n 和 p 都相应减小。当 Q 减少到某一数量时，药包上边的土石只是被炸松隆起而没有抛掷现象发生，爆后不能形成可见漏斗。这样的爆破叫做松动爆破，如图 1.1.8 所示，图中 ACB 表示原地面线，$AC'B$ 为土石被炸松后所造成的地表隆起。OC 为最小抵抗线 W。相应地，可以把爆破时能产生抛掷现象并形成可见漏斗的爆破叫做抛掷爆破，如图 1.1.6 所示。

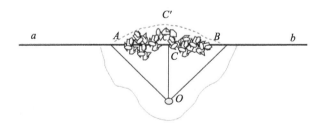

图 1.1.8 松动爆破漏斗

炸药爆炸时产生的爆破效果与药量参数 K_n 有关。药量参数定义为

$$K_n = Q/W^3$$

式中，Q 为炸药量(kg)，W 为最小抵抗线(m)。当形成爆破的漏斗半径和最小抵抗线相等时，$r=W$(即 $n=1$)，叫做标准抛掷漏斗，这样的爆破就叫做标准抛掷爆破。这时的 K_n 称为标准抛掷爆破的单位体积耗药量，用 K_0 表示，不同的土岩体，K_0 值也不同，当 $K_n>K_0$ 时，叫做加强抛掷爆破，这时形成的是加强爆破漏斗：$r>W$，$n>1$。

当 $K_0>K_n>0.6K_0$ 时，爆破抛掷的土石块大部分回落在漏斗坑内，只有小部分被抛到坑外，这就是减弱抛掷爆破。

当 $0.6K_0>K_n>0.33K_0$ 时，没有明显的抛掷现象发生，不能形成可见的爆破漏斗坑。土岩体只是被炸松隆起，这就叫做松动爆破，见图1.1.8。

当 K_0 由 $0.33K_0$ 再减小时，隆起部分也随之减少，以至在地表 C 点附近，只形成龟裂，土石不能炸松，最后，炸药量再减少，则地表连龟裂都不能形成，只是在药包周围形成一个洞穴，这就变成内部爆破了。

1.1.7 爆破作用圈

内部药包爆破时，药包周围介质的破坏状况和无限体中爆炸时差不多。药包附近的土体在高压气体作用下被压缩，产生塑性流动，形成压缩圈。在黏土中压缩圈半径大约为 $4r_0$(r_0 为药包半径)，压缩圈的厚度大约为 $2r_0$。压缩圈内土体密度显著提高。压缩圈以外是一个破坏圈，介质被破坏，密度有变化但不很显著，再向外有一裂缝圈。

在形成漏斗的爆破中药包上面压缩圈以外的土石在爆炸气体膨胀加速作用下都被破坏，并被抛到地面。在抛掷运动的同时在抛掷漏斗以外还形成了破坏漏斗，在可见漏斗边缘以外，可以看到延伸到地表的裂缝。

如前所述，当一定量的炸药埋置深度很大时，便形成内部爆破，地表上不出现明显的破坏。这时，如果切开土岩体，便可看见如图1.1.9所示的断面图。O 为原药包位置，紧接药包外的一层土被压缩，形成了一个近似球形的空腔，它的半径为 R_0，它的外边是一个被压实的土层，其外边界叫压缩圈，半径 R_1 叫做压缩圈半径。压缩圈外，岩土被炸碎或形成裂缝，这一区域的外边界叫做破坏圈，其半径 R_2 叫做破坏圈半径。破坏圈外，爆破作用只能使土层发生震动，因此叫做震动圈，其半径为 R_3。

在内部爆破时，这些爆破作用圈大体上都是球面，在能形成松动爆破或是抛掷爆破漏斗的情况下，这些爆破作用圈仍然存在，只是它们不再是球面，而变成以最小抵抗线 W 为对称轴的旋转曲面了。在岩石中爆破时，由于岩石的压缩性比较小，因此空腔较小，对于脆性岩石，压缩圈内的岩石被压碎，因此，又称压缩圈为压碎圈。

根据爆破作用圈的不同特点，它们在工程爆破中都有所应用。破坏圈的大小可以用来确定一次爆破的破坏范围，压缩圈和空腔可以确定药壶法爆破时的药室尺寸，等等。

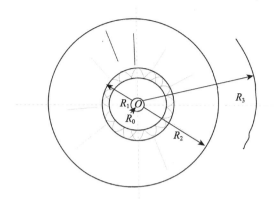

图 1.1.9　爆破作用圈

随着药量增加，各个作用圈的尺寸都相应地增加；当药量不变时，随着埋深减小，地面对爆破作用的影响就增加，内部爆破作用圈的特性发生改变。

1.1.8　地形对爆破效果的影响

影响爆破效果的因素很多，主要有药包位置，药量大小，以及地形、地质条件，炸药品种等，这里只说明地形条件的影响。

根据单药包爆破的基本特点，爆破作用抛掷的土岩体主要是沿着最薄弱的方向冲出的，如果在倾斜的山坡上进行爆破，其薄弱方向是在斜坡地面上，这时最小抵抗线垂直于坡面，即土石块的大部分将会沿着垂直坡面的方向抛出，这就是简单的定向爆破，因此进行定向爆破应选择具有一定坡度的斜坡地形条件。当地表面是平地时，主要的抛掷方向就只能垂直于地面向上，因而在平缓地形条件下进行定向爆破效果就差。但是若在平面上先挖一个坑，由于地形变了就可使抛掷方向不再垂直于原来地平面而偏向一方。在爆破工程中，我们称土(岩)表面为临空面。如果预先挖一个坑，就改变了原来的自然临空面(图 1.1.10)。

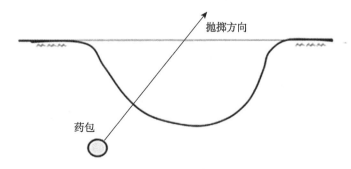

图 1.1.10　凹坑对抛掷方向的影响

如果临空面的形状是凸出地形(图 1.1.11)，图中数字表示山坡地形等高线的高程(单位：m)。这时药包到地表面的距离在许多方向上都接近最小抵抗线，成为多临空面条件下的爆破，这时爆破作用分散，抛出的土石块也分散，堆积就不能集中，相反，在凹形临空面条件下，爆破的土石块大部分在最小抵抗线方向抛出，堆积比较集中(图 1.1.12)。由此可见，临空面是影响爆破效果的重要因素之一，在很大程度上决定了爆破的抛掷方向。因此，在进行爆破设计时，要充分注意利用有利地形。同时，还可以人为地改变不利地形，改变临空面的形状，来控制炸药的爆破作用方向，在爆破工程中，除了利用自然的山坡来控制爆破作用外，还可以利用前排辅助药包的爆破改变原来的地形，为后排主药包创造有利的临空面形状，控制主药包爆破的作用方向，以取得较好的爆破效果。

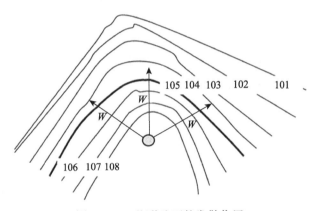

图 1.1.11　凸形地面的发散作用

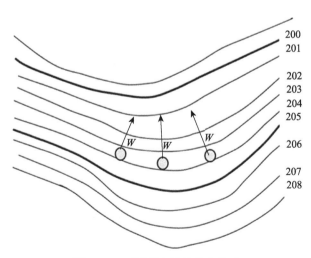

图 1.1.12　凹形地面的集中效应

1.2　波动物理学

1.2.1　波的一般性质

　　爆破振动是指由开矿、采石以及开挖工程作业所引起的振动。爆破振动是在地层中传播的一种波。波动现象是每个人切身经历中非常熟悉的一部分，水波的波纹也许是人们看得见的波动。但是，声波、光波、无线电波和电视电磁波的存在也是人们所熟知的，特别是现代电子技术发展带来的微波通信，将人们带入智能时代。可以说我们生活在波动的世界里，波动现象无处不在，无时不在。地震波及地震波产生的破坏作用也日益为人们所了解。由此可见，波动是由气体、液体和固体来承载传递的，为了了解和分析爆破振动，我们需要了解固体介质中弹性波的成因、传播及其类型，还需要运用数学工具来描述在自然界中所遇到的各种波动现象并进行必要的分析。这里叙述的只是些基本原理，且仅停留在入门的深度，更深入的研究可参阅参考文献[2]和[3]。

　　从物理意义上来讲，弹性波是一个行进的扰动，是能量从介质中的一点传递给另外某一点的反映。因此，在介质中必须有一个初始扰动，必须作用有某些力以扰动介质，使它离开其平衡位置，从而在介质中引进新的能量。假若介质对该能量引进的反应不是弹性的，那么它将吸收能量，而且仅有阻尼波从扰动区辐射出来；假若介质是弹性的，那么力的作用将引起其附近部分的介质围绕静止位置发生振动，就像是弹簧–质量系统那样。由于介质的弹性，振动型的扰动就从一个"元素"传到下一个"元素"，再下一个"元素"，如此以往，从而引起一个波状运动在介质中传播开来。一般情况下，我们的讨论将仅限于完全弹性(当变形力移去后其大小和形状完全恢复)、均质(弹性模量与位置无关)、各向同性(各个方向的弹性性质相同)的介质，同时假定组成物体的质点之间的相对位移小到其平方可略去不计。

　　波动过程有若干重要方面。首先，波动过程中没有容积运动或物质传输。组成介质的质点仅仅在非常有限的空间中沿路径进行振动和(或)转动，绝不会穿过介质而逸出。钓鱼线上的浮漂便可说明这一点。由于这一特点，我们要注意到两种速度概念：一种是"波"速度或"相"速度，它描述扰动通过介质传播的速度；一种是质点速度，它描述质点在受到波动能量扰动时，围绕平衡位置所做的微小振动。波速度一般比质点速度大几个数量级。在爆破振动分析中，通常我们所关心的是质点振动速度而不是波速度。

　　必须注意，波动是由随时间变化的应力所构成的力系的作用所引起的。这些应力是介质对于所引进的扰动的反应。它们的时间和空间性状由介质的弹性性质所决定。此外，还应注意扰动所引进的能量是以波动过程中质点运动的动能和质点位移的势能的形式在介质中行进的。动能和势能与波动振幅的平方成正比,波动在传播时要向各个方向扩展,这样便对波阵面单位面积所包含的能量产生了一种几何效应。为了说明这一效应,我们考察一个完全弹性的无限介质。在这样的介质中的一个点状能源将引起球面波,其波阵面面积随 r^2 而增加,r 为从能源算起的距离。因此,单位面积的能通量将随 r^{-2} 而减小。一个线状能源将引起柱面波,其面积随 r 而增加。这时单位面积的能通量则随 r^{-1} 而减小。若离能源很远,则可将这些波近似地作为平面波处理,这时没有像球面波和柱面波那种情况下的几何扩展效应。实际上,自然界并没有完全弹性的介质,因此在波传播时会有能量损耗。波幅将随传播距离和(或)时间而衰减,随时间的变化常常是按指数衰减的。

波动可能是瞬态的、周期性的或随机的。瞬态运动是介质对一突加的脉冲式扰动的反应的特征,并且随时间的增长而迅速消逝。爆破振动就是一种典型的瞬态运动。周期运动具有重复的性质,每经过一定的时间间隔,又以完全相同的形式重复出现。简谐运动是周期运动中最简单的一种形式,并以正弦或余弦函数来描述。噪声通常以表现随机性为主要特征,也就是说,只有以概率为基础才能预示其任一瞬间的幅值。

为了解析地表达前述各项概念并引进某些必要的定义,我们假定在 x 方向有以一定速度 v 传播的、形状保持不变的扰动 D。因此,D 是距离(x)和时间(t)两者的函数,它的一般表达式为

$$D(x,t) = D(x-vt) \tag{1.2.1}$$

为了证明上式所表示的是一种行进的扰动,令 x 和 t 分别增大一个增量Δx 和Δt,于是公式(1.2.1)的右边成为

$$D[x+\Delta x-v(t+\Delta t)] \tag{1.2.2}$$

由于我们假定形状不变,因此,式(1.2.1)必须等于式(1.2.2),为此要求

$$\Delta x = v\Delta t \tag{1.2.3}$$

上式为速度的常用定义。

这类函数的一个简单和非常有用的例子是由下式表示的正弦波

$$D(x-vt) = A\sin k(x-vt) \tag{1.2.4}$$

式中,A 为最大波幅,k 是量纲为(1/L)的参数,引入这个参数是为了使变量成为无量纲的。参数 k 具有一定的物理意义,为了说明此意义,我们注意到对于某一给定的 x,当变量增加 2π时,波将重复出现,也就是说,假若

$$k(x-vt_1) = k(x-vt_2)+2\pi \tag{1.2.5}$$

则

$$kv(t_2-t_1) = 2\pi \tag{1.2.6}$$

根据定义，波重复的时间就是波的周期

$$t_2 - t_1 = T \tag{1.2.7}$$

周期的单位是 s/周，它是频率 f 的倒数，频率的单位是 Hz 或周/s。

由式(1.2.6)或(1.2.7)得到

$$T = \frac{2\pi}{kv} \tag{1.2.8}$$

通常我们还知道

$$T = \frac{\lambda}{v} \tag{1.2.9}$$

式中 λ 为波长。因此，参数 k 和波长有下列关系：

$$\lambda = \frac{2\pi}{k} \tag{1.2.10}$$

k 称为波数。对于一给定时间，根据波的重复性，我们也可以得到式(1.2.10)

$$k(x_1 - vt) = k(x_2 - vt) + 2\pi \tag{1.2.11}$$

或

$$k(x_1 - x_2) = 2\pi \tag{1.2.12}$$

以及

$$\lambda = x_1 - x_2 = (2\pi)/k \tag{1.2.13}$$

注意：式(1.2.4)的变量是 $(kx - kvt)$。其中时间的乘数 kv 可以改写成圆频率，由式(1.2.8)有

$$T = \frac{1}{f} = \frac{2\pi}{kv} \tag{1.2.14}$$

或

$$kv = 2\pi f = \omega \tag{1.2.15}$$

式中，ω 称为圆频率。

现在我们可将式(1.2.4)改写成

$$D(x - vt) = A\sin(kx - \omega t) \tag{1.2.16}$$

并将 k 和 ω 之值代入，得到

$$D(x - vt) = A\sin\left(\frac{2\pi x}{\lambda} - 2\pi ft\right) = A\sin 2\pi\left(\frac{x}{\lambda} - ft\right) = A\sin 2\pi\left(\frac{x}{\lambda} - \frac{t}{T}\right) \tag{1.2.17}$$

方程(1.2.17) 给出了波长和振动的频率或周期的关系。

在正弦函数的变量中可以加进一个相位角"ϕ"

$$\begin{aligned} D_1 &= A\sin k(x - vt) \\ D_2 &= A\sin[k(x - vt) + \phi] \end{aligned} \tag{1.2.18}$$

ϕ 表示 D_2 较之 D_1 移动了一个 ϕ 弧度。若 $\phi = 2\pi$，4π，…，则移动量正好等于波长的

整倍数，我们称这时的各波为"同相"；若$\phi = \pi$，3π，…，则称为"相差180°"。以上关于λ，T，f和k的定义不仅对于谐和波，而且对于所有周期波动都是适用的。

两个波列的叠加将引起各种特定形式的波的干涉，其中最感兴趣的是"拍"和"驻波"。沿着同一方向传播着的振幅相等，但分别具有不同频率和速度的两个谐和波列的叠加便可产生拍现象。

$$B = A[\cos(k_1 x - \omega_1 t) + \cos(k_2 x - \omega_2 t)] = 2A\cos\left[\frac{(k_1 + k_2)x}{2} - \frac{(\omega_1 + \omega_2)t}{2}\right]$$

$$\times \cos\left[\frac{(k_1 - k_2)x}{2} - \frac{(\omega_1 - \omega_2)t}{2}\right] \tag{1.2.19}$$

若ω_1接近ω_2，则公式(1.2.19)中的

$$\cos\left[\frac{(k_1 + k_2)x}{2} - \frac{(\omega_1 + \omega_2)t}{2}\right]$$

项代表"载"波，其频率与原始波的一个频率十分接近，这种波形的传播速度称为相速度(v_p)，并表示成

$$v_p = \frac{\omega_1 + \omega_2}{k_1 + k_2} \cong \frac{\omega_1}{k_1} \tag{1.2.20}$$

上式与式(1.2.15)所给出的波速$v = \omega / k$属于同一类型，但是，式(1.2.19)中的

$$2A\cos\left[\frac{(k_1 - k_2)x}{2} - \frac{(\omega_1 - \omega_2)t}{2}\right] \tag{1.2.21}$$

给出了一个低频的振幅调制和相位调制，即"拍"。调制频率称为拍频(f_b)，并表示成

$$f_b = \frac{\omega_1 - \omega_2}{2\pi} = f_1 - f_2 \tag{1.2.22}$$

"拍"或波群的传播速度称为群速度(v_g)，它等于

$$v_g = \frac{\omega_1 - \omega_2}{k_1 - k_2} \cong \frac{\Delta\omega}{\Delta k}$$

见图1.2.1。

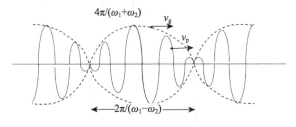

图1.2.1   "拍"形波动的图形表示

振幅、频率和传播速度均相同但行进方向相反的两个波列的叠加便产生驻波(S)。

$$S = A\cos(kx - \omega t) + A\cos(kx + \omega t) = 2A\cos(2\pi kx)\cos(\omega t) \qquad (1.2.23)$$

1.2.2　弹性应力与应变

不同于在空气和水中任意一点的受力状态用压力描述,在固体介质中一点的受力状态要用应力表述。物体由于外因(受力、湿度、温度场变化等)而变形时,在物体内各部分之间产生相互作用的内力,以抵抗这种外因的作用,并试图使物体从变形后的位置恢复到变形前的位置。在所考察的截面某一点的单位面积上的内力称为应力。与截面垂直的称为正应力或法向应力,与截面相切的称为剪应力或切应力。

在外力的作用下,物体发生形变,当外力撤销后,物体能恢复原状,则这样的形变叫做弹性形变,如弹簧的形变等。此时对与它接触的物体会产生力的作用,这种力叫做弹力。在外力的作用下,物体发生形变,当外力撤去后,物体不能恢复原状,则这样的形变叫做塑性形变,如橡皮泥的形变等。因物体受力情况不同,在弹性限度内,弹性形变有四种基本类型:拉伸和压缩形变、切变、弯曲形变和扭转形变。岩石在受到短时间的应力作用之下,大多数岩石都可以显示出弹性的性质,直到断裂为止。不过在岩石的弹性限度之内,当应力移去之后,它们又将恢复原来的形状。弹性体内一点的位移是由平移加上刚体转动和变形所组成的,这一变形由压(拉)应变和剪应变来表述。压(拉)应变是指单位长度的拉伸和压缩,剪应变则用转角来表示。现在来考察 P 与 Q 两点,它们在变形前相隔一个距离 Δx,在介质发生位移后,它们分别处于物体内的 P' 和 Q'。除了当 P 和 Q 分别移到位置 P' 和 Q' 时可能发生的平移和(或)刚体型转动外,还必须考虑 P 和 Q 间的距离及其连线方向上的变化。图 1.2.2 所示为假定刚体型转动不存在时的上述情况。可以看出,对于压(拉)应变和剪应变,我们所涉及的量均是位移的空间变率。

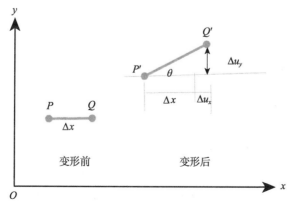

图 1.2.2　拉应变和剪应变的定义

拉应变 ≈ 单位长度的伸长 ≈ $\Delta u_x/\Delta x$;剪应变 ≈ 转角 ≈ $\Delta u_y/\Delta x$,因 $\tan\theta = \Delta u_y/(\Delta x + \Delta u_x)$,但 Δu_x 与 Δx 相比为小量因而 $\theta = \tan\theta = \Delta u_y/(\Delta x + \Delta u_x) = \Delta u_y/\Delta x$

因此,应变是描述一给定点邻域内物体变形的一种几何概念,一般以比值给出,在物理上是无量纲的,在比例极限以内,也就是说,当引起变形的力移去之后,物体将完全恢复到其原来的大小和形状,而且应力与应变呈线性关系。在这个范围之内,我们称这种材料为线性弹性体,并遵守胡克定律(1.2.25)。胡克定律的比例因子是常数,并叫做弹性模量。当应力增大时,我们首先观察到一个非线性弹性区,对于延性材料而言,则产生不可恢复的塑性变形;对于脆性材料,则刚刚超过弹性极限便立即发生破坏(图 1.2.3)。

$$应力 \propto 应变 \tag{1.2.24}$$

$$应力 = 弹性模量 \times 应变 \tag{1.2.25}$$

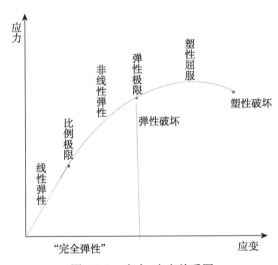

图 1.2.3   应力-应变关系图

主要的弹性模量或弹性常数见表 1.2.1。表中,杨氏模量(E)表示描述固体材料抵抗形变能力的物理量,简单拉伸或压缩时的应力-应变比叫弹性模量;体积压缩模量(K)(不可压缩性)表示简单静水压力作用时的应力-应变比。剪切模量(μ或G)(刚度)表示简单剪切时的应力-应变比。泊松比(σ)表示横向缩短与纵向伸长之比。弹性体在受到外界作用力时会发生纵向伸长(或缩短),伴随产生横向相对收缩(或膨胀)。泊松比=横向收缩(膨胀率)/纵向膨胀(收缩率),如果介质坚硬,在同样的作用力下,横向应变小,泊松比较小,可小到 0.05,而对于软的未胶结的土或流体,泊松比高达 0.45~0.5。泊松比不是应力-应变比,而是表征形状变化的一种几何尺度。

表 1.2.1　几种材料的弹性常数

材料名称	杨氏模量(E)/($\times 10$ dyn*/cm²)	体积压缩模量(K)/($\times 10$ dyn/cm²)	剪切模量(μ)/($\times 10$ dyn/cm²)	拉梅常数(Λ)/($\times 10$ dyn/cm²)	泊松比(σ)
钢	20	17	8	11	0.30
铝	7	7.5	2.5	5.5	0.35
玻璃	7	5	3	3	0.25
橡胶	2×10^7	1×10^{10}	7×10^6	1×10^{10}	~0.50
花岗岩	7	3	2	2.5	0.25
石灰岩	5.5	3.5	2	3.5	0.2~0.32
砂岩	4.5	3	1.5	2.5	0.23~0.28
页岩	3	2	1	1	0.22~0.40

资料来源：S. P. 克拉克(S. P. Clark, Jr.)主编的 *Handbook of Physical Constants* 1966 年修订版，587 页。

* 1 dyn=10^{-5} N。

1.2.3　弹性波——体波和表面波

弹性体的变形有压缩(或稀疏)和剪切(或畸变)两种基本类型，纯压缩变形只是改变物体的体积而不改变其形状(角度)；相反，纯剪切变形只引起形状的变化而不引起体积的改变。压缩变形和剪切变形可通过行波在物体内部传播，因此称为"体波"。声波即体波的一例，其特征是因质点在波的传播方向振动而使介质压缩和膨胀，这种波称为压缩波，又称纵波、无旋波或 P(primary)波(初波，因其速度最快，故是初至波)。当介质质点在与波的传播方向相垂直的方向上振动时，引起介质的剪切型波动，这种波称为 S(secondary)波(次波)，又称横波、剪切波、等体积波或旋转波。这种波最常给出的例子是琴弦弹拨产生的横向波。表 1.2.2 是几种材料在空气中的 P 波和 S 波波速值。

若介质内存在一个或一个以上的界面，在界面两侧介质的弹性性质不同时，将产生其他类型的波。可以想象这种不连续性最严重的情况是固体-真空的接触，即所谓的"自由表面"。因为这时固体将不受其相邻物质的约束。地球表面是自然界中所遇到的这类界面中最重要的，因为我们关于波的所有观测通常都是在这里进行的。

理论和观测都表明，当存在界面时表面波有两种基本类型，这些波为表面所"制导"(因此称为表面波)，其特点是质点的振幅随至界面距离的增加而按指数减小以及波形"沿"界面而传播。这种深度-振幅特性是 P 波和 S 波所没有的。

表面波的两种基本形式是瑞利(Rayleigh)波和勒夫(Love)波。勒夫波的特征是质点仅在水平横向做剪切型振动，没有垂直分量的运动，只有在半无限空间上至少覆盖有一表面层时勒夫波才会出现。瑞利波则相反，它存在于径向垂直平面内，即在完全介质中没有横向分量，不存在表面层时也能出现。瑞利波的质点做椭圆运动。

表 1.2.2 P 波和 S 波波速的典型值

材料名称	P 波波速/(ft*/s)	S 波波速/(ft/s)	密度/(g/cm³)
花岗岩	13000~20000	7000~11000	2.67
辉长岩	21500	11300	2.98
玄武岩	18400	10000	3.00
纯橄榄岩	26200	13400	3.28
砂岩	8000~14000	3000~1000	2.45
石灰岩	10000~20000	9000~10500	2.65
页岩	6090~13000	3500~7500	2.35
盐	14400~21300		2.20
石膏	7000~12000	3600	2.30
板岩	12000~14600	9400	2.80
大理石	19000	11500	2.75
石英岩	19850		2.85
片岩	14900	9500	2.80
片麻岩	15500~18300		2.65
冲积层	1650~6500		1.54
黏土	3700~8200	1900	1.40
土壤	500~2500	300~1800	1.1~2.0
冰碛物	1300		1.5~2.0
砂	4600	1500	1.93
水	4800	0	1.0
冰	11000		0.9
空气	1120	0	
钢	20000	10000	7.70
铁	19000	10500	7.85
铝	21500	9800	2.70
混凝土	1700	7100	2.7~3.0
橡胶	3400	90	1.15
塑料	7700	5000	
赛璐珞	11800	5600	

* 1ft=3.048×10⁻¹m；

表中所列数据为文献[4]和[5]所给数据的平均值。

　　若在自由表面下还存在着另外的界面，则表面波速度将随波长而异，即所谓的频散现象。在地层内，波速通常随深度而增加，频散的传播效应会使波列扩展开来，并使速度较快的波长与速度较慢的波长拉开得更远。图 1.2.4 和图 1.2.5 是爆破工程实测的地震波形。

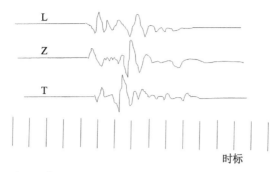

图 1.2.4 爆破地震图，使用的测量仪器：Sprengnether VS-4000，时标：每小格 0.1s

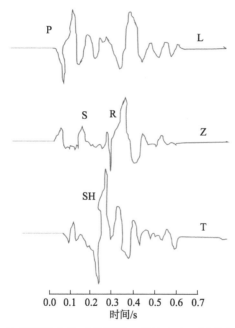

0.0 0.1 0.2 0.3 0.4 0.5 0.6 0.7
时间/s

图 1.2.5 地震图数字化后的图形。体波和表面波的相位一致，
SH 同时属于体剪切波和高阶勒夫表面波相位

1.2.4 波动运动学

波动的基本运动学知识可先从谐和运动开始而得到，谐和运动(图 1.2.6)定义为

$$x=A\sin\omega t \tag{1.2.26}$$

式中，x 是时刻 t 的位移；A 是 x 的最大值，即振幅(零到峰)；$\omega=2\pi f$，f 为频率。

如前所述，一个完整循环所需的时间称为周期(T 或 $2\pi/\omega$)，运动的频率是单位时间内的整循环数，并表示成 $\omega/2\pi$。频率和周期互为倒数：

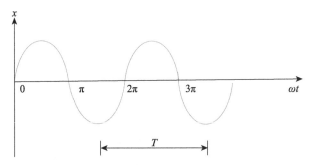

图 1.2.6   简单谐和运动：$x = A \sin \omega t$

$$T = \frac{1}{f} \tag{1.2.27}$$

$$速度 = \frac{\mathrm{d}x}{\mathrm{d}t} = \omega A \cos \omega t = \omega A \sin\left(\omega t + \frac{\pi}{2}\right) \tag{1.2.28}$$

$$加速度 = \frac{\mathrm{d}^2 x}{\mathrm{d}t^2} = -\omega^2 A \sin \omega t = \omega^2 A \sin(\omega t + \pi) \tag{1.2.29}$$

因此，位移、速度和加速度都是异相的，速度比位移超前 90°(或滞后 270°)，加速度比位移超前(或滞后)180°。

谐和运动可用指数函数写成另一种形式。此时我们考虑下述复数式的实部：

$$
\begin{aligned}
x &= A\mathrm{e}^{\mathrm{i}\omega t} \\
v &= \mathrm{i}\omega A\mathrm{e}^{\mathrm{i}\omega t} \\
a &= -\omega^2 A\mathrm{e}^{\mathrm{i}\omega t}
\end{aligned}
\tag{1.2.30}
$$

式中，$\mathrm{e} = 2.7182\cdots =$ 自然对数的底；i 为 $\sqrt{-1}$；v 为 t 时的速度；a 为 t 时的加速度；圆函数和指数函数有下列关系：

$$\mathrm{e}^{\mathrm{i}\omega t} = \cos \omega t + \sin \omega t \tag{1.2.31}$$

谐和函数除上述相位差外，还具有以下基本性质：

(1) 频率 $\omega/2\pi$ 为常数；

(2) 最大振幅 A 为常数；

(3) 峰到峰，振幅 $2A$ 为常数；

法国数学家傅里叶(J. Fourier)证明：任何周期函数 $F(t)$ 都可表示成谐和波的和。这种表达式称为傅里叶级数，即

$$
\begin{aligned}
x = F(t) &= a_1 \sin \omega t + a_2 \sin 2\omega t + a_3 \sin 3\omega t + \cdots \\
&\quad + b_0 + b_1 \cos \omega t + b_2 \cos 2\omega t + b_3 \cos 3\omega t + \cdots
\end{aligned}
\tag{1.2.32}
$$

注意：运动是一个基频和高阶谐量或泛音的和，后者是基频的整倍数(2ω，

3ω，$\cdots$)。式(1.2.32)还可写成

$$x = A_0 + \sum_{n=1} A_n \sin(n\omega t + \phi_0) \tag{1.2.33}$$

傅里叶把他的理论推广到非周期运动的情形。一般的结果与周期运动情形相同，这就是说，复杂运动可以由很多个正弦振动的叠加来表示。非周期运动的情形与周期运动的主要不同点是用积分代替求和，并且包括所有的频率而不是一组离散的频率。

傅里叶变换的积分表达式为

$$x = F(t) = \frac{1}{2\pi} \int_{-\infty}^{\infty} f(\omega) e^{i\omega t} d\omega \tag{1.2.34}$$

以及

$$f(\omega) = \int_{-\infty}^{\infty} F(t) e^{-i\omega t} dt \tag{1.2.35}$$

函数 $f(\omega)$ 一般是复数式，并可写成

$$f(\omega) = R(\omega) + iI(\omega) = A(\omega) e^{i\phi(\omega)}$$

其中

$$A(\omega) = \sqrt{R^2(\omega) + I^2(\omega)} \tag{1.2.36}$$

$$\phi(\omega) = \arctan\left[\frac{I(\omega)}{R(\omega)}\right] \tag{1.2.37}$$

函数 $A(\omega)$ 称为函数 $F(t)$ 的傅里叶振幅谱，$\phi(\omega)$ 称为函数 $F(t)$ 的傅里叶相位谱。根据式(1.2.34)我们可以写出

$$R(\omega) = \int_{-\infty}^{\infty} F(t) \cos \omega t dt \tag{1.2.38}$$

以及

$$I(\omega) = -\int F(t) \sin \omega t dt \tag{1.2.39}$$

若 $F(f)$ 是一个地震图，即地振动的时程曲线，那么我们可以得到谐和波的相对振幅($A(\omega)$)和相位($\phi(\omega)$)。根据傅里叶理论，这些谐和波的和即构成所观测到的地振动 $F(f)$。将 $F(f)$ 乘以正弦或余弦，然后按(1.2.38)和(1.2.39)积分，再进行式(1.2.36)和(1.2.37)所示的运算，即得到 $A(\omega)$ 和 $\phi(\omega)$。

傅里叶分析方法是一种有效的数学工具，但在常规的爆炸分析中一般并不使用。尽管如此，傅里叶分析方法仍是振动分析的一个主要部分，它使得对复杂的振动有一种解析的理解，这种理解可表征为：一复杂振动是多个同时的谐和振动的组合效应，每一谐和振动有其自身的振幅和相位关系，如图 1.2.7 所示。

图 1.2.7　几个谐和波动叠加的复杂波动

1.2.5　炸药中传播的爆轰波

冲击波是指一个强间断面的传播,介质中的压力出现梯度变化,呈阶梯式变化。冲击波是一突变、跳跃式的变化,不是连续性过渡式的变化。炸药中传播的冲击波形成爆轰波,在岩石中传播的冲击波就是应力波,固体介质中的波动原则上讲都应称为应力波,是固体介质中应力状态的变化。由于波的传播,哪怕是一个小扰动的传播,比如你踩一脚别人感觉到的振动也是应力扰动在地下的传播。由于水介质以压力表示受力状态,流体介质不承受剪应力,一般水中压力扰动就是水动压力波。

爆炸和燃烧都是激烈的化学反应过程。

炸药爆炸的特点:反应速度极快,传播速度为数千米每秒,同时释放出大量热量,如 1kg TNT 炸药爆炸的生成热是 1060kcal[①],生成大量气体(是标准大气压的几百倍)。

燃烧是比较激烈的化学反应,也有放热过程,但其化学反应速度远逊于爆炸,速度仅为 10m/s 量级。

无论研究固体力学,还是流体力学,都可以从宏观的角度出发,把握事物的物理本质。但为了把一些详细过程、状态搞清楚,如应力-应变关系、弹性界限的确定、激波过程的形成,也可以从微观分子的运动方面来探讨。无论什么过程,宏观还是微观,质量、动量、能量守恒在一定尺度范围内都是成立的。

同样,爆炸力学研究由于事物过程很快,宜先从宏观力学出发。为了方便起见,先看一个一维问题。除了邻近起爆点的地方,远的地方都可看成是一个一维传播的平稳爆轰波,为一维定常流体运动,如同在一维管中的爆炸(图 1.2.8)。

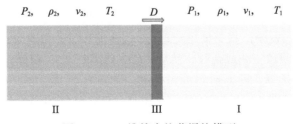

P_2, ρ_2, v_2, T_2　　　　D　　P_1, ρ_1, v_1, T_1

Ⅱ　　　　　　Ⅲ　　　　　　Ⅰ

图 1.2.8　一维管中炸药爆炸模型

---

① 1cal=4.1868J。

I 为没有发生爆炸前的状态，压力 P_1、密度 ρ_1、速度 v_1、温度 T_1。

II 是爆炸反应后的状态，压力 P_2、密度 ρ_2、速度 v_2、温度 T_2。

III 为爆震波反应区。在爆震波反应区薄薄的一层里有着剧烈的化学反应。我们可以不管这一层的变化。我们知道在这一薄层前后，状态有明显的变化。这一层(区)很薄，这个界面称为爆震面。爆震面在炸药中以一平稳的爆轰速度移动，尽管爆炸是以一极快速度完成的过程，但仍似一个定常流体运动。在爆轰波阵面的前后是流体，我们可以写出质量和动量守恒方程。

为了方便起见，加一个惯性系，如图 1.2.9，在爆轰波前后的整个过程中，介质的反应区就不动了，D 是爆轰波波速。可以看成将右边的东西推向左边，经过 III，就变成左边 II 的部分状态。

$$P_2,\quad \rho_2,\quad D-v_2 \qquad\qquad P_1,\quad \rho_1,\quad D-v_1$$

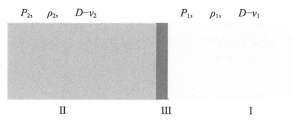

$$\text{II}\qquad\qquad\text{III}\qquad\qquad\text{I}$$

图 1.2.9　一维管中炸药爆炸后参数

我们可以假定一维管流的截面为单位面积，于是质量守恒方程写成

$$\rho_1(D-v_1)\delta t = \rho_2(D-v_2)\delta t$$

即

$$\rho_1(D-v_1) = \rho_2(D-v_2) \tag{1.2.40}$$

系统动量改变等于外力作用的冲量

$$\delta t(D-v_2)^2\rho_2 - \delta t(D-v_1)^2\rho_1 = (P_1-P_2)\delta t$$

移项

$$P_1-P_2 = \rho_2(D-v_2)^2 - \rho_1(D-v_1)^2 \tag{1.2.41}$$

利用连续方程，我们可以得到

$$
\begin{aligned}
P_1-P_2 &= \rho_2(D-v_2)^2 - \rho_1(D-v_1)^2 \\
&= \rho_1(D-v_1)(D-v_2-(D-v_1)) \\
&= \rho_1(D-v_1)(v_1-v_2)
\end{aligned}
$$

$$P_1-P_2 = \rho_1(D-v_1)(v_1-v_2) \tag{1.2.42}$$

能量守恒是说一个系统的能量改变为外力做的功和加入的热量。若 E 为单位质量的内能,动能为爆炸气体分子宏观有序运动。势能外力作用下具有的内能为气体分子无序运动的动能,固体则为分子结合的相互势能。

$$\delta t \rho_2 (D-v_2)\frac{(D-v_2)^2}{2} - \delta t \rho_1 (D-v_1)\frac{(D-v_1)^2}{2} + (E_2 - E_1)\rho_2 (D-v_2)\delta t$$
$$= P_1(D-v_1)\delta t - P_2(D-v_2)\delta t$$

即

$$\left\{ E_2 - E_1 + \frac{(D-v_2)^2 - (D-v_1)^2}{2} \right\}\rho_1(D-v_1) = P_1(D-v_1) - P_2(D-v_2) \quad (1.2.43)$$

我们关注的是爆轰波发生前后的状态,三个方程的建立都回避了中间的反应区,看不出在其中的化学反应。激波是没有化学反应的,前后化学成分是相同的。爆轰波(包括燃烧)反应是前后的化学成分(N_i)发生改变。这里,我们可从内能 E_1、E_2 的分析中得出

$$E_2 = E_2(P_2, V_2, N_2)$$
$$E_1 = E_1(P_1, V_1, N_1)$$

任何一个能量都是相对于某一量而定义的,这些尺度一般都在标准状态下,或是物理上的绝对零度状态下。

$$E_2 - E_1 = [E_2(P_2 V_2) - E_2(P_0 V_0)] + [E_2(P_0 V_0) - E_1(P_0 V_0)] - [E_1(P_1 V_1) - E_1(P_0 V_0)]$$

注意:$[E_2(P_0 V_0) - E_1(P_0 V_0)]$ 脚标 0 表示各自原始状态下的能量,它们是与其化学成分相关的。因此,$[E_2(P_0 V_0) - E_1(P_0 V_0)]$ 表示化学成分的改变,也就是化学反应的生成热。

$$[E_2(P_0 V_0) - E_1(P_0 V_0)] = Q \quad (1.2.44)$$

$$\left\{ E_2' - E_1' + \frac{(D-v_2)^2 - (D-v_1)^2}{2} \right\}\rho_1(D-v_1)$$
$$= Q\rho_1(D-v_1) + P_1(D-v_1) - P_2(D-v_2) \quad (1.2.45)$$

E' 表示化学成分不变的内能。

利用质量守恒和动量守恒方程

$$P_1 - P_2 = \rho_2(D-v_2)^2 - \rho_1(D-v_1)^2$$
$$\rho_1(D-v_1) = \rho_2(D-v_2)$$

我们可以得到

$$(D-v_1)^2 = \frac{P_1 - P_2}{V_2 - V_1}V_1^2 \quad (1.2.46)$$

$$(D-v_2)^2 = \frac{P_1-P_2}{V_2-V_1}V_2{}^2 \qquad (1.2.47)$$

等式后面的项应是一个正数。所以，一定要求 $\frac{P_1-P_2}{V_2-V_1}$ 大于 0，即

$$\frac{P_1-P_2}{V_2-V_1}>0 \qquad (1.2.48)$$

讨论几种情况，第一种是爆炸，这时 $P_2>P_1$，所以

$$V_1>V_2$$

因为 $V=1/\rho$，所以 $\rho_1<\rho_2$，可见爆炸过程是压缩过程。

第二种情况是燃烧，这时 $P_2<P_1$，所以

$$V_1<V_2$$

同样，$V=1/\rho$，$\rho_1>\rho_2$。可见燃烧过程是膨胀过程。前后压力的反向也是爆炸和燃烧的区别所在。下面我们将(1.2.46)和(1.2.47)代入式(1.1.45)，稍加整理得

$$E_2' - E_1' = Q + \frac{1}{2}(P_1+P_2)(V_1-V_2) \qquad (1.2.49)$$

在 $P\text{-}V$ 平面上，上式就是于戈尼奥(Hugoniot)绝热曲线方程(图 1.2.10)。

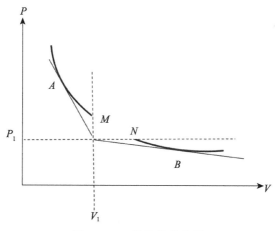

图 1.2.10　爆炸绝热曲线

式(1.2.49)似一个双曲线方程。曲线说明爆炸后压力和比容 P_2V_2 的关系，爆炸前的压力比容 P_1V_1 点不在这条曲线上，因为 $P_2=P_1$，那么将 $V_2=V_1$ 代入上式，等式不成立。

爆炸绝热曲线的物理意义是，爆轰反应速度太快，爆炸完成时体积还来不及改变，即 $V_2=V_1$，那么这时一定是 $P_2>P_1$。有如乘坐电梯，电梯内本可承受 10 人却变

成 50 人、100 人了，爆炸的概念就能体会到了。太多了容不下，就要爆炸。

图 1.2.10 的上半区显示的是爆震区；下半区就是燃烧。

现在我们可以假设，很显然 $v_1=0$，式(1.2.46)为

$$D = V_1 \left(\frac{P_2 - P_1}{V_1 - V_2} \right)^{1/2} \tag{1.2.50}$$

$$v_2 = D - V_2 \left(\frac{P_2 - P_1}{V_1 - V_2} \right)^{1/2} = (V_1 - V_2) \left(\frac{P_2 - P_1}{V_1 - V_2} \right)^{1/2} \tag{1.2.51}$$

对于一个绝热过程，爆炸过程速度太快，来不及有热交换，可以很充分地看成绝热过程。这时

$$P_2 V_2^k = \text{const} \tag{1.2.52}$$

$$\frac{P_2 - P_1}{V_1 - V_2} = -\left(\frac{dP}{dV} \right)_H = -\left(\frac{dP}{dV} \right)_S = k \frac{P_2}{V_2}$$

因为 $P_2 \gg P_1$，忽略 P_1

$$\frac{P_2}{V_1 - V_2} = k \frac{P_2}{V_2}$$

$$\frac{V_1}{V_2} = \frac{k+1}{k}$$

对于凝聚相 TNT 炸药，$k=3$，于是

$$V_2 = \frac{k}{k+1} V_1 = \frac{3}{4} V_1$$

即

$$\rho_2 = \frac{4}{3} \rho_1 \tag{1.2.53}$$

由式(1.2.50)

$$D = V_1 \left(\frac{P_2 - P_1}{V_1 - V_2} \right)^{1/2} = V_1 \left(\frac{P_2}{V_1 - \frac{3}{4} V_1} \right)^{1/2} = (4P_2 V_1)^{1/2}$$

这样，我们就得到了

$$P_2 = \frac{1}{4} \rho D^2 \tag{1.2.54}$$

$$v_2 = [(V_1 - V_2)(P_2 - P_1)]^{1/2} = \frac{1}{4} D$$

这就是 TNT 炸药爆炸波后的冲击波参数：

$$v_2 = \frac{1}{4}D , \quad P_2 = \frac{1}{4}\rho D^2 , \quad \rho_2 = \frac{4}{3}\rho_1$$

1.2.6 弹性介质中的应力波

假定在深层土岩中的一个药包爆炸，应力波在土岩中传播，若不考虑药包周边的破坏区，在距离药包数倍半径以外的地方，我们可以假定介质为弹性体。由于点爆炸是球对称问题，对于一球面坐标下的单元体，垂直于 r 方向的应力分量都为 σ_θ，r 方向作用力的平衡方程则为

$$-\sigma_r \pi \left(r\frac{\mathrm{d}\theta}{2} \right) + \left(\sigma_r + \frac{\partial \sigma_r}{\partial r}\mathrm{d}r \right)\pi \left((r+\mathrm{d}r)\frac{\mathrm{d}\theta}{2} \right)^2 - \sigma_\theta \frac{\mathrm{d}\theta}{2}\mathrm{d}r \cdot 2\pi \left(r\frac{\mathrm{d}\theta}{2} \right)$$

$$= \rho \frac{\partial^2 u}{\partial t^2}\mathrm{d}r\pi \left(r\frac{\mathrm{d}\theta}{2} \right)^2$$

展开去掉小量 4 阶高阶项，经整理给出这时的运动方程

$$\frac{\partial \sigma_r}{\partial r} + \frac{2(\sigma_r - \sigma_\theta)}{r} = \rho \frac{\partial^2 u}{\partial t^2} \tag{1.2.55}$$

这就是我们常见的弹性体运动方程，球对称情况下，就是径向运动方程，只有径向和切向主应力，位移也只有径向位移分量。在处理动力学问题中，我们总是应用应力-应变关系，把应力变成应变，用位移表示。

根据弹性应力-应变关系，可以把应力写成位移的表达式

$$\sigma_r = \lambda\Delta + 2\mu\varepsilon_r$$

$$\sigma_\theta = \lambda\Delta + 2\mu\varepsilon_\theta$$

其中 $\Delta = \varepsilon_r + 2\varepsilon_\theta$

$$\varepsilon_r = \frac{\partial u}{\partial r} , \quad \varepsilon_\theta = \frac{u}{r} \tag{1.2.56}$$

代入上式，整理得到

$$\frac{\partial^2 u}{\partial r^2} + \frac{2}{r}\frac{\partial u}{\partial r} - \frac{2u}{r^2} = \frac{1}{a^2}\frac{\partial^2 u}{\partial t^2} \tag{1.2.57}$$

这里 $a^2 = \frac{\lambda + 2\mu}{\rho}$，$a$ 是弹性波纵波速度。由于是球对称问题，只有纵波，位移与旋转势函数无关。一般情况下，

$$\boldsymbol{u} = \nabla\varphi + \nabla\psi$$

这里 $u = \frac{\partial \varphi}{\partial r}$，因为 $\psi=0$。

代入上式，对 r 积分一次，就得到速度势函数 φ 满足和位移一样形式的波动方程

$$\frac{\partial^2 \varphi}{\partial r^2} + \frac{2}{r}\frac{\partial \varphi}{\partial r} - \frac{1}{a^2}\frac{\partial^2 \varphi}{\partial t^2} = 0 \tag{1.2.58}$$

该方程的通解是

$$\varphi = \frac{f\left(t - \dfrac{r - r_0}{a}\right)}{r} + \frac{f\left(t + \dfrac{r - r_0}{a}\right)}{r} \tag{1.2.59}$$

这里，r_0 是药包半径，$\dfrac{r - r_0}{a}$ 是波从 r_0 以速度 a 传播到 r 的时间。我们知道 f_1 的解不合理。因此

$$\varphi = \frac{f\left(t - \dfrac{r - r_0}{a}\right)}{r} \tag{1.2.60}$$

其解的边界条件是，当 $r=r_0$ 时，爆炸空腔内边界

$$\sigma_r = -p(t) \tag{1.2.61}$$

我们可以把爆炸载荷描述为一个压力脉冲

$$p = p_0 \mathrm{e}^{-\omega t} \tag{1.2.62}$$

求解势函数，进而得到位移

$$u = \frac{\partial \varphi}{\partial r}$$

可以得到如下的位移波形(图 1.2.11)，这就是常在现场观测到的具有指数衰减特性的地震波形。

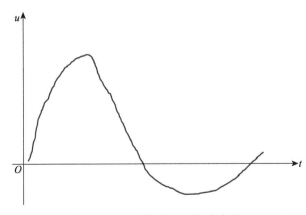

图 1.2.11　计算给出的振动波形

1.3　爆　破　振　动

1.3.1　爆破振动分析

岩土爆破中，药包外的一层土石被压缩(碎)，称为压缩(碎)圈，之外的岩土被炸碎或形成裂缝，破坏圈外，爆破作用只能使周围的岩土发生震动，因此叫做震动圈(图 1.1.9)。在震源产生区内，炸药爆炸，化学能迅速释放，在一段十分短暂的时间内，产生出非常高的压力和温度，一定距离远处，这些非弹性过程终止而开始出现弹性效应，炸药的能量只是部分地转换成这种弹性能的形式，以地震波的形式从爆炸区向外传播。地震扰动通过之后固体介质恢复到其原来形状。我们关心的主要内容是由给定大小的装药所引起的扰动的振幅和频率，以及这些振幅-频率组合是如何随着爆炸源距离的增加而变化的规律。常识告诉我们，炸药量大，距离爆破震源近的地方振动强度大，反之，振动强度小。

炸药爆破除了破坏介质，还有部分能量经地面传播产生振动。通过人为的措施完全阻止振动的产生是困难的，但我们可以控制一次爆破的药量，采用延迟爆破技术等手段，减小地面振动的强度，使它不致引起相邻其他建筑物和设备的破坏。

炸药爆破产生的与地面振动有关的物理参数有 E、ρ_e、D、ρ_g、c_g、σ、W、L、R。若以地面质点振动速度 v 描述振动强度，这种影响可以用如下函数表示：

$$v = f(E,\ \rho_e,\ D,\ \rho_g,\ c_g,\ \sigma,\ W,\ L,\ R) \tag{1.3.1}$$

这里，E 为炸药能量，ρ_e 为炸药密度，D 为炸药爆速，ρ_g 为介质密度，c_g 为介质的声速，σ 为介质的强度，W 为最小抵抗线，L 为药包间距，R 为爆破点至观测点的距离。通过量纲分析，这 9 个独立物理量可以组成 6 个无量纲的相似参数。它们是

$$v/c_g = f(E/(\sigma W^3),\ \rho_e/\rho_g,\ D/c_g,\ W/R,\ L/R,\ \sigma/(\rho_g D^2))$$

这些无量纲相似参数的物理意义如下：

$E/(\sigma W^3)$ 为炸药能量和破坏介质做功之比；

ρ_e/ρ_g 为爆炸产物和介质惯性；

D/c_g 为炸药爆速和声速之比；

W/R，L/R 为药包大小、分布空间尺寸和观测距离的比较；

$\sigma/(\rho_g D^2)$ 为岩石强度和炸药爆压的比值。

如果我们假定炸药和地面介质的性质不变，可以不考虑 ρ_e/ρ_g，D/c_g，$\sigma/(\rho_g D^2)$ 的影响。一般情况下 $R \gg W$，$R \gg L$，即药包及布药空间尺寸总是小于观测距离。因此，W/R，L/R 是一个小量，是一个有限的比值。并以 R 替代 W、L，以 $Q = E/\mu$，μ 为单位质量的炸药能量，可以得到如下的关系：

$$v/c_g = f(Q/(\sigma R^3)) \tag{1.3.2}$$

以上推演说明了爆破振动速度计算经验公式的由来,尽管式(1.3.2)是一个函数关系,我们可以通过实测数据,回归分析振动速度与比例距离($R/Q^{1/3}$)的关系给出经验公式的经验参数。

根据大量集中硐室集中药包爆破时实测数据分析,质点振动峰值速度衰减规律的经验公式为

$$v = K(R/(Q^{1/3}))^{\alpha} \tag{1.3.3}$$

这就是我们常用的振动速度计算公式。这里,K,α为衰减常数,其数值需要通过现场实测数据分析给出。K主要反映了炸药性质、装药结构和药包布置的空间分布影响,α取决于地震波传播途径的地质构造和介质性质。Q为一段延迟起爆的总药量,R为观测点至药包布置中心的距离。

这里要强调说明,不少作者和工程师却把式(1.3.3)的比例距离写成倒数,那就不是比例距离的概念了。爆破振动随比例距离增加而衰减,距离爆破震源近的地方振动大,距离远处振动小。一个物理上随距离衰减的规律的数学表达式,在数学上只能表述为一负幂次函数或负指数函数。式(1.3.3)中衰减指数α为负数。

如果我们对式(1.3.3)两边取对数

$$\ln v = \ln K + \alpha \ln(R/Q^{1/3}) \tag{1.3.4}$$

在双对数坐标图中上式表述为一直线(图 1.3.1)。

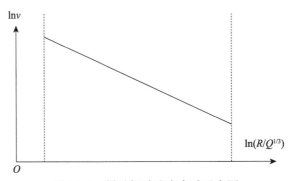

图 1.3.1 爆破振动速度衰减示意图

通过实测数据整理分析给出(公式(1.3.3))的振动速度衰减公式是一个经验公式,经验公式有它适用的范围,因此在公式之后一般应给出适用范围。即

• 距离 R 或 R/r_0 的范围;
• 或是 $x_1 < (R/r_0) < x_2$。

$R' = R/r_0$ 是实际距离 R 除以药包半径 r_0,定义为比例距离。

1.3.2　爆破振动测量

1.3.2.1　测量参数

爆破振动测量的目的是要检测并记录场地或者结构物的振动，所测的并非场地振动本身，而是结构物对于正在进行观测的场地振动的反应。因此被测量的量应该对于振动情况给出一个完整的描述。描述场地振动的物理量是质点位移(x)，或者速度(v)，或者加速度(a)。测量并把它们记录为时间函数的形式。这些量之间有以下的解析关系：

$$a = \frac{\mathrm{d}v}{\mathrm{d}t} = \frac{\mathrm{d}^2 x}{\mathrm{d}t^2} \tag{1.3.5}$$

或

$$v = \int a \mathrm{d}t, \quad x = \iint a \mathrm{d}t = \int v \mathrm{d}t \tag{1.3.6}$$

对于正弦振动，此关系成为

$$a = \omega^2 v$$
$$a = (2\pi f)^2 v = 4\pi^2 f^2 v \tag{1.3.7}$$

其中，f 为频率。因此，如果测量了空间参数中的一个，原则上就可以确定其他两个参数或者其中之一。但是，在数值换算中存在着固有的误差，运动参数间换算要取得良好的结果，在很大程度上取决于原始记录的真实性和完整性。实际监测数据也表明其误差还不小，或是不相关。所以最好是直接测量我们需要的那个参数。

对于我们打算测量的振动的大小，对要关注问题的物理有所了解是必要的，例如，要测量振动的频率范围、位移的大小、振动速度或加速度。对于一般工程爆破或采石场爆破振动的大小有如下范围：

频率范围：1~500Hz；

位移范围：0.00025~0.75cm；

速度范围：0.025~25cm/s；

加速度范围：0.005g~2g。

1.3.2.2　测量传感器

我们常将专用的地震测量仪表称为位移计、速度计或加速度计。在某一给定的地运动频率范围之内，对于给定的参数而言仪器的灵敏度为常数。相应的传感器，或是拾震器有：

位移传感器——机械-光学系统或电容感受系统；

速度传感器——电磁系统；

加速度传感器——压电系统或力-平衡系统。

在一般情况下，所使用的传感器类型和需要测量的量之间是相适应的，但是在说明仪器频率响应特性的时候，仍然应该考虑振动的频率范围。上述任何一种传感器，在经过改造以后，都可以测量另一种参数，使其对于在某一频率范围内的这种参数具有灵敏度等于常数的输出。

为了达到必要的精度，有必要通过测量装置将地运动加以放大，尤其是高频振动和(或)微振动测量时。测量仪器的灵敏度定义如下：

$$\text{灵敏度}=(\text{记录上的振幅})/(\text{地动振幅})=f(\text{频率}) \tag{1.3.8}$$

f(频率)表示的灵敏度是一个频率的函数。

对于一个给定的仪器(地震仪)，我们可以给出三种灵敏度：位移灵敏度或放大倍数，速度灵敏度和加速度灵敏度。它们的单位分别为：$\text{in}^{①}/\text{in}$，$\text{in}/(\text{in/s})$，$\text{in}/(\text{in/s}^2)$或$(\text{in}/g)$，亦即记录上的振幅除以地位移、速度或加速度。因为位移、速度和加速度之间存在解析关系，所以一个仪器记录了其中的一个，必然也就记录了其他两个。显然，为了取得我们所碰到的振动的有用记录，对地震仪的灵敏度必须慎重地加以选择。

测量系统的组成参见第4章4.1.1.3节。

1.3.3 爆破振动波形图的判读

1.3.3.1 波形判读

按照爆破地震效应波波形判读的常规方法，对波形进行分析处理，即对各记录波形选取其最大值，量取波高 h(mm)(与最大值的正负无关)，这时该点的最大速度为

$$v=h/\eta \tag{1.3.9}$$

式中，η为各测点记录时所选择的系统灵敏度(mm/(cm/s))。同时量取相应幅值最大处的半波宽度 L(mm)，和记录所用时标进行换算，计算振动周期，得到相应最大值的地动频率 f(图 1.3.2)。

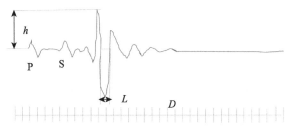

图 1.3.2 地震波形示意图

---

① 1 in≈25mm。

$$f=1/(2\times L/D)(\text{Hz}) \tag{1.3.10}$$

式中，D 为时标(mm/ms)。

在波形最大值处，有高频叠加时，波形需作光滑处理后读取最大波高。在无高频叠加的情况下，爆破振动波形的各个半波可视为半正弦波。因此，对于有限幅的波形，可根据前后半波的特征及限幅波形的趋势作半正弦拟合后，读取其最大波高。

1.3.3.2 误差分析

波形的最大波高除了有个别监测点的测量记录外，记录波形均大于 10mm，波高判读的误差为±0.25mm，因而判读误差小于 2.5%。另外，由量测系统校准所得灵敏度误差小于 5%。因此，除个别监测点的测量数据以外，测量的最大误差小于 7.5%。

1.3.4 数据处理

爆破地震波效应常用的经验公式为

$$v = K\left(\frac{R}{Q^{1/3}}\right)^{\alpha}$$

式中，v 为最大振动速度(m/s)；R 为测点至爆破中心点的距离(m)；Q 为一次起爆的装药量(kg)；K 是与爆破方式有关的系数；α 为衰减指数，取决于地质条件的场地因子；$R/Q^{1/3}$ 称为比例距离。两边取对数可得

$$\ln v = \ln K + \alpha \ln\left(\frac{R}{Q^{1/3}}\right)$$

将上式写成

$$y = A + Bx$$

其中 $y=\ln v$，$x=\ln(R/Q^{1/3})$，$A=\ln K$，$B=\alpha$。

按照线性回归分析可得

$$A = \frac{\sum\limits_{i=1}^{n} y_i - B\sum\limits_{i=1}^{n} x_i}{n}$$

相关系数为

$$B = \frac{n\sum\limits_{i=1}^{n} x_i y_i - \sum\limits_{i=1}^{n} x_i \sum\limits_{i=1}^{n} y_i}{n\sum\limits_{i=1}^{n} x_i^2 - \left(\sum\limits_{i=1}^{n} x_i\right)^2}$$

$$r = \frac{n\sum_{i=1}^{n} x_i y_i - \sum_{i=1}^{n} x_i \sum_{i=1}^{n} y_i}{\sqrt{\left(n\sum_{i=1}^{n} x_i^2 - \left(\sum_{i=1}^{n} x_i\right)^2\right)\left(n\sum_{i=1}^{n} y_i^2 - \left(\sum_{i=1}^{n} y_i\right)^2\right)}}$$

式中，x_i 为一次爆破各测点的比例距离的对数；y_i 为相应测点最大速度值的对数；n 为数据个数。

爆破引起的地振动是一个非常复杂的周期运动过程，它的振动频率不是一组离散的频率，而是在 0~∞ 连续变化的频率。这种振动过程是由不同幅度、不同频率和相位的谐波合成的，因此可以记录到的波形通过傅里叶积分从时间域变换到频率域上描述，即

$$v(\mathrm{i}\omega) = \int_0^\infty v(t)\mathrm{e}^{-\mathrm{i}\omega t}\mathrm{d}t$$

$$= \int_0^\infty v(t)\cos(\omega t)\mathrm{d}t - \mathrm{i}\int_0^\infty v(t)\sin(\omega t)\mathrm{d}t$$

$$= R(\omega) - \mathrm{i}I(\omega)$$

$$= |v(\omega)|\mathrm{e}^{-\mathrm{i}\phi(\omega)}$$

其中

$$v(\omega) = \sqrt{R^2(\omega) + I^2(\omega)}$$

$$\phi(\omega) = \arctan\frac{I(\omega)}{R(\omega)}$$

式中，$v(t)$ 为时间函数的振动速度波形；ω 为圆频率，$\omega = 2\pi f$；f 为频率(Hz)；$|v(\omega)|$ 称为幅频谱，$\phi(\omega)$ 称为相频谱。

频谱还可以按功率谱(也称能量谱)表示，即

$$r(\tau) = \int_0^t v(t)v(t - \tau)\mathrm{d}t$$

$$P(\omega) = \frac{2}{T}\int_0^\infty r(\tau)\mathrm{e}^{-\mathrm{i}\omega\tau}\mathrm{d}\tau$$

式中，T 为波形的作用时间。

前面积分式中的 $v(t)$ 是波形时间函数的解析表达式。对于爆破测量的记录波形很难用一个函数式来描述。因此积分式只能通过记录波形的离散采样用数值积分的方法计算。

1.3.5　爆破振动破坏判据

1.3.5.1　振动烈度的规定

为了研究和估计爆破振动的效应，首先需要确定"振动烈度"的衡量尺度。地位移、速度、加速度以及频率都是衡量运动强度的尺度，但是，我们所寻求的并不简单地是运动本身，我们的问题是要估计振动对人及其所属物品的扰动和破坏能力，用哪一种振动尺度最有意义，而又便于使用。

美国矿务局曾经研究过上述运动参数与结构破坏的关系。他们使用的经验方法是确定在这些地面运动参数中哪个参数与住宅结构的破坏有最直接的关系，然后确定一个界限，当此参数等于这个界限时，出现结构破坏的概率很低。

瑞典的兰格福尔等曾提出以各种速度界限作为结构破坏的判据。美国矿务局曾对爆炸振动引起的住宅结构破坏的判据发表评述，引用资料包括破坏样本 130 余项的调查结果，粗略地统计分析比较，确定在地位移、速度或加速度这些量当中哪个量在评估民用结构的破坏程度时更为可靠。所得结论是质点速度与破坏程度关系最为密切。

他们建议采用 2in/s 作为破坏判据。这里，轻微破坏是指粉刷破坏(细微的裂缝，旧裂缝的扩展，粉刷掉落)。在此，强调此判据具有广泛的适用性，因为它所基于的数据是：由不同的研究者取得的；用不同的仪器取得的；研究了建于不同类型的基础材料上的多种房屋结构受振监测的数据[3]。

有几点需要说明：

(1) 它是对于完好的或已经修复成正常状态的住宅结构而言的，商业性结构物、钢筋混凝土结构物、造价高昂或精致的结构物等均未包括在内。

(2) 它所指的是被考察的结构物所在地面振动的界限，而不是指在房屋内部某点所测到的振动。

(3) 它是指爆破振动而不是天然地震。

(4) 其值与频率和距离无关。引入数据的频率范围在 5~500Hz。

(5) 它不包括房屋和地面的共振以及运动持续时间(疲劳)的效应。尽管疲劳现象在重复爆炸和打桩施工中总是存在。

(6) 它与波的类型无关。

(7) 它所说的质点速度峰值是指位于一住宅结构附近的地面振动三个正交分量中任一分量。

美国克兰德尔曾经提出过一个破坏判据，称为"能量比"，其量纲为速度的平方。根据原始定义

$$能量比 = a^2/f^2 \qquad\qquad (1.3.11)$$

其中，a 为加速度(in/s^2)；f 为频率(Hz)。

对于正弦运动，

$$E.R = \frac{a^2}{f^2} = \frac{4\pi f^2 v^2}{f^2} = 4\pi v^2 \propto v^2 \tag{1.3.12}$$

所以能量比(E.R)是与速度的平方成正比的，与频率无关，这与美国矿务局的判据一致。克兰德尔建议的"安全"值 3 意味着地面速度为 3.3in/s，而用得更多的能量比值 1 意味着地面速度为 1.9in/s。因此，能量比 1 基本上相当于地面速度 2in/s。

1.3.5.2 爆破振动安全距离的规定

在确定了爆破振动破坏判据之后，下一步工作就是确定一种方法，用以预先估计一个给定的爆破可能引起的振动的大小。评价各种爆破对不同类型的建(构)筑物、设施设备和其他保护对象的振动影响，应采用不同的安全判据和允许标准。我国现在贯彻执行的国家标准是《爆破安全规程》(GB 6722—2014)。《爆破安全规程》对各种地面建筑物、电站(厂)中心控制室设备、隧道与巷道、岩石高边坡以及新浇筑的大体积混凝土的爆破振动给出了判据，规定采用保护对象所在地基础质点峰值振动速度和频率。安全允许标准如表 1.3.1。

表 1.3.1　爆破振动安全允许标准

序号	保护对象类别	安全允许振动速度 v/(cm/s)		
		$f \leqslant 10$Hz	10Hz$<f\leqslant$50Hz	$f>$50Hz
1	土窑洞、土坯房、毛石房屋	0.2~0.5	0.5~1.0	1.0~1.5
2	一般民用建筑物	1.5~2.0	2.0~2.5	2.5~3.0
3	工业和商业建筑物	2.5~3.5	3.5~4.5	4.2~5.0
4	一般古建筑与古迹	0.1~0.3	0.2~0.4	0.3~0.5
5	运行中的水电站及发电厂中心控制室设备	0.5~0.7	0.6~0.8	0.7~0.9
6	水工隧道	7~9	8~12	10~15
7	交通隧道	10~12	12~15	15~20
8	矿山巷道	15~18	18~25	20~30
9	永久性岩石高边坡	5~9	8~12	10~15
10	新浇大体积混凝土(C20)： 龄期：初凝~3d 龄期：3d~7d 龄期：7d~28d	1.5~2.0 3.0~4.0 7.0~8.0	2.0~2.5 4.0~5.0 8.0~10.0	2.5~3.0 5.0~7.0 10.0~12

注：①表列振动速度为三分量中的最大值；频率为主振频率。
②频率范围宜根据现场实测波形确定或按如下数据选取：硐室爆破<20Hz；露天深孔爆破10~60Hz；露天浅孔爆破40~100Hz；地下深孔爆破30~100Hz；地下浅孔爆破60~300Hz。
③爆破振动监测应同时测定径向、垂向、切向三个分量。

爆破安全规程要求工程设计人员在按表 1.3.1 选定安全允许振速时，应认真分析以下影响因素：

(1) 选取建筑物安全允许振速时，应综合考虑建筑物的重要性、建筑质量、新旧程度、自振频率、地基条件等因素；

(2) 省级以上(含省级)重点保护古建筑与古迹的安全允许振速应经论证选取并报相应文物管理部门批准；

(3) 选取隧道、巷道安全允许振速时，应综合考虑构筑物的重要性、围岩分类、支护状况、开挖跨度、埋深大小、爆源方向等因素；

(4) 对永久性岩石高边坡，应综合考虑边坡的重要性、边坡的初始稳定性、支护状况、开挖高度等因素；

(5) 非挡水新浇大体积混凝土的安全允许振速,可按表1.3.1给出的上限值选取。

安全允许振速对应的安全允许距离可以根据公式(1.3.3)选择相关参数按下式进行计算：

$$R=(K/v)^{1/\alpha}Q^{1/3} \tag{1.3.13}$$

式中，R 为爆破振动安全允许距离，m；Q 为炸药量，齐发爆破为总药量，延时爆破为最大一段药量，kg；v 为保护对象所在地质点振动的安全允许速度，cm/s；K，α 为爆破点至计算保护对象间的与地形、地质条件有关的系数和衰减指数，通过现场试验确定，在无试验数据的条件下，可参考表 1.3.2 选取。

表 1.3.2　不同岩性的 K、α 值

岩性	K	α
坚硬岩石	50~150	1.3~1.5
中硬岩石	150~250	1.5~1.8
软岩石	250~350	1.8~2.0

说明事项：

在复杂环境中多次进行爆破作业时，应从确保安全的单响药量开始，逐步增大到允许药量，并按允许药量控制一次爆破规模。

核电站及受地震惯性力控制的精密仪器、仪表等特殊保护对象，宜采用爆破振动加速度作为安全判据，安全允许加速度由核电站运营单位和仪器、仪表说明书给出。

高耸建(构)筑物拆除爆破安全允许距离包括建(构)筑物塌落振动安全距离和爆破振动安全距离。

1.3.6　爆破振动标准参考资料

一般所说的地震又称地动、地层振动，是地壳快速释放能量过程中造成的振动，应称为自然地震，地震是一种自然现象。其产生的原因是地球结构的板块与板块之间相互挤压碰撞，造成板块边沿及板块内部产生错动和破裂。

　　爆破作业在一定范围内也会造成场地振动，爆破振动和自然地震不一样，但又有十分相近的地方。一般说来自然地震的振动波的频率比较低，爆破振动波频率比较高；自然地震的震源释放的能量大，振动波及范围大，破坏程度严重，事件的突发性难于预测；爆破用炸药的能量有限，影响范围小，是可以准确预报控制的振动。

　　这里，不妨介绍一些地震烈度描述和破坏程度的定义，以供我们分析认识地震影响问题。表 1.3.3 为自然地震烈度表，表 1.3.4 是地震烈度与振动物理量的关系。

表 1.3.3　自然地震烈度表

地震烈度	主要标志
1	人无感觉，只有仪器才能记录到
2	个别完全静止的人才能感觉到
3	室内少数静止不动的人能感觉到震动；悬挂物有的会轻微摆动
4	室内大多数人和室外少数人有震动感觉；少数人会从梦中惊醒；门、窗、顶棚、器皿等有的会轻微作响
5	室内几乎所有的人和室外大多数人都能感觉到震动；多数人会从梦中惊醒；挂钟停摆；不稳的物体翻倒和落下；墙上灰粉撒落；抹灰层上可能出现细小裂缝
6	一般有少数民房受到损坏；简陋的棚窑有少数被破坏，甚至有倾倒的；潮湿疏松土有时会出现裂缝；山区偶尔有不大的滑坡
7	一般大多数民房被损坏，少数民房被破坏；坚固的房屋也有可能被破坏；民房烟囱顶部受到损坏；个别牌坊、塔和工厂烟囱会有轻微损坏，井泉水位有变化
8	一般多数民房被破坏，少数倾倒；坚固的房屋也有可能倾倒；有些碑石和纪念碑会受到损坏、移动或翻倒；山坡的松土和潮湿的河滩土裂缝宽达 10cm 以上；水位较高处常夹有泥沙和水流出；土石松散的山区常常会有大的滑坡；人畜有伤亡
9	一般多数民房倾倒，许多坚固的房屋遭受破坏，少数倾倒
10	许多坚固的房屋倾倒，地表裂缝成带；断续裂缝相连，总长可达几千米；裂缝有的局部穿过坚实的岩层
11	房屋普遍被毁坏；山区有大规模的滑崩，地表产生相当大的竖直和水平断裂；地下水剧烈变化
12	广大地区内地形、地表水系及地下水剧烈变化；动物和植物遭到毁坏

表 1.3.4　地震烈度与振动物理量的关系

地震烈度 N	自然地震			爆破地震
	加速度/(cm/s^2)	速度/(cm/s)	位移/mm	最大速度/(cm/s)
1				≤0.2
2				0.2~0.4
3				0.4~0.8
4	0.01g			0.8~1.5
5	12~25	1.0~2.0	0.5~1.0	1.5~3.0
6	20~50	2.1~4.0	1.1~2.0	3.0~6.0
7	50~100, 0.1g	4.1~8.0	2.1~4.0	6.0~12
8	100~200, 0.2g	8.1~16.0	4.1~8.0	12~24
9	200~400, 0.4g	16.1~32.0	8.1~16.0	24~48
10	400~800, 0.8g	32.1~64.0	16.1~32	≥48
11	800~1600, 1.6g	146.2		
12				

1.4　塌　落　振　动

1.4.1　塌落振动的特点

建筑拆除爆破时，周围建筑物产生振动的原因：一是被拆建筑物中药包爆炸所产生的振动波；二是建筑物拆毁塌落解体对地面撞击造成的地层振动。

爆破作用会使破坏区以外的地层产生振动，通过人为措施阻止它是困难的，但事先控制一次爆破的装药量，采用延迟爆破技术等手段来减小地面振动的强度，使它不致引起其他建筑物和设备的破坏，还是可能的。

城市建筑物拆除爆破采用的是小药量装药，许多个药包布置在需炸毁的部位。由于每个药包的用药量小，尽管个数多，但因它们分散在不同层次和不同部位，又是在不同时刻引爆，所以炸药的爆炸作用经建筑物基础在地层中传播引起的地面振动比矿山采矿爆破引起的振动强度要低，衰减要快。

建筑在爆破拆除后塌落至地面的撞击造成的地面振动，以及高大建筑物拆除项目的增多引起了人们的重视。显然，这种振动作用不宜简单地和爆破振动的大小相比。拆除爆破工程实践表明，建筑物拆除时塌落振动往往比爆破振动大。对于同一建筑物，不同的爆破拆除方案，拆毁后的解体尺寸和下落次序都会在不同程度上影响塌落时的地面振动。有的设计方案，以少量装药一次爆破可以拆毁一座高大建筑物，这时虽然爆破造成的振动不大，但塌落的振动则不可忽视。当然，好的设计方案可通过合理布药，控制结构物拆除的解体尺寸来减小塌落时的振动，相反，若装药不合适，采用的是大药量爆破，则爆破振动大，塌落振动也不一定小。

建筑物拆除爆破产生的地面振动可以从实测地面振动波形图看到，在图中我们看到除了炸药的爆破作用产生振动，建筑物下落撞击地面也产生了明显的地面振动，有的情况下，后期的塌落振动比爆破振动还强。

烟囱定向爆破倒塌拆除是典型的集中质量结构物体下落撞击地面，这时的爆破振动和构件下落撞击地面的振动波形明显分开。记录到的地震波形是：先到达的是炸药起爆、部分烟囱筒壁爆破的振动信号；之后是未爆破的支撑构件在上面筒体重力作用下失去平衡，筒体垂直下落造成的地面振动；最后是烟囱本体定向倾倒着地，形成明显的塌落冲击振动。

1.4.2　塌落振动分析[6,7]

实际上，建筑物拆除爆破过程是，部分支承构件爆破后，上部结构就失去了平衡，在重力作用下，一些构件发生变形破坏并开始塌落，塌落运动过程是很复杂的。因此在分析塌落撞击振动的影响因素时，要考虑描述下落构件破坏的材料常数以及地面在撞击作用下的非弹性受力状态(如黏性)。另外，建筑物着地时不是在一个点上，不过其接触地面的大小与我们要观测的振动范围相比，仍可简化为集中质量下落的问题进行讨论。

这时地面振动速度和有关参数可以写成如下关系：

$$f(M_h, v_h, \rho_h, E_h, \sigma_h, \rho_g, E_g, \eta_g, v, R) = 0 \tag{1.4.1}$$

式中，M_h，v_h 为下落构件的质量和着地时的速度；ρ_h，E_h 为下落构件材料的密度和杨氏模量；σ_h 为构件材料的破坏应力；ρ_g，E_g，η_g 为地面介质的材料常数，分别为密度、杨氏模量、黏性系数；v 为地面振动速度；R 为测点至塌落着地点的距离。

如果地面介质情况和下落构件的材料性质不变，通过量纲分析，可以简化写成

$$v / c_g = f\left(\frac{M_h v_h}{\sigma_h R^3}\right)$$

v_h 与下落构件所在高度 H 有关，若不考虑下落过程中的破坏解体，$v_h^2 = 2gH$，g 为重力加速度。$c_g = \sqrt{E_g / \rho_g}$ 为地介质中声速。上式还可去掉下脚标简化写成

$$v = f\left(R \bigg/ \left(\frac{MgH}{\sigma}\right)^{1/3}\right)$$

的形式。从这里我们看到，建筑物的高度是客观存在的，为了减小建筑物塌落对地面的撞击振动强度，要充分注意设计建筑物的解体尺寸，以破坏建筑物整体性。为了寻找和爆炸振动衰减类似的关系来描述解体构件对地面的撞击振动，不妨采用 $v = K\left(R \bigg/ \left(\frac{MgH}{\sigma}\right)^{1/3}\right)^{\beta}$ 的形式整理实测数据。

1.4.3　塌落振动速度计算公式的物理意义和参数选择

建筑物爆破拆除时的塌落振动速度计算公式：

$$v_t = K_t\left(R \bigg/ \left(\frac{MgH}{\sigma}\right)^{1/3}\right)^{\beta} \tag{1.4.2}$$

式中，v_t 为塌落引起的地面振动速度(cm/s)；M 为下落构件的质量(t)；g 为重力加速度(9.8m/s^2)；H 为构件的高度(m)；σ 为地面介质的破坏强度(MPa)，一般取 10MPa；R 为观测点至冲击地面中心的距离(m)；K_t、β 为塌落振动速度衰减参数和指数。

我们知道，一个随距离衰减的物理现象，在数学上表述为一负幂次函数或负指数函数。建筑物爆破拆除引起的地面振动，无论是炸药爆破振动，还是构件下落引起的地面振动都是随着传播距离衰减的。通过量纲分析，我们可以采用无量纲参数

组合的比例距离作为自变量。振动是随比例距离衰减的幂函数或指数函数，振动速度衰减的经验公式中的指数或是幂次应为一负数。

定向爆破拆除高大烟囱时，爆破后烟囱将似一刚杆定向转动塌落。原则上我们可以把烟囱分解成很多小段(ΔH 段高的相应质量为 ΔM)，每一小段的塌落可当成集中质量体像落锤一样下落。这样，我们可以将整个烟囱逐段依次下落撞击地面看成有多点依次冲击地面的线性振源，线性振源导致观测点处的振动叠加可以通过积分获得。可以假定地面振动是弹性振动，同时不考虑相位和频率的影响，积分的结果必将和烟囱的全高和总质量有关。因此，应用上述塌落振动速度公式计算烟囱爆破塌落振动时，H 为烟囱的高度，M 为总质量，σ 为建筑物爆破后解体构件混凝土的破坏强度，包含地面被砸介质的破坏强度，但以混凝土构件破坏为主，σ 一般取值 10MPa。

公式(1.4.2)说明建筑物拆除爆破时的塌落振动速度与结构的解体尺寸和下落的高度有关，和构件的材料性质、地面土体性质有关。为了减小对地面的撞击作用，控制下落建筑物解体的尺寸十分重要，逐段延迟爆破可以减小下落物体的质量；尽管建筑物的总体高度不能改变，但可以通过设置上下缺口分层爆破，控制先后下落的解体构件的大小；改变地面土体状态也可以减小振动的影响范围。

对于钢筋混凝土高烟囱的拆除，整体定向爆破拆除是最简单、节省的方案。但爆破拆除时塌落振动很大，这时只能在地面采用减振措施，在地面开挖沟槽、垒筑土墙改变烟囱触地状况，减小地面振动。

我们根据数座高烟囱爆破拆除实测数据整理分析，不同数据组回归分析拟合给出公式中的衰减参数 $K_t = 3.37\sim4.09$、$\beta = -1.80\sim-1.66$。其值是在地面没有开挖沟槽、不垒筑土墙减振措施的条件下得出的。当在地面开挖沟槽、垒筑土墙改变烟囱触地状况时，塌落振动将明显减小。塌落振动速度公式中衰减参数 K_t 仅为没有设置减振措施地面的 1/4~1/3。

高烟囱拆除采用折叠爆破方案时，显然可以减小烟囱塌落振动强度。

通过对建(构)筑物的倒塌机理的研究，我们发现楼房爆破拆除的塌落过程一般不是整体下落撞击地面，而是被分成许多大小各不相同的解体构件，依次下落撞击地面并相互撞击，上层构件的撞击作用经过先着地的下层构件传给地面，其过程是相当复杂的。依次下落撞击地面的过程使我们看到控制第一时间着地的解体构件的尺寸十分重要，首先着地的构件作为垫层可以缓冲上层结构物下落对地面的冲击，下层构件在被上层构件撞击破坏过程中就吸收了上层下落的动能。

框架结构的高大楼房爆破拆除时的塌落振动衰减参数 K_t 为烟囱爆破的 1/3~1/2，即为 1.1~2.1；β 值变化不大。若在地面采用减振措施，振动还能降低。

高大楼房建筑物爆破拆除时不宜选择简单的定向倒塌方案，应采用上下楼层分割或是分片逐段解体的爆破方案。这时，塌落振动速度公式中的 M 就不是总质量，而是设计分段爆破第一时间着地的那部分的质量 M_1，H 应为 H_1。高大楼房建筑物采用简单的定向倒塌方案，M 和 H 值大，产生的塌落振动就不小。因此高大楼房爆破拆除时，应采用多缺口爆破方案，无论是单向折叠爆破还是双向折叠爆破。大量拆除爆破振动波形记录分析说明第一时间落地的解体尺寸对控制塌落振动大小的作用最重要。

参 考 文 献

[1] 中国科学院北京力学研究所. 定向爆破在农田基本建设中的应用. 北京: 科学出版社, 1975.

[2] 波林格 G A. 爆炸振动分析. 刘锡荟, 熊建国, 译. 北京: 科学出版社, 1975.

[3] 亨利奇 J. 爆炸动力学及其应用. 熊建国, 等译. 北京: 科学出版社, 1987.

[4] Clark J, Sidney P. Handbook of Physical Constant. Geol. Soc. Memoir 97., Rev. ed., 587 p., Geol. Soc. Am., 1966.

[5] Heiland C A. Geophysical Exploretion. New York: Prentice-Hall, 1940.

[6] 周家汉, 陈善良, 杨业敏, 等. 爆破拆除建筑物时振动安全距离的确定//工程爆破文集: 第三辑. 北京: 冶金工业出版社, 1987, 112.

[7] 周家汉. 爆破拆除塌落振动速度计算公式的讨论. 工程爆破, 2009, 15(1): 1-4.

第2章　爆破作用机理

2.1　爆破漏斗和抛掷运动

随着工农业生产迅速发展，工程爆破技术在我国也得到了迅速发展和应用。在采矿场上，爆破是每天必不可少的作业手段之一。近年来，爆破技术在水利工程和农田基本建设方面的应用也广为人们所知。1973 年，陕西省长安县石砭峪水库定向爆破筑坝工程一次爆破所用炸药达 1600t，获得了坝体成型的良好效果。应当指出的是用定向爆破构筑大型堆石坝，蓄水发电，在世界水电工程建设上都是少有的。采用定向爆破技术施工有可能在那些用常规办法无法施工修建大坝的深山峡谷中筑起高达数百米的大坝。爆破技术应用于农田基本建设，筑坝蓄水拦洪，淤地造田，搬山造平原，为从根本上改变农业生产的基本条件、扩大耕地面积开辟了广阔的前景。

研究爆破作用造成的破坏和抛掷现象在实际工程应用中具有十分重要的意义。在开挖河渠和基坑的爆破施工中，需要知道爆破后的可见漏斗尺寸；定向爆破筑坝和造田工程则需要准确计算抛出土石的数量以及它们的运动过程。爆破施工后的边坡稳定问题除了受地质构造影响外，与破坏漏斗范围大小的确定也有紧密关系。

多年来，关于爆破技术已有大量的研究工作，一些基本问题仍未得到根本解决，以致妨碍了爆破技术的应用和推广。爆破设计的药量计算大多还是采用经验公式，确定破坏范围所依据的原则缺乏理论解释，这就需要深入研究炸药爆炸后介质的破坏过程及其运动规律，从而为工程设计提供理论依据和设计原则。在此，就我们所找到的文献，将爆破漏斗形成的机理和抛掷运动分析的研究近况作一介绍，使我们能在比较不同爆破理论模型中加深对这些问题的认识。

2.1.1　爆破漏斗形成机理

埋在地面以下一定深度的药包爆炸时，炸药迅速转变成高温高压的气体产物（化学炸药爆炸的气体产物压力在几万~10 万标准大气压），高压气体作用于药室空腔周围的岩石，在岩石中产生应力波，使近区岩石受到压缩，随着传播距离增加，应力波强度降低。当遇到地表面时，压缩应力波反射形成拉伸稀疏波。脆性岩石的抗拉强度远小于抗压强度，在压缩应力波作用下没有破坏的岩石可能在拉伸波作用下形成破坏。药室内的高压气体继续膨胀，作用于被应力波不同程度破坏的岩石上，使药包上面被破坏的岩石进一步加速运动和破坏，形成地面鼓包。直至鼓包破裂，爆炸气体从裂口喷出，被抛起的具有一定速度的岩块在重力场弹道飞行，最后落回地面形成可见漏斗坑和围绕坑边的堆积体[1,2](图 2.1.1)。

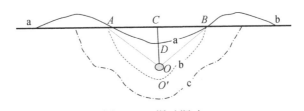

图 2.1.1   爆破漏斗
a. 可见漏斗；b. 抛掷漏斗；c. 破坏漏斗

Nordyke[3]认为爆破漏斗的形成机理与药包的比例埋深($W/Q^{1/3}$ 或 $W/Q^{1/3.4}$，Q 为炸药量)有很大关系。在浅埋情况下，形成爆破漏斗的主要作用是自由表面拉伸破坏剥离产生的石片，由于反射剥离形成的石片速度很大，所以爆炸气体在散逸以前，对形成漏斗几乎不起什么作用。在深埋情况下，因 $W/Q^{1/3}$ 或 $W/Q^{1/3.4}$ 很大，气体加速作用很小。

而对一般工程爆破设计，药包埋置深度在最佳漏斗埋深(得到可见漏斗最大尺寸的埋深，相应于可见漏斗最大半径和最大深度的最佳埋深是不一样的)附近时，气体加速在漏斗形成过程中起主要的作用。从一次爆破试验的地面中心点的速度资料中看出，地表剥离飞出石片的初始速度仅为 21.3m/s，但在气体加速作用下，速度最终达到 54m/s。根据气体加速作用获得的最终速度，计算可以达到的高度和试验观测的结果一致。

在爆破漏斗形成过程中，应力波的作用表现为在自由表面产生了飞石片，地面开始运动。反射拉伸波传到正在膨胀的气体空腔，稀疏波的作用使气腔上部岩石内的压力降低，空腔膨胀，上下不对称发展。

在计算气体加速阶段空腔初始半径时，腔体上下半球的半径是不相等的，地表质点具有一定的水平速度分量和垂直速度分量，以及相应的初始位移。

在早期关于爆破漏斗形成机理的研究中，Hino[4],Duvall[5]等通过试验认为形成漏斗的机理主要是应力波的作用，这被称为岩石破坏的应力波反射理论。一维杆和爆破漏斗的试验表明在自由面会产生飞石片或形成漏斗，但在地表面至药室中间仍存在没有产生明显破坏的区域，它们认为是波动作用把炸药能量传到自由面。

关于应力波在岩石中的传播，Sharp，Duvall[5]，Favreau[6]在理论上已作过详细讨论和描述。Favreau 计算了在爆炸气体绝热等熵膨胀下弹性介质中传播的应力波的特性。径向压缩应变波和环向拉伸应变波都是一个阻尼振荡波形，前者比后者上升要快，峰值要高，阻尼大小取决于爆炸气体初始压力，然后应变稳定在一定值，其值大小随着至药包距离的增加而减小。在 4 倍药包半径内，径向和切向应变衰减的斜率都近似等于 2.7，大于 4 倍药包半径后，径向应变波衰减指数下降。由于径向压缩波的作用，岩石在切向受拉，当切向拉应变超过岩石允许的拉伸破坏应变时，则在岩石中产生径向裂缝。

Kotter[7]在研究应力波和气体产物膨胀对裂缝形成和发展所起作用的试验中，用火花放电效应模拟应力波的波动作用，用高压油模拟爆炸气体产物的准静态膨胀。试验结果说明应力波的作用是在药室壁近区产生了由大量细小裂缝构成的塑性破坏区，随着至药包中心距离的增加，经过一个非弹性区过渡到主要由切向拉应力产生的径向裂缝的弹性区。应力波过后，在已破碎和有裂缝的内壁上的爆炸气体膨胀等效作用在腔半径为裂缝长的空腔上。应力波产生的裂缝对气体作用影响很大。利用静力学的理论解，Kotter 举例说明当应力波作用产生的径向裂缝为 2 倍空腔半径长时，气体产物作用于周围岩石的应力场要比没有裂缝时大 9 倍。

径向裂缝的存在降低了裂缝发展的临界压力，临界压力是使裂缝扩张的最小压力，它随裂缝长度增加而降低，因而在气体作用下最有利于长裂缝的发展。Persson指出空腔内气体压力伸进裂缝中对其发展有重要作用。气体膨胀初期，腔内一直保持有明显的压力，这种压力在裂缝中扩张，进入裂缝中的气流也以足够大的速度使气体扩张到裂缝顶部。即使气体向外扩张时压力在减小，在裂缝表面高气压产生的劈裂作用仍将对裂缝顶部的拉伸产生明显影响。裂缝长的作用面积大，影响也大。当使用一种气体反应产物中含碳多的炸药爆炸时，可以看到在最长裂缝(10~20 倍孔半径)表面有碳的沉积，说明有气体产物伸进裂缝。

Persson 引用普莱玻璃的试验说明在裂缝发展初期，径向裂缝很多，但其中只有少数裂缝传播得很远。在没有自由面时，这些裂缝比其他裂缝长很多，长裂缝常常在 7 条左右。径向裂缝的传播速度最初为 1000m/s 或稍大点，之后逐渐减小。

Harries[8]引用 Duvall 的实测应变衰减规律和岩石允许的动拉伸破坏应变计算了裂缝数目，6 倍药包半径的应变是 $23600\mu\varepsilon$，可产生 24 条裂缝；20 倍药包半径时为 7 条。自由面存在时，气体膨胀作用下的裂缝发展是形成漏斗的重要原因。自由面影响下高压气体作用导致空腔上部的环向拉应力最大，因此有助于径向裂缝向自由面方向发展，同时也可能导致形成漏斗边界的那些裂缝发展(图 2.1.2)。

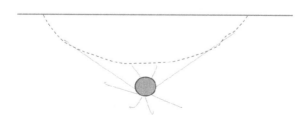

图 2.1.2　反射拉伸波对裂缝发展的影响

Field 利用模型试验研究了反射波对发展着的径向裂缝的作用。反射波作用在很长一段裂缝面上的应力集中效应导致与波相切的裂缝的发展，因此在与自由面成 40°~80° 角的那些裂缝有较大的传播速度，扩展要远。这和在岩石中点药包爆破的结果 α=50° 接近。

另外，Persson 对 Noren 测量自由面运动时间和反射波作用下裂缝发展过程进行比较，说明了漏斗的形成时间。地面显著加速运动和大裂缝到达自由表面差不多是同时发生的。大裂缝到达地表形成了破坏漏斗，地面才开始加速运动。

在说明均匀岩石断裂的一般过程后，Persson 指出在非均质岩石中，由于原来已经存在的裂缝和裂隙，裂缝发展的情况就会很不一样。如果有通过药室的大裂缝，开始就有高压气体流入，劈裂效应将使裂缝首先扩张，接近水平的裂缝往往会造成过远的抛距。通过药室的小裂缝由于初期应力波压缩作用挤在一起不会产生这种后果。药室和自由面之间的裂缝会使应力波反射，造成内部岩块粉碎，同时，由于原有环向裂隙的存在，径向大裂缝不易穿过，气体可以伸进，爆后可能出现大块。岩石中原有裂缝发展的应力要比拉开一个新裂缝低得多，地质结构对爆破效果的影响是很大的。另外，原有的应力场的作用也不可忽视。

2.1.2 爆破漏斗公式讨论

1.1.4 节运用量纲分析方法给出了常用的爆破漏斗公式，即药量计算公式。如果假定破碎岩石所需的能量比克服重力大很多或者当最小抵抗线 W 较小时，任何线性尺寸都是和炸药能量的立方根成正比的。埋深小于 20m 的鲍列斯科夫公式

$$Q = k_0 w^3 (0.4 + 0.6 n^3) \tag{2.1.1}$$

就属这种情况下的漏斗经验公式。改变一下假定，破碎介质所需能量比克服重力要小得多，例如，对破坏强度比较低的砂子，或是埋深较大时(把岩石从漏斗中抛出去，要克服重力做功)

$$E = \rho g w^4 f(n)$$

这时，爆破漏斗的任何线性尺寸将和炸药能量的四次方成比例。

在实际爆破中，介质的强度和重力影响都存在，爆破漏斗尺寸不是简单地和炸药能量的三次方根或四次方根成比例，似乎应是介乎二者之间的一个方次幂。

苏联人 Rodionov 在实验室用砂子做爆破试验后提出了一个修正的漏斗公式

$$\frac{r}{w} = 0.5 + 0.85 \ln E^*$$

$$E^* = \frac{E}{(\rho g w + \sigma_0) w^3} \tag{2.1.2}$$

这里 E 是炸药的内能。上式说明了漏斗尺寸和炸药能量的 1/4~1/3 幂的关系，而美

国人大多采用 1/3.5~1/3.4。有人统计了大量漏斗经验公式，表示为一般形式

$$L=AQ^n \tag{2.1.3}$$

式中，L 代表线性尺寸，如最小抵抗线，或是漏斗半径；A 是有量纲的系数，这里 n 是不确定的指数变量，不是漏斗爆破作用指数。n 随 Q 代表的不同量而不同，Q 有的表示炸药能量，有的表示炸药重量，还有说表示炸药全能量。A、n 取值随着不同的人分析归纳试验数据，给出的数值也会不一样，有人企图把大量数据画在一条曲线上，花费不少精力，其结果也不能令人满意。

White[9]认为推导漏斗公式都是基于相似理论，由于引力存在的重要性，形成漏斗的过程不能认为是相似的，除非有一不变的引力常数。

为了避免相似理论，White 提出了一个简化模型，分析在引力作用下漏斗土岩体的抛掷运动规律，推导漏斗公式。他假定漏斗内的土岩体抛出后堆积在坑边的概率为一加权函数

$$p = c\frac{r_j - r_i}{R} \cdot \frac{r_i}{R}$$

R，r_i，r_j 如图 2.1.3 所示，系数 c 由试验决定，抛到坑外的体积则为

$$V_{ej} = \int c\left(\frac{r_j - r_i}{R}\right) \cdot \frac{r_i}{R} \mathrm{d}v$$

$$r_j - r_i = \frac{2v^2 yr}{g(r^2 + y^2)}$$

v 为质量单元的初速度

$$v^2 = \frac{2}{\rho}E$$

E 为单元体积的动能，ρ 为密度，

$$E = E_k - E_g$$

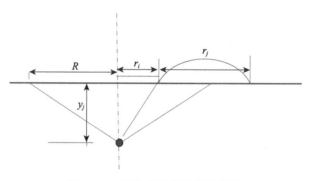

图 2.1.3　漏斗内质点抛掷示意图

E_k 为漏斗体积的岩石获得的流体动能，$E_k=f(Q/V)$，Q 表示炸药能量，V 为锥形漏斗体积，f 是与介质的强度、含水量和药量有关的能量利用系数；E_g 为将漏斗内岩石抛出漏斗所需的势能

$$E_g=\rho g(y_\alpha-y)$$

积分简化

$$V_{ej} = 0.3\left[\frac{4fQ}{\rho gR^2}y_\alpha - \frac{\pi}{3}y_\alpha\right]$$

当抛出体积为最大值时，求得最佳漏斗深度 y_α 和药量的关系为

$$y_\alpha = \left(\frac{fQ}{\rho g}\right)^{\frac{1}{4}}$$

通过能量分析，上式改写成

$$y_\alpha = \frac{(f_o f_w f_s)^{\frac{1}{4}}}{\rho g}Q^{\frac{1}{4}}$$

采用试验资料确定

$$f_o=0.21$$

White 用另一次试验爆破的资料确定介质性质因子 f_w，f_s，给出的结果是

$$y_\alpha=k_0 Q^{1/3} \tag{2.1.4}$$

White 分析抛掷体的运动得到了和经验公式相同的幂次，他只是给经验公式的系数赋予了一定的物理意义，反映了材料的性质，没有详细讨论抛掷体的运动过程。

关于爆破岩体的抛掷堆积规律，具有实际工程意义的是斜坡地形条件下的爆破，我国在铁路施工爆破中，总结了一套基于体积平衡原理的抛掷堆积计算公式[1]。利用经验公式计算抛掷堆积体最远抛距，堆积体的重心抛掷距离以及最大堆高位置，横向塌落滑散的宽度，假定堆积呈三角形分布。只要经验系数选择恰当，可以较好地预计抛掷堆积效果。

由于经验公式来自大量斜坡定向爆破抛掷堆积资料的整理，缺乏对抛掷体运动规律的认识。我们看到，抛掷距离均正比于最小抵抗线，当最小抵抗线小时，计算值偏小，最小抵抗线大时，计算值偏大。若把经验公式用于缓坡地形爆破和群药包爆破则会遇到更多困难。

2.1.3 爆破土岩体的抛掷运动

土岩体在爆炸载荷作用下的运动是一个二维不定常的弹塑性问题，Cherry[10] 把漏斗的形成过程看成一波动现象。与时间有关的波动过程在介质中把能量从一点传到另一点，应力波在介质中传播，使介质的运动状态发生变化。波动问题的解取

决于边界条件，爆破形成的漏斗的边界有爆炸气体作用的空腔和地表面。在这些边界条件下，应力波的作用把漏斗形成分为三个阶段：①压缩应力波作用；②自由面反射拉伸的剥离；③气体加速作用阶段。

20 世纪 60 年代，为了利用计算机进行数值计算，求解质量、动量和能量守恒方程。把介质分割成小格子用以代替连续分布的应力、密度等。在任一给定的时刻，各个格子的应力、密度、坐标质点速度是已知的。动量方程描述了应力场下每个格子的加速度。有一个小的时间增量 Δt，从加速度可以得到速度，速度产生位移，位移导致应变，从而达到一个新的应力场。应力-应变关系取决于材料的状态方程。波动方程求解的关键是需要知道材料的状态方程。Cherry 引用几万到几十万标准大气压的材料试验结果进行了数值计算和讨论。他用 Soc 和 Tensor 的计算程序对 Scoater 爆炸进行了数值计算，计算得到的地面中心点速度和观测值十分接近，利用鼓包运动模型估算了可见漏斗半径。但在爆破土岩体抛掷运动的后期，模型的真实性还值得讨论，例如，鼓包已经破裂，计算模型给出的却是一个连续壳。在准确知道了材料的性质后，采用计算机程序来模拟土岩体的运动被认为是研究抛掷运动规律的有效手段之一，虽然目前计算机运算成本较高，但随着计算机的发展，其成本和时间必将大大减少。

Knox[11]和 Tyxol、Kopomkol 提出简化模型来描述气体加速阶段土岩体的运动，计算爆破漏斗形成的条件和材料性质的关系。Kopomkol 将应力波到达自由面以后的阶段称为岩石抛掷运动的第二阶段——气体加速作用阶段。Knox 把应力波自地面反射的拉伸波传回正在膨胀的气腔作为气体加速阶段的开始。前文已充分说明应力波在自由面反射时对漏斗造成的影响。Knox 认为把自由面反射波作用造成地表面剥离石片，鼓包升起，反射波传回爆炸气体腔顶的时刻作为气体加速阶段的初始时刻更为恰当些。

上述所建立的模型都是把漏斗内被爆破的岩石看成均匀不可压缩的连续介质，尽管 Kopomkol 建立了轴对称的弹塑性运动方程，但在后面简化方程中，假定了 $\sigma_r = \sigma_\theta = \sigma_\varphi$。不同于 Knox 的是，用黏性流体剪应力来替代了与速度成正比的摩擦阻力。在简化模型中，这种描述可能会较好地反映材料的力学性质。另外，他们都假定介质的运动只是径向的，不考虑切向速度分量。Kopomkol 用漏斗内埋置观测模块的径向分布和摄影资料说明了这个假定的真实性。

下面扼要地介绍一下 Knox 的简化物理模型。除了上述两个基本假定外，还有以下几点：

(1) 空腔下半球半径与时间无关，不变化；

(2) 在气体加速阶段的任一时刻，气体是等压和等温的；

(3) 腔内压力和体积的关系是绝热膨胀，绝热膨胀指数 $\gamma=1.03$。

把漏斗内介质分成许多径向椎体单元，实际上气体空腔把这些椎单元截去一顶，成为截头椎体(图 2.1.4)。于是质量单元重心的径向运动方程可写成下式：

$$a = P_{c}\frac{\delta_{sc}}{\delta_{M}} - P_{g}\frac{\delta_{sg}}{\delta_{M}} - g\cos\theta - kv \tag{2.1.5}$$

v，a 分别为质量单元重心的速度和加速度，δ_{M} 是截头椎体单元质心截面积，其他符号如图 2.1.4 所示。从均匀不可压假定，得到

$$r^2 v = r_{G}{}^2 v_{G} = r_{c}{}^2 v_{c} \tag{2.1.6}$$

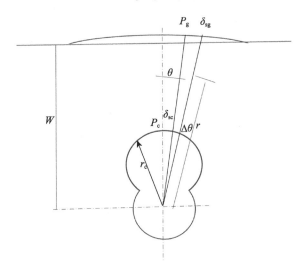

图 2.1.4　Knox 爆破漏斗形成气体加速段模型

腔内压力和体积的关系为

$$P_{c}V^{\gamma} = \text{Const} \tag{2.1.7}$$

运动方程(2.1.5)中采用了简单摩擦的概念，摩擦力和单元重心的径向速度成正比，摩擦系数 k 是根据计算机计算的结果和实测地面中心点速度进行比较而选定的。

气体加速阶段开始时刻(t_{G})，空腔下部球半径引用一维球对称解(SOC 程序)，在反射波至空腔顶时，腔内压力满足公式

$$P_{c}(t_{G})\left[\frac{4}{3}\pi r_{co}{}^3 + \Delta V_{m}\right]^{\gamma} = P_{c}(t_{r})\left[\frac{4}{3}\pi r_{co}\right]^{\gamma}$$

式中，ΔV_{m} 是从 t_{r} 到 t_{G} 时鼓包体积的变化量；$P_{c}(t_{r})$ 是 SOC 的计算结果。

在 t_{G} 时刻，鼓包表面各点的位置为

$$X_{I}{}^0 = u_{i}(t_{s})\Delta t + x_{i}(t_{s})$$

$$Y_{I}{}^0 = y_{i}(t_{s}) + v_{i}(t_{s})\Delta t - \frac{1}{2}g(\Delta t)^2$$

$u_i(t_s)$，$v_i(t_s)$ 为自由表面在 t_s 时的速度分量，它们是从波动方程和压缩波与剪切波波速之比采用声学近似开始进行计算的。

Knox 建立气体加速阶段土岩体抛掷运动模型在于估计可见漏斗的半径和深度。由于模型没有解决在气体加速作用后土岩体在重力场作用下的回落堆积过程，不能直接计算出漏斗坑的形状和坑边的堆积。书中采用作图法计算可见漏斗半径，把这种模型用于计算在 t_v(鼓包破裂)以后的鼓包运动，这时鼓包侧面近于垂直,过表面曲率最大点 A 作一直线与空腔下半球和上腔面折点 C 相连,直线与原地面交点 B 至原地面中心点距离 OB 就是可见漏斗半径(图 2.1.5)。对 Scoater 爆炸(0.5kt 炸药埋在 38.2m 深的冲积土中),计算可见漏斗半径为 46m,堆高约 5m,可与实测值 46.5m 和 2.7m 相比较。但由于塌落的惯性作用,堆积体的高度很难估计得十分准确。

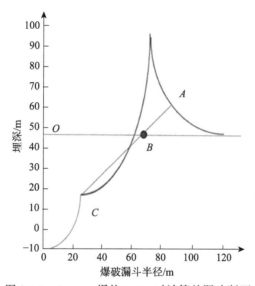

图 2.1.5　Scoater 爆炸 3.45s 时计算的漏斗断面

Kopomkol 运用前述几点假定建立了球坐标下连续介质的径向运动方程

$$\rho \frac{\partial v_r}{\partial t} = \frac{1}{r^2}\frac{\partial (r^2\sigma_r)}{\partial r} + \frac{1}{r\sin\theta}\frac{\partial(\tau_{r\theta}\sin\theta)}{\partial\theta} - \frac{\sigma_\theta + \sigma_\varphi}{r} - \rho g\cos\theta \qquad (2.1.8)$$

式中，ρ 为介质密度；t 为时间；v_r 为径向速度；σ_r，σ_θ，σ_φ 为球坐标三方向的法向应力；$\tau_{r\theta}$ 为切向应力；g 为重力加速度。鼓包运动模型见图 2.1.6。因为假定只有径向运动和不可压缩，所以

$$v_\theta = v_\varphi = 0，\quad \rho = \text{Const}$$

于是，

$$\frac{\partial}{\partial r}(r^2\sigma_r) = 0$$

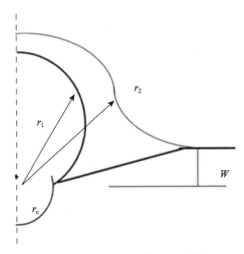

图 2.1.6　Kopomkol 鼓包运动模型

为了简化方程，把方程(2.1.8)沿着 r 方向积分，并引进平均应力概念，进而假定法向应力相等

$$\sigma_r = \sigma_\theta = \sigma_\varphi = -P$$

径向应力呈线性分布

$$\sigma_r = \frac{p_2 r_1 - p_1 r_2}{r_2 - r_1} + \frac{p_1 - p_2}{r_2 - r_1} r$$

最后把运动方程简化为

$$\frac{\partial v_r}{\partial t} = \frac{3}{2\rho(r_2^2 - r_1^2)\sin\theta} \frac{\partial}{\partial\theta}[(r_2^2 - r_1^2)\tau_0\sin\theta] + \frac{p_1 - p_2}{\rho(r_2 - r_1)} - g\cos\theta \qquad (2.1.9)$$

在对称轴附近剪切变形小，距对称轴较远处位移小、剪切变形也不大，可以认为满足胡克定律

$$\tau_{r\theta} = \frac{\mu}{r} \frac{\partial u}{\partial\theta}$$

那么

$$\frac{\partial \tau_{r\theta}}{\partial t} = \frac{\mu}{r} \frac{\partial v_r}{\partial\theta}$$

$$\frac{\partial \tau_0}{\partial t} = \frac{2\mu}{3r_1 r_2(r_1 + r_2)} \frac{\partial}{\partial\theta}[(r_1^2 + r_1 r_2 + r_2^2)v_0], \quad |\tau_0| < \tau_* \qquad (2.1.10)$$

$$\tau_* = c + kp_0, \quad p_0 > -c/k$$

$$\tau_* = 0, \quad p_0 \leqslant -c/k$$

式中，c 为黏结力；k 为摩擦系数。

内腔压力由绝热方程确定

$$\frac{\mathrm{d}P_1}{P_1} = -\gamma \frac{\mathrm{d}D_1}{D_1}, \quad \frac{\mathrm{d}D_1}{\mathrm{d}\theta} = \frac{2}{3}\pi r_1 \sin\theta$$

这样就可对式(2.1.9)和式(2.1.10)构成的双曲线型方程利用特征线方法求解。其边界条件是

$$\tau_0 |_{\theta=\theta_0} = 0, \quad v |_{\theta=\theta_0} = 0$$

初始条件

$$v_0 = \frac{3}{r_2^2 - r_1^2} \left[\frac{r_1 r_2 (r_2 - r_1)}{2\pi\rho} \alpha E \right]^{\frac{1}{2}}$$

$$P_1 = \frac{3(\gamma - 1)}{4\pi r_1^3} \beta E$$

在计算中需要给出 α, β 的值。

最后 Kopomkol 利用此模型计算了美国 Schooner(埋深 108m 31kt TNT 当量)核爆地面中心点的速度-时间关系，和实测结果比较，由于没有考虑应力波在自由面反射的波动作用，地表面被剥离飞石片的加速段误差较大。总之，Kopomkol 在建立气体加速阶段抛掷运动模型中，没有对腔体和鼓包作过多的假定，只是利用黏性流体模型简化了运动方程，考虑了剪切应力的存在对鼓包、空腔的发展变化情况的影响，改进了 Knox 模型中所用简单摩擦的概念。

目前，关于爆破抛掷土岩体运动的简化模型由于都假定了不可压缩的连续介质，无法描述在气体加速阶段过程中(特别是后期)气体大量渗进破碎岩块后的运动情况。

2.1.4　小结

炸药爆炸作用所形成的应力波在其周围介质中的传播使介质产生运动和变形，形成裂缝。在有自由面条件下，爆炸气体压力作用使裂缝进一步发展，漏斗内被破碎的土岩体加速运动在地面形成鼓包，一般工程爆破最小抵抗线的尺寸和漏斗爆破最佳埋深相当，气体加速在漏斗形成过程中起着主要作用。

利用相似律整理试验资料得到药量和埋深的经验公式在实际爆破中被广泛应用。最小抵抗线小于 20m，鲍列斯科夫公式 $Q=k_0 w^3(0.4+0.6n^2)$ 正确地反映了药量和漏斗尺寸的关系。在最小抵抗线为大尺寸时，量纲分析和试验资料说明漏斗尺寸和药量的 3.5 次方成比例。

建立简化模型研究爆破土岩体抛掷运动的规律。为确定漏斗尺寸，可以认为在气体加速作用早期，岩石密度变化不大，介质可以假定为不可压缩，但到鼓包运动的后期，由于大量气体渗进破碎岩块中，这样的模型难以准确描述这时的鼓包运动图像。

Kotter 采用试验技术分析了应力波和爆炸气体的作用，说明了前面传播的应力

波对气体加速作用的影响，但测量后面气体压力在周围介质中的作用却很困难。目前只是用高速摄影法观测了鼓包表面的运动特征。深入研究和观测鼓包破裂以前漏斗内介质的运动状况必将有助于建立更好的简化模型。鼓包运动后期，地表运动呈现等速段，这起源于药包中心的大量裂缝发展、张开。漏斗内介质被分割成大量碎块，不再是加速初期的连续状态，大量气体伸进岩块间，能准确地说明非连续体的运动的模型才有可能获得和实际爆破后一致的结果。

2.2 炸药的爆破抛掷能力

2.2.1 炸药的爆破能力

离开炸药爆炸作用的对象，无法谈及炸药的效力，对同一种岩石，不同炸药爆破的效果会很不一样。为了确定各种炸药在岩石爆破中的破碎能力，需要研究炸药性质和其他参数对爆破效果的影响，有些研究者分析试验资料得到了一些有益的结果。Langefors 等在花岗岩中进行了六种炸药的台阶式爆破试验，说明炸药的爆破能力 S 和炸药的能量近似成正比。若假定相对爆破能力完全取决于爆破能量 e 和气体体积 g，相对爆破能力有如下关系：$S=(5/6)e+(1/6)g$[①]。爆速不影响炸药对岩石的爆破能力。美国用爆破漏斗坑尺寸的大小来测量炸药对岩石的爆破能力，试验的炮眼和水平岩石表面垂直，底部装药，以相同重量炸药得到可见漏斗的最大深度来比较不同炸药的爆破能力。Bergmann 等利用岩石模型试验研究了不同炸药的能量、爆压、爆速和炸药密度对岩石爆破后破碎程度的影响。然而，至今还没有看到关于炸药参数对抛掷效果影响的工作。作者[12]分析了在砂砾石中进行的一组单药包爆破试验和定向抛掷爆破试验结果，说明了炸药的抛掷能力主要取决于炸药的爆热值，与爆速关系不大。在本试验的条件下得到：对同一种介质，不同炸药爆破抛掷运动的有效能量利用率是一个常数。

2.2.2 单药包抛掷爆破试验

试验地点选在比较均匀的砂砾石戈壁滩中，砂砾石的主要成分是粒径大小不等的砂子(中粗砂居多)，局部夹有不大于 3cm 的砾石，容重约 2000kg/m³。

试验比较了六种炸药的爆破效果，这些炸药的主要性能参数见表 2.2.1。其中爆压是参照 G. D. Free 引用的办法计算的。其他参数均为中国科学院兰州化学物理研究所提供。

---

① 式中能量因子 $e = A/500$，其中 $A=(425×\mu_0)/1000$，μ_0 为炸药的爆热(kcal/kg)。体积因子 $g = V/850$，V 为0℃、一个标准大气压下爆炸气体的体积。Langefors选用一种硝酸铵–硝化甘油混合炸药(μ_0=1180kcal/kg，V=850L)，其爆破能力 S=1。

表 2.2.1　几种炸药性能参数

炸药品种	爆热/(kcal/kg)	爆速/(m/s)	爆力[1]/ml	猛度/mm	爆压/($\times10^4$atm[2])	密度/(g/cm³)
2#岩石硝铵炸药加 23%的铝粉	~1500	3000				
硝酸-硝基苯	1260	7000		25	7.2	1.39
2#岩石硝铵炸药	1000	~3000	320	13.5	1.5	1.0
TNT	1000	7000	290	17.0	7.0	1.3
硝酸尿	700		260	12,7	1.05	0.9
铵油炸药	~900	~3000	285	12.5	1.0	0.9

注：① 爆力指 1kg 炸药埋深 1m 爆破抛出的体积量；

　　② 1atm=1.013×10⁵Pa。

单药包抛掷爆破试验参数：药量 Q=4.2kg；最小抵抗线 W=1m；比例埋深 $W/Q^{1/3}$=0.62。

为了观测爆破漏斗内土块的抛掷初速度和运动过程，在地表面和地面下一定深度埋设了焰火块，爆破时点燃的焰火块与土块一同抛出，利用间时照相装置拍摄焰火块的运动轨迹，然后分析计算各焰火块的抛掷初速度。爆后测量可见漏斗直径 $2r_c$ 和可见漏斗深度 p，计算可见漏斗体积 V。焰火块布置和漏斗尺寸见图 2.2.1。

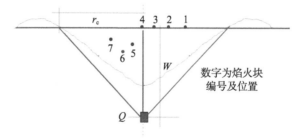

图 2.2.1　焰火块布置和漏斗尺寸

不同炸药的单药包抛掷爆破试验结果见表 2.2.2。

表 2.2.2　几种炸药的可见漏斗尺寸和测点初始抛速

炸药品种		硝酸-硝基苯	2#岩石硝铵炸药	TNT	硝酸尿	铵油炸药
可见漏斗	r_0/m	1.90	1.80	1.74	1.64	1.55
	p/m	0.76	0.70	0.66	0.66	0.62
	$n=r_0/W$	1.9	1.8	1.74	1.64	1.55
	V/m³	2.87	0.38	2.09	1.86	1.56
测点初始抛速/(m/s)	1	16	15	13		
	2	25	24	23	17	20
	3	36	32	31	26	25
	4	44	38	36	34	30
	5	31	28	23	24	17
	6	20	21			15
	7	18				

图 2.2.2 是漏斗内测点抛速分布图，我们看到地面中心点速度最大，垂直向上。偏离中心点速度降低，抛掷角(抛掷方向和地面夹角)减小。地面测点比漏斗内抛速大。表 2.2.3 整理了 2#岩石硝铵炸药的五次试验结果。

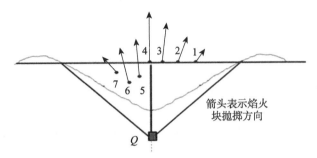

图 2.2.2　漏斗内测点抛速分布图

2#岩石硝铵炸药 Q=4.2kg，W=1m

表 2.2.3　2#岩石硝铵炸药试验测点的抛掷初速度 v 和角度 θ

试验编号	可见漏斗			1		2		3		4		5		6		7	
	r_0/m	p/m	n	v/(m/s)	θ/(°)	v/(m/s)	θ/(°)	v/(m/s)	θ/(°)	v/(m/s)	θ/(°)	v/(m/s)	θ/(°)	v/(m/s)	θ/(°)	v/(m/s)	θ/(°)
0~10				15	64	23	70	27	81	30	88						
0~18	1.88	0.7	1.88	16	60	26	67	37	75	47	90		72		72		53
0~19	1.74	0.58	1.74	14	48	26	64	34	80	35	86						
0~20	1.80	0.64	1.80			24	60	34	70	43	87	27	65		60		50
0~22	1.78	0.70	1.78		60	21	70	29	73	36	90	28	80	21	70		60
平均	1.80	0.66	1.80	15	58	24	66	32	76	38	88	28	72	21	67		54

从图 2.2.2 中我们还看到，在通过药包中心的辐射线上接近表面的漏斗内测点(5 号点)和地表点(3 号点)的抛速接近，抛掷方向与药包中心辐射方向偏离不大，地表测点略偏向漏斗外。

如果假定从药包中心发射的角锥单元的抛速相等(图 2.2.3)，则用式(2.2.1)近似表示地面各点(漏斗内角锥单元)的速度分布

$$v_r = v_0 \left[1 - \left(\frac{r}{r_0}\right)^\alpha\right] \tag{2.2.1}$$

其中，v_0 为地面中心点抛速，r_0 为可见漏斗半径。这里 α 是与炸药性质有关的幂指数。整理实测地面抛速分布，硝酸-硝基苯、2#岩石硝铵炸药、TNT、硝酸尿和铵油炸药的幂指数 α 值分别为 0.6、0.7、0.8、0.7、0.8。这样，我们便可以计算炸药爆炸用于抛掷运动的总动能及其和炸药能量的比较，以说明炸药的能量利用率。从单

药包定向抛掷爆破试验的等抛掷距离图里看到，在接近药包地方的土块抛掷距离近，说明抛掷速度小，这里的假定是角锥单元体在沿药包中心辐射线上的质点速度相等，积分计算的总动能可能会偏高，但这部分体积不大。偏离地面中心较远处，上式速度分布计算值也偏高，这里作了简化近似。

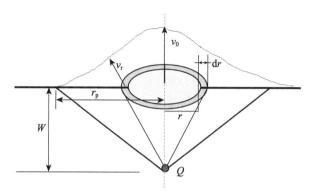

图 2.2.3　抛掷漏斗速度分布模型

2.2.3　不同炸药爆破抛掷能力比较

这里，我们可以对不同炸药爆破抛掷能力进行相对比较。土体抛掷运动的总动能 E_1 可以通过积分求出：

$$E_1 = \int \frac{1}{2}(\mathrm{d}m \times v^2) \tag{2.2.2}$$

$$\mathrm{d}m = \frac{2}{3}\rho\pi Wr\mathrm{d}r \tag{2.2.3}$$

其中空心角锥单元体积 $\mathrm{d}m = \frac{2}{3}\rho\pi Wr\mathrm{d}r$，$\rho$ 为土体密度。把速度等式代入积分式中得到

$$E_1 = \int_0^{r_0} \frac{2}{3}\rho\pi Wv_0^2 \left[1 - \left(\frac{r}{r_0} \right)^{\alpha} \right] r\mathrm{d}r$$

$$= \frac{2}{3}\rho\pi W^3 v_0^2 \left(\frac{1}{2} + \frac{1}{2\alpha+2} - \frac{2}{\alpha+2} \right)$$

炸药在定容绝热条件下爆炸的热化学参数计算说明，爆炸产物能对外做功的总能量可用爆热表示。这些能量对外做功，在介质中产生应力波，岩石运动并受到破坏。随后爆炸气体的膨胀使爆破漏斗内土块加速运动以至抛出漏斗。炸药爆炸对外做功的总能量 E 可以表示成下式：

$$E = Qu_0 \tag{2.2.4}$$

式中，Q 为炸药量，kg；u_0 为爆热，kcal/kg，热量单位可以应用热功当量 J=427kg·m/kcal 进行换算。

于是，用于抛掷运动的能量利用率为

$$\eta = E_1/E \qquad (2.2.5)$$

几种炸药在砂砾石中爆破的抛掷能量利用率如表 2.2.4 和图 2.2.4 所示。结果说明砂砾石中不同炸药爆破，抛掷能量利用率是一个常数。试验中不同品种炸药的用药量都是一样的。若以炸药能量来衡量，不同品种炸药系列的试验相当于同一种炸药不同药量的试验，于是可以看到，在某种介质中爆破，当药量在一定范围内变化时(最小抵抗线相同)，抛掷能量利用率总是一常数。加大药量不会提高能量利用率。

表 2.2.4   几种炸药在砂砾石中爆破的抛掷能量利用率

炸药品种	n	v_0/(m/s)	α	E_1/($\times 10^4$kg·m)	E/($\times 10^4$kg·m)	η/%
硝酸-硝基苯	1.9	44	0.6	6.15	226	2.72
2#岩石硝铵炸药	1.8	38	0.7	4.96	179	2.78
TNT	1.74	36	0.8	5.6	179	2.88
硝酸尿	1.64	34	0.7	3.52	126	2.79
铵油炸药*	1.55(1.68)	30(35)	0.8(0.8)	2.84(4.84)	162(162)	1.93(2.80)

*试验用铵油炸药由于加工粗糙，储存过期，实测值偏低。括号中数字是假定 n、v_0 随爆热变化的规律估算的。

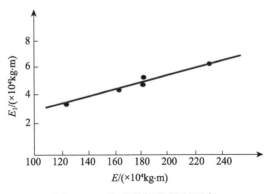

图 2.2.4   炸药抛掷能量利用率

2.2.4   定向抛掷爆破试验

首先开挖一个坡面为 45°的沟槽，以它为定向抛掷临空面，采用群药包布置方案(图 2.2.5)Q_2=1.07Q_1，层间距 a=1.25W，列间距 b=1.4W，W=1.0m，单位体积耗药

量 Q/V=3.3kg/m³。爆破后测量土块的抛掷距离。

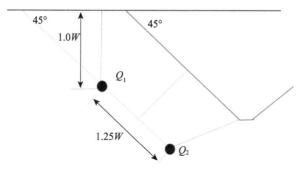

图 2.2.5　平地定向爆破药包布置

由于充分利用了 45°斜坡临空面，合理布置药包和选择适当的布药规律，定向抛掷爆破的方案克服了水平临空面的不利因素，得到了均匀的抛掷速度场，并且抛掷距离远，堆积集中。漏斗内等抛掷距离线图和堆积体分布如图 2.2.6 和图 2.2.7 所示[4]。

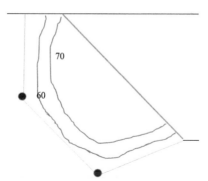

图 2.2.6　等抛掷距离线图(单位：m)

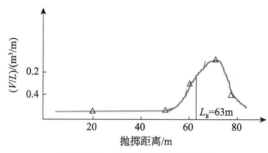

图 2.2.7　堆积体分布曲线图

不同炸药定向抛掷爆破堆积体的重心抛掷距离和爆热的关系如图2.2.8和表2.2.5所示。

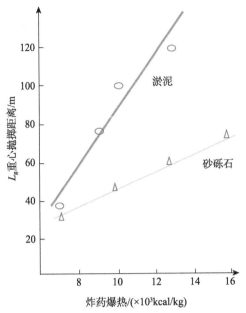

图 2.2.8　重心抛掷距离和炸药爆热的关系

表 2.2.5　不同炸药定向爆破抛掷距离和爆热的关系

炸药品种	爆热/(kcal/kg)	抛掷距离/m	
		砂砾石	淤泥
2#岩石硝铵加 23%铝粉	~1500	72	
硝酸-硝基苯	1260	60	120
2#岩石硝铵炸药	1000	49	100
TNT	1000	48	
铵油炸药	~900	29	80
硝酸尿	~700	35	40

2.2.5　小结

　　炸药在很短的时间里完成爆轰，会生成大量气体，同时释放出大量热量。1L 固体炸药爆炸生成约 1000L 气体产物。由于反应速度极快，所以气体产物在爆炸反应结束的瞬间实际上还限制在炸药的原有体积内，也就是说，1000L 气体被压缩在 1L 体积内。释放出的大量热量把气体产物加热到 2000~4000℃，压力达到几万到十几万标准大气压。高温高压气体作用于周围的岩石，在介质中产生很强的冲击波，冲击波把一部分爆炸能量传给介质，使之产生运动、变形和破坏。另外，气体产物向外膨胀，在有自由面存在的条件下，气体向外膨胀，使药包到自由面间的岩石进一步破坏并加速运动，突出地面形成鼓包。当鼓包破裂时，还有一定压力的气体从裂口喷出，使一部分能量散逸到空中。因而，用于使破碎了的岩石产生抛掷运动的只是炸药能量的一小部分。

我们知道，爆轰压力和爆速的平方成正比，爆速高的炸药爆压也高，传到介质中的冲击波峰压也高，由冲击波带走的用于破坏岩石的能量就多。普通炸药爆炸产物的压力，都大大超过了岩石的抗压强度，药包附近的岩石被压碎破坏。爆炸压力峰值越高，药包附近的岩石被炸破碎的尺寸就越小，耗损于过度破碎的能量就多。因此，爆速高的炸药用来抛掷岩石效果并不一定更好。2#岩石硝铵炸药和 TNT 炸药的爆热差不多，前者的爆速只为后者的一半，但二者在砂砾石中试验测得的抛掷速度却差不多。在相同条件下的定向爆破，两种炸药造成的堆积体重心抛掷距离接近也说明了这一点。衡量炸药产生抛掷运动能力大小的是炸药的爆热值，而与炸药的爆速关系不大。从表 2.2.2 和表 2.2.5 看到，爆热值高，抛速大，漏斗体积大，抛掷距离远。砂砾石中的试验说明定向抛掷距离与爆热成正比，含饱和水的淤泥地里的试验也有类似的结果(图 2.2.8)。

比较不同炸药在砂砾石中爆破抛掷能量利用率表明，不同爆热值的炸药的利用系数都差不多，它与爆速、爆压无关。从抛掷运动速度场的分析和弹道飞行的抛掷距离曲线里我们看到，抛掷能量 E_1 和介质的运动速度平方成正比，抛掷距离也和速度的平方成正比，定向爆破堆积体重心抛掷距离和爆热成正比。图 2.2.8 中直线斜率说明了不同介质的抛掷能量利用率是不同的。在孔隙率较大的松散介质(砂砾石)中，抛掷爆破炸药的利用率低(约 3%)，含饱和水的淤泥利用率要高，坚硬岩石的利用率可能接近于淤泥。

在实际工程爆破中，根据岩石的性质和不同的爆破要求，应选用爆热值高，气体生成量大，爆速爆压不宜太高的炸药。

2.3　爆破质点速度分布

土和岩石介质中的爆破现象表明，爆炸载荷在介质中形成的强冲击波造成了药包周围介质的破坏。随着冲击波向外传播衰减，介质受破坏的程度逐渐减弱。在有自由面条件下形成漏斗的爆破中，最终用于形成爆破漏斗内介质产生抛掷运动能量的只是炸药能量的一小部分[1]。为了弄清爆炸能量的转化，充分有效地利用和控制爆炸能量，需要研究爆炸载荷在介质中的传播规律，以及介质在这种动态载荷作用下的变形破坏特征。斯威夫特(Swift)研究了花岗岩和干砂岩中球形药包爆炸作用下的应力波衰减。砂岩中的质点速度峰值随距离增加的衰减指数明显比花岗岩中的要大。本节将利用作者研制的圆形电磁测速计，研究黏土中球形药包爆炸时的质点速度分布，讨论土中应力波的衰减特性及爆炸能量的转变情况。

2.3.1　电磁法测速计

采用电磁法测量冲击波后的质点速度与时间的关系最早是苏联人И.Л.Эел
ъманов等，他们采用电磁法直接测量了药包在砂土中爆炸时的质点速度分
布。后来 Dremin 等在研究玻璃爆炸作用下的动态特性时，采用电磁法测量了质点
速度变化，在其研究报告中指出以往测量自由面速度-距离关系外推的 Hugoniot 绝
热膨胀曲线压力是偏高的，质点速度测量都是非直接测量，是通过测量位移时间来
计算的。用电磁法测量固体中质点运动速度的优点是直接测量，并且这种方法不需
要标定。但在用于测量球形爆炸时土壤的质点运动速度时，考虑土体运动速度比较
低及观测范围的要求，需要一个在一定范围内具有高强度、稳定均匀的磁场，由于
可测方位和范围的约束以及形成线性磁场的能量损耗大，观测系统的灵敏度很难提
高。作者[13]采用均匀磁场和π形探头测速计，进而采用改进的圆形探测元件，获得
了较高的灵敏度和信噪比，避免了线性磁场可测方位和范围的约束，扩大了测量范
围，易于实现多点同时测量。

2.3.1.1　测量原理

电磁法测速计的工作原理是应用电磁学中的法拉第电磁感应定律。若被研究的
非导磁介质处于一均匀磁场中(图 2.3.1)，其中放入一金属箔弯折成π形的探头，π字
第一笔划的一横长为传感元件的长度 l，如图 2.3.1。在爆炸击波作用下，传感元件
和土块一起运动，其方向与磁场及传感元件的长度方向互相垂直，于是根据法拉第
电磁感应定律，在由传感元件组成的回路中产生的感应电动势为

$$\varepsilon = 10^{-4}Blu \quad (\text{V}) \tag{2.3.1}$$

式中，B 为磁感应强度，单位为 T；l 为传感元件长度，mm；u 为传感元件的运动速
度，mm/μs。

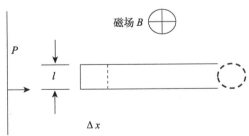

图 2.3.1　π形电磁速度计

假定传感元件受到的是平面冲击波的作用，应满足条件 $l \ll R$。R 为观测点至爆
炸中心的距离。在均匀磁场中，由于传感元件长度不变，质点速度和回路中的感应
电流成正比。当观测距离爆炸源近区的质点运动时，为了减小球形击波阵面引起的
测量误差，应尽量减小 l 的尺寸，因此测量系统的灵敏度也随之降低。

为了改进π形元件在近区的测量效果，我们采用了一种由细漆包线绕制成的圆形传感元件。其工作平面与磁场方向垂直，圆心与球形药包同心(图 2.3.2)，在球形爆炸载荷作用下，假定圆形探头在切向自由均匀膨胀，其半径增加量即为介质的径向位移。同样，根据法拉第电磁感应定律，得到

$$\varepsilon = -\frac{\mathrm{d}\phi}{\mathrm{d}t} = -\frac{\mathrm{d}(AB)}{\mathrm{d}t} = -B\frac{\mathrm{d}(\pi R^2)}{\mathrm{d}t} \tag{2.3.2}$$

R 为被测点介质质点爆破前的位置。积分求得质点径向运动速度

$$u = \frac{\mathrm{d}R}{\mathrm{d}t} = \frac{\varepsilon(t)}{2\pi B \left[R_0^2 + \dfrac{1}{\pi B} \displaystyle\int_0^t \varepsilon(t)\mathrm{d}t \right]^{1/2}}$$

R_0 为 $t=0$ 时的位置。

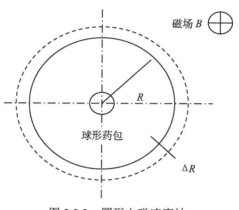

图 2.3.2   圆形电磁速度计

两种传感元件组成的系统灵敏度之比为 $2\pi BR/Bl = 2\pi R/l$。

我们可以看出，随着测点至爆炸源球心距离增加，圆形传感元件的灵敏度也在增加。因此，对于距离远的质点，尽管运动速度低，仍可得到较大的输出信号[4]。随着距离增加，π形元件的系统灵敏度是不变的。

2.3.1.2   试验条件

磁场是由一亥姆霍兹线圈对组成的(图 2.3.3)，在其轴线方向可以得到均匀分布的磁场。本试验采用直流电机供电，磁场强度为 78.5T，在直径 30cm 范围内磁场强度变化小于 1%。

试件模型尺寸为 20cm×20cm×20cm。压制的土壤模型密度为 1.8g/cm³，含水量为 10%~12%。

爆源采用压制的泰安药球，直径为 10mm，装药密度为 1.6g/cm³，采用爆炸丝在药包中心引爆。

图 2.3.3　亥姆霍兹线圈对磁场

2.3.2　质点速度分布

表 2.3.1 和表 2.3.2 分别为两种电磁传感元件测量得到的质点运动参数。

表 2.3.1　π形电磁传感元件测量的质点运动参数

R/r_0	$u_m/(m/s)$	$T_a/\mu s$	R/r_0	$u_m/(m/s)$	$T_a/\mu s$	R/r_0	$u_m/(m/s)$	$T_a/\mu s$
2.5	240	6.4	4.8	102	22.2	7.7	43.4	69.6
3.0	223	7.7	5.0	82	22.8	8.0	48.7	58.8
3.6	142	11.2	5.3	92	30.7	8.6	31.5	93.1
4.0	114	15.1	5.6	72	28.2	9.0	26.2	93.5
4.5	101	17.3	6.0	62	32.0	9.9	25.5	103.5
4.6	99	19.3	7.5	43.8	56.0			

表 2.3.2　圆形传感元件测量的质点运动参数

R/r_0	$u_m/(m/s)$	$T_a/\mu s$	$T_h/\mu s$	R/r_0	$u_m/(m/s)$	$T_a/\mu s$	$T_h/\mu s$
2.3	287.5	9.0	15.6	4.7	98.0	24.5	60.0
2.5	265.6	10.6	15.4	5.8	66.5	41.4	68.4
3.0	199.6	11.6	16.3	5.8	70.2	46.0	80.0
3.2	208.0	11.1	14.8	6.0	64.4	55.5	
3.2	171.8	12.3	16.4	7.5	45.8	63.6	
3.2	179.5	14.0	19.3	7.6	42.9	85.7	
3.9	144.1	17.6	20.9	8.0	40.6	87.7	
3.9	146.0	17.3	21.7	9.3	32.7	117.8	
4.0	117.2	22.5	31.6				

注：T_a 指击波到达时间；T_h 指达到速度峰值的时间。

图 2.3.4 为质点速度峰值随比例距离的衰减规律。π形和圆形传感元件所测数据给出的衰减趋势十分一致。在双对称坐标图中，回归分析给出的 $u \sim R/r_0$ 的关系为一条直线，其关系可以写成

$$u_{\mathrm{m}} = 1110 \left(\frac{R}{r_0} \right)^{-1.58} \qquad (3 < R/r_0 < 10) \qquad (2.3.3)$$

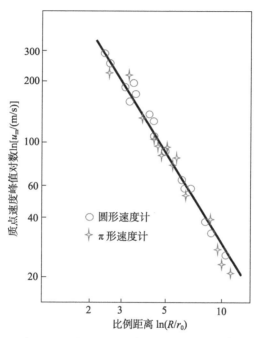

图 2.3.4 质点速度峰值和比例距离的关系

在试验范围 $3 < R/r_0 < 10$ 内，u_{m} 随 R/r_0 的衰减指数为 -1.58。在药包近区($R/r_0 < 3$)，由于传感元件制作尺寸的约束和安装的困难，没有实测数据。从球形药包爆炸的空腔运动特征的观测结果，我们可以知道土体内边界($R/r_0 = 1$)的运动规律，在和本项试验条件相同的条件下，采用 X 光测法得到空腔扩胀的质点速度峰值为 770m/s。若从图 2.3.4 中直线外插给出土体内边界峰值，此峰值将会明显大于用 X 光测法得到的数值，可见在紧靠药包近区的土中，质点速度的衰减慢一些。这和实测分析土中压密层分布给出的速度分布特征是相同的。近区质点速度衰减变慢可能是强冲击波压力作用下土体压缩剪胀效应引起的。在类似试验条件下，И.Л.Эелъман о в 等给出在砂土中质点速度衰减参数为 -1.8。砂土中衰减参数比土中衰减参数大应是砂土介质松散、颗粒间黏结力很小造成的击波迅速衰减。

图 2.3.5 和图 2.3.6 分别为两种传感元件得到的质点速度波形，π形元件的波形

比圆形的上升时间快，波的前沿要陡，这是击波作用下传感元件的尺寸效应影响的结果。但圆形探头有较高的输出，π形探头运动过程的失稳会引起波形上的锯齿形噪声。波形中的起爆噪声出现在扫描起始点附近，但不影响击波到达时间的读数。

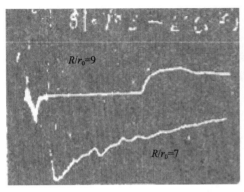

图 2.3.5　π形传感器记录的示波器波形图

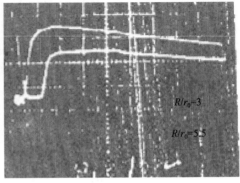

图 2.3.6　圆形传感器记录的示波器波形图

图 2.3.7 为质点开始运动，即击波到达时间 T_a 与比例距离的关系，T_h 为达到速度峰值的时间。在所测距离范围内，击波到达时间 T_a 与比例距离的关系可以表示为

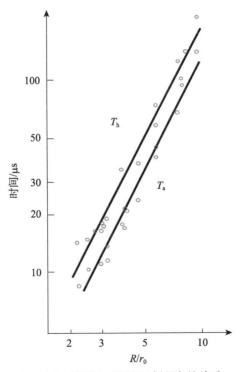

图 2.3.7　波到达时间和比例距离的关系

$$T_a = 1.5 \left(\frac{R}{r_0} \right)^{1.9} \ (\mu s) \qquad 3 < \frac{R}{r_0} < 10 \qquad (2.3.4)$$

根据土体的应力-应变关系特性，在药包附近，爆炸波的压力非常高，从药包传出的是一个稳定的冲击波。随着距离增加，其传播特性发生变化，由于压力降低，质点运动速度峰值降低，达到峰值的时间也相应增加，击波传播速度衰减。试验结果给出，在一定范围内，其传播速度几乎与药包距离成反比下降。在相当距离后(10~20倍药包半径)，击波衰减变成弹性波，其传播速度为介质中的声速。

2.3.3　能量分配

分析爆破漏斗内用于漏斗内介质抛掷运动的能量占炸药能量的百分之几[1]。大量的炸药能量消耗在什么地方一直是研究爆破作用机理要关心的问题。通过球形药包爆炸质点速度场的测定，可以讨论一下在形成爆破漏斗之前的能量分配。土体获得的动能为

$$E_k = \frac{1}{2} \int u^2 \mathrm{d}m \qquad (2.3.5)$$

式中，$\mathrm{d}m = 4\pi\rho R^2 \mathrm{d}R$；$\rho$、$R$、$u$ 分别为某一时刻每个质点的密度、位移和运动速度。密度分布可以参考文献[5]

$$\frac{\rho}{\rho_0} = 1.21 + 0.63 \mathrm{e}^{-0.84(R/r_0)} \qquad (2.3.6)$$

图 2.3.8 是在不同时刻积分求得的土体获得的动能，从图中可以看到大概在 100μs 时击波传到 10 倍药包半径的地方，土体获得的动能是炸药能量的 20%左右。从炸药起爆到形成爆炸气体，由于土中冲击波传播和爆炸空腔气体膨胀，土体开始运动并逐渐向外扩展，在最初向外运动的一段时间里(0~100μs)，土体获得的动能变化不大，略有减少但不明显。

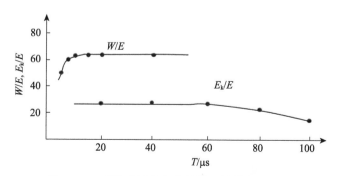

图 2.3.8　不同时刻积分求得的土体获得的动能

爆炸气体膨胀对介质做的功按下式计算：

$$W = \int p \mathrm{d}V \tag{2.3.7}$$

爆炸气体初始压力采用布朗(1965 年)提出的公式计算：

$$P_0 = \frac{\rho_e D^2 \times 45 \times 10^{-5}}{1 + 0.80 \rho_e} \tag{2.3.8}$$

式中，D 为炸药的爆速，m/s；ρ_e 为炸药密度，g/cm^3。

假定爆炸气体做绝热膨胀，其绝热指数为 3，当压力低于 200MPa 时气体膨胀指数取 1.4，计算结果列于表 2.3.3。

表 2.3.3   爆炸气体做功 W 和土体的动能 E_k

T/μs	W/($\times 10^3$J)	E_k/($\times 10^3$J)	($\dot{W}/E$) /%	(E_k/E) /%
5.0	2.13		4.9	
7.52	2.51		58	
10.0	2.62		60.4	
15	2.63		61.8	
20	2.7	1.16	62.2	26.7
40	2.71	1.13	62.5	26.1
60		1.20		27.6
80		0.96		22
100		0.82		19

炸药能量计算的前提是给出炸药的爆热值，对于泰安炸药，其爆热值 $Q = 5861.52$kJ/kg。计算结果说明爆炸气体膨胀对外所做的功为炸药能量的 70%，爆炸空腔内残余气体的能量大约为炸药能量的 30%。残余气体能量将在形成爆破漏斗过程中，随土体中形成的爆炸裂缝渗漏，并在土体抛掷时散逸到空气中，形成空气中的击波。抛掷爆破漏斗设计的最小抵抗线一般为 10 倍药包半径大小。

以上分析说明，土体获得的能量仅为爆炸气体对外做功的 1/3，余下的部分大约有 50% 的炸药能量变成了介质的变形能和破坏功，爆炸近区介质的过破坏和压缩变形消耗了大量的炸药能量。在有自由面条件下进行抛掷爆破时，漏斗可以看成球形爆炸作用下球体的一部分，因此，漏斗内土体获得的抛掷动能就只占炸药能量的百分之几了。

2.3.4   小结

(1) 改进的圆形传感元件的电磁测量技术可用于土岩介质爆破试验内部质点速度的测量，其系统灵敏度高，测量范围大。

(2) 球形药包爆炸，土中质点速度分布在 $3 < R/r_0 < 10$ 范围内，其衰减指数为 -1.58，在接近药包的近区衰减要慢。

(3) 当击波传至 10 倍药包半径的地方时，土体获得的能量大约为 20%。爆炸空

腔残余气体能量为 30%；爆炸气体对外做功为炸药能量的 70%。有接近 50%的炸药
能量耗损在药包近区介质过度破碎、破裂或压缩变形里。

2.4 爆破岩石力学特性

炸药爆炸后释放出大量能量，通过爆炸产物气体膨胀对岩石做功，能量以波的
形式在岩石中传播，引起岩石变形、破坏、抛掷。爆破工程的任务就是要高效率地
利用这种能量对岩石形成理想的块度，被抛掷的岩石获得一定的初速，不应被破坏
的则要完整无损。要做到这些，一方面，需对爆炸载荷如何引起岩石的变形、运动
和破坏进行系统的试验观察，做出正确的理论分析，加深对爆破机理的认识，为爆
破的最优设计打下理论基础，另一方面，要有把这种理论变成现实、付诸工程实践
的相应技术。

爆破作用下岩石的变形、破坏、抛掷取决于岩石的力学性质，爆炸载荷本身及
问题的几何条件。作者[14]从描述爆炸载荷的特征出发，阐述了在这种载荷作用下岩
石的一些特殊性质，试图把岩石动力学性质的研究与爆破技术的改进结合起来，为
爆破机理研究及爆破技术的发展提供岩石力学性质方面的依据。

2.4.1 爆炸载荷特点

炸药爆炸后生成高温高压气体，许多固体炸药的爆炸产物都可以采用绝热指数
为 3 的理想气体来近似描述其初期膨胀。从而给出爆震压力的近似公式

$$P = \frac{1}{4}\rho_0 D^2 \tag{2.4.1}$$

其中 P 为爆震压力，ρ_0 为炸药密度，D 为爆速。从式(2.4.1)我们可以估计几种常用
工业炸药的爆压(表 2.4.1)。爆震结束后，爆炸产物内各部分的能量是不均匀的。为
估计岩石中作用的最高压力，不妨设想产物气体的能量均匀分布在气体中，压力、
密度的分布也一样，即采用所谓的定容绝热爆炸的假设。这个假设在药室壁附近不
成立，但在大于几倍药包半径以外的地方就显得合理了。对于装药密度为 1.59g/cm³
的 TNT 炸药，均匀分布的气体压力约 8.17 万 bar(1bar=10^5Pa)[15]。

表 2.4.1 几种常用工业炸药的爆压

炸药品种	密度/(g/cm³)	爆速/(mm/μs)	爆压/万 bar
TNT	1.59	6.9	18.9
2#岩石硝铵炸药	1.0	~3	2.25
铵油炸药	0.9	~3	2.03

均匀的高压气体作用于岩石，在岩石中形成击波，在气体产物中传播稀疏波。
在气体产物和岩石界面上，两边的压力和速度相等。利用击波面上的 Hugoniot 数据，

把产物当成绝热指数为 3 的理想气体,得到石灰岩中压力为 5.6 万 bar。考虑爆炸产物能量非均匀分布,药室壁上压力要高些,但药室附近压力衰减也更快。多数较致密的岩石中压力都接近这个数值,松软的岩石则要低一些。其值是我们估计爆破时岩石中可能承受的最大压力。

在这个压力下,波头上的体应变约为 11%。当应力峰值衰减到 2 万 bar 或 5kbar 时,相应的体应变为 4%和 2%。因此,除破裂带附近以外,我们可用小变形理论描述岩石在爆破作用下的运动和变形。

相应于 5 万~6 万 bar 的压力,波头上的质点速度为 0.4~0.5mm/μs。假定药室是直径为 100mm 的圆柱形空腔,则相应的体应变率 $\varepsilon \approx (8 \sim 10) \times 10^3 \mathrm{s}^{-1}$,离药室越远,应变率越低。

应力波到自由面后要反射,多次反射后应力梯度大大下降。试验观察说明,鼓包破裂时,从药室中心发射的同一条辐射线上,各点的初始抛速大致相等[3],可见鼓包运动后期可将其当成准静态问题处理。

如果从做功的角度来考虑岩石中击波头上的参数关系,这时波头可看成一维应变问题,得到

$$\mathrm{d}W = -\nabla p \mathrm{d}\varepsilon_r (1 - [4\tau/(3p)]) \tag{2.4.2}$$

其中 τ 为波头上的剪应力,ε_r 表示径向应变,W 是爆炸压力和剪应力对单位质量岩石所做的功。$-[4\tau/(3p)]$ 表示形变功与压缩功之比。从公式(2.4.2)可以看到,若 $\tau=0$ 或 $4\tau/(3p) \ll 1$,则可认为只有静水压做功,可以把岩石当成无黏流体。可是,在爆破问题中,岩石强度为几千巴,爆炸压力为几万巴或更小,因此 $4\tau/(3p)$ 不是很小,即使在药室附近,也必须考虑剪应力的影响。

岩石爆破时可能引起温度升高的热源有两个。一是产物气体的高温造成的热传导和辐射。由于岩石的传热能力很差(花岗岩传热系数只为铜的 1/204),爆破过程作用时间短,岩石的热透明度差,所以热传导和辐射都可以不考虑。二是塑性功生成的热。以强度为 6000kg/cm² 的花岗岩为例,剪应变达 5%,考虑有 90%的塑性功生成热,其温升大约为 56℃,这个温度大小的升高对岩石的强度、应力和应变关系的影响可以忽略。

以上讨论说明研究岩石爆破问题,需要知道压力在 5~6 万 bar 以下,应变率为 $10^4 \mathrm{s}^{-1}$ 以下直到准静态($10^{-5} \sim 10^{-4} \mathrm{s}^{-1}$)岩石的力学特性,包括断裂特性。在破坏发生之前可采用小应变理论,要考虑强度对爆破的影响,而温度效应可以不考虑。

2.4.2 应变率

应力和变形的关系是岩石本身的力学特性。图 2.4.1 是从刚性试验机上得到的无围压时完整岩石的应力-应变关系。图中 BC 段说明材料已有永久变形,CD 段说明材料的承载能力随变形增加而减小。CD 的最大斜率称为脆度,其中 C 点即为材

料的抗压强度。

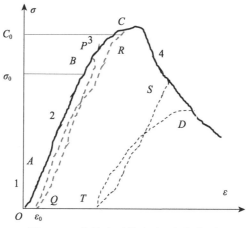

图 2.4.1　完整岩石的应力-应变关系

一般说来，OA 并不是直线，然而，无论静态试验还是动态试验，都证明对一些坚硬致密的细颗粒岩石(如石灰岩)，加载初始阶段都可近似地当作线弹性处理。不过，弹性极限应为剪胀开始点[16]。在岩石力学中，相对于线弹性材料性状的体积增加称为剪胀。

爆破时岩石受力状态并非一维问题，任一主应力方向的应力和变形的关系都受其他两个方向应力的制约。

图 2.4.2 是 Bunt 砂岩在不同围压下的轴向应力-应变曲线(σ_1-ε_1)。这种岩石的初

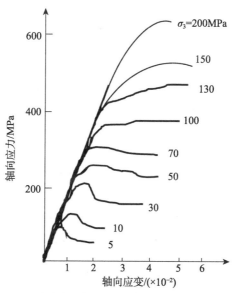

图 2.4.2　Bunt 砂岩在不同围压下轴向应力和轴向应变的关系

始孔隙率较高(15%)，但其结果仍具有典型性。从图 2.4.2 可以看到，随着围压提高，强度提高。到某个围压时(对这种岩石约为 100MPa)，材料从脆性变成柔性。

图 2.4.3 是 Bunt 砂岩的轴向应力和体应变关系。当围压升高时，剪胀减小，到某个围压时(约 100MPa)，剪胀消失。爆破时，岩石受力并不像单轴压缩时那么脆。并且，围压高到一定程度时可以不发生剪胀，这是分析爆破问题时必须注意的。剪胀发生后，压力增加，岩石的体积不仅不压缩，反而膨胀。其原因在于新的微裂隙生成和张开引起的体积膨胀超过了压缩效应。微裂隙主要是沿最大压应力方向排列。剪胀是破坏的标志，因之也伴有能量衰减，这是脆性材料所具有的特性。

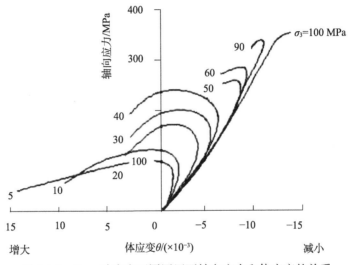

图 2.4.3   Bunt 砂岩在不同围压下轴向应力和体应变的关系

应变率对应力-应变关系的影响是使岩样的模量提高，如图 2.4.4 所示。提高的大小随岩石种类而不同。即使是同一种岩石，初始裂隙的多少不同，提高量也不相同。对某种砂岩的试验结果是，应变率提高一个量级，杨氏模量提高 7%，而在石灰岩中只提高 3%。

这里，应该强调以下几点。

(1) 应力波在岩石中的衰减与岩石的应力和变形关系十分密切，衰减主要取决于加卸载间的滞回[17]。然而，应力峰值衰减指数不仅取决于材料性质，还与加载波形有关。例如，若加卸载的应力-应变关系表现为线性滞回，加载波速为 c，卸载波速为 c_1，按指数规律卸载，卸载初始斜率为 β，则应力波幅值呈指数规律衰减，在一维应力下，随距离的衰减指数 $\alpha = \dfrac{\beta}{c}\left(1 - \dfrac{c}{c_1}\right)$[17]。

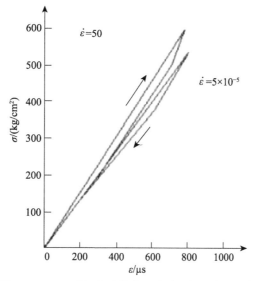

图 2.4.4　14#石灰岩动静态下应力-应变关系比较

(2) 实际计算处理应力波衰减问题时，把应力-应变关系简化成线性滞回往往可以得到比较满意的结果。凿岩钻机对岩石的冲击作用就是简化处理的。

(3) 带盖帽模型被认为是研究岩石在爆炸载荷作用下描述岩石性质的模型。它属于增量型的，弹性部分遵从胡克定律，超过弹性时采用相关的流动准则

$$\dot{\varepsilon}_{ij}^{p} = \lambda \frac{\partial f}{\partial \sigma_{ij}} \tag{2.4.3}$$

其中 f 包括 f_1 和 f_2，如图 2.4.5，λ 为硬化参数。这个模型的特点是能把从不同侧面

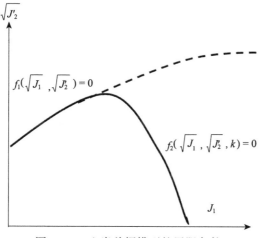

图 2.4.5　土岩盖帽模型的屈服条件

获得的本构关系的资料，组织在逻辑上不互相矛盾的框架中，既可用于静态，也可用于动态，还可考虑剪胀。压力变化范围为几巴到几万巴。由于待定参数太多，所以显得复杂和具有一定经验性。

2.4.3 岩石强度

岩石强度在爆破问题中占有特殊的地位。岩石可爆性的分类分级有的就是根据岩石的静态抗压强度定的。岩石的抗拉能力很差，因此，充分利用临空面，开创临空面，成为爆破设计中的重要指导思想。许多爆破参数的确定都与岩石的强度相关，如预留边坡保护层厚度的确定，药壶爆破药室扩孔尺寸的大小估计，岩石工程在应力波作用下的稳定性评价，地震波引起的基岩破坏，掘进机开挖及钻机打眼等。

是否可直接用静态的强度试验结果来分析爆破问题呢？这涉及应变率与强度的关系。表 2.4.2 是石灰岩和砂岩在不同加载条件下的结果[16]。表中 η、ξ 分别表示应变率每增加一个量级岩石强度和杨氏模量平均提高的百分数。结果说明，岩石的破坏强度随应变率增加而增加，且砂岩比石灰岩对应变率更敏感。无论是静态单轴压缩还是动态单轴压缩，其破坏形式都是劈裂，动态时有一劈几瓣的情况。其他岩石也有同样的结果，岩石强度随应变率增加而提高，即说明岩石达到破坏的时间越短，所需外加载荷要越高。应变率每提高一个量级，随岩石不同，强度提高为1.5%~10%。有些试验者观察到在 $\varepsilon = 10^3 \text{s}^{-1}$ 左右，强度对应力敏感程度突然增大(图2.4.6)。强度随应变率的关系可以简写成

$$\left(\frac{\sigma}{\sigma_\text{s}} \right) \propto \left(\frac{\dot{\varepsilon}}{\dot{\varepsilon}_\text{s}} \right)^n \tag{2.4.4}$$

下标 s 表示静态结果，σ 表示强度。Green 和 Perkins 早期对 Solenhofen 石灰岩的试验结果给出

$$n = 0.007 , \quad \dot{\varepsilon} < 10^3 \text{ s}^{-1}$$
$$n = 0.31 , \quad \dot{\varepsilon} \geqslant 10^3 \text{ s}^{-1}$$

Grady 从理论上分析说明，当 $\varepsilon > 10^3 \text{s}^{-1}$ 时，$n=1/3$，与材料无关。

表 2.4.2 静态和动态破坏强度与杨氏模量的比较

岩石种类	应变率/s^{-1}	强度/(kg/cm^2)	η	杨氏模量/(×10^{5}kg/cm^2)	ξ
砂岩	10^{-4}	2015	9%~10%	5.7	7%
	200~300	3519±500		8.6±0.5	
石灰岩	10^{-4}	1780	6%~7%	9.0	3%
	100~200	2530±500		10.8±1	

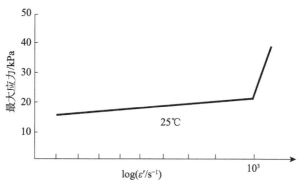

图 2.4.6 应变率和最大应力的关系

利用热激活理论可较好地解释上述现象。利用 Arrhenius 方程

$$\dot{\varepsilon} = \dot{\varepsilon}_0 \exp\left(-\frac{U(\sigma)}{RT}\right) \tag{2.4.5}$$

其中 U 为活化能，它是等效应力的函数；T 是绝对温度，R 为气体常数。

将式(2.4.5)中的 $U(\sigma)$ 进行泰勒展开，令 $U(\sigma)=U_0-V(\sigma-\sigma_0)$，则式(2.4.5)变成

$$\sigma = \frac{U_0}{V} + \sigma_0 - \frac{RT}{V}\ln\frac{\dot{\varepsilon}_0}{\dot{\varepsilon}} \tag{2.4.6}$$

可见强度随温度升高而线性下降，随应变率的对数增加而线性增加。式(2.4.6)中 $(U_0/V)+\sigma_0$ 相应于 $T=0$ 或 $\varepsilon=\varepsilon_0$ 时的极限应力，它应是材料的一种内在性质。这也说明无论应变率增加或减小，对强度的影响都是有限的。有趣的是，达到极限的应变率并不高。如 Lindho1 所举例玄武岩 $\varepsilon_0=4.02\times10^4\text{s}^{-1}$，Hoard 给出的大理石 $\varepsilon_0=1.6\times10^7\text{s}^{-1}$。而爆破时，药室壁附近 ε 是可以达到 10^4s^{-1} 的。

在实际爆破问题中，我们更关心有围压下岩石的强度。从图 2.4.2 可见：①强度随围压增加而增加；②围压继续升高，岩石可以从脆性变成柔性，甚至可以有硬化。由此可以看到 σ_1 应有 $\sigma_1=f(\sigma_2,\sigma_3)$ 的形式。和金属不一样，岩石的强度在低压时随静水压增加而增加，压力再升高，则只是增加的幅度变小。而一般认为静水压对金属的强度无影响，金属屈服后被认为体积不再变化，各项等应力不再对金属的变形做功。而岩石的体积则会随压力增加而变化，其原因在于金属的屈服是与位错有关的，而岩石的体积变化则是破裂的结果。

在多维应力作用下，采用不变量间的关系描述破坏或屈服。冯遗兴等给出一种花岗岩屈服强度为

$$\sqrt{J_2'} = 0.27 + 0.37J_1 - 0.10\exp(-0.09J_1) \tag{2.4.7}$$

其中 J_2' 为第二应力偏量，J_1 为应力的第一不变量，单位为 kbar。一种闪长岩的强度

表达式为

$$\sqrt{J_2'} = 152 - 145\exp\left(-0.0029J_1\right) \tag{2.4.8}$$

其中单位为 klb/in^2(1lb=0.453kg，1in=2.54cm)。

有围压时，破坏多是与最大压应力方向有一定夹角的剪切。爆破设计时要充分利用临空面，工程中提到的夹制作用是与围压相联系的。

由于岩石中总有孔隙和裂隙，孔隙中经常充满着流体，流体的存在对岩石的破坏强度有影响。如果岩石中孔隙互相连通，则渗透率较高，以致流体可在岩石内流动。这时破坏的 Mohr 包络线可以用等效应力来表示。等效应力定义为

$$\sigma_1' = \sigma_1 - p , \quad \sigma_2' = \sigma_2 - p , \quad \sigma_3' = \sigma_3 - p \tag{2.4.9}$$

σ' 为等效应力，p 为孔隙水压力。库仑破坏准则变成

$$\sigma_1 - p = C_0 + q\left(\sigma_3 - p\right) \tag{2.4.10}$$

C_0，q 为两个常数。

试验说明，岩石从脆性到柔性的转变受到围压的控制(图 2.4.7)。如果围压一定，则孔隙压力增加，等效围压减小，岩石又可从柔性变为脆性。例如，Raleigh 和 Perterson 在 1965 年做的蛇纹石的脱水试验，先加围压，使岩石表现为柔性，再加温到 500℃，围压为 3.5kbar 时，如果试件和大气相通，强度没有什么下降。但如果试件是密封的，则强度将会降低一多半，岩石由柔性变成了脆性。如果等效围压相同，孔隙压力增加，材料的脆性减小。水、瓦斯及其他气体常常存在于煤层、岩石中，如果由于开挖或别的原因使围压突然下降，则岩石的强度迅速降低，易发生脆性断裂失稳，这可能是岩石或煤瓦斯围压突出的重要原因。

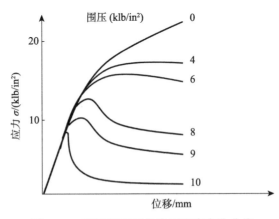

图 2.4.7　不同围压下的岩石强度变化曲线

1lb=0.453kg

流体压力会影响断层和节理间的滑动。层面间剪应力可以表示为

$$|\tau| = s_0 + \mu(\sigma_n - p) \tag{2.4.11}$$

其中 s_0 为断层或节理的内聚力，σ_n 为垂直于节理或断裂面的压应力。由式(2.4.11)可见，流体压力使滑动所需的剪应力减小。Hubert 等的数值计算结果说明，有流体压力时，滑动的岩体尺寸可比无流体时大一个量级。

有孔隙流体压力时的拉伸破坏准则为

$$\sigma_3' = \sigma_3 - p = -T_0 \tag{2.4.12}$$

其中 T_0 为岩石的抗拉强度。如地下某一深度应力为 σ_z，若 $p>(\sigma_z+T_0)$，则岩石就要发生开裂。在石油开采中采用压水办法增加 p，形成石油流通的通路，这就是水压致裂。有水的岩石好钻进，易于爆破，也是流体压力使岩石强度降低的结果。

2.4.4　岩石断裂与裂缝发展

岩石爆破中的破碎实质上是岩石在爆炸载荷作用下裂纹扩展的结果。要判别完整材料的断裂，常采用临界拉应力或冲量累积损伤准则。岩石内部总含有裂隙，对于这类多裂隙体，相应的临界值应是裂纹扩展单位面积所释放的应变能，或临界应力强度因子。超过这个临界值，裂纹就扩展(图 2.4.8)。

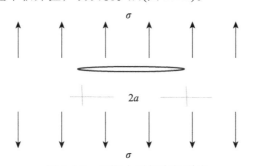

图 2.4.8　无限大平板中的裂纹

在无限大的平板中，有一个长度为 $2a$ 的贯穿裂纹，而在无穷远处作用着垂直于裂纹的拉应力 σ，则可用

$$K_I = \sigma\sqrt{\pi a} \tag{2.4.13}$$

来判断裂纹的状态，K_I 称为裂纹尖端的拉伸型应力强度因子。Ouchterlony 讨论了无限长的炮孔内作用一个压力 p，周边对称分布着等长度 a 的 n 条裂纹，裂纹尖端处应力强度因子(图 2.4.9)为

$$K_I = (2\sqrt{n-1}/n)p\sqrt{\pi a} \tag{2.4.14}$$

若裂纹很短，则 K_I 与裂纹数目无关

$$K_I = 2.24p\sqrt{\pi a} \tag{2.4.15}$$

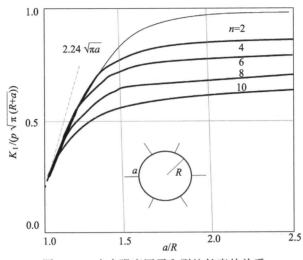

图 2.4.9   应力强度因子和裂纹长度的关系

断裂力学的研究结果说明，当 $K_{\mathrm{I}} \geqslant K_{\mathrm{Ic}}$ 时裂纹就扩展，K_{Ic} 称为临界应力强度因子。若是冲击载荷，则应用动态 K_{Id} 代替 K_{Ic}，K_{Id} 与加载速度有关。裂纹传播的方向是与最大主应力(拉应力为正)垂直的。若 $K_{\mathrm{I}} > K_{\mathrm{Ib}}$，裂纹就会分叉；若 $K_{\mathrm{I}} < K_{\mathrm{Ia}}$，则裂纹停止扩展。$K_{\mathrm{Ic}}$，$K_{\mathrm{Ib}}$，$K_{\mathrm{Ia}}$ 都是只与材料性质有关的常数，它们之间的大小关系如图 2.4.10。

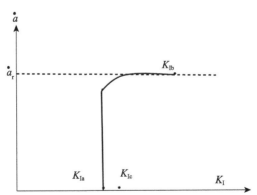

图 2.4.10   裂纹速度和应力强度因子的关系

一个好的钻孔爆破设计要能控制裂纹初始开裂点的位置、裂纹的传播方向和裂纹发展的长度。我们利用岩石的断裂性质，能够对现有的爆破技术加以改进，得到最优的设计方案。

由式(2.4.14)和式(2.4.15)可以看到，在压力相同的情况下，裂纹越长，K_{I} 就越大，说明长裂纹比短裂纹易于满足 $K_{\mathrm{I}} > K_{\mathrm{Ic}}$，就要求 $p > p_1$，其中 p_1 为最长裂纹扩展所需炮孔压力的下限。

　　Dally 的试验结果说明，对于大多数岩石，只要炮孔内压力 $p>(70\sim350)\times10^5$Pa，即使是很浅的沟槽，裂纹也可以从此处开始扩展。若沟槽深为 0.5mm，则对某种石灰岩只要 $p\geqslant105\times10^5$Pa，对某种花岗岩只要 $p\geqslant253\times10^5$Pa，就可以实现裂纹扩展(图2.4.11)。

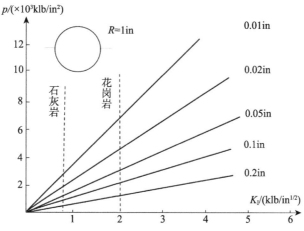

图 2.4.11　不同沟槽深度与所需炮孔最小压力的关系

　　要控制裂纹的传播方向，主要是要防止裂纹分叉和拐弯。有两种情况可以造成裂纹分叉，一是炮孔内压力过高，以致 $K_I>K_{Ib}$，二是岩石的局部缺陷造成 K_{Ib} 下降。试验说明，小裂隙对裂纹扩展影响不大，而节理、断层则可使断裂面转向。因此在设计炮孔位置时要注意断层和节理的存在。硝铵类炸药直接作用于孔壁上的压力，对比炮孔壁上有细小沟槽裂纹扩展所需的压力，二者相差 30 倍。然而，炮孔内的压力不能过高，减小炮孔压力可以采用不耦合装药和低爆速炸药。

　　炮孔处岩石中的围压也会使裂纹传播方向偏离，其原因在于围压的存在可能改变最大主应力的方向。Ouchterlony 的研究结果还说明，如果爆炸气体封闭在炮孔内，不进入裂纹中，则 $K_I\propto$(裂纹长度)$^{-1/2}$。如果气体流进扩展的裂纹中使断裂面受压，则当压力保持不变时，$K_I\propto$(裂纹长度)$^{1/2}$。当然裂纹扩张时，炮孔也要扩张，因而压力要下降，K_I 也必然会下降，最终 $K_I<K_{Ia}$，裂纹停止发展。但气体流进裂缝，随裂纹长度的增加，K_I 衰减很慢(图 2.4.12)。为使裂纹扩展得足够长，就要使气体能流入张开着的裂纹，这同样应采用不耦合装药和低爆速炸药，以免过高的压力炸坏孔壁。

　　另外，要防止气体过早逸出以维持炮孔内压力有较长的作用时间，要求炮孔的堵塞质量要好，有足够的堵塞长度，如炮孔堵塞长度 $L=s/2$ 就是一种合适的选择，s 为孔间距。Plewman 的试验说明，保证气体能流进扩张的裂纹时，炮孔间距可以

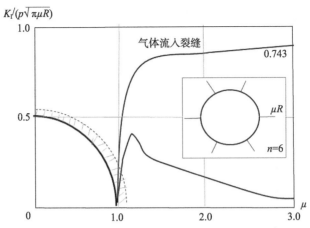

图 2.4.12　气体渗进裂纹时应力强度因子与裂纹长度的关系

长达 $50D$，D 为炮孔直径。由于控制了断裂面的发展，可以增大炮孔间距，减少钻孔数量，节省炸药，不易出现超挖和欠挖，并可以减小地面振动，从而大大增加爆破所形成的结构物的强度。这种研究很可能导致一种较好的爆破切割方法。然而，这方面的工作还多停留于实验室内，有待进一步与工程实际结合起来。

2.4.5　钻孔静压作用下的岩石开裂

以往，岩石的开挖或混凝土构筑物的拆除，一般采用炸药爆破的方法，尽管采用了改进的控制爆破技术，但炸药爆破产生的噪声、振动、飞石和粉尘使其在有些情况下的使用受到约束和限制。应用无声破碎剂破碎岩石和拆除设备基础、钢筋混凝土构筑物，无疑是对爆破技术的一项重要补充和发展。采用无声破碎剂开采石材和炸药爆破、机械切割方法相比无振动、无噪声、无飞石、不产生有害气体。安全性好，运输保管方便，不仅减轻了采石工人的劳动强度，同时还能大幅度地提高劳动率，显著降低破碎率，提离石材成荒率、成板材率及玉石的品级率，有利于矿产资源的保护性开采。作者曾经采用无声破碎剂切割不同硬度的三种岩石，其中有名贵的南阳独山玉、大理石和花岗岩。通过这些试验结果对无声破碎剂的作用原理及岩石在钻孔静压作用下的开裂机理、设计参数的选择和确定进行了讨论。

2.4.5.1　无声破碎剂

无声破碎剂(SCA)是一种经烧制制成的强膨胀性固体粉末混合物，使用时按配比要求加水调和充填入钻孔内，经水化反应后生成膨胀性的结晶水化物，该水化物结晶生长压力即为作用于孔壁的膨胀压力，各种型号无声破碎剂的使用条件及产生的膨胀压见表 2.4.3，不同型号的破碎剂，其膨胀压不同，同型号的破碎剂，当水灰比不同，施工温度高低变化，以及钻孔直径不同时，膨胀压也不相同。其中受温度的影响最大，其次是孔径。例如，I 型无声破碎剂当孔径为 40mm 时，受温度影响其膨胀压可以相差 40%。水灰比一般在 0.30~0.35 范围内选取。一般地说，施工温度高，则水灰比要大，水平孔装药水灰比较垂直孔要小些。

表 2.4.3　无声破碎剂的使用条件及产生的膨胀压

SCA 型号	使用季节	施工温度/℃	钻孔孔径/mm	膨胀压/(kg/cm^2)		
				第一天	第二天	第三天
I	夏季	20~35	40	380	430	440
II	夏季、春季、秋季	10~25	40	340	390	420
III	冬季	5~15	40	230	280	300
IV	寒冷季节	−5~8	40	170	240	280

试验选择了三种不同硬度的岩石：独山玉(包括玉石围岩的辉长岩)、大理石及花岗岩，它们均为矿物结晶颗粒的集合体，属坚硬及中等坚硬度岩石。大理石及花岗岩有着明显的各向异性的特点。由湖北省地质矿产勘查开发局中心实验室测定的三种岩石的力学性能参数如表 2.4.4。

表 2.4.4　三种岩石的力学性能

岩石名称	容重/(t/m^3)	抗压强度/(kg/cm^2)	抗拉强度/(kg/cm^2)	脆性度
独山玉	3.09	1674	180	9.3
大理石(内乡)	2.66	347	15	23.1
花岗岩(镇平)	2.71	1602	77	20.8

通过试验，我们认为岩石的抗切割性主要取决于它们的抗拉强度和脆性度值。岩石的抗拉强度越大，越难切制。所谓脆性度值是指同一岩石，在同一方向的抗压强度与抗拉强度之比。脆性度值大的岩石，则越易切割。以上三种岩石相比独山玉最难切割，大理石较易切割，爆破切割岩石是炸药爆炸瞬间产生的应力波及相伴随的高温高压气体产物膨胀的共同作用结果。与炸药爆破切割岩石不同，无声破碎剂切割岩石是由无声破碎剂在钻孔内缓慢进行的一种水化反应。反应生成物结晶产生的膨胀压力是一种准静态的压力作用。

2.4.5.2　无声破碎剂破碎岩石的作用原理

如果切割石料的厚度和钻孔深度比钻孔直径大很多，则垂直于钻孔的层面有软弱夹层。钻孔静压力作用下岩石中的应力分布可以借用有圆孔板的解说明。当两个钻孔(圆孔)内壁有压力 P 作用时，在两圆孔中心连线与圆孔壁面的交点处切线方向发生非常大的拉应力(σ_θ)，如图 2.4.13 所示。

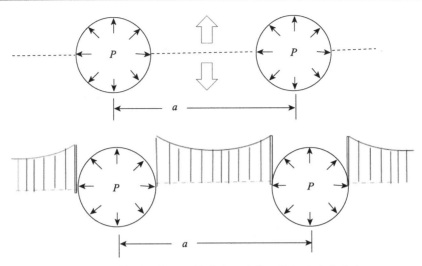

图 2.4.13   静压力作用下钻孔中心连线上的切向应力分布

即使相邻两孔相距较远，这种应力分布也同样存在，是说切向应力最大值的位置在两钻孔中心连线的孔壁上。如果产生裂缝，那么裂缝首先在相邻两钻孔中心连线的孔壁面上发生。我们知道，任何材料内都存在着各种缺陷(裂隙)，事先在岩石的欲切割面内钻眼就人为地造成了岩石内部的缺陷，它们明显地削弱了欲切割岩石面的抗拉能力。含有这些缺陷的材料处在复杂的应力状态之下，加之无声破碎剂水化反应产生的膨胀压力的作用，将会在孔壁纹尖端部产生较大的应力集中。在相邻两圆孔中心连线方向壁上裂缝尖端的应力更为突出。从断裂力学知道，一旦裂缝尖端的应力强度因子大于材料(岩石)的临界应力强度因子，超过材料的断裂韧性时，这些裂缝便开始扩展并以一特定的速度发展，优先扩展的长裂缝将比其他短裂缝更易于扩张，从而促使其他短裂缝停止扩张。相邻两圆孔内壁上的裂缝在其连线方向上发展的结果最终导致沿钻孔连线方向岩石面开裂。

如果凿岩切割参数选取合理，在整个切割面上所有钻孔内无声破碎剂膨胀压力的共同作用下，所引起的拉伸应力等于或大于欲切割岩石面的抗拉应力极限时，就将形成沿切割面的开裂。

2.4.5.3 设计参数的选取

假定要从原岩体切割一定块度的石料，其水平底面已有一层面，则只需钻一排垂直炮孔将石料从原岩体中分割开，如图 2.4.14 所示。欲切割面长为 b，台阶高(切割厚度)为 b，在欲切割面上布一排 n 个钻孔，间距为 a，孔径为 d，孔深为 l。根据前述钻孔静压作用下岩石开裂原理，即外加载荷作用于欲切割岩石面内产生的拉伸应力大于或等于岩石的抗拉强度值时将导致岩石沿着欲切割面开裂。

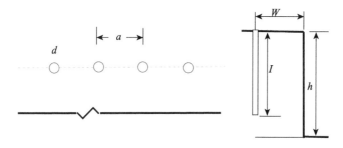

图 2.4.14　无声破碎剂切割岩石钻孔布置示意图

钻孔内单位长度的无声破碎剂作用于欲切割岩块上的拉力为 Pd，于是我们可以得到

$$npdl=f\sigma_c(bh-nld) \tag{2.4.16}$$

其中 $b=na$。σ_c 为被切割岩石的抗拉强度，f 称为强度削弱系数。钻孔作用减弱了岩石的抗拉强度并考虑到岩石层理节理等发育程度对其抗拉强度的影响因素，上式可写成

$$npdl=f\sigma_c(nah-nld)$$
$$(pdl)/(f\sigma_c)=(ah-ld)$$

经整理后得到

$$a/d=l/h((p/f\sigma_c)+1) \tag{2.4.17}$$

式中 l/h 为钻孔深度与欲切割岩块厚度之比——孔深率。显然钻孔越深，装药量越大，在切割厚度方向作用力均匀时，钻孔距可以选取偏大的数值，对比较坚硬的辉长岩中的玉石，钻孔深度接近于切割的厚度，即孔深率接近或等于 1，对于抗拉能力较差的大理石，孔深率就较低。对于三种岩石试验总结得到的孔深率的经验参数为 0.60~1.00，见表 2.4.5。式(2.4.17)中，$p/(f\sigma_c)$ 为钻孔内无声破碎剂膨胀压力与岩石抗拉强度之比；a/d 为装药钻孔的孔距与孔径之比；f 为岩石抗拉强度削弱系数，对三种岩石试验总结所得到的经验参数为 0.3~0.5。

表 2.4.5　三种岩石的孔深率

SCA 型号	独山玉(d=40mm)	大理石(d=34mm)	花岗岩(d=40m)
I	0.80~0.85	0.65~0.70	0.60~0.65
II	0.85~0.90	0.70~0.75	0.65~0.70
III	0.90~0.95	0.75~0.80	0.70~0.75
IV	0.95~1.00	0.80~0.85	0.75~0.80

从这里，我们看到钻孔间距与钻孔直径有关，其比值主要取决于无声破碎剂在

钻孔内的膨胀压力和岩石的性质,以及岩体层节理的方向。不同型号的无声破碎剂在钻孔内的膨胀压是不同的,根据施工情况选用不同型号的无声破碎剂。特别要注意根据现场岩石性质不同和产状,选取合适的强度削弱系数,如切割面平行于岩石的层节理面时,其值将会很小;因为沿着这些层节理面,岩石易于开裂。因此在石料开采工作现场,注意选取切割面的方位是开采工艺中十分重要的环节。切割面选取合理,切割工程量小,无声破碎剂消耗量少,劳动效率高,成材率(成荒)高。

只切割一个岩石面时,孔距的经验参数见表 2.4.6。当在欲切割面内加导向孔(即不装药孔)时,装药孔距可适当加大。孔距选取合适,岩石切面较平整,石料二次加工量小。孔距过大时,虽然也能切开,但切割面不平整,二次加工量大,成材率相应降低。

表 2.4.6   三种岩石试验切割孔距   (单位:cm)

SCA 型号	独山玉(d=40m)	大理石(d=34m)	花岗岩(d=40m)
I	25~20	40~30	40~30
II	23~18	40~30	40~25
III	20~15	35~20	35~22
IV	18~15	35~18	35~20

为了适应现代化建筑业发展的需要,广泛采用装饰性石材,促进了石材开采和加工技术的发展。采用无声破碎剂开采大理石和花岗岩比以往人工开采或爆破、机械方法具有更广泛的适用性。

2.4.6 地应力

大型定向爆破筑坝工程,由于需要爆破大量土石方,药包埋置深度可能达到地面下数十米至百米,地下矿山开采工程有的在地面以下 1000~3000m 进行。许多大抵抗线埋深药包的漏斗爆破试验和工程爆破实际经验说明,地质构造、重力场应力场的存在影响着大爆破漏斗的形成,几何相似律不再存在。药量的大小是和埋深的 3.4~3.5 次幂方成比例的。简化模型计算重力的存在影响了爆破空腔发展、加速运动和地表破坏。重力场和地质构造应力场是如何影响爆炸鼓包发展、空腔形成、抛掷体的速度的需要认真研究。因此,分析了解重力场、地质构造应力场的存在和作用,有围压存在下岩石的强度对爆炸作用过程的影响,才能为大抵抗线药包爆破药量计算提供依据。

在地壳上部或按近地表的岩石应力状态由两个场作用决定,一个是重力场,另一个是地质构造力场。它与地质构造运动和变形在空间分布不均匀有关,即与地质构造运动梯度有关。

重力场的特点，根据万有引力定律，与考察物体本身有关。以重力加速度 g 表征。在地壳上部 g 的变化很小，在许多实际问题中可取 $g=981\sim1000\text{cm/s}^2$。重力造成地层的地应力垂直分量 σ 取决于上部覆盖岩层厚度 H 和岩石的平均容重 $\gamma_{均}$。

$$\sigma=\gamma_{均}H \tag{2.4.18}$$

地质构造力场与地质构造运动速度和地壳变形速度在空间分布的不均匀性有关。因此，它不像重力场均匀，是随空间、时间而变化的。在采矿实践中，可以见到这种构造力场的存在，如巷道周边围岩活动的例子，苏联在一极坚硬的岩石中的金属矿里发现浅部所掘进的巷道遭到严重破坏，这种破坏难于从已知的重力作用和其他原因中得到解释，这种岩石平均抗压强度为 1800kg/cm^2。巷道以岩爆(弹射)出现，石块为几十克到几十千克。由于重力场造成的地应力，即使考虑到可能的应力集中也不会大于 170kg/cm^2，说明造成岩爆的地应力要比重力应力大一个数量级。

巷道围岩弹射过程的观测表明，弹射并不是沿巷道周边发生，而是发生在某一方位上。由于弹射、片落的结果，原先是圆断面的垂直巷道变成了椭圆形断面。同样是水平巷道，纬度方向保持了良好的稳定性，而子午线方向的巷道，由于岩石弹射的结果而形成了帐篷状的尖拱形。

在科拉半岛一个深度达 600m 的高强度围岩——霓霞岩、磷霞岩(抗压强度为 $1200\sim2200\text{kg/cm}^2$)中进行大量观测，记录到水平挤压构造应力达 $570\sim750\text{kg/cm}^2$。在 100m 深处，它比重力应力场的垂直分量大 19 倍，600m 深处为 3 倍。深度不太大时，地质构造应力与重力场应力相比占有更重要的地位。

根据地质构造特征分析，没有遭受变质作用的沉积岩层中，应力状态仅取决于重力的作用，而在结晶基岩中，可能产生较大的水平压应力。软弱的变质岩中或是不存在构造应力，或是很微小。

在设计岩石工程项目时要充分了解实际的应力状态。这就要在巷道掘进中进行大量观测。要了解地应力最大主应力方向，及其在空间的变化规律。通过一定范围的巷道，目测破坏状况就可以了解应力状态的基本情况。

由于重力场和构造应力场的存在，在大爆破设计中，应考虑它们的影响，在爆炸形成空腔，土岩体运动的后期，气体压力降低，地应力的作用可能会严重影响漏斗的形成，产生过大的漏斗或由于钳夹制约作用，抛掷方量减少，抛掷距离近。

在药包埋深大的定向爆破工程实例中，出现过爆破方量比设计量大 38% 的意外效果，造成了泄水洞口堵塞，局部逸出大量土石方。排除爆破设计时参数选择不准、经验不足、施工错误，其主要原因是对地质构造了解不清，对地应力的存在没有认识和分析。

药包埋深过大的(包括分层)松动爆破，出现的下部岩层爆炸裂缝不张开，是否与没有充分认识重力应力场有关？定向爆破筑坝工程中出现坝轴线的严重偏移，除了药包设计施工的位置，药量计算错误外，是否还存在地应力的因素(图 2.4.15)，我们有理由提出在进行定向爆破工程设计中要充分认识估计地应力的作用和影响程度。

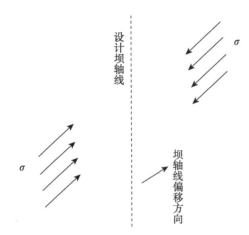

图 2.4.15　水平地应力存在对爆破筑坝坝轴线的影响

2.4.7　围压对岩石强度的影响

应力和变形的关系是岩石本身的力学特性。爆破时，岩石受力状态并非一维问题，任一主应力方向的应力和变形的关系都受其他两个方向应力的制约。

图 2.4.2 是 Bunt 砂岩在不同围压下的轴向应力-轴向应变曲线(σ_1-ε_1)。从图 2.4.2 可以看到，随着围压提高，强度提高。到某个围压时(对这种岩石约为 100MPa)，材料从脆性变成柔性。图 2.4.3 是 Bunt 砂岩的轴向应力和体应变关系。当围压升高时，剪胀减小，到某个围压时(约 100MPa)，剪胀消失。爆破时，岩石受力并不像单轴压缩时那么脆。并且，围压高到一定程度时可以不发生剪胀。这是分析爆破问题时必须注意的。

围压作用下岩石的强度与围压大小、作用方向有关。在分析研究深层岩石在爆破作用下的受力状态和破坏时，要测定其围压的状态。在多维应力作用下，要采用应力张量不变量的关系来描述破坏和屈服。如冯建兴等给出了一种花岗岩静屈服强度，见公式(2.4.7)和公式(2.4.8)。

有围压时，破坏多是与最大压力方向有一定夹角的剪切。大型工程爆破设计中出现的抛掷方向偏离，坝轴线移动，某方向比设计方量大很多的现象，可能就是局部地应力存在造成的。

　　岩石的强度与爆破单位岩石的炸药消耗量有关, 加拿大铁矿公司做了大量漏斗爆破试验。爆破漏斗和抗压强度之间有着很密切的关系, 图 2.4.16 为比例临界深度和岩石抗压强度的关系, 比例临界深度是表示地表开始破坏的药包深度。

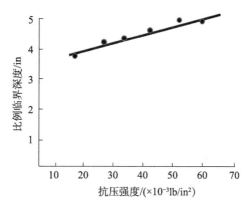

图 2.4.16　比例临界深度和岩石抗压强度的关系

　　图 2.4.17 为最佳比例漏斗深度和岩石抗压强度的关系。最佳比例漏斗深度是当炸药量一定时, 爆破漏斗体积的最大埋深。从图中可见, 随着岩石强度的提高要使同样埋深条件下, 地面产生破坏, 要增加炸药量。同样, 由于岩石强度增加, 炸药量不变时, 最佳比例漏斗深度要减小。这些试验说明, 由于岩石强度的提高, 炸药的消耗量要增加。对于埋深尺寸大的爆破, 由于围压存在提高了岩石的抗压强度, 增加炸药量是必然的。

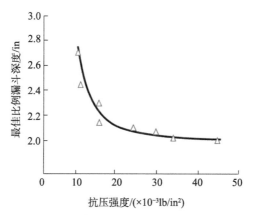

图 2.4.17　最佳比例漏斗深度和岩石抗压强度的关系

2.4.8　小结

　　对土岩介质的爆炸作用可以分为两个阶段。第一阶段是冲击波作用和空腔扩张过程，第二阶段为具有一定初速度的抛掷体在重力和空气阻力作用下的运动。在第一阶段由于应力波作用，爆炸气体膨胀作用使岩石产生裂缝、破碎形成漏斗，炸药能量传给破碎的岩石形成一定速度的流场。根据试验资料，药室空腔膨胀的初始速度为每秒数百米，很快达到最大空腔半径，在岩石中其值为装药半径的 1~2.0 倍，这时空腔内气体压力为 1000~2000 个标准大气压。岩石中应力波速度为 4~5km/s，而径向裂缝传播速度为 800~1000m/s。由空腔壁产生的裂缝在空腔内爆炸气体的余压作用下进一步扩传，发展形成漏斗，这时如果爆破漏斗内岩石周围存在较大的地应力作用，其地应力强度和气体压力为相同数量级时，地应力场将会影响漏斗内岩石中裂缝的发展和运动方向。研究表明围压的存在可能改变主应力的方向从而使裂缝传播的方向偏离，其结果是影响漏斗边界的形成，造成过大的漏斗或达不到设计的破坏范围。

此外，爆破作用形成的漏斗破坏了原有的地应力分布的平衡状态，从而导致爆区边沿岩石中应力重新分布。有的会由于应力释放加之某些地质构造因素造成滑坡，从而出现意外。

重力场造成的应力比较清楚。地质构造应力场取决于地质构造运动和地壳变形，而不易确定它们对爆破作用的影响，需要经常地观测其应力分布大小、方位，以便在爆破设计时考虑。

2.5 爆破破碎技术

2.5.1 岩石爆破破碎

爆破破碎优化设计的基点是降低成本，基于数字图像分析处理技术的破碎模型预报简单、快捷、又可靠，不仅替代了传统的方法，而且大大方便了现场工程师的工作。

钻孔、爆破是矿山生产的两个基本环节，孤立地分析它们会导致错误的结果。考虑后续的装载、运输、破碎环节都要有优化的爆破设计，最终才能降低成本。

爆破成本低并不表示整个采矿成本低，爆破时稍微多一点消耗也许能改善后续环节的效率，从而使得最终成本降低，这样的爆破才是优选方案。在石灰岩的爆破试验中，尽管修改爆破方案使得爆破的成本高了一点，但改进的爆破方案却能改善运输，运输效率提高了 20%，减少破碎机成本 33%，从而提高生产率 20%，最终减少成本 10%。一个可以接受的爆破，大块率要小于 5%。

露天矿采随着后续工序设备能力不同，对爆破块度的要求变化范围也很大。大的装载机、运输车辆、破碎机就可以接受较大块的块石。理想的破碎度是爆破后不需要再处理，若是运往废料场或是送入破碎机，岩石破碎的尺寸就不同。前者无所谓，但送入破碎机的大块石头的尺寸不能超过破碎机进料口的短边长的 75%。

利用数字图像分析测量技术是最新、最快的一种岩石爆破破碎评价方法，基于对三个大型煤矿应用 FRAGALYST 软件采用数字图像分析给出的平均块度(K_{50})和实际结果比较一致。但模型中没有包括炸药的性质、延迟时间，需要进一步研究。

利用数值图像计算机处理技术分析岩石爆破破碎的效果，美国、印度、法国和中国的学者都有他们研究的成果，可以查询有关研究报告。

2.5.2　钻孔参数测量技术

大型露天矿都采用钻孔爆破破碎岩石，钻孔是矿山开采成本的重要组成部分。两类参数决定了爆破结果，它们是爆破岩石地段的地质参数和钻孔能量分配参数。地质参数不可控制，钻孔爆破能量分配参数可分为几何参数和装药。有经验的爆破工程师能在熟悉地质的情况下，合理选择爆破设计参数，调整能量分配，如孔网参数、装药量。爆破设计的难点在于确定局部岩石的性质，地质参数对大型矿山破碎效果、边坡稳定性的预计都是十分重要的。

瑞典 Luleå 技术大学采矿工程系寇绍全先生在露天矿使用钻孔测量(measurement while drilling, MWD)优化钻孔和爆破的报告中介绍了 MWD 技术的原理。MWD 就是用钻孔获得的地质资料指导钻孔施工和爆破设计的。钻孔参数可以描述局部岩石的变化，基于钻机旋转的能量守恒，用这些参数可以说明岩石的性质。最重要的是钻岩比能参数。在瑞典 Aitik 矿的比能参数研究说明它和钻孔参数有很好的对应关系，如穿凿速率、钻头旋转速度、钻机马达电流。比能和岩石性质的关系敏感，可以得到很多地质信息，说明可以用比能参数反映钻孔特性。

2.5.3　钻孔指数法

印度采矿研究所 Raina 的 I 钻孔指数 D 法是利用钻孔参数对不同岩石爆破的块度进行预报的。岩石的特征由于有不同的目的要求所以有不同的描述，如钻孔、爆破、基础工程，用来说明岩石抵抗破坏的能力，简化说明其性质，用指数或等级来预测岩石的破碎块度，由于岩石钻孔参数反映了岩石特性，因此钻孔参数可以用来预测岩石的爆破效果。

对采矿工程师来说，爆破后岩石破碎块度的大小预报是件难事，特别是露天矿。尽管有不同的方法，但是由于其经验性和岩石破碎的相关参数选择不同而不能通用。主要原因之一是难于评价人们不可以控制和改变的岩石参数，如岩体结构情况和在动态加载时的行为。一般说来，岩石是不均匀的，它的物理力学性质就是在一小尺寸范围也是不同的，不同的研究者采用了不同的方法来评价岩石的可爆性。

Kuznetsov，Cunningham 分别在 1973 年和 1983 年提出预报平均块度尺寸(K_{50})的计算公式

$$K_{50}=A(V/Q)^{0.8}Q^{0.17} \tag{2.5.1}$$

$$K_{50}=A(V/Q)^{0.8}Q^{0.17}(E/115)^{-0.63} \tag{2.5.2}$$

这里，A 为岩石因子，对极弱的岩石为 1，对中等硬岩为 7，对硬岩有裂隙岩石为 10，对硬岩少裂隙岩石为 13；K_{50} 为平均块度尺寸(m)；E 为所用炸药与铵油炸药强度比(能量换算系数)；V 是单孔爆破的体积 = 最小抵抗线×间距×台阶高。由于 A 值确定的差别之大，分类粗糙，难于准确，有人提出以钻孔指数 DI 替代岩石因子 A。钻孔指数 DI

$$DI=(v_p/(E \cdot N_r)) \cdot D^2 \tag{2.5.3}$$

这里，v_p 为穿孔速度(m/h)；E 为推进压力(klb)；N_r 为钻头的转速(r/min)；D 为钻孔直径(in)。我们看到钻孔指数与钻孔直径的平方成正比，是最重要的影响因素。

从钻孔资料提取信息确定爆破设计参数，可以改进爆破破碎效果。DI 用于预报岩石爆破破碎块度，是一好的指标。钻孔资料记录要仔细，这样就可以排除人为因素干扰，避免错误地反映岩石性质。

岩石破碎块度的预测还可以应用数值模拟分析设计软件，结合摄像图像分析技术来评价台阶爆破的破碎程度，以改进爆破效率。

2.5.4 爆破裂缝的确定

爆破裂缝的检测仍然是岩石破碎问题研究的关键课题。这些裂缝的定量确定对爆破施工很重要(如轮廓控制、破碎块度、防止岩石破坏等)，在模拟岩石爆破过程中也是最重要的参数，因此爆破裂缝的研究一直是近几十年有兴趣的课题。由于测量岩石断裂有困难，以往大多数研究都停留在实验室内对塑料和模拟岩石材料的断裂测量。

试验对三类不同岩石进行了爆破裂缝测量，三种岩石是闪长岩、磁铁矿、含镍硫化物。岩样是在具有岩石代表性地段钻取，直径 100mm，高度 130mm，总量 100。在试件上钻两个直径为 6mm，10mm 的孔，导爆索(1.1g/m 或 3.2g/m)炸药置于试件孔的中心线上，不耦合装药，其间是空气、水和泥土。爆破前后对岩石的力学性质(如弹性、强度)进行测定，试验比较确定压碎区和裂缝传播的范围。

爆破试验得到了大量数据，不同的耦合介质对裂缝的发展具有重要作用(表现为压碎区和裂缝的延伸及特征)。当炸药直径和孔径比小于 50%时，压碎区范围是一倍孔径，试验安排是尽量减小爆炸气体的影响，而突出爆炸激波的作用。

试验分析证实了关于岩石脆性断裂行为的看法。我们要分离在已有裂缝面上激波反射的影响，特别是要说明径向裂缝和切向裂缝的比较，耦合介质、耦合程度对

炸药爆破作用的影响、岩石微观结构对断裂及应力波衰减的影响。

瑞典人 Victoria Svahn 研究了炮孔周边裂缝产生的原因。瑞典西部许多采石场都有一个无用碎料问题，大量碎料不仅在经济上造成了浪费，还存在环境保护问题。他们采用分层彩色混凝土柱的爆破试验研究炮孔周边压碎区范围，试验观测到炮孔内层黑色混凝土碎料多，这是爆破作用压碎区的特征。外面绿色和中间黄色混凝土碎块分布曲线很相近，则是由自由面(如岩石中的裂缝或节理面)反射拉伸波所造成的。

常规爆破会使岩石中产生大量无规则裂缝和断裂。控制爆破可以只在需要的方向产生裂缝，对围岩减少微裂缝。在大理石采石场采用导爆索进行试验，采用 10~50g/m 导爆索作炸药；设计了不同的孔间距、孔径；不耦合装药；其间为空气、沙子和水间隔缓冲；孔边有切口；孔内还采用了不同的内衬；还改变了不同的堵塞。收集统计爆破前后岩样中的裂缝数。试验结果说明 P 波导致岩石破坏，产生裂缝，爆破后孔壁处岩石的 P 波速度会降低。采用导爆索，并用 PVC 管和纸管作内衬，P 波波速降为 1/3。使用带切口的纸管，P 波减少量最少，说明对围岩破坏最小。爆破炮孔外 0.30m 没有破坏。带有切口炮孔只在设计方向有裂缝，大大减少了对孔壁的破坏。使用带切口的 PVC 或纸管内衬的药包可用作大理石荒料的开采爆破，荒料和岩体中的破坏可以不必考虑。

2.5.5　岩石爆破动量理论

爆破理论研究在数值模拟中遇到的问题是岩石材料的描述。工程爆破中设计药量的计算还是基于经验。德国 Muller 博士提出采用动量理论优化爆破设计，其爆破设计计算的理论是基于动量守恒。

研究爆破参数间的关系，重要的是炸药爆破时传给岩石的动量。爆破岩石获得的动量是爆破岩石的质量和它的速度：

$$I_M = m_M \times v_M \quad (kg \cdot m/s) \text{或} (N \cdot s)$$

这里 I_M 是一段延迟爆破岩石的动量(kg·m/s)；m_M 是相应的质量(kg)；v_M 是岩石的平均速度(m/s)。爆破岩石的体积容易确定，速度需要测量，可以采用高速摄影机，3D激光或用专门设计的位移传感器。从物理上讲，台阶多孔爆破时，岩石的动量应等于单孔动量和爆破体积的乘积

$$I_B = I_{Vt} \times V_M \quad (N \cdot s) \text{或} (kg \cdot m/s)$$

这里 I_B 是一段同时爆破的动量(N·s)；I_{Vt} 是孔比爆破动量(N·s/m³)；V_M 是一段爆破岩石的体积(m³)。炸药爆炸除了使爆破部分的岩石获得动量，其他围岩岩石获得动量 I_{RM}，对围岩的作用也有重要意义。

按照动量守恒定律，爆破岩石的动量和围岩岩体的动量相等。

$$I_M = I_{RM}$$

基于动量分析可以分析爆破过程，爆破岩石飞散速度大，可以改善破碎，减少振动。

岩石的可爆性是指岩石抵抗炸药作用导致破碎的特性。以往研究说明，在爆破作用下，岩体可以看成由一组或几组裂隙的大量岩块所构成，实际上，平均块度应是一个重要的特征参数。声阻抗是岩石可爆性的重要参数，是岩石密度和声速的乘积。声阻抗大，快速加载下，材料显脆性。同样动量下，声阻抗增加，质点速度减小。

2.6　岩坎爆破

2.6.1　岩坎爆破工程

一些近岸水工主体工程完成后，需要打通岸边岩体，形成水工结构物，如取水口、船坞坞口的形成或是围堰的拆除。这类水工工程施工的共同特点是要求一次爆通成型。同时，爆破地段邻近地方有已建成或是在建的水工建筑物，实施爆破时一定要保护它们。这里要讨论的问题是船坞坞口的形成，有的坞口是先期人工堆筑的围堰，有的就是原岸坡，这一部分就称为岩坎。在船坞主体开挖完成后。围堰可以拆除形成坞口，岩坎开挖需要进行一次爆破打通形成坞口。

某船坞修建工程的船坞坞首是由给排水系统和坞门组成的钢筋混凝土结构物。坞首两边为其延伸的码头。坞槽基坑已爆破开挖形成，预留岩坎爆破后形成船坞进口。岩坎断面如图 2.6.1 所示，一侧是已开挖的船坞基坑，另一侧为延伸的海岸。岩坎上部有块石砌筑的围堰。由于周围环境的约束，要求岩坎一次爆破炸通，不允许多次进行爆破作业。爆破时要确保已建成的船坞码头及附近的其他重要设施的安全，防止爆破振动造成邻近水工结构物的损害。在复杂环境下进行大面积的岩坎爆破，工程施工难度大，安全问题突出。这里就岩坎爆破设计方案的选择和有关安全问题进行讨论。

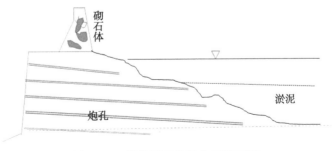

图 2.6.1　岩坎爆破炮孔布置断面图

2.6.2　爆破设计方案

和岩塞爆破一样，由于需要爆破的岩石在水下，可以选择在水上搭建工作平台进行钻孔爆破。但是这种方法由于水下钻孔作业量大，钻孔定位难度也大，而且装药起爆工序复杂，安全性差，一次爆破量有限，所以不能满足工程要求。因此选择在岩坎坞槽基坑一侧进行倾斜平行钻孔的爆破方案。这种方法钻孔为陆上作业，不需要采用费用昂贵的水上钻孔作业平台。装药起爆遇到的问题比较容易解决，有可能通过一次起爆打通进水口。当然，同样有一个钻孔质量问题，由于是倾斜平行钻孔，尽管孔口易于定位，但是岩坎是向海里延伸 40 余米的岩体，钻凿 40m 长的炮孔也是一个不容易解决的问题。比较两种方案，选择采用接近水平的小俯角钻孔爆破方法较经济又有探索性，能满足工程要求的方案。

采用接近水平小俯角钻孔毫秒差延迟岩坎爆破方案的设计原则是从岩坎中部开始，从上至下依次分层向两边延迟爆破(图 2.6.2)。一次爆破将岩坎全部岩石爆破破碎，打通船坞进水口。

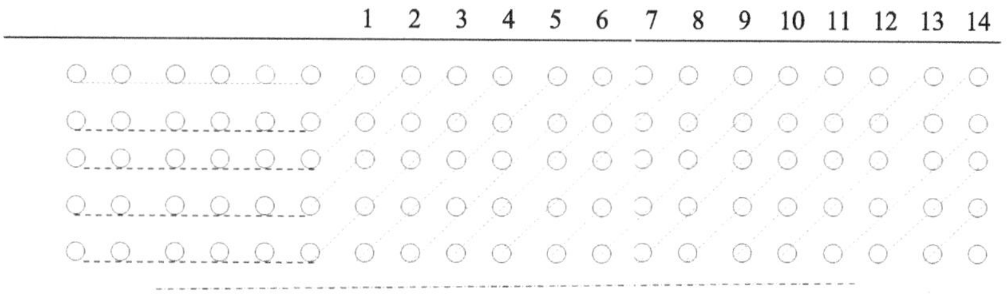

图 2.6.2　中部拉槽两侧分排延迟起爆示意图

2.6.3　钻孔布置及装药量计算

岩坎爆破设计的主要内容是进行钻孔布置和装药量计算。炮孔呈 10°俯角斜向下，该船坞工程岩坎爆破钻孔布置 5 层，如图 2.6.1。从图中看到第二、三、四层的炮孔长，孔深随岩石坡面变化并由底盘高程确定，最长的炮孔长达 47m。上下层炮孔间距 2.3m，水平间距为 3m。

根据坞槽基坑开挖爆破用药量和岩坎地段岩体结构状况，岩坎爆区部位的岩体为中细粒花岗岩层节理面较发育，爆破设计破碎岩石单位体积耗药量选择 $q=0.6\sim0.8\text{kg/m}^3$。考虑爆区岩体上面有厚度为 $6\sim9\text{m}$ 的淤泥质粉沙层，还有静水压力，因此对先起爆的中间部位的掏槽孔和后爆的下层炮孔，应适当增加耗药量。根据一些水下爆破试验结果和工程经验，这些炮孔的药量计算选择单位体积耗药量 $q=1.0\text{kg/m}^3$。实践证明，爆破作用于岩石破碎的载荷比数米水深的静水压力大得多，覆盖层不太厚时，不必过多地增加用药量。但是对于多排多段延迟深孔爆破，应在依次延迟起爆数排后，为克服多排岩石破碎松动位移有限造成的阻力，岩坎爆破在中间形成拉槽后往两边扩展时，应提高后排炮孔的装药量。这里加强段采用增加钻孔数来提高单位体积装药量，这样就提高了这部分岩石破碎后的位移量，有利于随后炮孔爆破破碎效果的改善。这种设计思想对于超多排深孔爆破的药量计算都是有参考价值的。

2.6.4　爆破网路设计

岩坎爆破一次爆破方量大，炮孔数量多，起爆网路设计要保证爆破设计方案的实施，要求各炮孔起爆的顺序准确，延迟时间合理。准确的延迟时间间隔才能有效地控制一段起爆药量，控制爆破振动对邻近结构物的影响。

为了实现多排炮孔的延迟顺序起爆，宜选用非电导爆管起爆网路，采用孔内外延迟实现多段分排延迟起爆。考虑到爆破地段至要保护的坞首结构设施的距离为15~40m，段装药量为70~2600kg，分段间隔时间选取 25ms 或 50ms。孔内采用毫秒10 段延期导爆管雷管。爆破前对雷管延时精度进行监测，试验监测 4 发毫秒 10 段雷管的不同起爆时间误差小于 15ms，其误差时间可以满足相邻排间依次起爆的要求。

该项船坞岩坎爆破起爆网路主要由三部分组成，中间拉槽、左右侧分别延迟45 段和44 段，总起爆延时 1750ms。

2.6.5　爆破振动安全

岩坎爆破采用分层多排钻孔爆破方案，所有炮孔不是同时起爆。为了防止邻近坞首结构物及码头在爆破时受到重点破坏，需要确定一次起爆的药量。分析在这样的药量爆破振动作用下对坞首结构物的安全性进行评价。提出确保其安全可以承受的临界爆破振动强度。

2.6.5.1　爆破振动传播规律

岩坎爆破时总有一部分炸药能量在地层中传播引起地面振动。爆破振动影响的评价有赖于对爆破振动强度参数的测量分析和所要关心的建筑物可能产生的动态响应。对于工程设计，确定一个能决定爆破振动影响程度的最基本的载荷确定参数是十分重要的。大量观测数据和工程实践说明，地面振动速度的大小与建(构)筑物可能产生的破坏程度相关性较好，采用单一参数法评定建筑物的振动安全是不全面的，还应考虑结构物的动态响应进行受力分析。

爆破地震波的传播衰减主要取决于爆破方式和爆破振源至观测点的距离，以及其间表层地质构造的岩石性质。

岩坎爆破是一种特殊的爆破工程，需要进行试验爆破监测分析岩坎爆破时振动的传播衰减特性。

2.6.5.2　试验爆破

试验爆破选择在靠近岩坎的坞槽基坑开挖地段以模拟岩坎爆破的震源特性，测量爆破振动在坞首及船坞纵向的传播衰减规律。坞首基础开挖位于海平面以下 12m，结合基础开挖共进行了四次试验爆破，采用深孔爆破方案。爆破时沿船坞一侧布置振动测点，测量分析给出坞首基础开挖爆破振动速度衰减的经验公式(垂直向)为

$$v = 253(R/(Q^{1/3}))^{-2.07} (\text{cm/s}) \quad (1.18 < R/Q^{1/3} < 23) \tag{2.6.1}$$

式中，R 为观测点至爆破中心的距离(m)；Q 为一段同时起爆的最大药量(kg)。

2.6.5.3　岩坎爆破监测结果

岩坎爆破时最大一段起爆药量为 2.6t。监测数据分析给出爆破振动速度(垂直向)传播衰减规律，振动速度可表示为下式：

$$v = 315(R/(Q^{1/3}))^{-1.81} (\text{cm/s}) \quad (4 < R/Q^{1/3} < 50) \tag{2.6.2}$$

试验爆破和岩坎爆破振动速度衰减曲线如图 2.6.3 所示。岩坎爆破实测数据分析给出的振动衰减曲线位于试验爆破曲线之上，说明多排多段延迟爆破的振动响应的叠加效果，多排爆破叠加振动作用大。上述公式中的系数值高，衰减参数小于试验爆破指数是因为岩坎爆破监测的范围大，地震波在传播过程中高频分量被吸收。

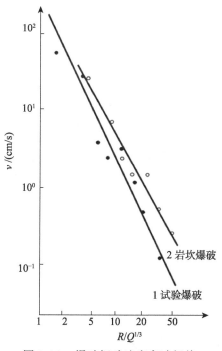

图 2.6.3　爆破振动速度衰减规律

2.6.6　坞首结构安全性分析

当岩坎爆破时，坞首受到爆破地震力的作用，我们可以利用爆破地震反应谱对坞首结构进行动力分析。

1) 坞首灌水廊道的动力分析

灌水廊道墙体可假定为底部嵌固，顶部自由的剪力墙。截面按矩形计算作动力分析。爆破时，面对岩坎一侧，墙体受力最大的部位在其底部，假如墙体承受的爆破地震临界振动速度(垂直向)v=24cm/s，水平向加速度 a=(2~5)g(地表处)，根据爆破地震反应谱理论计算给出受力 p=21.3t，底部弯矩 M=370.9×10^{4}N·m。在这种载荷作用下，墙体表面可能出现的只是 δ=0.2mm 大小的裂缝(仅可见，非贯穿性裂缝)，可满足设计允许的变形量。

2) 泵房墙体动力分析

泵房距离爆破点比灌水廊道远，受到的爆破振动作用强度小，可用类似的方法分析，当墙体承受爆破垂直向振动速度为 28cm/s，水平加速度为(2.5~5)g 时，墙体受力最大部位的钢筋受力为 200MPa，可能出现的裂缝 δ=0.15mm，是泵房设计结构允许的变形量。

3) 坞室墙体动力分析

坞室墙体较薄，钢筋混凝土层厚 40cm。墙体与岩体间用锚杆锚固，整体性较好，可将坞室墙壁作为支撑于弹性地基上的梁进行动力分析。当承受的爆破振动速度为 20~22cm/s，水平加速度为 2g 时，受力最大部位的钢筋应力 δ=1440MPa。墙体可能出现的裂缝小于 0.25mm。

4) 岩体受力分析

该工程地质结构简单，船坞所在地段无大的构造断裂带。岩石极限抗压强度为 140~160MPa，抗剪强度为 6.5~8.4MPa。以往实际工程中当振动速度小于 30cm/s 时，无肉眼可见裂缝产生。振动速度在 30~60cm/s 的岩石中可能出现小于 1mm 的裂缝。因此坞首部分的花岗岩边坡的临界振动速度可达 30~50cm/s。在个别有裂隙水通过处可设定为 20~25cm/s。以上分析可设定振动速度为 20cm/s 的安全判据。岩体(边坡)稳定不会受到振动破坏，坞首结构也不会受到振动损害。

2.6.7　小结

该项岩坎爆破工程设计总体方案是：采用从岩坎中部拉槽，从上至下分层并向两侧依次分排的深孔爆破方案，对所有装药炮孔进行组合爆破分段并安排起爆顺序，控制每段爆破，坞首振动速度不超过安全允许值。

爆破设计所有炮孔延时起爆共 89 段，最大一段装药 2618kg，岩坎爆破全部炮孔共装药 42.3t。设计校核坞首处可能产生的振动速度控制值为 17.8cm/s。

爆破时，上部人工砌筑围堰先爆破，岩坎中部向上抛出隆起，随起爆顺序向两侧延伸。爆破后，海水在由坞门向两侧延伸的码头边形成的沟槽处涌入，岩坎一次爆破成型。爆破时实测坞首底部门坎处振动速度为 20cm/s，大于设计计算值，但控制在设计允许的安全值内。经过近半年时间的水上作业清挖，岩坎底部平整并满足设计的底标高程要求。

参 考 文 献

[1] 冯叔瑜, 朱忠节, 马乃耀. 大量爆破设计及施工. 北京: 人民铁道出版社, 1965.

[2] 许连波, 金星男, 周家汉. 平地定向爆破试验研究//土岩爆破文集. 北京: 冶金工业出版社, 1980.

[3] Nordyke M D. Nuclear craters and preliminary theory of the mechanics of explosive crater formulution. J. Geophys. Res., 1961, 66(10): 3439-3459.

[4] Hino K. Theory and practice of Blasting Nippon kayaki co ltd Japan, 1959.

[5] Duvall W I. Berigaman Pettkig Sphyrical Prapagation of Explosion generatal strain pules to Rock U.S.Burean Mines R.I 5483, 1959.

[6] Favreau R F. Generation of strain waves in rock by an explosion in a spherical carity. J. Geophys. Res., 1969, 74(17): 4267-4280.

[7] Kutter H K, Fairhurst C. On the fracture process in blasting. Int. J. Rock Mech. Min. Sci., 1971, 8(3): 181-202.

[8] Harries G A. A Mathematical Model of catering and Blasting. National Symposion on Rock Fragmentation, Adelaide, Australia, 1973, 41-54.

[9] White J W. Examination of cratering formulas and scaling methods. J. Gephys. Res., 1971, 76(35): 8599-8603.

[10] Cherry J T. Computer calculations of explosion—produced craters. Int. J. Rock Mech. Min. Sci., 1967, 4(1): 1-22.

[11] Knox J B, Terhune R W. Calculation of explosion produced craters-high-explosive sources. J. Geophys. Res., 1965, 70(10): 2377-2393.

[12] 周家汉, 许连坡, 金星男. 炸药抛掷能量的相对比较//土岩爆破文集. 北京: 冶金工业出版社, 1980.

[13] 周家汉. 土中球形药包爆炸质点速度的测量和分析//工程爆破文集: 第四辑. 北京: 冶金工业出版社, 1990.

[14] 寇绍全, 周家汉. 岩石力学性质的研究和爆破技术的改进. 力学进展, 1983, 13(3): 1-8.

[15] Kirkwood J G, et al. Progress Report on "The pressure wave produced by an underwater explosion", Pt V PB-32184, 1943.

[16] 寇绍全, 虞吉林, 杨根宏. 石灰岩中应力波衰减机制的试验研究. 力学学报, 1982, 6: 582-589.

[17] 寇绍全. 波动问题的一个反问题. 爆炸与冲击, 1983, 3: 44-51.

第3章 定向爆破技术

定向爆破是工程爆破中最复杂的一类爆破,特别是在缓坡或平地地形条件下的定向爆破技术。过去的一个世纪是人类历史上科学技术发展很快的一个世纪,也是世界各国经济发展变化最大的世纪。中华人民共和国成立70余年来,特别是近40多年国家实行改革开放政策以来,中国社会和经济发生了巨大的变化,取得了举世瞩目的成就。随着国家现代化建设发展,工程爆破技术也有了很大发展。一方面,大批新建项目包括大型机场、高速公路、港口码头、水利电力项目以及城市和厂矿改扩建工程相继建成,另一方面,许多爆破科研课题被列入国家科技攻关计划,如"定向爆破筑高坝技术"、"高边坡开挖爆破稳定问题研究"及"高台阶深孔爆破技术研究"等,它们为工程爆破技术发展提供了新动力和新机遇。

在各种土木建筑基础工程施工中,如铁路、水电、港口、机场基础工程,大量的土石方需要开挖,硐室爆破和深孔爆破技术得到了广泛应用。

硐室爆破是在要开挖的岩石山体中埋设集中药包或条形药包实施的爆破技术。基于对集中或条形药包的爆破漏斗特性、爆破破碎岩石的运动规律的研究,已有的定向爆破设计计算方法,一次数百吨、千吨,甚至上万吨炸药的爆破可以把数百万方或上千万方的岩石爆破破碎,还可将部分岩石抛掷堆积到一定距离处。能利用炸药的爆破作用把岩石定向抛掷一定距离堆积起来的硐室爆破称为定向爆破。

除了铁路和公路采用定向爆破开挖路堑和填筑路堤外,水利水电和冶金矿山部门在20世纪50年代末至70年代,采用定向爆破技术堆筑了四十多座水库用的挡水堆石坝或尾矿坝、泥石流防护坝等。广东韶关南水水电站的挡水坝一次定向抛掷爆破筑成,后经加高坝高达81m。它是我国采用定向爆破技术筑成的大坝工程中规模较大、效益较好的工程。

1992年底广东珠海炮台山工地一次爆破1.2万t炸药的移山填海大爆破工程一次爆破的总方量达1085万 m^3,抛掷率达51.8%。

硐室爆破方法不需要很多大型机械,中国是劳动力密集的国家,硐室爆破施工可以同时组织大量的劳动力进行导硐和药室的开挖,实施一次硐室爆破的作业时间短,因此在许多重大工程基础、场地准备工程施工中,硐室爆破发挥了重要作用。

我们相信,在中国西部大开发的一些重大工程施工(如南水北调工程)中研究改进的硐室爆破综合技术仍将有可观的应用前景。

3.1 平地定向爆破

3.1.1 平地定向爆破问题

根据药包爆破作用的最小抵抗线原理，在平面地形条件下，最小抵抗线总是垂直地面，沿爆破土石方向抛出。是否可以调整药包位置，利用炸药爆破的相互作用改变土岩体的抛掷方向呢？苏联曾做过这方面的尝试，他们把土体介质当作不可压缩流体，提出包围土体的连续药包布置(图 3.1.1)，分析不可压缩流体的速度场，使被炸药包围的土体 ABC 获得均匀的速度分布，从而达到定向和集中抛掷的目的。但他们没有引出在实际工程中可用的结果，因为土岩体根本不可能看成不可压缩体。

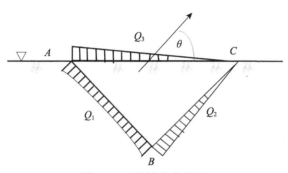

图 3.1.1 连续分布药包

我们曾经将药包布置在和水平面成一定角度的斜面上，如图 3.1.2 所示的那样，希望大部分土体能往一侧定向抛掷。但试验表明，土体的抛掷角度一般都偏高，大都在 60°~80°范围，抛出去的距离都很近。如果采用调整上下药包大小的方法压低抛掷角度，提高单位体积耗药量，抛掷距离仍难于提高。

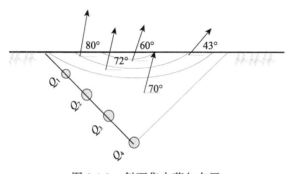

图 3.1.2 斜面集中药包布置

外弹道学的理论和实践证明,在重力和空气阻力作用下,抛掷体的抛掷距离取决于初抛角、初抛速和抛体的形状。初始抛速越大,抛掷距离越远。在空气阻力可以忽略的条件下,初始抛掷角度以 45°为最佳。因此,对于平地定向远距离抛掷爆破,就需要探求一种爆破能使土体获得比较大的抛掷速度、抛掷角度接近 45°的药包布置方案,这时土体速度分布比较均匀。

大量定向爆破工程实践证明,在具有一定坡度的地形条件下直接进行定向爆破,一般比较容易办到。然而,在缓坡或平地地形条件下直接进行定向远距离抛掷爆破则难度比较大,不容易实现。

为了解决在平地或缓坡地形条件下合理布置药包,使大量土方按指定方向抛掷,并在一定的距离外堆积成所需要的形状,需要深入研究影响定向爆破的各种因素,从而找出规律性的东西,提出正确的设计原则。

因为坡地定向爆破比平地定向爆破更容易得到较好的效果,所以,若把平地改造为具有一定斜坡的地形,那么,就有可能克服平地地形的影响,使抛体不仅能定向而且抛掷距离也会更远。这样,就把平地定向爆破问题转化成斜坡地形定向爆破问题来解决。

在 20 世纪 70 年代,郭永怀先生曾提出平地定向爆破堆山的设想,研究课题组在不同土质条件下进行多组试验。在平地地形条件下的黏土、淤泥和砂砾石介质中进行了多次定向爆破试验。试验结果[4]说明影响定向爆破的三要素的重要性:即临空面是控制抛掷方向的主要因素;药包布置和布药律是使抛掷土体能获得均匀速度场的另外两个重要因素。此外,试验还得到了抛掷距离与单位体积耗药量 Q/V、最小抵抗线 W 的关系。

3.1.2 试验方法

3.1.2.1 试验条件

定向爆破试验是在平地地形条件下的黏土、亚黏土、淤泥和砂砾石中进行的。试验区内的土质均匀。砂砾石的主要成分以中粗砂居多,局部夹有不大于 3cm 的砾石。试验用炸药为国产 2#岩石硝铵炸药和抗水铵油炸药。使用雷管为国产瞬发雷管与毫秒延迟雷管。

3.1.2.2 测试方法

(1) 采用高速摄影机拍摄爆破鼓包表面运动情况,分析计算地表面的位移、速度及加速度。拍摄速度为每秒 500~1000 幅。图 3.1.3 描述了单药包爆破时鼓包运动在不同时刻升起的高度 h,鼓包顶点速度 v 和时间 t 的关系。

(2) 采用焰火块测量技术,观测地面以下一定深度土体抛掷运动的初始参数,弥补高速摄影只能看到地表运动而看不到内部运动的不足。爆破前，把可以发出不同颜色的焰火块埋入漏斗土体内一定位置，爆破时，预先已经点燃的焰火块和土体一起抛出，利用间时照相装置拍摄焰火块的运动轨迹，在夜间拍摄的照片上，清晰地看到焰火块和被它照明的土块一起飞行，可以用来描述埋设位置的土体的运动情况。图 3.1.4 绘出了单斜排药包爆破方案、爆破时漏斗内测点的初始抛掷角和速度。

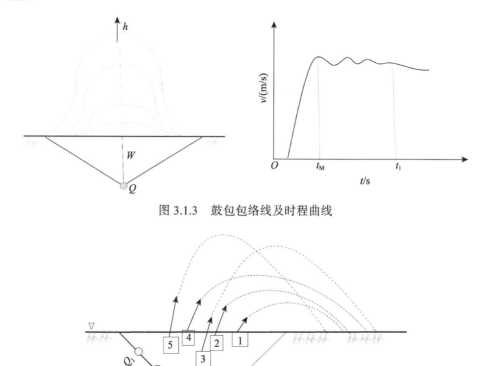

图 3.1.3　鼓包包络线及时程曲线

图 3.1.4　焰火块埋置和抛掷轨迹示意图

(3) 用埋置试块的方法测量抛掷距离。埋置试块是用石膏和水泥按一定比例制成的密度接近土体的立方块，尺寸为 4cm×4cm×4cm。爆破前按一定网格分布，把它埋入抛掷漏斗内(图 3.1.5)。爆破时，埋置试块和土体一起被抛出，然后测量各个埋置试块的抛掷距离。根据各个埋置试块的抛掷距离在漏斗内的位置画出等抛掷距离线图，等抛掷距离线的分布不仅说明了抛出土体的堆积效果，而且为我们提供了判别分析抛掷速度场均匀性的依据。

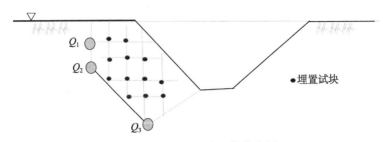

图 3.1.5　埋置试块网格分布图

(4) 堆积体测量。按一定距离(如间隔 5m)测量 1m 宽的长条地上堆积体的方量，我们得到一条从漏斗口开始的堆积曲线 V/L-L。其中，L 为堆积体横向长度，如图 3.1.6。当试验规模较大时，则采用水准仪、皮尺等测量抛掷堆积体和可见漏斗尺寸。

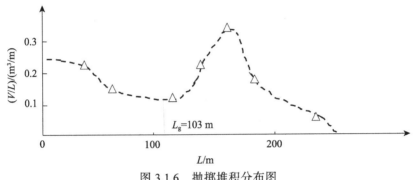

图 3.1.6　抛掷堆积分布图

(5) 破坏范围测量。爆破前在预计产生破坏的范围内进行钻孔，孔径 $\Phi=$ 5~10cm。把熟石灰粉埋入孔中，爆后测量孔中石灰位移和错动，分析土体破坏的程度，确定破坏范围，如图 3.1.7 所示。

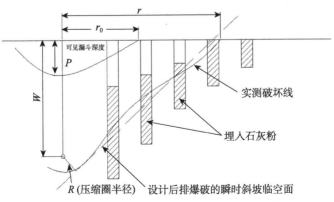

图 3.1.7　单药包漏斗爆破效果及破坏范围测量

3.1.3　测试项目

3.1.3.1　单药包试验

为了了解在平地条件下单药包爆破时鼓包运动的情况，在黏土中进行了单药包试验。最小抵抗线 W=1.5~2.0m，比例埋深 $W/Q^{1/3}$=0.4~0.75m/kg$^{1/3}$，利用高速摄影和焰火块进行了观测，经过整理得出了药包顶部地表鼓包表面运动速度 v 和时间 t 的关系曲线，见图 3.1.3。参数整理见表 3.1.1。

表 3.1.1　单药包试验测量参数结果表

		1-1	1-3	1-4	1-6	1-7	1-8	1-9	1-11
设计基本参数	$(W/Q^{1/3})/(\text{m/kg}^{1/3})$	0.6	0.45	0.75	0.55	0.5	0.7	0.6	0.40
	W/m	1.5	1.5	1.5	1.5	1.67	1.5	2.57	1.5
	Q/kg	15.6	36.9	8.0	20.4	36.9	9.8	50.0	52.7
鼓包运动参量	v_{max}	46	84	—	63	46	28	58	100
	$v_{抛}$	33.5	53	—	50	38	23.5	54	83
	h_m/W	0.8	1.33	—	1.33	1.37	0.67	0.39	2.33
	h_o/W	1.67	3.33	—	2.34	2.04	1.67	1.67	4.0
n 值	测量值	1.67	2.32	1.22	1.77	2.13	1.43	1.72	2.30
	K_0=1.5(计算值)	1.66	2.27	1.26	1.84	2.02	1.39	1.92	2.57

注：v_{max}-药包顶部地面鼓包运动最大速度，m/s。$v_{抛}$-鼓包破裂抛掷速度，m/s；h_m-鼓包达到最大速度时的高度，m；h_o-鼓包达到抛掷速度时的高度，m。

3.1.3.2　群药包爆破间距试验

为了寻找在土中进行群药包爆破时鼓包运动速度分布比较均匀的合理间距，我们进行了单列多药包的间距试验。试验是在黏土中进行的，试验结果见表 3.1.2 和图 3.1.8。最小抵抗线 W=0.85~1.5m，比例埋深为 $W/Q^{1/3}$=0.5~0.6m/kg$^{1/3}$，间距 b=1.4~1.7W。

表 3.1.2　间距试验参数表

		2-1	2-2	2-3	2-5	2-6
设计基本参数	$W/Q^{1/3}$	0.6	0.6	0.6	0.5	0.65
	W	1.5	1.0	1.0	1.05	0.85
	b/W	1.4	1.5	1.6	1.7	1.75
鼓包速度参量	$v_{顶平}$	38.1	51	58.4	74	
	$v_{间平}$	35.4	49	55	68	
	Δv%	7.0	3.9	5.8	8.1	

注：$v_{顶平}$-药包顶部鼓包速度平均值，m/s；$v_{间平}$-药包之间中点鼓包速度平均值，m/s；Δv%=($v_{顶平}$-$v_{间平}$)/$v_{顶平}$。

试验表明，当药包间距 $b=1.4\sim1.7W$ 时，鼓包表面顶点速度值相对误差为
3.9%~8.1%。根据此值和试验后得到的漏斗坑底的平整程度，我们可以选用 $b=1.4W$
作为较合理的间距。

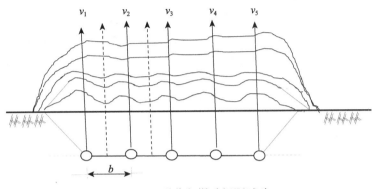

图 3.1.8　群药包爆破间距试验

3.1.3.3　平地单斜排群药包爆破

在平地条件下，只利用单药包是不易实现定向爆破的目的的。如果把药包布置
成单斜排群药包形式，则利用群药包之间的相互作用是可以实现定向抛掷的，如图
3.1.9 所示。但试验表明，无论怎样改变布药律，单斜排方案的抛掷距离总是比较近，
即使增加了耗药量，抛掷距离的增加也是很有限的。当单位体积耗药量 $Q/V=$
$4\sim5\mathrm{kg/m^3}$，土体的重心抛掷距离 $L_g=21\mathrm{m}$ 时，见图 3.1.10。这里，单位体积耗药量
Q/V 指的是抛掷单位设计土方所需要的药量 $(\mathrm{kg/m^3})$。

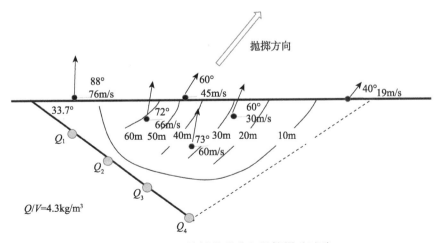

图 3.1.9　平地单斜排群药包抛掷爆破试验

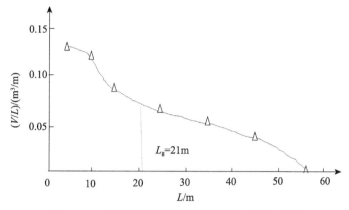

图 3.1.10　平地单斜排群药包抛掷爆破堆积曲线

3.1.3.4　两个临空面的群药包爆破布药方案

如上面所述,平地条件下只靠单斜排群药包方案布药的爆破难于提高抛掷距离,所以,进行了开挖斜坡临空面的试验。这种试验方案是在平地上先开挖一个具有 45°斜坡面的沟槽,然后,把药包布置在斜坡面一边,使药包最小抵抗线指向斜坡临空面(图 3.1.11)。当然,这种情况下仍然存在平地临空面的影响。但试验表明,通过合理的药包布置,这种影响是可以克服的。无论是人工开挖临空面还是爆破法开挖临空面,具有斜坡临空面的爆破效果比没有斜坡临空面的爆破效果要好得多。从图 3.1.12 可以看到,当单位体积耗药量 $Q/V \geqslant 4\mathrm{kg/m^3}$ 时,堆积体重心的抛掷距离 L_g 可以达到 110m,比平地条件下的抛掷距离提高五倍以上。图 3.1.12 所示的是两个临空面地形条件下,在黏土中得到的较好的布药方案。它的等抛掷距离线分布均匀、平行,堆积体较远而集中。

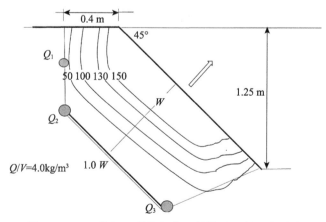

图 3.1.11　双临空面群药包布置的爆破抛掷距离分布

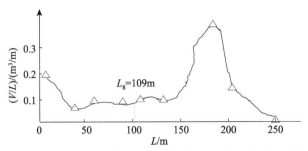

图 3.1.12   黏土中双临空面群药包布置爆破抛掷堆积分布

3.1.4   试验结果

3.1.4.1   布药方案

通过一系列试验，利用开挖临空面获得了两个临空面条件下，进行定向爆破的较好的群药包布药方案，这就是：

(1) 在黏土、淤泥土质中的二孔三药包布药方案；

(2) 在砂砾石介质中的二孔二药包布药方案。

图 3.1.11 和图 3.1.12 给出了这些方案中黏土介质的药包布置、埋置试块的等抛掷距离线图、抛掷堆积曲线。这里，两个主推药包之间的等抛掷距离线近似平行于斜坡临空面。在最小抵抗线方向上，越接近斜坡地表，抛掷距离越远，设计的抛体都定向抛出。堆积曲线在离开漏斗口后，有一段堆积方量较小，远处有一峰值即堆积集中区。这里，抛掷距离 L_g 定义为抛掷出去的土方在距离 L_g 前后的土方体积一样，我们称 L_g 为重心抛掷距离。

3.1.4.2   重心抛掷距离随单位体积耗药量的关系

试验结果表明，堆积体重心抛掷距离 L_g 随单位体积耗药量 Q/V 的增加而增加，见表 3.1.3 和图 3.1.13。当耗药量 $Q/V \geqslant 0.5\sim7.0\mathrm{kg/m^3}$ 时，重心抛掷距离 L_g 与单位体

表 3.1.3 L_g-Q/V 关系试验数据表

$(Q/V)/(\mathrm{kg/m^3})$	L_g/m		
	淤泥(W=1.35m)	亚黏土(W=1.35m)	砂砾石(W=1.0m)
0.5	7	4	
0.7	14		
1.0	28		
1.5	60		
2.0			35
2.5	110	65	
3.0			63
4.0	180	100	84
5.0			96
7.0			125

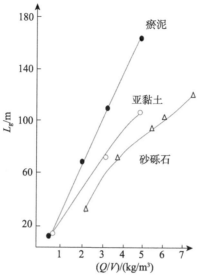

图 3.1.13　重心抛掷距离和耗药量的关系

积耗药量 Q/V 大致成正比。其斜率在淤泥地里比较大，其次为亚黏土、砂砾石。在砂砾石中，当 $Q/V<4\text{kg/m}^3$ 时，抛掷距离 L_g 增加较快；当 $Q/V>4\text{kg/m}^3$ 以后，L_g 增加变慢。虽然，在这几种土质中最小抵抗线略有差别，但可以看出，在同样耗药量下，淤泥用于抛掷运动的炸药能量利用率比砂砾石高很多，抛掷距离 L_g 相差一倍以上。显然，介质的性质对抛掷爆破的影响是很大的。需要指出的是，曲线的延长线都不交于原点，而是交于某一 Q/V 值的位置上。这说明，要把漏斗内的土体抛掷出去，所需要的药量必须超过某一最小值 Q/V。否则，就不能形成抛掷漏斗。

3.1.4.3　重心抛掷距离和最小抵抗线的关系

试验结果表明，在同样耗药量条件下，随着最小抵抗线 W 的增加，抛掷距离 L_g 增加。如表 3.1.4 和图 3.1.14 所示，当 $W=0.25\sim1.6\text{m}$ 时，抛掷距离 L_g 随 W 增加而增加。

表 3.1.4　W-L_g 关系试验数据表

W/m	L_g/m		
	淤泥(Q/V=4kg/m³)	黏土(Q/V=4kg/m³)	砂砾石(Q/V=3.3kg/m³)
0.25		17	
0.50	70		
0.70		68	
0.80		80	57
1.00		90	63
1.20		98	
1.35	180		
1.40		103	65
1.60	220		

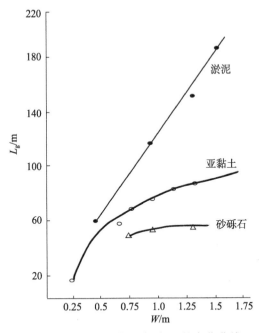

图 3.1.14　重心抛掷距离随 W 的变化曲线

在重心抛掷距离随 W 变化的关系中，淤泥增加最快，其次为亚黏土，而砂砾石最慢。当 W 由小变大时，L_g 与 W 的关系曲线上，开始段大致是线性关系，以后逐步变缓，最后，L_g 接近常数值。这种关系对淤泥来说，当 $W \leqslant 2m$ 时，还是线性关系。但对黏土和砂砾石，在 $W > 0.8m$ 以后，已经出现 L_g 接近常数的情况。

3.1.5　定向爆破三要素

上述所进行的一系列试验的结果表明，影响定向爆破效果的主要因素有临空面、药包布置和布药律，我们把它们简称为三要素。三要素确定以后，单位体积耗药量 Q/V 对抛掷距离 L_g 起主要作用。现在，我们就来讨论一下三要素。

3.1.5.1　临空面的作用

从图 3.1.9 试验结果，我们看到，影响定向爆破效果的因素首先是临空面。当抛体为理想弹道运动时，它的抛掷距离 L_g 遵循以下公式：

$$L_g = (v^2/g)\sin(2\phi) \tag{3.1.1}$$

式中，v 为初速度；ϕ 为初始抛掷角。由此可见，临空面的条件决定了初始抛掷角 ϕ 的大小，因而在同样耗药量的情况下，ϕ 的大小直接影响抛掷距离 L_g 的大小。因为在有临空面的条件下，炸药爆炸后土体抛掷运动的方向遵循"最小抵抗线"原理，即土体在最小抵抗线的方向抛出。在单斜排布药时，无论怎样调整布药律和改变药包布置，最小抵抗线总是垂直于地平面，即使通过群药包相互作用改善一些抛掷方向，但初始抛掷角 ϕ 仍然较大，土体却抛得不远。然而，斜坡临空面存在时效果就大不一样。同样耗药量情况下，中心抛掷距离增加数倍。根据理想弹道公式，在速度 v 一定的情况下，最佳的临空面抛掷角 ϕ 为 45°。

3.1.5.2　药包布置

定向爆破效果的好坏不仅与临空面有关，而且与药包布置有关。

采用图 3.1.15 的布药方案，之所以能取得好的效果是因为药包布置上考虑了以下几个原则：

(1) 布置药包时，控制水平面长度 S 与斜坡面长度 l 的比例。以 $S/l<1$ 为宜，见图 3.1.15。这样，可以减少水平临空面的影响。

(2) 主推药包 Q_2 应置于 S 与 l 交点分角线下方，使 $W_1 \leqslant H$，否则，Q_2 药包易从水平面冲出。

(3) 主推药包 Q_3 的位置应考虑到充分利用斜面 l 的长度，同时，避免过多地把能量消耗在设计土体之外。为此，药包与临空面下端点 N 连线 MN 与 Q_3 最小抵抗线之间大致以 45°/2 角为宜。

(4) "上压药包" Q_1，应设置在 Q_2 与地面距离 $H/2$ 处。

(5) Q_2 与 Q_3 两药包间距或断面上药包个数，应以使设计抛方获得均匀的速度分布为原则来确定。当两药包间距 $a=(1.0\sim1.1)W$ 时，试验得到了平行于斜坡临空面的等抛掷距离线。

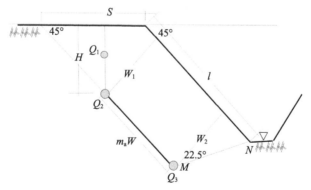

图 3.1.15　两个临空面条件下"二孔三药包"方案设计原则示意图

3.1.5.3　布药律

在一定的临空面条件下，要想使土体的抛速分布均匀，除了有合适的药包位置外，还必须考虑利用药包的相互作用来合理地分配药量，确定各个药包的药量，这就是布药律。

现在以黏土中抛掷堆积效果较好的"二孔三药包"方案为例说明布药律的影响，如图 3.1.15 所示。砂砾石中推荐的是"二孔二药包"方案。

图 3.1.15 是药包布置断面图。图中 Q_1 为"上压"药包；Q_2、Q_3 为主推药包，它们的药量之比为

$$Q_1 : Q_2 : Q_3 = \eta_1 : \eta_2 : \eta_3 \tag{3.1.2}$$

$$q_i = \frac{Q \times \eta_1}{\sum\limits_{i=1}^{3} \eta_i}$$

式中，Q 为设计断面总药量，kg；η_i 为某一药包药量比例系数，确定比例系数 η_i 与每个药包所起的作用有关。

主推药包 Q_2、Q_3 的作用是把设计抛体按设计方向抛出。在 $\phi=45°$ 情况下，Q_2 应等于 Q_3，但 Q_3 还承担着克服下部土体摩擦阻力，切割抛掷土体与原土体的作用，因此，药量分配上 Q_3 比 Q_2 要大 10%左右。"上压"药包 Q_1 的主要作用是利用它对 Q_2 的压制作用，减少水平临空面 S 的不利影响，并把设计土体的上部土体也抛出去。经过多次试验比较，在这种方案中选取布药律为

$$Q_1 : Q_2 : Q_3 = 1.0 : 1.2 : 1.3 \tag{3.1.3}$$

爆破试验表明，这个布药律的爆破效果是比较好的。

在砂砾石中爆破效果较好的布药律是

$$Q_1 : Q_2 : Q_3 = 0 : 1.0 : 1.07 \tag{3.1.4}$$

没有"上压"药包 Q_1 的爆破方案效果好。这可能是因为砂砾石结构松散，孔隙率大，爆炸气体能量在孔隙岩中传播的速度慢，"上压"药包爆炸气体还来不及把能量有效地传给抛体，就从上面水平临空面漏掉，还影响了主推药包 Q_2 的爆炸作用。

以上所述说明，影响定向爆破效果的三要素有：临空面、药包位置、布药律。

3.1.6 单位体积耗药量

在药包布置和药量分配比较合理的情况下，得到如图 3.1.11 和图 3.1.12 所示的抛掷堆积结果。图上给出了药包布置、药量分配、土体抛掷距离和堆积以及漏斗的情况。从图 3.1.11 所示等抛掷距离线，若去掉两端部分只考虑中间的均匀段，我们可以看到：①设计抛掷漏斗中的主要土体的等抛掷距离线几乎近于平行临空面或布药线；②抛掷方向即为最小抵抗线方向；③土体的等抛掷距离线从里向外，由小变大。这样，我们便可以用土体的一维平面运动图像来描述鼓包运动(图 3.1.16)。这里，x 轴是抛掷方向，即斜坡面法线方向，W 为最小抵抗线，ϕ 为抛掷角。则土体抛掷距离 L 和下述参数有关，它们是：ϕ、W、g(重力加速度，m/s^2)、R_0(药包的装药

半径，m)、K_1(与炸药性质有关的系数)、K_2(与介质性质有关的系数)。

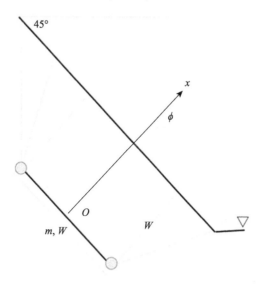

图 3.1.16　一维平面运动模型图

于是，抛掷距离 L 具有下列函数关系：
$$L=f(\phi,\ W,\ g,\ R_0,\ K_1,\ K_2,\ x) \tag{3.1.5}$$
无量纲化后为
$$L/W=f(\phi,\ g,\ x/W,\ W/R_0,\ K_1,\ K_2)$$
式左端的分母是 W，使用不方便，我们把它换成土体表面的抛掷距离，即 L_m
$$L_m=f(\phi,\ g,\ x/W,\ W/R_0,\ K_1,\ K_2)$$
若不考虑漏斗内速度的差异，则有
$$L/L_m=f(\phi,\ g,\ W/R_0,\ K_1,\ K_2) \tag{3.1.6}$$
下面，我们把这个公式变成弹道运动初速度 v 的公式。为此，我们假定：

(1) 土体在抛掷过程中是群体飞行的，空气阻力可以忽略不计。

(2) 在鼓包破裂漏气后，和土体一起冲出的爆炸气体，对土体的作用可以忽略不计，而且，它的作用和空气阻力是相反的。因此，土体的抛掷运动服从理想弹道规律，即土体在抛掷过程中只受重力作用。于是
$$L=(v^2/g)\sin(2\phi) \tag{3.1.7}$$
(3) 由于药包的联合作用，假定主要抛体的抛射角 ϕ=45°。这样
$$L=v^2/g$$

于是对速度有

$$v/v_m=f(W/R_0, K_1, K_2)$$

我们可以把参数 W/R_0 转换成单位体积耗药量 q，即

$$q=Q/V$$

式中，V 为总抛方体积(m^3)；Q 为总装药量(kg)。这样，

$$v/v_m=f(q, K_1, K_2) \tag{3.1.8}$$

这就是图 3.1.11 等抛掷距离曲线告诉我们的抛掷速度和单位体积耗药量的关系。同样，抛掷速度和单位体积耗药量也有类似的关系。

3.2 定向爆破设计与计算

定向爆破的主要目的之一是要把需要的土和岩石方量抛到一定地点。因此，爆破设计的中心问题是确定抛掷方量和抛掷距离。实践表明，在其他条件不变时，增加药量可以增加抛掷距离。因此需要建立抛掷距离和药量的关系，或者抛掷速度和药量的关系。但是由于爆破过程及工程实践条件的复杂性，抛掷距离和药量之间还没有建立起准确的关系。

作者[1]在这里介绍三种设计计算方法，其中分块和总体设计计算方法，是在整理部分工程爆破和试验资料的基础上，从实际堆积情况出发，利用弹道公式，反算给出抛掷初速度，建立抛掷速度和单位耗药量的关系。爆破设计将根据这样的关系，按照工程实际要求的抛掷距离，确定耗药量，计算各个药包的药量。尽管这样建立的抛掷速度和耗药量的关系还比较粗糙，然而它是从实际资料整理出来的，在一定范围内，是可以用来进行爆破设计的。但是，这种方法还不成熟，一方面，是因为整理工程爆破和试验资料的数据较少，另一方面，则因爆破的抛掷堆积过程十分复杂，所以，计算方法也就存在一些不足之处。这些都需要在今后的实践中进一步研究解决。

另一种方法就是目前工程上常用的设计方法，即通过 n 值估算抛掷距离，按单药包计算药量的方法。我国有关单位在这一方面积累了不少经验，曾在一些工程上取得了成功。关于这个方法已有专门资料介绍，故本书只作简单说明，而不详细讨论。

前两种方法都是以弹道运动为基础的，因此在这里我们先介绍一下弹道运动所依据的假设和计算公式。

3.2.1 定向爆破抛掷体的运动规律

3.2.1.1 几点基本假设

群药包爆破的抛掷堆积过程和单药包爆破一样，可分为三个阶段。由地表开始移动到药室气体压力不再推动岩体运动，这一阶段称为鼓包运动阶段；鼓包运动过

程结束到岩块落地之前为抛掷体的弹道运动阶段；最后是岩块落地的堆积阶段。目前关于三个阶段土岩体的运动情况还不是十分清楚，为了建立以弹道运动为基础的分块和总体两种设计计算方法，我们作如下几点假设。

首先，根据群药包爆破时岩石碎块成群体运动；在单位体积耗药量不是很大时，岩块运动速度较低，空气阻方的影响可以忽略。

其次，假设抛掷体实际堆积的质心位置就是抛掷体质心运动落点的位置，而不考虑堆积过程的影响。整理实际工程爆破数据则是利用岩石碎块的质心落点的位置，反算给出抛掷体的质心速度。

再次，假定药包布置为等量对称形式，在偏离等量对称形式的情况下，如果差别不大(例如，上下药包的最小抵抗线相差在20%以内)，可采用平均值进行计算。

最后，分析实际堆积形状时，为计算方便，假定抛掷体堆积为三角形分布，三角形的具体形状根据堆积计算确定。

3.2.1.2　弹道运动

以一初速度 v 抛掷出去的物体，在重力作用下(不计空气阻力)将沿着一条抛物线运动，这条曲线就是抛掷体运动的轨迹。当起落点在同一水平面上时，其抛掷距离 S(m)为

$$S = \frac{v^2}{g}\sin 2\phi \tag{3.2.1}$$

式中，v 为抛掷体的初速度(m/s)；ϕ 为初速度与水平方向的夹角，称为抛掷角；g 为重力加速度(g=9.8m/s²)。

如果起点和落点不在同一水平面(图 3.2.1)而是有一高程差(落差)H，则在同样的初速度和抛掷角条件下，物体的抛掷距离 S 为

$$S = \frac{v^2}{2g}\sin 2\phi\left(1 + \sqrt{1 + \frac{2gH}{v^2\sin^2\phi}}\right) \tag{3.2.2}$$

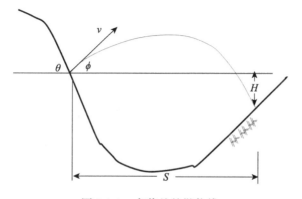

图 3.2.1　有落差的抛物线

不难看出，要想使物体抛掷到一定的距离，落在一定的位置上，就必须选择适当的抛掷初速度和抛掷方向(抛掷角)。

公式(3.2.2)可以改写成速度的公式：

$$v = \sqrt{\frac{gS}{\sin 2\phi \left(1 + \dfrac{H}{S} \cot \phi \right)}} \qquad (3.2.3)$$

由此可知，当所要达到的抛掷距离 S 和实际存在的高程差不变时，采用不同的抛掷角 ϕ，所需要的抛掷初速度大小也不一样。实际经验说明，总有一个合适的角度，以这个角度抛掷出去，所需要的速度最小，却能落在同样的位置上，这个角度称为最佳抛掷角，用 ϕ_0 表示。通过数学运算，可以求得 ϕ_0 与 H，S 的关系：

$$\phi_0 = \frac{1}{2} \left(90° - \arctan \frac{H}{S} \right) \qquad (3.2.4)$$

这时所需要的抛掷初速度为

$$v_0 = \sqrt{gS \left(\sqrt{1 + \left(\frac{H}{S} \right)^2} - \frac{H}{S} \right)} \qquad (3.2.5)$$

当 $H=0$，起落点位于同一水平面时，$\phi=45°$，$v_0 = \sqrt{gS}$。

当落点低于起点高程时，H 为正值，高于起点高程时为负值。从图 3.2.2 和表 3.2.1 中可以看到，当落点低于起点高程时，最佳抛掷角小于45°。

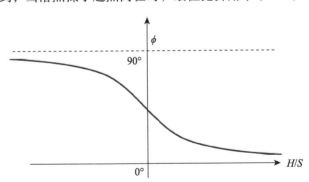

图 3.2.2   最佳抛掷角与高差的关系图

表 3.2.1   最佳抛掷角与高差的关系表

H/S	0.837	0.576	0.364	0.176	0	−0.176
ϕ	25°	30°	35°	40°	45°	50°
H/S	−0.364	−0.576	−0.837	−1.19	−1.74	−2.75
ϕ	55°	60°	65°	70°	75°	80°

3.2.2　分块堆积设计计算方法

基于平地定向爆破试验获得的等抛掷距离线图(图 3.1.11)，若去掉两端部分只考虑中间的均匀段，我们可以看到：①设计抛掷漏斗中的主要土体的抛掷距离线几近为平行于临空面或布药线；②抛掷方向即最小抵抗线方向；③土(岩)体的抛掷距离从里向外，由小变大。这样，我们便可以用土(岩)体的一维平面运动图像来描述抛体的运动。

根据前边的假定和试验结果，我们可以这样来分解爆破漏斗土体的抛掷运动。图 3.2.3 中的主抛体 $O_1O_2O_3O_4A_1A_2A_3A_4$ 是一长方体，底面 $O_1O_2O_3O_4$ 是一矩形；我们称这个长方体为正体，其体积用 V 表示。$O_1O_2A_1A_2B_1B_2$ 称为上偏体，其体积用 V_1 表示，同样，可以确定下偏体，下部的偏体 $O_3O_4A_3A_4B_3B_4$ 的体积用 V_{II} 表示。此外，如果是四个药包，还有两个侧边的偏体和四个斜角偏体。

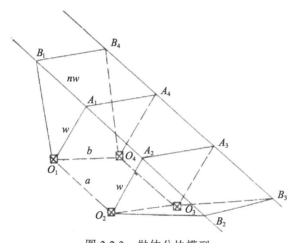

图 3.2.3　抛体分块模型

根据分析，正体内的抛掷速度分布较为均匀，因而堆积集中；偏体内的抛掷速度低且不均匀，抛掷距离近。根据这一特点，把抛掷漏斗分为正体和偏体，分别进行计算。

3.2.2.1　正体抛掷堆积计算方法

1) 正体抛掷速度

如果药包布置为等量对称形式，即 $O_1O_2O_3O_4$ 为长方形，其最小抵抗线及药量都相等。正体质心速度 v_{Ic} 同药量 Q，最小抵抗线 W，药包间距系数 m_a、m_b 之间的关系参照公式(3.1.8)，可以写成下面的关系式：

$$v_{Ic} = f\left(\frac{Q}{W^3}, m_a, m_b\right) \tag{3.2.6}$$

为了方便，可写为

$$v_{Ic} = f_1\left(\frac{Q}{m_a m_b W^3}, m_a, m_b\right) \tag{3.2.7}$$

其中 $m_a m_b W^3$ 是正体的体积，即

$$V_1 = m_a m_b W^3 \tag{3.2.8}$$

$$\frac{Q}{V_1} = q \tag{3.2.9}$$

令 $m = \sqrt{m_a m_b}$ ，则式(3.2.6)可改写成

$$v_{Ic} = f_1\left(q, m, \frac{a}{b}\right) \tag{3.2.10}$$

q 称为正体抛方单位耗药量。在药包很多时，它就是总抛方的单位体积耗药量。公式(3.2.10)中 f_1 的形式应和药包数目有关，m 称为均方根间距系数，m 的大小反映了药包相互作用的程度。公式(3.2.10)的具体形式尚不清楚，是否可以通过试验数据回归分析给出经验公式有待探索。

在实际爆破设计中，由于药包间距变化不太大，可以直接寻求 v_{Ic} 和 q 的关系。图 3.2.4 是根据若干工程爆破及试验资料整理得到的结果。

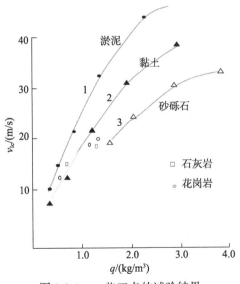

图 3.2.4 一些工点的试验结果

曲线 1，2 和 3 分别为间距不变情况下，淤泥、黏土和砂砾石中的试验结果。从图 3.2.4 可以看到：质心抛速 v_{Ic} 随单位耗药量 q 的增加而提高；同时，质心抛速与土(岩)的性质有关。当单位耗药量一定时，松散、含水量小的土岩体，抛速小；

密实、含水量大的土岩体，抛速大，而且二者相差较大。

同样，正体的最大速度 v_{IM} 也可写成下面的关系：

$$v_{IM} = f_2\left(\frac{Q}{m_a m_b W^3}, m_a, m_b\right) \tag{3.2.11}$$

式(3.2.6)也可以改写成

$$v_{IM} = f_2\left(q, m, \frac{a}{b}\right) \tag{3.2.12}$$

因而比值

$$\frac{v_{IM}}{v_{Ic}} = f_3\left(q, m, \frac{a}{b}\right) \tag{3.2.13}$$

图 3.2.5 和图 3.2.6 分别为 v_{IM}/v_{Ic} 同 m，q 的关系，在图上，看不出规律性的变化，即当 $m=1\sim1.25$，$q=0.66\sim2.0$kg/m³ 时，比值 v_{IM}/v_{Ic} 大致在 1.2~1.6。这里整理的一些数据是在沟谷不是太深的条件下进行搬山造田工程的资料。当在沟谷很深的山坡地形进行定向爆破设计时，v_{IM}/v_{Ic} 应取上述范围中较小的数值。

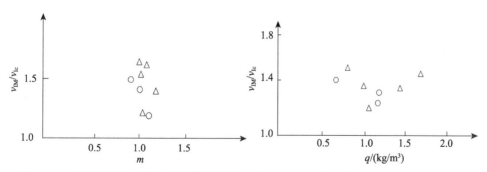

图 3.2.5　速度比值与药包间距系数的关系　图 3.2.6　速度比值与单位体积耗药量的关系

2) 正体抛掷方向

正体的抛掷方向是在临空面的垂直方向，即最小抵抗线方向。如果山坡的坡面角为 θ，则抛掷角为

$$\phi_{Ic} = 90° - \theta \tag{3.2.14}$$
$$\phi_{IM} = 90° - \theta \tag{3.2.15}$$

3.2.2.2　偏体的抛掷堆积计算方法

偏体的速度小于正体的速度，偏体的抛掷方向也偏离了最小抵抗线方向，根据单药包爆破时鼓包运动速度分布的特点，我们可以假定上、下偏体的质心速度 v_{IIc}，v_{IIIc} 为

$$v_{IIc} = v_{IIIc} = (2/3)v_{Ic} \tag{3.2.16}$$

上、下偏体的最大速度为

$$v_{\text{IIc}}=v_{\text{IIIc}}=v_{\text{Ic}} \tag{3.2.17}$$

上、下偏体质心的抛掷方向角 ϕ_{IIc}，ϕ_{IIIc} 假定为

$$\phi_{\text{IIc}}=\phi_{\text{Ic}}+10° \tag{3.2.18}$$

$$\phi_{\text{IIIc}}=\phi_{\text{Ic}}-10° \tag{3.2.19}$$

同样，假定上、下偏体最大速度的方向和正体方向一致，即

$$\phi_{\text{IIM}}=\phi_{\text{IIIM}}=\phi_{\text{Ic}} \tag{3.2.20}$$

根据这些假定，利用公式(3.2.2)便可算出正体和偏体的质心抛掷距离和最远抛掷距离。

3.2.2.3 抛掷距离的确定和药量计算

根据前面正体质心抛掷速度 v_{Ic} 和耗药量 q 的关系，可以进行药量计算。

首先，根据工程要求的抛掷距离和堆积情况，确定正体质心的抛掷距离 S_{Ic}。S_{Ic} 的起始点取在正体地面中心位置。S_{Ic} 不能取到需要土石方最多的地方，而应取得远一些。当 S_{Ic} 确定之后正体质心抛掷落点的相对高程差 H_{Ic} 也相应确定。

其次，等量对称布置药包时，根据自然坡度角，可用公式(3.2.14)算出抛掷角 ϕ。

再次，利用公式(3.2.3)可算出所需正体质心速度 v_{Ic}。

最后，根据土(岩)性质，由图 3.2.4 中 v_{Ic} 和 q 的关系查出 q 值；于是，每个药包的装药量 Q_i 可以采用下式进行计算：

$$Q_i=qV_1=qm^2W_i^3 \tag{3.2.21}$$

式中 W_i 为各个药包的最小抵抗线。在进行上述计算的过程中，要注意以下几个问题：

(1) 在药包布置不满足等量对称条件，例如，最小抵抗线和药量差别不大时，可使用图 3.2.4 中的 v_{Ic} 和 q 的关系，按 W^3 分配药量。

(2) v_{Ic} 和 q 的关系可以参照图 3.2.4 和表 3.2.2 选择确定。在使用时，可利用 v_{Ic}-q 曲线的变化趋势，同时参考表 3.2.2 中所列实际资料，再考虑到土石性质的影响，根据各地的实际经验，综合分析来确定 q 值。由于所参考的资料有限，目前我们还给不出更准确的 v_{Ic}-q 关系，这是本方法和下面将要介绍的总体计算方法存在的问题。

(3) 在使用图 3.2.4 的 v_{Ic}-q 关系时，应用的条件范围是：

$q=0.66\sim2.0\text{kg/m}^3$；

$m=1.0\sim1.25$；

$W=7\sim14\text{m}$。

因此，在使用本方法时，所选参数同上述范围不能相差很大。

表 3.2.2　一些定向爆破工程设计主要参数及数据整理一览表

编号	地点	土岩类别	自然坡角 θ/(°)	高程差 H/m	个数	W_1/H_1	层间距 a/m	列间距 b/m	W_1/m	W_2/m	Q_1/kg	Q_2/kg	q/(kg/m³)	S_{1c}/m	v_{1c}/(m/s)	S_{1M}/m	v_{1M}/(m/s)	Q/(kg/m³)	S_c/m	v_c/(m/s)	S_M/m	v_M/(m/s)
			地形条件		药包		断面图上药包布置及设计参数						正体					总体				
1	南岭圆盘垴	石灰岩	16	6	6	1.0	5.5	11.2	6	9	380	1050	1.2	14	18	42	24	1.2	13	14	42	24
2	南崎北山	黏土	15	6	6	0.94	8		7	7	250	200	0.88	13	13	27	20	0.68	8	11	27	20
3	城关李夫峪	风化页岩	43	12	12	0.76	7.4	7.5	8	8	306	306	0.65	22	13	38	18	0.6	17	13	38	18
4	城关李夫峪	沙黏土	30	12	6	1.0	10	7.6	10	8	1120	2000	2.0	36	19	80	29	1.9	33	19	80	29
5	东冶头南山	上黏下页	45	30	4	0.83	16.8	18.3	15	12	8300	4700	1.7	59	19	97	27	1.6	33	13	97	27
6	湖南韶山	泥板岩	23	7	5	0.89	10	11	10	10	1500	1800	1.3	35	18	45	23	1.4	16	14	45	23
7	福建华美	含水红土	28.5	7	4	0.95	14	15.8	15	15	4600	4200	1.2	42	20	77	28	1.1	25	15	77	28

注：S_{1c} 是根据抛掷堆积线前段抛积曲线等于设计正体抛方体积一半之处确定的；

　　S_c 是根据抛掷堆积抛积的总抛方体(包括漏斗内)的质心位置确定的；

　　速度 v_{1c}、v_{1M}、v_c、v_M 是根据抛掷抛距离利用弹道公式反算的。

3.2.2.4 爆破漏斗

当求得了药量 q 后,爆破漏斗的上、下破裂半径采用单药包爆破的公式进行计算,即

$$R_上=(1+\beta n^2)^{1/2}W$$
$$R_下=(1+n^2)^{1/2}W$$

爆破作用指数 n 按下式计算:

$$n=\sqrt[3]{\dfrac{\dfrac{Q}{K_0W^3}-0.4}{0.6}} \tag{3.2.22}$$

求出 n 值后,其他参数的计算或选取可参照爆破手册确定,这里不再叙述。

根据求得的 n 值计算爆破方量。如果计算的方量和工程要求的方量相差太大,可调整最小抵抗线以满足工程要求。因为在抛掷距离不变(即 q 不变)、间距系数不变时,改变 W 的大小,只是改变了爆破方量,所以只需用公式(3.2.21) 调整各个药包的装药量即可。

3.2.2.5 堆积计算

在确定了各药包的药量和爆破漏斗的大小后,便可进行抛掷堆积的计算。

1) 正体的堆积形状

确定 S_{Ic} 之后,利用坡角 θ 可确定抛角 ϕ,根据地形可确定 H_{Ic},于是由公式(3.2.2)便可算出 S_{Ic}。根据确定的 q 值和设计参数 m,参考图 3.2.5 和图 3.2.6,v_{IM}/v_{Ic} 可以取一确定比值 K_M,于是

$$v_{IM}=K_Mv_{Ic}$$

由 v_{IM} 和 ϕ_{IM},根据地形大致取 H 值,就可由公式(3.2.2)算出 S_{IM},然后再校核选取的 H_{IM},如果根据算出的 S_{IM} 作图量得的 H_{IM} 和原来取的不一致,可根据情况另取一值进行计算,进行几次试算,便可使所取的 H_{IM} 值和实算后量得的相等,这样 S_{IM} 便可确定。

在利用公式(3.2.2)计算抛掷距离时比较复杂,可用下法简化:

$$K_s=\frac{v^2}{g}$$

即为无起落差($H=0$)、抛角为 45°时的抛掷距离。

由公式(3.2.2)可得

$$\frac{S_{IM}}{K_s}=\sin 2\phi\left[\frac{1}{2}+\frac{1}{2}\sqrt{1+\frac{2H}{K_s\sin^2\phi}}\right] \tag{3.2.23}$$

即 S_{IM}/K_s 是 ϕ 和 H/K_s 的函数,此函数可预先算出,列成表 3.2.3。

表 3.2.3　抛掷距离 $\left(\dfrac{S_{IM}}{K_s}\right)$ 与抛掷角的关系

H/K_s	$\phi/(°)$								
	20	25	30	35	40	45	50	55	60
0	0.64	0.77	0.87	0.94	0.98	1.00	0.98	0.94	0.87
0.5	1.31	1.37	1.40	1.41	1.40	1.37	1.30	1.21	1.09
1.0	1.69	1.72	1.73	1.72	1.68	1.62	1.52	1.47	1.26
1.5	1.98	2.00	1.99	1.96	1.90	1.82	1.71	1.57	1.40
2.0	2.23	2.24	2.22	2.17	2.10	2.00	1.87	1.71	1.52
2.5	2.45	2.45	2.42	2.36	2.27	2.16	2.01	1.84	1.63
3.0	2.65	2.64	2.60	2.53	2.43	2.30	2.14	1.95	1.73

注：S_{IM} 为抛掷距离(有起落差时的水平距离)；ϕ 为抛掷角(°)；H 为抛掷体起落点高程差(m)。

表 3.2.3 用法如下例：

已知　$\phi=60°$，$H=10\mathrm{m}$，$v=10\mathrm{m/s}$，求 S_{IM}。

解　$K_s=v^2/g=10\mathrm{m}$，则

$$H/K_s=10/10=1$$

从表 3.2.3 中横向找到 60°一栏，纵向找到 $H/K_s=1.0$ 的一栏，得 $S_{IM}/K_s=1.26$，所以

$$S_{IM}=1.26\times K_s=1.26\times 10=12.6(\mathrm{m})$$

求得 S_{IM} 之后，如果是多列药包，可以不考虑横向塌散，便可根据面积平衡，假定正体堆积体为三角形分布，于是可以算出堆积高度 h_I：

$$h_I=\frac{2\eta A_I}{S_{IM}-S_0} \tag{3.2.24}$$

式中 η 为松散系数，可取为 1.3~1.5；A_I 为正体断面面积，即面积 $O_1O_2A_2A_1$。假定堆积的起点为 S_0

$$S_0=\frac{1}{2}(S_{IM}-S_{Ic})$$

$S_{IM}-S_0$ 为正体堆积三角形底边的长度。正体三角形堆积最高点的位置(最高点)到起点的距离为

$$S_{Ih}=3(S_{Ic}-S_0)-(S_{IM}-S_0)+S_0 \tag{3.2.25}$$

于是正体的堆积形状就完全确定了。

2) 偏体的堆积形状

偏体堆积计算和正体完全一样。用 n 值可算出上下偏体的断面面积，根据公式 (3.2.16) 和公式 (3.2.18)，利用公式 (3.2.2) 及类似的计算方法，可求出 S_{IM} 和 S_{IIIM}。偏体的堆积起点假定为其质心的水平位置。根据面积平衡可算出堆积高度 h_{II} 和 h_{III}，然后利用下式可求出堆积最高点的位置：

$$S_{\text{IIh}}=3S_{\text{IIc}}-S_{\text{IIM}}$$

S_{IIc} 和 S_{IIIc} 的计算和 S_{Ic} 相同。偏体的抛掷距离起点取为质心的位置，于是偏体的堆积形状便可完全确定。

正体和偏体的堆积算出以后，进行叠加，并落到实际地形上，就得到堆积曲线(图3.2.7)。如果这个堆积形状不能满足工程要求，当抛掷距离不够时，应重新确定 S_{Ic}，调整 q 值；当方量不够时，应增加最小抵抗线的长度，使其尽可能满足工程要求。

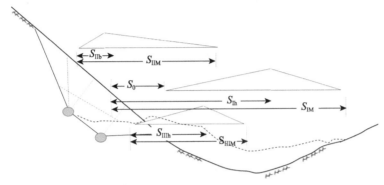

图 3.2.7　分块抛掷堆积示意图

漏斗内的堆积形状，应考虑抛掷漏斗外由上破裂线确定的爆破振动塌落方量。实际工程爆破结果表明，漏斗内塌方堆积成稳定坡面时，坡面角度为自然休止角。

3.2.3　整块堆积设计计算方法

采用总体设计计算方法时，认为漏斗中各部分体积的抛掷堆积分布应当是连续的。根据这样一个假定，把漏斗中的抛方体作为一个整体，分析总体质心运动规律，确定总抛方体的抛掷堆积形状。

3.2.3.1　总体抛掷堆积计算方法

总体质心速度可写成下面的形式：

$$v_{c} = f\left(\frac{Q}{W^{3}}, m_{a}, m_{b}\right) \tag{3.2.26}$$

当等量对称布置药包时，式中第一个参数可取为 $\dfrac{2Q}{(m_{a}+n)m_{b}W^{3}}$ 的形式，n 可由公式(3.2.22)给出。设

$$q = \frac{2Q}{(m_{a}+n)m_{b}W^{3}} \tag{3.2.27}$$

因为 $(m_{a}+n)m_{b}W^{3}$ 就是多列药包布置时一列的抛方体积 V，所以可以把公式(3.2.27)写成下面的形式：

$$q = \frac{2Q}{V}$$

式中 q 为总抛方体单位体积耗药量(kg/m³),

$$V = (m_a + n)m_b W^3$$

于是可把式(3.2.26)改写成下面的形式:

$$v_c = f(q, m_a, m_b) \tag{3.2.28}$$

这个关系的性质和公式(3.2.2)类似,因此可以寻求 v_c 和 q 的关系(参阅图3.2.4)。

同样,总体的最大速度 v_M 和耗药量 q,间距 m 的关系,也可采用和3.2.2节类似的方法进行处理,得出 v_M/v_c-q 和 v_M/v_c-m 的关系,如图3.2.5和图3.2.6所示。在 $q = 0.6 \sim 2.0 \text{kg/m}^3$,$m = 1.0 \sim 1.25$,$W = 7 \sim 14\text{m}$ 的范围内,比值 v_M/v_c 在 1.6~2.0 变化。同样,当在沟谷很深的山坡上进行定向爆破时,其比值 v_M/v_c 应取小一些。

总体的质心和最大速度的抛掷方向为

$$\phi_c = \phi_M = 90° - \theta \tag{3.2.29}$$

3.2.3.2　药量计算

药量计算的原则和 3.2.2 节相同。首先是根据工程要求确定总体质心抛掷距离 S_c,S_c 的大小应取在要求抛方堆积的重心位置,S_c 的起始点取在设计抛掷漏斗地面的中点。然后利用公式(3.2.29)求得抛角 ϕ_c,根据地形可量得 H_c,再用公式(3.2.3)进行计算,即可求出总体质心速度 v_c,进而由 v_c-q 的关系求得 q 值。

得到 q 值后,利用下面的式子计算各个药包的药量:

$$Q = \frac{1}{2}qV \tag{3.2.30}$$

从公式(3.2.27)和(3.2.22)知道

$$V = (m_a + n)m_b W^3 \tag{3.2.31}$$

$$Q = K_0(0.4 + 0.6n^3)W^3 \tag{3.2.32}$$

于是可以得到

$$(m_a + n)m_b q = 2K_0(0.4 + 0.6n^3)$$

这个关系表明,当确定 q 的大小后,n 值便可求出。从式(3.2.32)算出各个药包的药量。

如果最初的药包布置设计确定的抛方体积 V 和工程需要量相差较大,可直接调整 W 的大小,同时,药量也应随 W 的变化而增减。

3.2.3.3　堆积计算

根据在斜坡地形条件下的一些实际定向抛掷爆破堆积情况,我们假定总体堆积形状为三角形分布,其抛掷堆积计算过程和分块抛掷堆积计算一样。

3.2.4　体积平衡法[9]

在定向爆破设计中，有的是以单药包爆破参数为基础进行设计的，各个药包的药量则是根据工程要求的抛掷距离选取 n 值，采用下式进行计算：

$$K_n=K_0(0.4+0.6n^3) \tag{3.2.33}$$

抛掷堆积的计算采用的是体积平衡法。体积平衡法是一种经验计算方法，它假定抛掷堆积体是从爆破漏斗边缘开始的一个连续体，堆积体的体积等于爆破漏斗的体积，爆破漏斗的体积是要乘以一个松散系数。抛掷堆积体的形状计算如下。

3.2.4.1　抛掷堆积距离及爆破漏斗参数计算的经验公式

由药包中心至抛掷堆积体重心的距离为

$$S_c = K_1 W \sqrt[3]{K_0 f(n)}(1+\sin 2\phi) \tag{3.2.34}$$

由药包中心到抛掷堆积体边缘的距离为

$$S_M = K_2 W \sqrt[3]{K_0 f(n)}(1+\sin 2\phi) \tag{3.2.35}$$

式中，K_0 为标准抛掷爆破的单位耗药量，$f(n)$ 为抛掷爆破作用指数函数。一般可采用下面的形式：

$$f(n)=0.4+0.6n^3 \tag{3.2.36}$$

$$\phi=90°-\theta$$

ϕ 为抛掷角，θ 为自然坡度角。当 $\phi \leqslant 15°$ 时，公式(3.2.34)和(3.2.35)中的$(1+\sin2\phi)$取1.5，K_1、K_2 为与岩石、炸药及临空面状况有关的抛掷系数。根据资料分析，国产2#岩石硝铵炸药的抛掷系数见表3.2.4。根据统计资料，当 $W<8m$ 时，公式(3.2.34)和(3.2.35)的计算值比实际值偏小 6%~15%；当 $W>24m$ 时，则比实际值偏大5%~16%。

表 3.2.4　国产 2#岩石硝铵炸药抛掷系数 K_1，K_2

岩石类别		原地面临空面		由辅助药包创造的临空面	
		K_1	K_2	K_1	K_2
松石或软石	$K_0<1.3$	1.9	3.1	1.8	3.0
次坚石	$1.3\leqslant K_0\leqslant 1.5$	2.1~2.3	3.4~3.7	2.0~2.2	3.2~3.4
坚石以上	$K_0>1.5$	2.5	4.0	2.3	3.6

斜坡地面可见漏斗深度：

$$p=W(0.32n+0.28)(m) \tag{3.2.37}$$

陡壁可见漏斗深度：

$$p=0.2W(4n+0.5)\text{(m)} \tag{3.2.38}$$

斜坡地面漏斗上破裂半径：

$$R'=W\sqrt{1+\beta n^2} \tag{3.2.39}$$

斜坡地面漏斗下破裂半径：

$$R=W\sqrt{1+n^2} \tag{3.2.40}$$

3.2.4.2　抛掷堆积计算

根据上述公式，对于定向爆破的抛掷方量、堆积方量和堆积体的形状，都可以用以下办法来确定。

首先，通过药包作断面图(图 3.2.8)，按 R 及 R' 的计算值作出爆破漏斗轮廓线 aOi，以药包中心为圆心，以 $R'/2$ 及 $R'/3$ 为半径作两圆弧，与 Oi 线交于 M_1 及 M_2 点，M_1M_2 的范围就是可见漏斗深度位置的所在范围。以计算的可见漏斗深度 p 值，在垂直临空面方向量出 $jk=p$ 的线段。通过 a，k，i 三点可绘出 aki 的凹形抛物线(如阴影面积，也可用三角形代替)。此时，漏斗断面内阴影部分 $akij$ 的面积就是抛掷体的断面积 A。

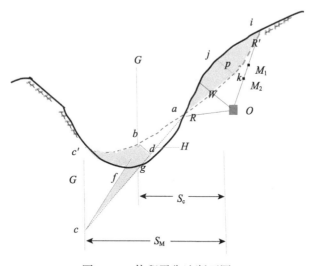

图 3.2.8　体积平衡法断面图

其次，按照抛掷堆积体边缘和重心距离的计算公式，求出 S_M 及 S_c 值。然后，根据地形条件，大致绘出近于凹形抛物线的堆积体。如果抛掷堆积体边缘 S_M 已到达对面山坡，则需根据地形的具体情况，作补充延长线段 dc。由图 3.2.8 看出，可以设定由凹形曲线 $abc'fg$ 围成的堆积断面面积等于 $\triangle abc$ 与 adg 的面积的和，bd 为 $\triangle abc$ 的高 H，则

$$A_1 = \frac{1}{2} \overline{ac} \times H + A_{adg}$$

A_{adg} 指 $\overline{ag}$ 与山坡曲线间的面积。所以

$$H = \frac{2(A_1 - A_{adg})}{\overline{ac}} \tag{3.2.41}$$

式中，A_1 为堆积体断面面积。如果列向药包数足够多，则可用面积平衡法定出 A_1。实际上，由于抛掷体 $akij$ 的面积值 A 是爆后测量统计结果，所以抛掷总面积应为

$$A_\eta = \eta A + (\eta - 1)B$$

B 为漏斗中阴影外的面积，η 为松散系数。由于面积相等，

$$A_1 = A_\eta = \eta A + (\eta - 1)B$$

代入式(3.2.41)，得到

$$H = \frac{2\left[\eta A + (\eta - 1)B - A_{adg}\right]}{\overline{ac}}$$

由于 η，A，B 及面积 A_{adg} 都是已知的，故 H 可算出。

求得高度 H 值后，即可定出顶点 b，随后可作出 $\triangle abc$。在图 3.2.8 中如果使延长线的面积 A_{gfc} 等于河谷的面积 $A_{bfc'}$，则堆积体断面上部边线便呈折线 abc' 的形状，此时各部分堆积体的高度可以直接由图中量得。

最后，在多排药包情况下，同样可以应用上述方法计算。但是当绘制第二排药包抛掷面积及堆积面积时，不能采用漏斗边缘点 a 作为起始界限，而应在前排药包爆破漏斗上破裂半径 Oi 上与可见漏斗深度较近的地方取一点，作为抛掷面积与堆积面积的分界点。同时第二排爆破会在前排漏斗中存留一些抛掷方量。此外，在计算过程中，多排叠加以后，可能出现局部曲线凸出陡立，实际上，这部分陡立岩块必然会塌落下来，因此堆积的轮廓线应根据稳定情况作必要的局部修正。

这个计算方法在一些定向爆破筑坝中得到了应用，并积累了许多经验。关于这种设计计算方法，读者可参看有关书籍和资料，这里不再详述。

3.2.5　定向爆破设计程序和举例

3.2.5.1　定向爆破设计程序

根据前面的分析，可以把在斜坡地形条件下进行定向爆破的设计过程大致归纳为以下几个步骤。

(1) 按照工程设计的规划要求，测绘爆破地段的地形图。计算需要开挖的土石方量和填方量。根据具体的地形地质条件和施工要求，如抛掷方量、抛掷距离和破

坏范围等，拟定爆破方案，例如，采用一次爆破还是分期多次爆破，是采用松动崩塌爆破还是抛掷爆破方案等。

(2) 确定定向抛掷爆破方案后，首先要在地形平面和断面上试摆药包，然后按爆破的规模，设计药包的最小抵抗线 W，根据爆破范围确定药包布置的层数和列数。当斜坡地形的自然坡度角在 30°~60°时，上、下层药包的最小抵抗线一般取为相等。根据药包排列的位置，计算层、列间距系数 m_a、m_b。

(3) 如果采用分块设计的计算方法，则根据工程施工要求的抛掷距离，确定正体质心的抛掷距离 S_{Ic}。从前面关于分块抛掷堆积的分析，S_{Ic} 应取在比堆积体重心远一些的地方，当 S_{Ic} 确定后，正体质心落点与起始点的高程差 H_{Ic} 也就相应确定了，于是可以采用公式(3.2.3)计算正体质心抛掷的初速度

$$v_{Ic} = \sqrt{\dfrac{gS_{Ic}}{\sin 2\phi_{Ic}\left(1 + \dfrac{H_{Ic}}{S_{Ic}}\cot\phi_{Ic}\right)}}$$

正体质心抛掷角 $\phi_{Ic}=90°\sim\theta$，θ 为自然坡度角。然后，利用图 3.2.4 和表 3.2.3，选取正体抛方单位耗药量 q。

(4) 按公式(3.2.21)计算各个药包的药量。

(5) 根据土石性质选取标准抛掷爆破的单位耗药量 K_0 值，计算各个药包的爆破作用指数 n，确定上、下破裂半径 R'，R。

(6) 进行抛掷堆积计算，把分块进行抛掷堆积计算的结果叠加在一起并落到原地面上即得到预计爆破堆积曲线。抛掷爆破漏斗外上方塌落的土石方在漏斗内将堆积成与水平面成 30°~35°夹角的斜面，即土石自然休止角。

堆积情况如果不满足施工要求，则需要调整所选取的设计参数，重新计算。

总体抛掷堆积设计计算方法的设计程序和分块设计计算方法一样，在确定总体质心抛掷距离时，根据一些在沟谷地形定向爆破堆积的情况，S_c 可取在要求抛方堆积的重心位置。各个药包的药量计算可按公式(3.2.31)，(3.2.32)求出。

3.2.5.2　定向爆破设计举例

1) 李夫峪大队定向爆破造田工程

城关公社李夫峪大队第二期爆破工点为一斜坡地形。如图 3.2.9 所示，黄土覆盖层的厚度为 2~3m，黄土下面为页岩，层理、节理发育，但很密实。离爆区 25~30m 处有一石砌采煤斜井，井口高程 5m，斜井坡度为 15°左右。爆破工程要求保证采煤斜井巷道安全，一次爆破把石碴抛出填沟。

分块抛掷堆积设计过程：

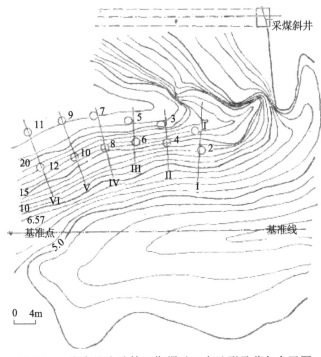

图 3.2.9   李夫峪大队第二期爆破工点地形及药包布置图

(1) 根据斜井需要的安全距离 $R=5W$，在保证采煤斜井安全的前提下，尽可能地满足挖填方量的要求，确定最小抵抗线的长度。离斜井距离最近的 1#、2# 药包的最小抵抗线取为 5m。在需要爆破的范围内，布置了六列药包，每列有上、下两个药包，见图 3.2.7。因为地形坡度角为 40°~50°，上、下层药包的最小抵抗线取为相等或接近相等。各个药包设计参数见表 3.2.5。

表 3.2.5   药包设计参数

药包编号	W_i/m	层列药包编号	层列药包间距/m	平均间距/m	平均间距系数	均方根间距系数
1	5	1-2	5.5	5.8	1.04	
2	5	3-4	6.0			1.24
3	6.4	1-3	8.4	8.2	1.46	
4	6	2-4	8.2			
5	7	5-6	7.0	7.5	1.00	
6	7	7-8	7.4			1.00
7	8	5-7	7.5	7.4	0.99	
8	8	6-8	7.3			
9	9	9-10	9.0	9.0	1.06	
10	8	10-12	9.0			1.00
11	9	9-11	8.5	8.2	0.96	
12	8	10-12	8.0			

(2) 确定正体质心抛掷初速度。

下面以 5、6、7、8 四个药包构成的正体为例来说明各个药包装药量的计算和抛掷堆积计算的过程。根据施工要求的抛掷距离和堆积方量,设计正体质心抛掷距离 S_{Ic}=22m。从设计图上可以确定正体质心起落点高程差。

H_{Ic}=11m,正体质心抛掷角 ϕ_{Ic}=47°,于是正体质心抛掷初速度

$$v_{Ic} = \sqrt{\frac{gS_{Ic}}{\sin 2\phi_{Ic}\left(1+\dfrac{H_{Ic}}{S_{Ic}}\cot\phi_{Ic}\right)}}$$

$$= \sqrt{\frac{11\times 12}{\sin(2\times 47°)\left(1+\dfrac{11}{22}\cot 47°\right)}}$$

$$=12.2\text{m/s}$$

计算时可取 $g\approx 10\text{m/s}^2$。

(3) 确定正体抛方单位耗药量 q。

根据图 3.2.4 的曲线趋势和表 3.2.3,对于层节理发育的页岩,选取 q=0.60kg/m³。同样也可以计算其他正体抛方用药量,计算结果见表 3.2.6。

表 3.2.6　正体抛方单位耗药量 q 的计算结果

正体药包编号	弹道计算参数				m	q/(kg/m³)
	ϕ_{Ic}/(°)	S_{Ic}/m	H_{Ic}/m	v_{Ic}/(m/s)		
1-2、3-4、1-3、2-4	44	22	10	12.0	1.24	0.47
5-6、7-8、5-7、6-8	47	22	11	12.2	1.00	0.60
9-10、11-12、9-11、10-12	41	24	12	12.4	1.00	0.65

(4) 各个药包装药量的计算。

对斜坡地形爆破,当 θ=40°~50°时,上下层药包的药量参数取为相等,于是各药包的装药量可直接利用公式(3.2.21)进行计算:

$$Q_i = m_a m_b W_i^3 q$$

计算结果见表 3.2.7,其中 $K_{ni}=m_a m_b q$。

表 3.2.7　药包药量计算表

药包编号	W/m	$K_{ni}/(\text{kg/m}^3)$	Q_i/kg	药包编号	W/m	$K_{ni}/(\text{kg/m}^3)$	Q_i/kg
1	5.0	0.89	111	7	8.0	0.60	306
2	5.0	0.89	111	8	8.0	0.60	306
3	6.4	0.89	241	9	9.0	0.65	470
4	6.0	0.89	192	10	8.0	0.65	332
5	7.0	0.60	206	11	9.0	0.65	470
6	7.0	0.60	206	12	8.0	0.65	332

(5) 计算上、下破裂半径，确定破坏漏斗的大小。

对于页岩，取 $K_0=1.2\text{kg/m}^3$。按式(3.2.17)计算爆破作用指数 n 小于 1，说明这时装药量相当于一个松动爆破药包的药量。下破裂半径应为 $1.42W$，取上坡坡裂系数 $\psi=1.8$，得到 $R'=7.25\text{m}$。

(6) 抛掷堆积计算。

① 正体抛掷堆积计算。

正体质心抛掷距离：$S_{\text{Ic}}=22\text{m}$。

正体抛掷最大速度，根据 $q=0.60\text{kg/m}^3$，$m=1$，参照图 3.2.5 和图 3.2.6，选取 $v_{\text{IM}}/v_{\text{Ic}}=1.4$，于是

$$v_{\text{IM}}=1.4\times12.2\approx17.1(\text{m/s})$$

$$\phi_{\text{IM}}=\phi_{\text{Ic}}=47°$$

为了利用公式(3.2.2)计算 S_{Ic}，可以根据抛掷距离要求和地形条件，初步确定

$$H_{\text{IM}}=10\text{m}$$

通过计算得到

$$S_{\text{IM}}=36.7\text{m}$$

然后，校核最远抛掷距离落点高程差 H_{IM}，这里相差不大。如果相差太大，应重新选取 H_{IM} 进行计算。下面计算抛掷距离时都要进行校核。

根据假定，正体堆积最近点

$$S_0=\frac{1}{2}(S_{\text{IM}}-S_{\text{Ic}})=7.3\text{m}$$

假定正体堆积体呈三角形分布，堆积体最大高度

$$h_1=\frac{2A_{\text{I}}\eta}{S_{\text{IM}}-S_0}=6.5\text{m}$$

式中 A_{I} 为正体断面面积，η 为松散系数，取 $\eta=1.5$。

堆积体最大高度至正体地面中点的距离

$$S_{\mathrm{I}h}=3(S_{\mathrm{I}c}-S_0)-(S_{\mathrm{I}M}-S_0)+S_0=22.1\mathrm{m}$$

于是正体堆积形状可以确定，并画在图 3.2.10 上。

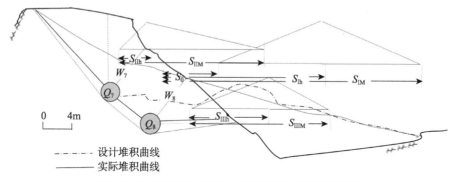

图 3.2.10　李夫峪大队第二期爆破设计断面堆积图

② 上偏体堆积计算。

上偏体质心抛掷初速度，抛角和落差为

$$v_{\mathrm{II}c}=(2/3)v_{\mathrm{I}c}=8.14\mathrm{m/s}$$

$$\phi_{\mathrm{II}c}=\phi_{\mathrm{I}c}+10°=57°$$

$$H_{\mathrm{II}c}=6\mathrm{m}$$

于是得到上偏体质心抛掷距离

$$S_{\mathrm{II}c}=8.72\mathrm{m}$$

因为

$$v_{\mathrm{II}M}=v_{\mathrm{I}c},\quad \phi_{\mathrm{II}M}=\phi_{\mathrm{I}c},\quad H_{\mathrm{II}M}=H_{\mathrm{I}c}$$

所以，上偏体最远抛掷距离

$$S_{\mathrm{II}M}=S_{\mathrm{I}c}=22\mathrm{m}$$

同样，假定上偏体堆积成三角形，堆积体起点为偏体质心位置，堆积体最大高度

$$h_{\mathrm{II}}=\frac{2A_{\mathrm{II}}\eta}{S_{\mathrm{II}M}}=4.36\mathrm{m}$$

堆积体最大高度至质心的距离

$$S_{\mathrm{II}h}=3S_{\mathrm{II}c}-S_{\mathrm{II}M}=4.2\mathrm{m}$$

于是可把上偏体堆积形状画在图 3.2.10 上。

③ 下偏体抛掷堆积计算。

下偏体质心抛掷初速度、抛角和落差为

$$v_{\mathrm{III}c}=\frac{2}{3}v_{\mathrm{I}c}=8.14\mathrm{m}$$

$$\phi_{\text{IIIc}} = \phi_{\text{Ic}} - 10° = 37°$$

$$H_{\text{IIIc}} = 4\text{m}$$

下偏体质心抛掷距离

$$S_{\text{IIIc}} = 9.81\text{m}$$

因为

$$v_{\text{IIIM}} = v_{\text{Ic}}, \quad \phi_{\text{IIIM}} = \phi_{\text{Ic}}, \quad H_{\text{IIIM}} = 5\text{m}$$

所以下偏体最远抛掷距离

$$S_{\text{IIIM}} = 18.6\text{m}$$

堆积体最大高度

$$h_{\text{III}} = (2A_{\text{III}}\eta)/S_{\text{IIIM}} = 5.16\text{m}$$

堆积体最大高度至质心的距离

$$S_{\text{IIIh}} = 3S_{\text{IIIc}} - S_{\text{IIIM}} = 10.8\text{m}$$

这样，下偏体堆积形状也可画出。

④把正体和上、下偏体堆积形状叠加在一起，然后落到原地面线上，即为爆后堆积形状。如图 3.2.10 中点划线所示，抛掷漏斗上方松动部分将下滑落于漏斗内，堆积斜面与水平面夹角为 32°。堆积曲线的波浪部分是假定三角形的缘故，实际爆后堆积的土石块将要滑落，形成稳定的堆积坡面。

2) 韶山大队搬山造田第二次定向爆破

韶山大队学大寨采用定向爆破进行搬山造田，第二次爆破的山体是一个自然坡角为 30°左右的斜坡地形，坡面基本平直，表层有 1m 厚的黏土覆盖层，以下为泥质板岩。根据一次爆破填沟造田的要求，采用了上、下层等量对称的药包布置，共有七列药包。这里仅以布置在 III 号断面的 5 号和 6 号药包的药量计算和抛掷堆积设计为例，说明采用总体抛掷堆积设计计算方法进行定向爆破设计的过程(图 3.2.11)。

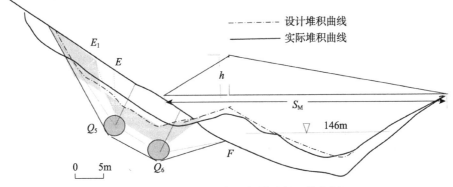

图 3.2.11 韶山大队第二次爆破断面堆积图

(1) 确定总体质心抛掷距离。根据整地平面高程(146m)和抛掷距离的要求，确定总体质心抛掷距离：

$$S_c=21m$$

(2) 确定总体质心抛掷速度 v_c。

从 3.2.2 节分析知道，在等量对称药包布置时，总体质心抛掷方向角

$$\phi_c=90°-\theta$$

θ 为自然坡度角，这里 $\theta=30°$，所以

$$\phi_c=90°-30°=60°$$

根据质心抛掷距离，可以从图中确定质心落点高程差 $H_c=10m$，于是可以利用下式计算总体质心抛掷速度 v_c：

$$v_c = \sqrt{\cfrac{gS_c}{\sqrt{\sin 2\phi_c\left(1+\cfrac{H_c}{S_c}\cot\phi_c\right)}}}$$

通过计算，得到

$$v_c=13.8m/s$$

(3) 确定总体抛方耗药量。根据图 3.2.4 中曲线的趋势，参考表 3.2.2 的松软岩石爆破的结果，在要求总体质心速度达到 13.8m/s 时，选取单位体积的耗药量

$$Q=1.05kg$$

(4) 药量计算。

在等量对称药包布置时，各个药包的药量可由式(3.2.26)和(3.2.27)求出，即

$$Q=(1/2)qV$$
$$Q=K_0W^3(0.4+0.6n^3)$$

这里 V 为总抛方体体积

$$V=(m_a+n)m_bW^3$$

根据药包布置 $m_a=1.1$，$m_b=1.24$，$W=8m$，泥质板岩的标准抛掷单位体积耗药量 $K_0=1.2kg/m^3$，经过计算，可以算出

$$n=1.12,\quad Q_5=Q_6=740kg$$

(5) 确定最大速度 v_M 和最远抛掷距离 S_M。

根据选定的设计参数 $m = \sqrt{m_am_b}=1.17$，$q=1.05kg/m^3$，参考图 3.2.4 和图 3.2.5，选取

$$v_M/v_c=1.75$$

所以

$$v_M=1.75v_c=24.2m/s$$

最大速度的抛掷方向角 $\phi_M=\phi_c=60°$。于是可采用边计算边作图的办法确定 H_M 值，计算最远抛掷距离 S_M，计算公式为

$$S_M = \frac{v_M^2}{g}\sin 2\phi_M\left(\frac{1}{2} + \frac{1}{2}\sqrt{1 + \frac{2H_M g}{v_M^2 \sin^2 \phi_M}}\right)$$

计算后得到

$$H_M=2\text{m}, \quad S_M=50.7\text{m}$$

(6) 确定总体抛掷堆积形状。

总抛方体堆积为三角形分布，堆积体的起始点为设计抛方体地面的中心点。三角形底边长为 S_M，三角形的高为堆积体的最大高度。堆积体的最大高度 h 可由下式算出：

$$h = \frac{2A\eta}{S_M}$$

式中，A 为正向抛方体积，如图 3.2.11 中的 Q_5Q_6FE 所示。由于药包布置的列数较多，故可以用面积平衡，因而 A 为设计断面图上的正向抛方面积，η 为松散系数，根据泥质板岩破碎后的堆积密度，取 $\eta=1.3$，通过计算得到

$$h=6.45\text{m}$$

堆积最大高度的位置

$$S_h=3S_c-S_M=12.3\text{m}$$

这样在确定 S_M，S_h，h 后，正向抛方堆积的三角形即可用作图法画出。将三角形分布落于原地面上，便得到抛掷堆积曲线，如图 3.2.11 中点划线所示。

(7) 抛掷漏斗内的堆积。

一部分反向抛方(图 3.2.11 中的 Q_5EE_1)将回落到漏斗中，如图中虚线所示。抛掷漏斗以外由上破裂半径确定的松方将塌落在爆破漏斗内(图中阴影部分)，堆积成稳定的斜面，堆积斜面坡度角为自然休止角，这里取为30°，如漏斗内点划线所示。

实际爆破时，5 号药包装药量为 780kg，6 号药包装药量为 730kg。爆后实际堆积形状如图 3.2.11 中实线所示。由于上方破裂半径大于原设计尺寸，增加了漏斗的塌落石方，所以爆后的可见漏斗深度减小了。

3.3　定向爆破滑动筑坝

3.3.1　定向爆破滑动筑坝概念

定向爆破筑坝需要把大量土石方定向抛掷填入河谷里堆积成具有一定高度的坝体。以往定向爆破筑坝工程一次爆破需要炸药几百吨甚至数千吨，才能筑成高几

十米的大坝。为了改善单个集中药包的抛掷堆积效果，采用了集中装药的群药包布置或是平面布置的多排条形药包方案。要把山坡上的石方定向抛掷二三百米的距离，爆破 1m³ 岩石的炸药消耗量达 1~2kg。研究表明，漏斗爆破用于抛掷石方的能量只占炸药能量的百分之几[5]，很多炸药能量耗损用于破碎岩体，还有部分爆炸气体能量散失在空中。平地定向抛掷试验的结果说明，即使增加单方耗药量，土体的抛掷距离也是很有限的。因此，定向爆破筑坝工程应是选择在高山峡谷地带。一般要求山体高度是所需筑坝高度的三倍左右，利用爆破石方所在高差具有的势能，在爆破作用下，使它们具有的势能转变成岩石抛掷动能，下落冲击落入河谷，堆积成具有一定密实度的坝体。初步估算表明以往定向爆破筑坝工程中，岩石抛掷初速度平均值为 20m/s 左右，若爆破体的高度与河谷的高差为 150m，那么单位石方所具有的势能是抛掷具有动能的 7.5 倍。充分利用爆破体所具有的势能使其在爆破作用下转化成岩石的动能是定向爆破滑动筑坝的基本思想。

郑哲敏[2]先生曾在说明这种定向爆破滑动筑坝新理论的基本构想时，以理论力学的简单算法分析了在 45° 坡面上松散体质心滑动的距离可能大于具有抛速 25m/s 以最佳角度抛掷的飞散距离。另外，还采用连续介质流体力学模型分析了松散体的滑动过程。

定向爆破滑动筑坝更新了人们的概念，为定向爆破筑高坝技术提供了新的设计思想和机会。可以大大减少用药量，相应地克服了大药量爆破可能造成的振动破坏影响，避免出现不稳定的高边坡问题。

定向爆破筑坝设计包括坝址地形条件选择，坝体设计，药包布置，爆破参数选择，装药量计算，抛掷堆积计算等。滑动筑坝受启发于天然滑坡坝，采用定向爆破方法人为地形成滑坡并堆筑成坝。其关键问题仍然是爆破方案的选择和滑坡运动过程，堆积形成。为了使定向爆破滑动筑坝这种新的设计思想和方法用于工程实践，本节将根据定向爆破滑动筑坝的相似参数和模型律研究，采用计算机模拟和爆破滑动模型试验，研究分析爆破滑动的物理过程和不同药包布置方案的滑动效果、滑移线的形成、坡面的影响及堆积体形状，从而提出可供筑坝工程设计的一些基本原则。

3.3.2　定向爆破滑动筑坝的模型试验

根据爆破相似律分析，滑动筑坝过程是几何相似的[3]，凡是有理由认为是可以小尺度模拟的现象，都应采用小型模拟试验的方法。本工作描述了在实验室条件下采用模型材料进行的爆破滑动筑坝的试验方案和试验结果。

3.3.2.1　相似参数分析和模型材料

相似参数分析要求，模型试验要使以下无量纲参数保持不变[3]，它们是

$$\frac{R}{H}, \frac{W}{H}, \frac{L}{H}, \frac{\sigma}{\rho_e D^2}, \frac{e}{\rho_e g H^3}, \frac{e}{\sigma H^2}, \alpha, \frac{\rho_e}{\rho_s}$$

R，W，L，H 分别为爆破装药特征尺寸，药包最小抵抗线，坡面长度，坝高；e 为炸药能量；ρ_e 和 D 分别为炸药密度和爆速；σ，ρ_s 为岩石强度和密度；α 为山坡坡度角。

由于实验室内模型尺寸的约束，爆破药包的最小抵抗线选取有限，在本项试验中我们选取 $W=10cm$，为模拟实际爆破工程设计，满足几何相似率的药包特征尺寸不能大于 1cm。我们知道，实际爆破工程设计是多个药包的同时作用，在实验室条件下，为实现其尺寸小的多个药包同时爆破，采用普通工业炸药是难于实现的。常用矿山工业用炸药的稳定爆轰的最小临界直径都大于 1cm。因此应选起爆敏感度高的炸药，可是具有高起爆敏感度的炸药一般爆速很高，如泰安炸药，当密度为 $1.4g/cm^3$ 时，爆速为 6900m/s。为了与模型材料的力学性能相匹配，满足动力学相似条件，应选起爆敏感度高，密度低，能量低的炸药，以保持模拟试验的相似参数 $e/\sigma H^2$ 不变。其参数反映了单位长度装药的炸药能量和被爆岩石介质的应交变能。

爆破模拟试验使用的是以泰安炸药为基药的海绵炸药，炸药密度为 $0.15g/cm^3$，爆速为 1846m/s，采用自制的引火头起爆，发火时差小于 2μs。模型材料是采用特征尺寸为 1~5mm 的碎石米和一定比例的石膏水混合拌成，其抗压强度为 $5\sim10kg/cm^2$(MPa)，密度为 $1.9g/cm^3$。

3.3.2.2 试验参数估算与分析

相似参数分析是以爆破作用过程的能量相似为基础的。试验选用的是一种低密度、低爆速、低能量的海绵炸药[7]，对低密度的海绵炸药的能量没有资料可查。现在我们通过相似参数分析和一些试验结果对炸药能量进行估算。

1) 土中爆炸压缩空腔试验

为了比较海绵泡沫炸药的爆力，我们安排了和文献[6]一样的土中爆炸压缩空腔试验，采用压制的土体模型，条形装药爆炸，测量压缩空腔尺寸，文献[6]所用炸药为散装粉状泰安炸药。爆炸压缩空腔试验结果如表 3.3.1。

表 3.3.1 爆炸压缩空腔试验结果

炸药	密度/(g/cm³)	爆速/(m/s)	药包尺寸			空腔压缩半径/cm	压缩比
			长度/cm	断面尺寸/mm	断面面积/mm²		
散装泰安	1.0	5550	12.2	5.6	24	6	14
海绵炸药	0.15	1900	12.0	5x5	25	3.5	25

2) 相似参数分析

从爆破模型相似律出发，在这种相同条件下的小模型试验中，可以忽略重力作用，考虑炸药独立物理量为密度 ρ_e，爆速 D_e，能量 e。这里采用的是条形药包，e

为单位长度能量。爆破气体膨胀多方指数 γ，土壤介质密度 ρ_s，强度 σ_s，单位长度上的爆破作用可以看成一个平面问题，土中几何参数仅为药室半径 R_0，于是独立物理量有

$$\rho_e, \quad D_e, \quad e, \quad \gamma, \quad \rho_s, \quad \sigma_s, \quad R_0$$

从试验中测定的数据知道，泡沫炸药的 γ 值为 2.45，其值和泰安炸药相近，我们忽略其值的微小变化影响，根据相似参数分析的 π 定理，由六个有量纲量可以得到三个相似参数。它们是

$$\frac{e}{\rho_e D_e R_0^2}, \quad \frac{\sigma}{\rho_e D_e^2}, \quad \frac{\rho_s}{\rho_e}$$

那么压缩尺寸 R_{max} 可以表示为

$$\frac{R_{max}}{R_0} = j\left(\frac{e}{\rho_e D_e R_0^2}, \frac{\sigma}{\rho_e D_e^2}, \frac{\rho_s}{\rho_e}\right) \tag{3.3.1}$$

尽管两种试验用炸药的 ρ_e，D_e 有差异，但都满足 $\sigma \ll \rho_e D_e^2$，可见 $(\sigma/\rho_e D_e^2)$ 是一个影响很小的参数；而 ρ_s/ρ_e 表示土壤的惯性，相比爆炸载荷作用下，它们的变化对于 R_{max} 的影响不大，因此我们可以近似写成

$$\frac{R_{max}}{R_0} = k\left(\frac{e}{\rho_e D_e^2 R_0^2}\right)^\alpha \tag{3.3.2}$$

从上述分析，在不计及 ρ_s/ρ_e、$(\sigma/\rho_e D_e^2)$ 的影响下，k 值可近似为一常数。关于 α 值，在球形爆炸问题中 $R_{max} \sim E^{1/3}$，而在这里，是一条形药包，对条形药包 $R_{max} \sim E^{1/2}$，因此取 $\alpha = 1/2$，所以

$$\frac{R_{max}}{R_0} = k\left(\frac{e}{\rho_e D_e^2 R_0^2}\right)^{\frac{1}{2}}$$

若以脚标 1 表示散装泰安炸药，脚标 2 表示海绵炸药，则有

$$\frac{\left(\dfrac{R_{1max}}{R_{10}}\right)^2}{\left(\dfrac{R_{2max}}{R_{20}}\right)^2} = \frac{\dfrac{K'e_1}{\rho_{e1} D_{e1}^2 R_{10}}}{\dfrac{K'e_2}{\rho_{e2} D_{e2} R_{20}}}$$

经过简化

$$e_2 = \left(\frac{\rho_{e2}}{\rho_{e1}}\right)\left(\frac{D_2}{D_1}\right)^2\left(\frac{R_{2max}}{R_{1max}}\right)^2 e_1 \tag{3.3.3}$$

$$R_{20} = R_{10}$$

代入表 3.1.1 中的试验结果，即

$$e_2 = 1.17 \times 10^{-3} e_1$$

对散装泰安炸药，$\rho_e = 1\text{g/cm}^3$，其炸药爆热值为 1290kcal/kg，试验用单位长度上炸药量为 3g/12.2cm=0.246g/cm，相应单位长度上炸药能量 $e_1 = 0.246 \times 1290 = 317.2(\text{cal/cm})$。于是得到海绵炸药的能量为

$$e_2 = 0.371\text{cal/cm}$$

3) 抛掷速度和位移的估算

假定由前排辅助药包爆破形成与水平面垂直的临空面，主推药包爆破时，使爆破岩石水平抛出。以平抛运动图像估算其运动参数，以爆破体质心为坐标原点，试分析质心运动参数，其运动方程为

$$y = \frac{1}{2} g t^2$$

$$x = v_0 t$$

若落点为 x_1，y_1，则 $y_1/x_1 = \tan\alpha$，α 为坡度角，则

$$x_1 = \frac{2 v_0^2}{g} \tan\alpha$$

炸药爆破用于岩土抛掷的能量只占炸药能量的很小一部分，根据一些研究报告和现场资料分析，若取能量利用系数 η 为 10%，则

$$\frac{1}{2} m v_0^2 = \eta E$$

E 为推动总质量为 m 的炸药总能量

$$v_0 = \left(\frac{2\eta E}{m} \right)^{\frac{1}{2}}$$

$$x_1 = \frac{4\eta E}{mg} \tan\alpha$$

以下面将要介绍的试验方案为例，若取 $\alpha = 40°$。采用 4 条 6cm 长的海绵炸药竖向装药，爆破体积尺寸为 $W=12\text{cm}$，$a=10\text{cm}$，$h=18\text{cm}$。若 $\eta=10\%$，$v_0=0.167\text{m/s}$，$x_1=8\text{cm}$；若 $\eta=15\%$，$v_0=0.82\text{m/s}$，$x_1=12\text{cm}$。

初步估算说明，采用条形海绵炸药及药包布置方案可以把爆破体质心推入漏斗口外，进入山坡面滑动。

如果选取爆破药包的最小抵抗线大于 20cm，装药参数不变，这时计算给出的质心位移量小于 4cm，说明炸药能量太小，不能把爆破土体推到漏斗外，可能只是使岩石开裂，其所获得的动能小于或等于为克服静摩擦阻力所做的功。

3.3.3　模拟试验方案

3.3.3.1　基本思想

定向爆破滑动筑坝的基本思想是在合适的地形条件下采用定向爆破方案把设计坝高以上一定高程的山体爆破松动并推移出爆破漏斗，使其在坡面上滑动落入设计坝体内，堆积成坝。

3.3.3.2　模型尺寸

定向爆破滑动筑坝模型试验是在一个爆破试验槽内进行的。爆破槽长 3.4m，宽 2.5m，深 2m。槽体为厚 30cm 的钢筋混凝土结构(图 3.3.1)。在槽内一侧采用模型材料堆筑成模拟山体，其坡面及河谷形状可以根据试验要求而改变。

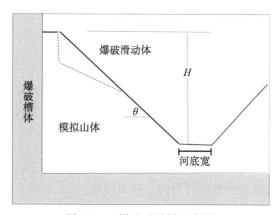

图 3.3.1　爆破试验槽示意图

试验爆破滑动模型如图 3.3.2 所示，山体高 1.3m(与河底高差)，山体宽 1.2m。图示坡面角为 42°，模型材料为沙壤土，模型与爆破槽一侧固接，模拟山体的厚度。

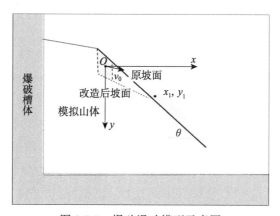

图 3.3.2　爆破滑动模型示意图

3.3.3.3　爆破方案

方案一

水平布药条形药包方案。这是实际定向爆破筑坝工程中常用的药包布置方案，药包布置平面平形于山体坡面(图 3.3.3)。爆破设计参数如表 3.3.2。

表 3.3.2　方案一爆破设计主要参数

装药导洞直径	条形药包间距	条形药包长度	最小抵抗线
10mm	12~16cm	20~24cm	10~15cm

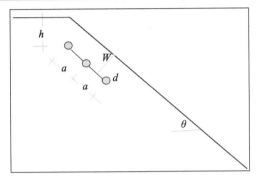

图 3.3.3　方案一药包布置示意图

方案二

类似矿山梯段深孔爆破装药，见图 3.3.4。条形药包布置在垂直于水平面的铅垂面上,目的在于克服自然坡面对抛掷方向的影响,其主要爆破设计参数见表 3.3.3。

表 3.3.3　方案二爆破参数

孔径	孔深	孔间距	药包长度	最小抵抗线	排数	排间药包底端面连线与水平方向夹角	辅助药包长
10mm	15~24cm	10cm	6~8cm	12~15cm	2~3	25°~30°	20mm

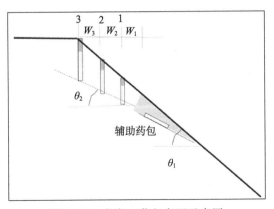

图 3.3.4　方案二药包布置示意图

3.3.4　模型试验结果

方案一

药包布置采用水平条形药包,在制作山体模型时,预留水平药室导洞。以 900815 试验为例,山坡坡度角为 37°,随高程下降,渐变为 26°,河沟两岸坡脚为 45°。药包间距 $a=1.6W$,$W=10\text{cm}$。条形药包长为 $1\sim2.1W$。海绵条状炸药断面尺寸 6mm×6mm,每条药包重 1.1g。药包布置断面及爆后堆积分布如图 3.3.5 所示。试验共布置三个条形药包,同时起爆,爆破后,漏斗内石块被拱出地面。主要部分沿山坡面滑落至河底,少量抛掷飞出,实测堆积分布曲线如图。滑落至河谷的成为坝体的方量体积重为 19.55kg,坡面滞留 0.85kg,漏斗内残留 10.9kg,回收土体总方量 31.3kg。设计计算爆破漏斗总体积 36.8kg,回收 85%。以实收方量计算上坝比率为 65%。爆破单位体积耗药量 0.17kg/m^3。上坝方量单位体积耗药量为 0.32kg/m^3。抛掷方量堆积曲线如图 3.3.6 所示。

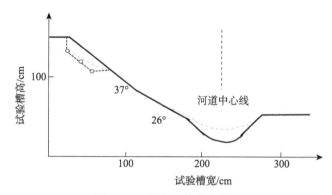

图 3.3.5　方案一的堆积情况

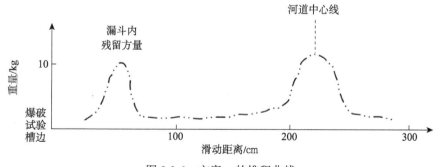

图 3.3.6　方案一的堆积曲线

爆破后后坡陡立,与天然滑坡后类似,说明爆破破坏范围小,观察爆破漏斗上坡模型结构状态,经人工剥离,破坏影响范围小于 6~7 倍的装药孔径。

以上结果说明，室内爆破滑动筑坝爆破用炸药少，单位体积耗药量低，只有以往实际定向抛掷爆破用药量的 1/3。

利用这种爆破布药方案，爆破漏斗内残留方量比较多，原因是漏斗下坡平缓，难于形成大于 25°坡度脚的滑移线。由于药包布置连线平行于地面坡度线，爆破后岩石运动方向垂直于地面。随着偏移最小抵抗线方向，岩石运动速度减小，破碎作用减弱。因此破坏漏斗边线平缓，如果改造地形坡面，利用辅助药包爆破形成陡峻的坡面，使后排药包的最小抵抗线方向角减小，以至水平方向，将十分有利于爆破石料水平向移动推至山坡，提高上坝率。

方案二

主推药包采用竖直布孔。与坡面成一夹角布置辅助条形药包，预先开挖临空面，改变原地形坡度，形成大于 25°的滑移线，以利主推药包爆破时，石方推至山坡面滑动或沿前排爆破的滑移面滑动。以 901008 试验为例，模拟山体坡面为 42°。三条辅助药包与水平方向夹角为 35°，药包长 24cm，线装药密度 1.0g/24cm。布置两排主推药包，炮孔垂直向布置。炮孔深 20cm，间距 10cm，每排 3 条，装药长 8cm，线装药密度 1.25g/24cm，堵塞 10~12cm。装药断面及堆积分布如图 3.3.7 所示。

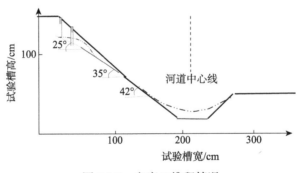

图 3.3.7　方案二堆积情况

根据爆破滑动筑坝的机理，试验采用分次起爆方法，当辅助药包爆破时，由于条形装药最小抵抗线随坡面线性变化，出现抛掷现象，但方量仅是设计爆破方量的 1/5。爆破后，沿原布药面形成 32.5°的滑移面，漏斗上坡呈现陡面，如图 3.3.7 所示。

随后，两排主推药包依次起爆，爆破时无上冲现象，爆破石方水平向推出，为一弱抛掷爆破。大部分岩石被推入坡面滑动落入河谷，漏斗内残留部分堆积安息角为 37°~38°。

爆后回收称量结果是，沟内为 21.2kg，漏斗内为 6.8kg，坡面堆积很少，未计及。爆破设计总方量为 16900cm³，以比重 1.9g/cm³ 计，总量为 321kg，回收率为 91%。计算主推药包设计爆破方量 13500cm³，用药量为 2.5g，按比例扣除辅助药包抛出落入河谷的部分，由于主推药包作用，滑动上坝方量为 17kg。由此计算爆破单方耗药量为 0.18kg/m³。主推药包上坝单方耗药量为 0.32kg/m³，上坝比率为 73%(图 3.3.8)。爆后漏斗上坡稳定，可见完好的药孔，孔后受爆破作用影响范围小于 5 倍孔径。

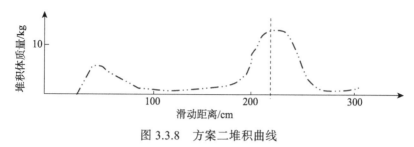

图 3.3.8　方案二堆积曲线

3.4　定向爆破滑动筑坝举例

以往定向爆破筑坝工程都是采用抛掷爆破设计方案，一次爆破方量为一百万立方米的工程需用炸药 1500~2000t 炸药，单方耗药量为 1~2kg/m³。已有定向爆破筑坝工程表明抛掷上坝方量一般为爆破方量的 50%左右，爆破方量中有相当多的方量是滑动进入坝体的。抛掷爆破过程的能量分析说明，用于产生岩石抛掷运动的能量仅为炸药能量的很小一部分[1]，大量能量耗损在岩石的过破碎和散逸到空气中，郑哲教先生曾在定向爆破筑坝及堆积计算问题中认为滑动距离可能比抛掷距离远，我们可以采用模拟试验和计算模拟爆破石方的滑动过程，探讨采用爆破滑动筑坝的可能性。通过爆破筑坝过程的相似参数分析和模型律的建立，提出定向爆破滑动筑坝的设计思想。根据不同方案和爆破参数的模型试验结果，我们将有关定向爆破滑动筑坝的爆破设计原则作进一步讨论，对曾经拟修建的云南柴石滩水库大坝的左岸副爆区爆破设计方案，采用爆破滑动方案作为设计原则的应用举例，以进一步认识定向爆破滑动筑坝设计新思想的可行性。

3.4.1　定向爆破滑动筑坝的设计原则

定向爆破滑动筑坝的设计思想是基于充分利用爆破石方所在高程具有的势能，由爆破作用使之具有一定运动初速度的滑体，推出爆破漏斗，在经过改造的山坡面上滑动堆成坝体。

爆破滑动筑坝是选择相对高差较多的地段，爆破石方离开爆破漏斗，它具有的势能克服山坡摩擦阻力消耗做功、余能转变成冲入河谷的动能。因此，爆破滑动筑成的坝体和以往定向抛掷爆破筑坝一样，筑成的坝体应具有相当的密实度，和天然滑坡坝体一样结实，和人工混合料堆石坝一样，能满足工程设计要求的各项指标。

修筑 100m 以上的高坝，若是采用定向抛掷的爆破设计方案，最小抵抗线大的药包的药量计算方法由于重力的影响，其计算结果总是有较大偏差。大抵抗线药包的爆破，不仅爆破药量大，成本高，由于破坏作用也大，还可能产生不稳定的高边坡，漏斗内残留大量的方量。同时，爆破时的振动作用对坝体水工建筑物及设施的影响或危害也大。定向爆破滑动筑坝由于用药量少，爆破副作用带来的这些问题不出现或是可以大大减弱。

根据定向爆破滑动筑坝模型试验结果，总结定向爆破滑动筑坝的设计施工原则如下。

3.4.1.1 地形条件

定向爆破滑动筑坝应选择高山峡谷地带，滑动坡面坡度应大于 35°，爆破高程段坡度越大越有利，和以往定向抛掷爆破筑坝一样，要求山高与坝高比大于 3 倍为好。顺河道方向至少有 2 倍坝高长度的平直段，或是有凹向坝轴线的坡面，必要时需采用人工改造地形以满足设计滑动上坝的地形要求。

3.4.1.2 坝区地质条件

坝肩上一定高度以下至河床的岩石要求质地密实，无大的地质构造，不存在透水层，以上部分为爆破取方部分，若为一定层状分布的松软石，则是建筑混合石料坝的好地方。

3.4.1.3 布药方案

1) 爆破取方量的确定

根据筑坝工程设计要求，一次爆破成坝的关键控制参数是堆积体的形状及坝体马鞍点的高度，要达到设计的马鞍点高程，要求一次爆破具有足够的上坝方量。定向爆破滑动筑坝模型试验表明，无论采用水平条形或是竖向深孔装药，爆破石方滑动上坝方量都可达到 60%~70%。因此在确定一次成坝最低马鞍点高程后，可以按1.4~1.6 倍的要求确定要爆破的方量，进而可确定爆破取方地段的尺寸范围。

2) 药包最小抵抗线选取的约束

为了筑成上百米高的大坝，一般需要数百万立方米的土石方，采用定向爆破开挖山体的长度、高度和厚度都在 10^2m。这样大量的土石方是不可能采用单个药包或是一排药包爆破获得的，应采用药包延迟起爆的爆破方案。

实践表明，当最小抵抗线大于 30m 时，必须考虑重力对爆破漏斗的形成和抛掷运动的影响，为了避免重力作用时大抵抗线药包设计难度带来的麻烦，爆破设计宜采用多排药包设计的爆破方案，每排药包的抵抗线宜控制在 20~30m 内。多次分排爆破，以满足筑坝工程对上坝方量的要求。

3) 平面药包布置

试验表明，每排爆破时，同排药包应布置在同一平面内，无论是采用竖直导洞的条形装药，还是水平向的条形药包。理想的平面药包是难于实现的。许多研究工作和大量深孔爆破最佳破碎效果表明，采用有限个条形药包布置的平面药包，被爆岩石破碎充分；由于药包共同作用，爆破岩体速度分布均匀，有利于实现爆破岩体定向运动的目的。

采用竖直向导洞装药，类似深孔爆破，试验结果说明，这种布药方案，爆破石方运动的水平向速度分量大，比较容易抛出漏斗，落入滑坡段，滑动进入坝体。但要找到实施这种钻孔作业的现场条件是十分难得的。因为大多数山坡不具备垂直向钻孔作业的条件。若有这种可能，无疑要采用大孔径凿岩机钻孔。竖直向布置平面药包有利于形成爆破岩体滑动理想的初始条件。

对绝大多数可选择，或是需要进行定向爆破筑坝的地方，都是山高坡陡，根本不适宜钻孔机械作业的地方，因此，可供选择的药包只能采用水平导洞的条形药包方案。为了能获得与竖直向药包一样的效果，每排药包应布在竖直平面内，或是接近于铅垂面的平面内，每排药包的最小抵抗线选取与可用于爆破地段的高度有关，应要求每排药包层数不少于两层，即同一排药包至少应由两层(条)条形药包组成，因此为了避免药包上冲作用，进行药包布置时，每排段高 H_t 与最小抵抗线 W_t 之比应满足

$$\frac{H_t}{W_t} > 2.3$$

4) 条形药包装药结构

定向爆破滑动筑坝模型试验结果说明要达到爆破滑动上坝率的要求，采用的应是加强松动或弱抛掷爆破设计方案，对于最小抵抗线为 20m 的条形药包，单位长度 (m)上装药为数百公斤炸药。当每米装药为 500kg 的药室导洞断面尺寸不大于 70cm 时，为开挖这种断面尺寸的长条形药室导洞，在目前尚无进行钻凿这样大小尺寸断面的钻孔机械条件下，一般只能采用人工操作钻眼爆破开挖，人工开挖的最小断面尺寸一般为 1.2m×0.8m。因此，对于这种断面尺寸的导洞的药包，当线装药密度为每米数百公斤时，实际装药只能是不耦合装药结构。不耦合系数选择为 1∶2~1∶3。采用不耦合装药结构，可以减少炸药能量对近区岩石过破碎造成的损失，模拟试验用海绵炸药与塑料套管的装药结构，塑料套管减弱了爆炸应力波的波前峰值压力，但对周围土体爆炸压缩范围影响不大。

3.4.1.4　单位耗药量

单位耗药量是爆破工程设计中一项重要的工程技术指标，以往定向抛掷爆破筑坝工程的爆破方量耗药量为 1.0~1.5kg/m³，研究工作[5]指出抛掷的能量只为炸药能量的很少一部分，炸药能量增加，抛掷动能也相应增加，但用于抛掷的能量利用率几乎近似为一常数，只为百分之几。为了提高岩石的抛掷速度，在不改变炸药品种的条件下，只能提高单方耗药量。有的筑坝工程，由于受到地形条件的约束，设计

要求把爆破石料抛掷数百米，单方耗药量可能超过 2kg/m³，甚至 3kg/m³，靠提高耗药量来获得抛掷距离的增加是一种得不偿失的措施。

定向爆破滑动筑坝是利用炸药爆破作用破碎岩体，抛出漏斗坑，落入坡面滑动堆筑在河谷里，可以充分利用炸药的爆破作用。根据爆破模型律，试验的结果是单方耗药量为 0.4~0.7kg/m³。对于实际工程项目，往往可能要采用多排爆破方案，要使后排药包爆破的石料抛出前排形成的爆破漏斗，抛掷距离要大于前排，这时后排爆破的单方耗药量要取大值，但不需要超过 1.0kg/m³。

3.4.1.5 关于前后排延迟时间

从松散体静态滑动试验[4]看到，分次滑动时，先滑动的部分对堆积效果有很大影响。爆破破碎体滑动时，大尺寸的块体在抛出漏斗后，由于其惯性大，一旦起动，滑动距离比较远，滞留在漏斗内或停止在坡面上的小颗粒较多。当后排爆破时，这些小石块因其惯性小，易于产生滚动，这就降低了坡面的滑动摩擦系数。

因此考虑前排爆破后滑动的时间，后排爆破延迟时间应大于 $\sqrt{\dfrac{2H}{g}}$，这时前排爆破滑动堆积尚未完全处于稳定状态，但其滑体层状分布已形成。一维流体滑动模型计算结果说明，前后排分次滑动时间差不宜太长。

3.4.2 柴石滩定向爆破滑动筑坝左岸方案

3.4.2.1 工程概况

柴石滩水库枢纽工程是南盘江上游水资源开发方案中的一项控制性工程。柴石滩位于云南省昆明市宜良县境内的南盘江干流上，距昆明市 100km，距宜良县城 33 km。柴石滩水库是一项灌溉、发电、防洪、工业供水和保护生态环境的水资源综合利用水利工程。坝区两岸山高坡陡，河道狭窄，具有修建 100m 高定向爆破坝的条件。

柴石滩水库大坝设计为混合石料堆石坝。坝高99m，坝顶宽10m，上下坝坡 1：2，坝体堆石体积(275~282)×10⁴m³。

若是采用定向爆破方法筑坝，初步设计爆破方量近 400×10⁴m³。根据坝区两岸地形条件和水工设施枢纽布置，右岸为主要取方地段，作为主爆区。左岸因有导流、泄洪洞涌和电站设施，又因地形单薄，高差小，原则上设计为副爆区。

柴石滩水库大坝的修建曾经拟采用定向爆破滑动筑坝，作为模拟工程，左岸是副爆区，采用定向爆破滑动筑坝设计方案可以比采用定向抛掷爆破方案用药量少一半，可确保左岸导流、泄洪洞水工设施的安全，大大节省工程造价。在右岸主爆区先爆破筑成主坝后，左岸再起爆，定向爆破滑动上坝，使堆石体马鞍点高程超过 1625m，坝高达 70m。

根据定向爆破滑动筑坝模型试验和滑动过程分析提出的滑动筑坝设计原则，下面将按这些原则，给出柴石滩左岸定向爆破滑动筑坝设计的初步方案。

3.4.2.2　药包布置

左岸取方地段在坝轴线下游一段山坡较平顺，平行坝轴线的断面下 1，下 2 及坝轴线所在的中心断面坡度为 40°左右，断面基本上和等高线垂直，坝轴线上游河岸展宽，平行坝轴线的上 1，上 2 断面与山坡等高线有夹角，断面图上山坡角为 37°左右，根据定向爆破滑动筑坝模型试验结果，保持相似参数不变，如 α，l/W，H/h，…等，左岸坡面具有爆破滑动的条件。

这里以下 1 断面为例说明药包布置设计。

(1) A 点以下山坡为滑动坡面，其坡面平均坡度为 40°，长 110m。

(2) A 点以上至 A_1 点，采用人工浅孔爆破开挖改造临空面，在 A_1 点形成 4~5m 高的陡坡面。

(3) A_1A_2 段为辅助药包爆破，进一步改变地形条件，使主推药包爆破时的临空面为陡面。采用多组分集药包设计，爆破后能将漏斗内的石方全部抛出漏斗落入滑动坡面。

(4) A_2 点以上设计三排主推药包，根据山体高度，满足 $H_i/W_i \geq 1.3$ 设计两层条形药包，每排抵抗线选取 20m，层间距小于或等于抵抗线，排间下层药包连线坡度为 25°。

图 3.4.1~图 3.4.5 为下 1 断面、上 2 断面、上 1 断面、左岸坝轴线中心断面及下 2 断面五个断面的药包布置设计图。

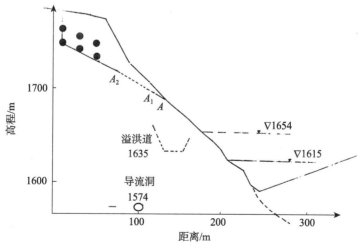

图 3.4.1　下 1 断面设计图

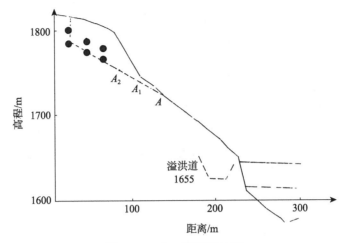

图 3.4.2　上 2 断面设计图

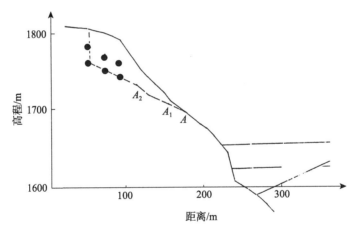

图 3.4.3　上 1 断面设计图

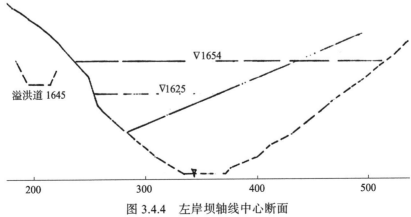

图 3.4.4　左岸坝轴线中心断面

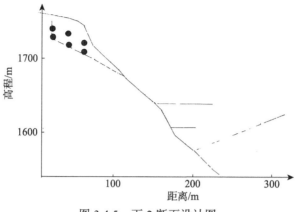

图 3.4.5 下 2 断面设计图

3.4.2.3 爆破方量和药量计算

表 3.4.1~表 3.4.5 分别为四个断面设计的方量计算和药量计算。断面间距为 25m。表 3.4.6 为爆破方量和药量计算汇总表，设计总爆破岩石方量为 $34×10^4m^3$，总炸药量为 270.36t，平均爆破石方单耗为 0.78kg/m³。取爆破松散系数为 1.3，则爆破方量为 $44.9×10^4m^3$。

表 3.4.1 上 2 断面方量和药量

	辅 1	第一排	第二排	第三排	小计
W_i抵抗线/m	10	20	20	20	
V_i/(×10⁴m³)	1.25	2.0	1.875	1.75	6.875
q_i/(kg/m³)	0.6	0.6	0.8	1.0	
Q/T	7.5	12.0	15	17.5	52

表 3.4.2 上 1 断面方量和药量

	辅 1	辅 1	第一排	第二排	第三排	小计
W_i抵抗线/m	5	16	20	20	20	
V_i/(×10⁴m³)	1.125	1.0	2.0	2.0	2.0	8.125
q_i/(kg/m³)	0.6	0.5	0.8	0.9	1.0	
Q/T	6.75	5	16	18	20	67.75

表 3.4.3 左岸坝轴线中心断面方量和药量

	辅 1	辅 1	第一排	第二排	第三排	小计
W_i抵抗线/m	8	16	20	20	20	
V_i/(×10⁴m³)	0.2187	1.0	1.0875	0.875	1.75	6.53
q_i/(kg/m³)	0.6	0.6	0.8	1.0	1.0	
Q/T	1.312	6.0	13.5	18.75	17.5	57.06

表 3.4.4   下 1 断面方量和药量

	辅 1	辅 1	第一排	第二排	第三排	小计
W_i 抵抗线/m	10	16	20	20	20	
$V_i/(\times 10^4 m^3)$	0.875	0.875	2.187	2.187	1.875	8.0
$q_i/(kg/m^3)$	0.6	0.5	0.6	0.8	1.0	
Q/T	5.25	4.375	13.125	17.5	18.75	55.25

表 3.4.5   下 2 断面方量和药量

	辅1	第一排	第二排	第三排	小计
W_i 抵抗线/m	10	20	20	20	
$V_i/(\times 10^4 m^3)$	0.975	1.0	1.525	1.525	5.025
$q_i/(kg/m^3)$	0.6	0.5	0.8	1.0	
Q/T	5.85	5.0	12.2	15.5	38.3

表 3.4.6   左岸爆破设计方案各断面方量和药量汇总表

断面	上 2	上 1	中心	下 1	下 2	总计
$V_i/(\times 10^4 m^3)$	6.875	8.125	6.53	8.0	5.025	34.555
Q/T	52	67.75	57.06	55.25	38.3	270.36

3.4.2.4   堆积形状

图 3.4.6 是根据松散滑动的流体运动方程,参照模型试验结果由电子计算机绘出的左岸下 1 断面计算模拟堆积形状。计算中,山坡地面滑动摩擦系数取 0.7,假定设计的爆破方量总体一次性滑动,滑动起始点为爆破漏斗口 A 点,辅助药包爆破先爆,落入由右岸主爆区爆后形成的爆堆上,改变地面形状为图中给出的地面,辅助药包爆破后改善了主爆药包爆破和滑动的条件。

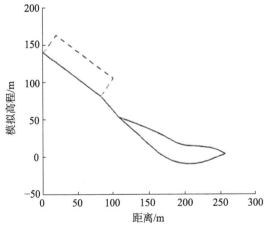

图 3.4.6   左岸下 1 断面计算模拟堆积形状

　　计算结果表明，大量爆破石方滑动落入河谷上坝，填筑在右岸爆炸后形成坝体的马鞍点上，可使马鞍点高程提高到 1625m 以上。爆破方量上坝比率达到 70%以上。

　　对于柴石滩水库大坝左岸爆破方案，采用定向爆破滑动筑坝方法的设计成果表明与定向抛掷的方案相比，用药量可以减少一半。爆破方量上坝比率高，可以达到 70%以上。平均爆破单位体积耗药量小于 1.0kg/m³，这对于满足大坝设计要求的马鞍点高程，减小爆破振动对导流洞及其他水工建筑的影响是十分有利的。

　　为了使这种设计方法用于工程，成为一种实际可行而又有把握的施工方案，建议在合适的地形条件进行堆筑一座 40m 高的工程性中间试验坝，以检验这种设计方法的科学性和实用性。

参 考 文 献

[1] 中国科学院北京力学研究所. 定向爆破在农田基本建设中的应用. 北京: 科学出版社, 1975
[2] 郑哲敏. 定向爆破筑坝及堆积计算问题//中国科学院力学研究所研究报告. 1989, 12.
[3] 杨振声, 周家汉, 许连坡. 定向爆破滑动筑坝的模型试验研究与设计原则//工程爆破论文选编. 1993, 84.
[4] 许连坡, 金星男, 周家汉. 平地定向抛掷爆破试验研究//工程爆破文集. 1979, 1-23.
[5] 周家汉, 许连坡, 金星男. 炸药抛掷能力的相对比较//工程爆破文集. 1979, 79.
[6] 龙源, 林学圣, 许连坡. 条形装药土中爆炸空腔发展过程的实验研究. 爆炸与冲击, 1988, 8(3): 227-235.
[7] 陈维波, 周一以, 石成. 泡沫炸药的爆轰特性. 力学与实践, 1983, 5(1): 21-24.
[8] 杨振声, 周家汉, 金星男. 定向爆破滑动筑坝模型律与模型材料//工程爆破文集: 第五辑. 1993, 100.
[9] 冯叔瑜, 朱忠节, 马乃耀. 大量爆破设计及施工. 北京: 人民铁道出版社, 1963.

第4章　爆破振动测量及工程案例

4.1　爆破振动测量

4.1.1　爆破振动测量仪器

4.1.1.1　测量参数

爆破振动测量的目的是检测地面或是结构物的振动，不仅是地面本身的振动，更重要的是检测结构物对地面振动的反应。因此被测量的量要能完整描述说明振动情况。描述地面振动的物理量有质点位移(x)、速度(v)、加速度(a)。对它们进行测量并记录为时间的函数形式。这些运动参量之间有以下的解析关系：

$$a = \frac{\mathrm{d}v}{\mathrm{d}t} = \frac{\mathrm{d}^2 x}{\mathrm{d}t^2} \tag{4.1.1}$$

或

$$v = \int a\mathrm{d}t, \quad x = \iint a\mathrm{d}t = \int v\mathrm{d}t \tag{4.1.2}$$

对于正弦振动，速度和加速度之间的关系有

$$a = \omega^2 v$$

$$a = (2\pi f)^2 v = 4\pi^2 f^2 v \tag{4.1.3}$$

其中，f 为频率。因此，如果测量了运动空间参数中的一个，原则上就可以确定其他两个参数或者其中之一。但是，在数值换算中存在着固有的误差，任一参数换算要取得良好的结果，在很大程度上取决于原始记录的真实性和完整性。由于地面振动一般不是理想的正弦振动，实际监测数据表明简单换算的误差还不小，或是不相关。所以最好是直接测量我们所需要的那个参数。

对于我们打算测量的振动的大小，事先应对问题的基本情况有某些了解。如要测量振动的频率范围，位移的大小，或振动速度或加速度的大小。对于一般工程爆破或采石场爆破振动的大小有一大致范围：

频率范围：1~500Hz；

位移范围：0.00025~0.75cm；

速度范围：0.025~25cm/s；

加速度范围：(0.005~2)g。

4.1.1.2　振动测量传感器

常将专用的地震仪(或拾震器)称为位移计、速度计或加速度计。在某一给定的地运动频率范围之内，对于给定的参数而言仪器的灵敏度为一常数。相应的振动传感器，或是拾震器有：位移传感器-机械-光学系统或电容感受系统；速度传感器-电磁系统；加速度传感器-压电系统或力-平衡系统。

在一般情况下，所使用的传感器类型和需要测量的量之间是相适应的，但是在说明仪器频率响应特性的时候，仍然应该考虑振动的频率范围。上述任何一种传感器，在经过相当的改造以后，都可以改成测量另一种参数，使其对于在某一频率范围内的这种参数具有灵敏度等于常数的输出。

为了达到必要的精度，有必要通过测量装置将地运动加以放大，尤其是高频振动和(或)微振动测量时。测量仪器的灵敏度定义如下：

$$灵敏度 = \frac{记录上的振幅}{地动振幅} = f(频率) \tag{4.1.4}$$

对于一个给定的仪器(地震仪)，我们可以给出三种灵敏度：位移灵敏度或放大倍数、速度灵敏度和加速度灵敏度。它们的单位分别为：in/in，in/(in/s)，$\text{in/(in/s}^2)$或(in/g)，即记录上的振幅除以地位移、速度或加速度。因为位移、速度和加速度之间存在解析关系，因此一个仪器记录了其中的一个，必然也就记录了其他两个。显然，为了取得我们所测振动的有用记录，对地震仪的灵敏度必须慎重地加以选择[1]。

4.1.1.3　测量系统

根据爆破振动传播的一般规律，距离爆破震源近的地方振动频率高，振动幅度大。随着至爆破震源距离的增加，振动频率降低，振幅减小。这里以一次洛阳地区矿山爆破振动测量为例介绍三种量测系统[2](图 4.1.1)。洛阳地震台使用的是地震台站常用的 DD-1 地震仪。

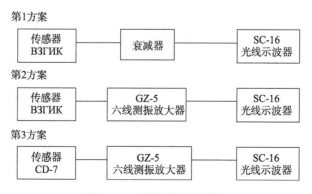

图 4.1.1　量测系统方框图

所有量测系统都经过振动台作幅频特性和振幅特性的相对校准，校准框图如图 4.1.2。在 ZS-15 机械振动台上作 4~25Hz 的幅频特性，在 TS-1000 振动台上作 10~50Hz 的幅频特性及振幅特性。振幅特性标定时的频率为 15Hz。

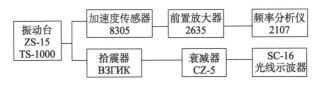

图 4.1.2　量测系统校准方框图

所有监测系统仪器为丹麦 B&K 公司生产的标准测量系统。

4.1.2　波形判读

4.1.2.1　爆破振动波形图的判读

按照爆破地震效应波波形判读的常规方法，对波形进行分析处理，即对各记录波形选取其最大值，量取波高 h(mm)(与最大值的正负向无关)，这时该点的最大速度值为

$$v=h/\eta \tag{4.1.5}$$

式中，η 为各测点记录时所选择的系统灵敏度(mm/(cm/s))。同时量取相应最大振幅处的半波宽度 L(mm)，用记录标注的时标进行换算即可得到振动周期，得到相应最大值的地动频率 f(图 4.1.3)

$$f=1/(2\times L/D)\ (\text{Hz}) \tag{4.1.6}$$

式中，D 为时标(mm/ms)。

在波形最大值处，有高频叠加时，波形需作光滑处理后读取最大波高。在无高频叠加的情况下，爆破振动波形的各个半波可视为半正弦波。因此，对于有限幅的记录波形，可根据前后半波的特征及限幅波形的趋势作半正弦拟合后，读取其最大波高。

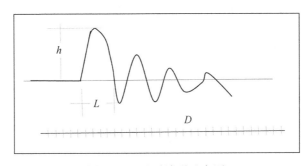

图 4.1.3　地震波形示意图

波形读取时，对奇异性的高频信号要排除干扰的冲击振动，如图 4.1.4。

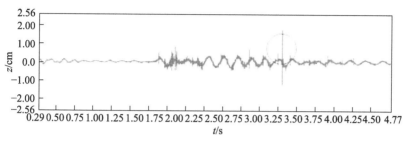

图 4.1.4　波形奇异识别

4.1.2.2　误差分析

波形的峰值读数不能太小，一般要求不小于 10mm，这时波高读数的判读分辨率为 ±0.25mm，因而判读误差小于 2.5%。另外，由量测系统校准所得灵敏度误差一般小于 5%，因此，测量的最大误差应小于 7.5%。

有关数据的回归处理和分析、数据处理见第 1 章 1.3.4 节。

4.2　爆破振动测量工程案例

4.2.1　寨口矿山爆破振动测量

20 世纪 80 年代北京市琉璃河水泥厂筹建年产 120~180 万吨的寨口石灰石矿。矿山地跨海淀区寨口村和门头沟区军庄镇灰口村。为了确定矿山建设开挖爆破的规模和今后矿山生产爆破振动对周围民房的影响，矿山安排试验爆破进行爆破振动测量，寻找该矿所在地区地质、地形条件下爆破地震波传播的衰减规律，从而为矿山建设和生产的爆破规模、安全范围的确定提供依据。

爆破会引起邻近地面的振动，其震源的能量是有限的。炸药的一部分能量用于破碎移动岩石做功，一部分能量转化为岩石的应力波，破坏岩石；爆破引起的振动是由应力波衰减转化而成的。其特点是距爆破源较近的地方，振动波高频成分比较丰富，随着地震波传播，高频成分逐步被吸收，传到远处时，无论速度，还是振动加速度都很小，地面振动是一种弹性振动。因此，一般说来在一定距离以外，爆破振动所造成的危害是很小的。

大量爆破振动资料表明，结构物的破坏与它所在地基振动速度关系最为密切，因此本次试验测量仍采用以速度参数来作为判据。试验爆破振动测点布置在矿区边界至灰口村一线，以评价爆破振动对矿区附近村庄民房可能造成的影响。

4.2.1.1 爆破方案

由于药量大小，布药方式，地质条件不同，爆破振动的衰减规律是不一样的；不同的爆破类型、药包布置、药室形状、堵塞质量对爆破振动的传播也有不同程度的影响。寨口矿山地质资料表明，该矿表层风化层厚为 3~5m，基岩整体性好，无大的地质构造。试验是结合矿山建设矿区公路的路堑开挖爆破进行的爆破振动测量。

根据矿山建设需要，在矿区地段进行了五次硐室抛掷爆破，爆破设计参数选择基本同于之前在该矿药库区开挖时曾经进行的一次爆破规模。五次爆破的装药量分别为 4.0t，3.34t，7.99t，7.63t 和 3.2t。为了确定今后矿山生产爆破的台阶爆破规模的大小和安全范围，在该矿山"一破"机房基础开挖施工期间进行了一次总药量为 3.29t 的台阶爆破，并进行了爆破振动测量。

4.2.1.2 测点布置和测试系统选择

1) 测点布置

灰口村是离矿山最近的村庄，该村也是今后矿山生产爆破振动可能经常影响的主要地方。试验爆需要找出从矿区到灰口村方向的爆破振动传播规律。因此，爆破振动测点布置在从爆点至灰口村一线，五次监测振动的爆破点都位于库区爆破开挖点与灰口村之间。

试验监测布置了六个测点，1~4 号测点选在爆破点往灰口村方向的山坡根部基岩上。5 号、6 号测点设置在灰口村居民院内的民房基柱边。

2) 量测系统选择

根据所测范围振动波的频率范围和预报量测，选择了如下两种量测系统：

所有量测系统均由中国计量科学研究院作相对标定。标定系统为丹麦 B&K 公司生产的标准量测系统。

4.2.1.3 现场测量的基本情况

为了检测量测系统的灵敏度和预报的可靠性，首先进行了一次装药量为 4.0t 的试验爆破。爆破时，5 套测量系统都安置在灰口村一居民院内，根据预报值，各仪器都记录了较好波形，按各台仪器测量系统灵敏度计算振动速度，结果表明量测系统的校准是可靠的。

第二次爆破的是一个多面临空地形的山头，目的是爆破开挖路堑。3.84t 炸药分装在四个药室内同时起爆。爆破时，在 1~5 号测点安置了一台垂直地面方向的拾震器，在 2、4、5 三个测点上安置了径向方向的拾震器。其中 2 号测点垂直方向振动波形出现高频振荡，水平方向限幅，其他测点都记录到完好波形。之后，在"一破"机房基础处进行了一次台阶深孔爆破，在 1 号测点与爆破点之间增加了一个 0 号测点，各测点都记录到完好波形。

第三次爆破的总药量为 11.71t,采用了秒时差电雷管 I 段和 III 段进行延时起爆，两段起爆的炸药量为 7.99t、3.72t。4 号、5 号测点由于记录仪故障未记录到波形，其他测点都记录到延迟爆破的两段不同时刻到达的波形。第四次爆破的总药量为 10.68t,采用的是秒时差延迟雷管，I、III、IV 段分次起爆。第一段用药量为 3.19t。尽管因故装药两天后起爆，各测点都记录到完好波形，爆破监测的数据整理如表 4.2.1~表 4.2.6。

表 4.2.1　寨口矿山 4t 硐室爆破振动测量结果

(药量：4000kg；爆破方式：硐室爆破1；纸速：250mm/s；时标：0.1s；时间：1984-9-18)

至爆源距离/m	传感器型号	记录系统			FC6400振子号	系统灵敏度 $(A=1)$/$(mm/(cm\cdot s))$	波形值		实测值	
		放大器型号	衰减系统 A	示波器型号			最大振幅/mm	脉宽/mm	振动速度/(cm/s)	频率/Hz
660.19	CD-7C 4012	GZ-5 96(1)	300	SC-16 139	3683	21500	28	10.5	0.39	11.9
660.19	65 83.209	GZ-5 96(2)	300	SC-16 139	3407	10385	13.5	10.5	0.39	11.9
660.19	65 83.284	GZ-5 96(3)	1000	SC-16 139	3139	14872	5.8	10.5	0.39	11.9
660.19	CD-7C 4012	GZ-5 82(1)	1000	SC-16 890	345	25641	10.0	10.5	0.39	11.9
660.19	65 83.205	GZ-5 82(3)	300	SC-16 890	6610	14231	18.5	10.5	0.39	11.9

注：各测点仪器全部集中在灰口村一农家院里，进行现场标定测试。

4.2.1.4　测量结果

五次试验爆破测量数据分析整理给出的矿区地震波衰减规律见表 4.2.7，按每次爆破分别给出振动速度经验公式的参数，K、α 值变化较大。一次装药量为 3.288t 的深孔爆破和一次装药量为 3.84t 的硐室爆破振动测量结果，振动速度衰减曲线 $v\text{-}R/Q^{1/3}$ 如图 4.2.1 和图 4.2.2。

4.2.1.5　几个问题

1) 衰减指数较小的原因

据水泥厂提供的资料，该地区地质构造简单，没有大的断层、溶洞。因此经地层传播的地震波衰减慢。几次试验爆破的速度衰减指数不同，顺山体走向，爆破地震波作用可以波及较大范围。

表 4.2.2　寨口矿山 3.84t 室爆破振动测量结果

(药量：3840kg；爆破方式：硐室爆破 2；纸速：250mm/s；时标：0.1s；时间：1984-10-20)

测点编号	至爆源距离/m	传感器型号	记录系统				系统灵敏度 $(A=1)$/ $(mm/(cm·s))$	波形值		传输线长/m	实测值	
			放大器型号	衰减系统	示波器型号	FC6400振子号		最大振幅/mm	脉宽/mm		振动速度/(cm/s)	频率/Hz
$1_\perp$	240	65 83.209	GZ-5 96(4)	3000	SC-16 139(5)	2944	13158	6.5	7	200	1.56	17.9
$2_\perp$	334	65 83.284	GZ-5 96(3)	1000	SC-16 139(6)	9921	14668	16	11	100	.11	11.4
$2_{//}$	334	CD-7S 3222	GZ-5 96(2)	1000	SC-16 139(9)	3407	20490	44		100	2.14	
$3_\perp$	364	CD-7C 4012	GZ-5 96(1)	1000	SC-16 139(10)	3683	21500	16	10	100	0.744	12.5
$4_\perp$	562	65 83.281	GZ-5 82(4)	300	SC-16 139(10)	225	12188	33.5	11.5		0.854	10.8
$4_{//}$	620	CD-7S 4086	GZ-5 82(3)	1000	SC-16 139(9)	6610	22105	26	14		1.176	8.9
$5_\perp$	620	CD-70 4013	GZ-5 82(1)	1000	SC-16 139(5)	345	25313	4.5	14.0	200	0.178	8.9
$5_{//}$	620	CD-7s 3188	GZ-5 82(2)	1000	SC-16 139(6)	3139	22105	8.0	13.5	200	0.362	9.3

表 4.2.3　寨口矿山 3.288t 深孔爆破振动测量结果

(药量：3288kg；爆破方式：深孔爆破；纸速：250mm/s；时标：0.1s；时间：1984-10-25)

测点编号	至爆源距离/m	传感器型号	记录系统				系统灵敏度 $(A=1)$/ $(mm/(cm·s))$	波形值		传输线长/m	实测值	
			放大器型号	衰减系统	示波器型号	FC6400振子号		最大振幅/mm	脉宽/mm		振动速度/(cm/s)	频率/Hz
$1_\perp$	350	65 83.295	GZ-5 96(6)	1000	SC-16 139(11)	2874	15306	3	5	300	0.196	25
$2_\perp$	460	65 83.288	GZ-5 96(5)	300	SC-16 139(4)	9339	14668	6.5	5	200	0.133	25
$3_\perp$	580	65 83.209	GZ-5 96(4)	300	SC-16 139(5)	2944	13158	4	6.3	100	0.091	20
$3_{//}$	580	CD-7S 3222	GZ-5 96(2)	300	SC-16 139(09)	3407	20490	6	7.5	100	0.088	16.7
$4_\perp$	670	CD-7C 4012	GZ-5 96(1)	300	SC-16 139(10)	3683	21500	4.5	9	100	0.063	14.3
$5_\perp$	840	65 83.281	GZ-5 82(4)	100	SC-16 890(10)	225	12188	6.5	6.3		0.053	20
$5_{//}$	840	CD-7S 4086	GZ-5 82(3)	100	SC-16 890(9)	6610	22105	42	7.5		0.19	16.7
$6_\perp$	1180	CD-7C 4013	GZ-5 82(1)	100	SC-16 890(5)	345	25313	8	7.5	200	0.032	16.7
$6_{//}$	1180	CD-7s 3188	GZ-5 82(2)	100	SC-16 890(6)	3139	22105	11.5	6.3	200	0.052	20

表 4.2.4　寨口矿山 7.99t 硐室爆破振动测量结果

（药量：7992kg；爆破方式：硐室爆破 3；纸速：250mm/s；时标：0.1s；时间：1984-11-10）

测点编号	至爆源距离/m	传感器型号	记录系统				系统灵敏度/(mm/(cm·s))	波形值		传输线长/m	实测值	
			放大器型号	衰减系统	示波器型号	FC6400振子号		最大振幅/mm	脉宽/mm		振动速度/(cm·s)	频率/Hz
$1_\perp$	400	65 83.209	GZ-5 96(4)	1000	SC-16 139(10)	2944	13158	15	7	400	1.239	17.8
$2_\perp$	465	65 83.288	GZ-5 96(5)	1000	SC-16 139(11)	9639	14668	23	7.5	200	1.633	16.7
$3_\perp$	556	65 83.205	GZ-5 96(6)	300	SC-16 139(12)	2874	15306	52	10.5	100	1.04	11.9
$3_{/\!/}$	565	CD-7S 3222	GZ-5 96(2)	1000	SC-16 139(6)	3407	20490	44	8	100	2.19	15.6
$4_\perp$	650	CD-7c4 012	GZ-5 96(1)	1000	SC-16 139(5)	3683	21500	17.5	10.5	200	0.848	11.9

表 4.2.5　寨口矿山 7.63t 硐室爆破振动测量结果

（药量：7632kg；爆破方式：硐室分期爆破；纸速：250mm/s；时标：0.1s；时间：1984-11-20）

测点编号	至爆源距离/m	传感器型号	记录系统				系统灵敏度(A=1)/(mm/(cm·s))	波形值		传输线长/m	实测值	
			放大器型号	衰减系统	示波器型号	FC6400振子号		最大振幅/mm	脉宽/mm		振动速度/(cm·s)	频率/Hz
$1_\perp$		65 83.295	GZ-5 96(5)	3000	SC-16 139(11)	9639	14668	5	17	400	1.112	7.4
$2_\perp$	410	65 83.288	GZ-5 96(4)	1000	SC-16 139(10)	2944	13158	8	9.5	200	0.633	13.2
$3_\perp$	500	65 83.209	GZ-5 96(6)	1000	SC-16 139(12)	2874	15306	21	12	100	1.400	10.4
$3_{/\!/}$	500	CD-7S 3222	GZ-5 96(2)	3000	SC-16 139(6)	3407	20490	13	10	100	1.942	12.5
$4_\perp$	530	CD-7C 4012	GZ-5 96(1)	1000	SC-16 139(5)	3683	21500	12	15	200	0.581	8.3
$5_\perp$	760	65 83.281	GZ-5 82(4)	300	SC-16 139(10)	225	12188	30	13.5		0.738	9.3
$5_{/\!/}$	760	CD-7S 3188	GZ-5 82(2)	1000	SC-16 890(6)	3139	22105	36	19		1.623	6.6
$6_\perp$	800	CD-7C 4013	GZ-5 82(1)	1000	SC-16 890(5)	345	25313	15	10	100	0.605	12.5
$6_{/\!/}$	800	CD-7S 4086	GZ-5 82(3)	1000	SC-16 890(9)	6610	22105	30	12	100	1.385	10.4

2) 风化层对振幅大小的影响

由于该地区山体表层基岩风化严重，覆盖层较厚，有的风化层厚多达 10m。爆破作用在风化较为严重的基岩表层上，由于风化层大量吸收爆炸能量，减弱了炸药的振动作用。

表 4.2.6　寨口矿山 3.19t 硐室爆破振动测量结果

(药量：3192kg；爆破方式：硐室分期爆破 4；纸速：250mm/s；时标：0.1s；时间：1984-12-22)

测点编号	至爆源距离/m	传感器型号	记录系统			FC6400振子号	系统灵敏度 $(A=1)$/$(mm/(cm \cdot s))$	波形值		传输线长/m	实测值	
			放大器型号	衰减系统	示波器型号			最大振幅/mm	脉宽/mm		振动速度/(cm/s)	频率/Hz
1⊥	210	65 83.284	GZ-5 82(5)	3000	SC-16 890(11)	3166	14323	3.5	7	400	0.797	17.9
2⊥	306	65 83.281	GZ-5 82(4)	1000	SC-16 890(10)	225	12188	7	10	200	0.64	12.5
2∥	306	CD-7S 3188	GZ-5 96(6)	3000	SC-16 890(6)	3139	22105	5	17	200	0.707	7.4
3⊥	410	65 83.295	GZ-5 82(3)	1000	SC-16 139(12)	2874	15306	8	10	200	0.556	12.5
3∥	410	CD-7S 4086	GZ-5 82(1)	1000	SC-16 890(9)	6610	22105	14.5	10.5	100	0.670	11.9
4⊥	494	CD-7C 4013	GZ-5 96(1)	1000	SC-16 890(5)	345	25313	8	9	200	0.330	13.9
4⊥	494	CD-7C 4012	GZ-5 96(5)	1000	SC-16 139(5)	3683	21500	8	9	200	0.388	13.9
5⊥	670	65 83.288	GZ-5 96(5)	300	SC-16 139(11)	9639	14668	32	12		0.654	10.4
5∥	670	CD-7S 3222	GZ-5 96(2)	1000	SC-16 139(6)	3407	20490	17	13	100	0.847	9.3
6⊥	710	65 83.209	GZ-5 96(4)	300	SC-16 139(10)	2944	13158	11	11.5	100	0.256	10.9

表 4.2.7　各次爆破测量所得经验公式的系数

日期	装药量/t	爆破方式	垂直方向			水平方向		
			K	α	r	K	α	r
1984-10-20	3.84	硐室爆破	171.57	1.689	0.75			
1984-11-12	7.99	硐室爆破	29.4	1.0	0.75			
1984-11-20	7.62	硐室爆破	39.5	1.72	0.96	52.1	1.0	0.86
1984-12-22	3.19	硐室爆破	10.8	0.96	0.96			
1984-10-25	3.29	深孔爆破	22.42	1.507	0.99			

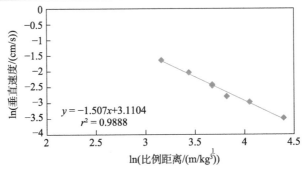

图 4.2.1　寨口矿山 3.288t 深孔爆破振动测量结果

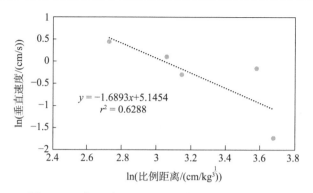

图 4.2.2　寨口矿山 3.84t 硐室爆破振动测量结果

3) 延时群药包振动参数的确定

开挖路堑的爆破设计为多个药包，分布在路基中心线两侧。根据地面覆盖层厚度不同和具体的地形条件，爆破设计为标准抛掷爆破和减弱抛掷爆破药包。虽然一次起爆的药包个数多，但药包间距远小于爆点至观测点的距离，在整理数据时仍以一次起爆的总药量进行计算。

为了减少一次爆破的最大药量，爆破设计采用了秒延期起爆技术。由于秒延期雷管误差较大，延期起爆的药包的爆破地震波是在已破碎的介质中传播的，减弱了爆破振动作用。在记录地震波形中，我们能明显地分出各段起爆的波形。为了准确起见，我们只分析第一段药包爆破产生的振动。

4) 试验爆破的药包位置的影响

试验爆破的药包位置较高，比灰口村居民住房地面高 60~70m。测量数据表明，水平向速度分量大于垂直向速度。在一定情况下水平向振动对房屋的危害较大，因此这里建议以水平向振动速度分量的衰减规律作为依据，确保居民住房的安全。

5) 关于破坏标准

根据国内外有关爆破地震烈度的描述。当振动速度小于 2cm/s，引起结构破坏的概率很小。当振动速度为 0.7~1.5cm/s 时，砖石建筑物粉刷灰粉散落，抹灰层出现细小裂缝。

矿山爆破作业是经常的，频繁的振动比偶尔一两次振动对建筑物的危害要大，所以矿区附近建筑物所允许的爆破振动强度要比一般情况下小。有的单位提出对普通建筑物选取振动速度不大于 2~3cm/s 是安全的。我国地球物理学家傅承义先生认为地震烈度 4.5 度以下时，可以不考虑地震对建筑物的破坏性影响，这相当于地面振动速度为 1.62cm/s。

由于几次爆破的情况不一样，爆破振动衰减规律有所不同，我们建议取上线为判定标准，即水平向振动速度衰减规律为依据，允许的最大速度定为 1.62cm/s。

深孔爆破根据实测结果，对周围居民影响较小。

4.2.2   爆破振动对龙门石窟的影响

洛阳龙门石窟是我国宝贵的历史文化遗产，是国务院 1961 年颁布的全国重点文物保护单位。随着国民经济发展的需要，有关部门在龙门石窟以东 3km 处勘测查明了可用于生产水泥又易于开发的高品位的石灰石矿，当地打算建矿生产石灰石。其时，当地小水泥厂和石灰窑用矿石的采量在不断增加，采石爆破振动对龙门石窟的影响也是人们十分关心的问题。为了正确处理国家经济建设和文物保护之间的关系，实地测量了爆破振动在龙门石窟地区的传播规律，讨论了特殊重点文物地区允许的爆破振动安全标准以及爆破作业的限制条件，由地方政府组织爆破振动监测联合试验组，于 20 世纪 80 年代进行了一次龙门地区爆破振动的观测试验[2]。

关于爆破所引起的振动对于文物和旅游地区的影响或破坏的标准，我国尚无这方面的系统监测资料，国家也无明确的规定，而且国外也没有相关的资料。联合试验组分析了以往有关爆破振动波对一般结构和岩洞的破坏观测资料。以往爆破振动监测资料表明，结构物的破坏与它所在地基振动速度最为密切，因此在本次试验中主要监测地面振动速度，并采用速度参数作为破坏判据。

爆破振动对于结构物的影响，由于药量大小、布药方式、地质条件不同，爆破振动的衰减规律也不一致。本节介绍了通过试验爆破振动的监测，给出了龙门地区爆破振动的衰减规律，根据这个衰减规律，确定矿山爆破的炸药量，以及爆破所引起的振动的力学参数。根据矿山爆破位置至石窟的距离，控制采矿的炸药量。爆破所引起的振动，其震源的能量是有限的，炸药的一部分能量用于破碎岩石做功，一部分能量转化为岩石中的应力波。爆破所引起的振动波是由应力波转化而成的，其特点是距离爆破源较近的距离，高频振动成分比较丰富。随着地震波传播，高频成分逐步被吸收，而且持续时间较短，传到较远的地方后，无论速度，还是加速度都很小，因此一般来说，爆破所引起的振动，在一定距离以外所造成的危害就很小。

我国著名地球物理学家傅承义先生，以及著名爆炸力学家郑哲敏先生十分关注爆破振动对石窟文物的影响，充分肯定参与试验爆破监测专家的研究报告的结论。认为选取在爆破时石窟区"无感"作为振动安全标准是合适的，确定爆破振动影响的控制条件为最大振动速度分量不得超过 0.04cm/s。这项研究工作不仅为龙门地区矿山建设提供了科学依据，更为重要的是为龙门石窟文物保护区的振动安全提供了科学依据，对我国其他石窟的安全问题也有重要的参考价值。

联合试验组对龙门石窟还做了考察，发现窟内佛雕的岩石一般比较密实，不易振动破坏，但是龙门山经过多年的风化，表层岩石节理裂隙已经得到充分发育。在雨季，滑坡现象时有发生，这和振动并无紧密的联系，但是对于保护龙门石窟，加固处理迫在眉睫，应引起有关部门的注意。

4.2.2.1　试验爆破设计

爆破是产生人工地震的方法之一。

本次试验用 2#岩石硝铵炸药,比能为 $4×10^3$J/kg,爆轰波初始压力为 $1.5×10^5$Pa。当爆轰波传至岩石层后,在岩层中产生应力波,应力波随传播距离增加而衰减。应力在地表或地下洞表面反射时,将导致界面振动转变为地震波。在岩石中炸药量多,爆破地震波的强度大,波及的范围也远。此外,不同的爆破类型、药包布置、药室形状、堵塞情况等都不同程度地影响爆破的地震效果。

为反映将来矿山开采的实际情况,这次观测试验爆破的设计原则是:①模拟矿山开采的爆破方案;②考虑观测仪器的最高灵敏度,确定最小装药量的爆破规模,把爆破振动对石窟的影响控制在最低程度;③要求装药堵塞质量可靠,能获取爆炸振动效果和装药量的相关性。

为观测不同方案爆破的振动效应,共安排了四次爆破。爆破点选在龙门石窟以东 2.5~3km 的龙门山一带(图 4.2.3)。试验地段石质较完整,在 12 级岩石分级表中为 5 级,为中硬岩石,硬度系数 8,水平产状。其中三次深孔台阶爆破布置在龙门水泥厂矿山采面上,三次爆破的总装药量分别为 0.6t、1.0t 和 1.8t,其中 1.8t 为两排三段微差延时爆破,以观察微差爆破产生的振动效应的特征,其余两炮为单排瞬发爆破。考虑到硐室爆破比相同规模的深孔爆破地震效应要大,在龙门山北坡设计布置了由 4 个分集子药包组成的硐室爆破,按松动爆破选择设计参数,总装药量3.045t。爆破点位置在拟建龙门水泥厂矿山采面东 440m 处,爆破振动沿山脊传向各测点,受冲沟等地形因素影响较少。

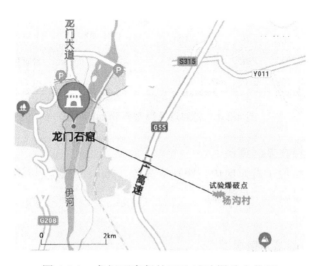

图 4.2.3　龙门石窟保护区和试验爆破点位置

药量大小的选择考虑了龙门水泥厂矿山生产爆破的装药量。根据以往经验,控制试验爆破装药量在龙门石窟区产生的振动效应在"无感"以下。

4.2.2.2 测点布置

为了确定爆破振动对龙门石窟的影响,需要找出从采石场到石窟区爆破振动的传播规律,因此爆破振动的测点布设在从爆点至石窟区奉先寺一线,直线距离为3km。

本次试验布设六个测点。1 号测点位于与两个爆破点成三角形的地方,2 号测点仅次于敖子岭与龙门山之间的鞍部,3 号测点设在龙门山制高点附近,4 号测点位于龙门石窟的万佛沟内,5 号测点设在距奉先寺南 30m 的火烧洞内,6 号测点选在 4 号、5 号的延长线上,位于西山石窟区背后农田边。每个测点安装三台拾震器,分别测量垂直向分量和径向分量,各测点到两爆点的距离及坐标见图 4.2.4。

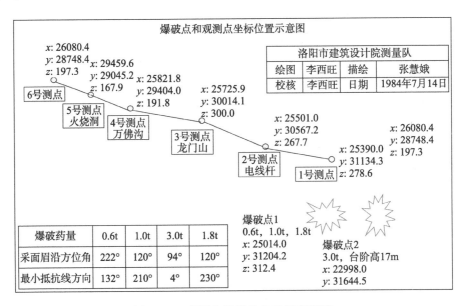

图 4.2.4 观测点及爆破点坐标高程图

全部测点选择在基岩露头上。

洛阳地震台站位于石窟区内,距离奉先寺 150m,爆破点与 5 号测点的距离相近,为本次试验爆破的 7 号测点。

4.2.2.3 测试结果

1) 现场测量的基本情况

为了检验量测系统的一致性和量程预报的可靠性,首先安排了装药量为 0.6t

的深孔爆破,根据预报量程,各测点都记录到了较好的波形。经过各量测系统的灵敏度换算,振动速度峰值符合按比例距离衰减的规律,与预报量程基本相符,表明了各量测系统校准是一致的,为本次试验的测试奠定了基础。随后,进行了装药量为 1t 的深孔爆破,3t 的硐室爆破和 1.8t 的延时深孔爆破。在 3t 爆破时 6 号测点由于爆破前四十秒通信中断,看见示波器光点移动才紧急起动走纸,丢失了波形的起始部分,波形的几个峰值有限幅现象。其余各测点都记录到了完整的波形,取得了满意的结果。在 1.8t 深孔爆破时,由于狂风暴雨,2 号测点环境恶劣,记录仪受淋,造成卡纸,6 号测点垂直向拾震器导线受潮,造成短路,未记录到波形,其余各测点记录到的波形完整。

三次爆破各测点的最大速度值见表 4.2.8~表 4.2.10。

表 4.2.8　龙门石窟区 0.6t 深孔爆破试验振动速度测量结果

(总药量:0.6t;爆破方式:深孔爆破;爆破时间:1984-7-23)

测点编号	至爆源的距离/km	测试方向	传感器		记录系统			系统灵敏度/(mm/(cm·s))	波形值		测量值		备注
			型号	编号	放大器	衰减挡	振子号		最大振幅/mm	最大脉宽/mm	振动速度/(cm/s)	频率/Hz	
1	0.3824	垂直	в з г и к	318		200	Fc6-120 1256	0.75	3	2.5	4×10^{-1}	20	
		水平	в з г и к	262		80	Fc6-120 1639	1.43	7.5	4	2.79×10^{-1}	12.5	
2	0.8058	垂直	в з г и к	328		10	Fc6-120 9460	10.5	13	6	1.24×10^{-1}	8.3	Ly002
		水平	в з г и к	333		10	Fc6-120 9480	11.5	9	6	7.8×10^{-2}	8.3	
3	1.3868	垂直	в з г и к	197	GZ-5-1	3	Fc6-400 7073	66	2.2	6.5	3.3×10^{-2}	7.7	
		水平	в з г и к	348	GZ-5-2	3	Fc6-400 2933	88	8.5	8.5	9.7×10^{-3}	5.9	
4	1.9686	垂直	CD-7c	4013	GZ-5-821	10	Fc6-400 345	2843	32	7	1.1×10^{-2}	7.1	
		水平	CD-7c	4086	GZ-5-822	10	Fc6-400 2664	2208	18	9	8.1×10^{-3}	5.6	
5	2.3534	垂直	CD-7c	4012	GZ-5-961	10	Fc6-400 3683	2170	10.6	12.5	4.6×10^{-3}	4	Bjzkl
		水平	CD-7c	3222	GZ-5-961	10	Fc6-400 3407	2050	8.5	13.5	4.1×10^{-3}	3.7	
6	2.6773	垂直	CD-7c	4002	GZ-5-791	3	Fc6-400 5091	8267	33	18	4×10^{-3}	2.8	
		水平	CD-7c	4088	GZ-5-793	3	Fc6-400 2550	8800	36	15	4.1×10^{-3}	3.3	

2) 爆破振动速度衰减规律

爆破地震波振动速度衰减常用的经验公式为

表 **4.2.9**　龙门石窟区 **1t** 深孔爆破试验振动速度测量结果

(总药量：1t；爆破方式：深孔爆破；爆破时间：1984-7-24)

测点编号	至爆源的距离/km	测试方向	传感器		记录系统			系统灵敏度/(mm/(cm·s))	波形值		测量值		备注
			型号	编号	放大器	衰减挡	振子号		最大振幅/mm	最大脉宽/mm	振动速度/(cm/s)	频率/Hz	
1	0.3824	垂直	в з г и к	318		100	Fc6-120 1256	1.57	1.5	6	4.1×10^{-1}	8.3	
		水平	в з г и к	262		80	Fc6-120 1639	1.43	11	4	7.7×10^{-1}	12.5	
2	0.8058	垂直	в з г и к	328		10	Fc6-120 9460	10.5	22	7	2.1×10^{-1}	7.1	Ly002
		水平	в з г и к	333		10	Fc6-120 9480	11.5	11	9	9.6×10^{-2}	5.5	
3	1.3868	垂直	в з г и к	197	GZ-5-1	3	Fc6-400 7073	66	31	6	4.7×10^{-2}	8.3	
		水平	в з г и к	348	GZ-5-2	3	Fc6-400 2933	88	16	11	1.8×10^{-2}	9.5	
4	1.9686	垂直	CD-7c	4013	GZ-5-821	30	Fc6-400 345	497.5	18	6	1.9×10^{-2}	5.6	
		水平	CD-7c	4086	GZ-5-822	10	Fc6-400 2664	2208	20	9	9.1×10^{-3}	5.6	
5	2.3534	垂直	CD-7c	4012	GZ-5-961	10	Fc6-400 3683	2170	10.5	9.5	9.5×10^{-3}	5.0	Bjzkl
		水平	CD-7c	3222	GZ-5-961	10	Fc6-400 3407	2050	11	7.5	5.4×10^{-3}	6.7	
6	2.6773	垂直	CD-7c	4002	GZ-5-791	10	Fc6-400 5091	2480	16	11.5	6×10^{-3}	4.4	
		水平	CD-7c	4088	GZ-5-793	10	Fc6-400 2550	2640	14	14	5.3×10^{-3}	3.6	

$$v = K\left(\frac{R}{Q^{1/3}}\right)^{\alpha}$$

式中，v 为最大速度(m/s)；R 为测点至爆破中心点的距离(m)；Q 为一次起爆的装药量(kg)；K 是与爆破方式有关的系数；α 为衰减指数；$R/Q^{1/3}$ 称为比例距离。

3) 爆破方式与振动强度

本次试验采用了三种不同的装药爆破方式，各次爆破振动速度的衰减规律见图 4.2.5，由图中直线 1 可以看出 3t 硐室爆破的截距最大，在其他直线的上面。3t 硐室爆破有 4 个药室，4 个药包的大小是按松动爆破设计的，药包埋设较深，大部分能量用于破碎药室周围岩体，一部分能量转化为地震波，因此，在地层中产生的振动强度较高，与其他爆破方式相比，谱能比较集中。1.8t 爆破采用的是深孔装药三段延时爆破，振动速度衰减曲线上的截距最小(图 4.2.5 下面)，三段起爆时间分别为 25ms、50ms、75ms。各段的装药量分别为 640kg、600kg、560kg。测量结果表明 3、4、5、6 号测点记录到的最大速度值与 0.6t 爆破测量结果相近。

表 4.2.10　龙门石窟区 3t 深孔爆破试验振动速度测量结果

(总药量：3t；爆破方式：硐室爆破；爆破时间：1984-7-24)

测点编号	至爆源的距离/km	测试方向	传感器		记录系统			系统灵敏度/(mm/(cm·s))	波形值		测量值		备注
			型号	编号	放大器	衰减挡	振子号		最大振幅/mm	最大脉宽/mm	振动速度/(cm/s)	频率/Hz	
1	0.3824	垂直	взгик	318		100	Fc6-120 1256	1.57	11	2	8.7×10^{-1}	25	
		水平	взгик	262		80	Fc6-120 1639	1.43	13.5	7	9.4×10^{-1}	7.1	
2	0.8058	垂直	взгик	328		30	Fc6-120 9460	4.39	10	10	2.3×10^{-1}	5	Ly002
		水平	взгик	333		25	Fc6-120 9480	5	8.5	12	17×10^{-1}	4.2	
3	1.3868	垂直	взгик	197	GZ-5-1	10	Fc6-400 7073	19	22	9	1.2×10^{-1}	5.5	
		水平	взгик	348	GZ-5-2	10	Fc6-400 2933	23.1	14	10	6.1×10^{-2}	5	
4	1.9686	垂直	CD-7c	4013	GZ-5-821	30	Fc6-400 345	947.5	42	10	4.4×10^{-2}	5	
		水平	CD-7c	4086	GZ-5-822	30	Fc6-400 2664	756	28	13.5	3.8×10^{-2}	3.7	
5	2.3534	垂直	CD-7c	4012	GZ-5-961	30	Fc6-400 3683	723	16	14	2.2×10^{-2}	3.6	Bjzkl
		水平	CD-7c	3222	GZ-5-961	31.570	Fc6-400 3407	683	11	13.5	1.6×10^{-2}	5.9	
6	2.6773	垂直	CD-7c	4002	GZ-5-791	10	Fc6-400 5091	2480	58	11.5	2.2×10^{-2}	4.4	
		水平	CD-7c	4088	GZ-5-793	10	Fc6-400 2550	2640	47	11	1.7×10^{-2}	4.6	

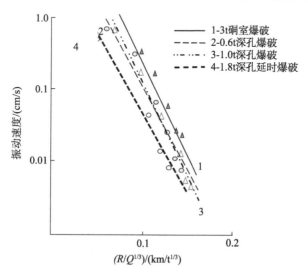

图 4.2.5　各次爆破振动速度与比例距离的衰减规律

通过深孔延时(微差)爆破可以降低矿山近区(0.5~1km)的振动速度，而这次3号测点离爆心1.3km，其余测点离爆心更远，这说明深孔延时微差爆破方法对远区也有减少振动的作用。

0.8t和1t深孔爆破的两条拟合曲线相近，其直线截距位于直线1和4之间。深孔爆破是矿区常用的开采方法。

各次爆破振动速度的衰减参数见表4.2.11。

表 4.2.11   各次爆破测量所得经验公式的参数

装药量	爆破方式	垂直向			水平向		
		K	α	γ	K	α	γ
0.6	深孔爆破	0.079	2.45	0.99	0.049	2.29	0.98
1.0	深孔爆破	0.075	2.22	0.98	0.055	2.63	0.99
1.8	深孔延时爆破	0.032	2.07	0.99	0.026	2.43	0.99
3.0	硐室爆破	0.14	2.40	0.99	0.112	2.59	0.99

不同爆破方式测量所得振动速度计算公式中的经验参数见表4.2.12。

表 4.2.12   不同爆破方式测量所得振动速度公式的经验参数

爆破方式	垂直向			水平向		
	K	α	γ	K	α	γ
深孔爆破	0.076	2.43	0.98	0.053	2.46	0.99
深孔延时爆破	0.032	2.07	0.99	0.026	2.43	0.99
硐室爆破	0.14	2.40	0.99	0.112	2.59	0.99

上述各次爆破时的振动速度随比例距离的衰减曲线见图4.2.5。多次试验爆破的结果说明，深孔爆破，或是延时深孔爆破，在同一测点的振动强度都小于硐室爆破。

4.2.2.4   几个问题

1) 衰减指数 α 值的讨论

国内外爆破地震测量结果表明，衰减指数 α 通常在1~2。但本次爆破试验的测量结果的衰减指数都大于2(2.5左右)，经分析发现该指数大于2与该地区的地质构造有关。查询该地区的地质构造图，我们知道从爆破点到奉先寺之间有F7、F3、F9、F10、F11五条断层，伊河河谷又是一个宽为100多米的大断层带。而且地形起伏，高程差较大，且矿区层理、节理发育，并含有不同程度的夹层，因此地震波通过该地区时界面多，吸收能量较大，地震波衰减快。

2) 关于破坏标准的讨论[3]

国内外有关爆破地震烈度的描述：当振动速度为 0.75~1.5cm/s 时，可能出现砖石建筑物粉刷灰粉掉落，抹灰层产生细小裂缝，少数人有感。

龙门石窟是一类特殊的结构物。它是从岩体上开挖的洞穴，佛像与山体岩石连在一起，石窟洞穴深度和高度比各不相等。从强度考虑，它比一般砖墙结构坚固得多，但一千多年来，岩石表层风化严重，自然剥落现象存在。洞穴渗水，山体上碎石、砾石土较多。爆破振动对这类特殊结构物的安全标准国内外尚无资料可查。鉴于石窟现状，为确保石窟安全，我们建议采用粉刷灰粉散落作为石窟破坏判据。要限制龙门石窟保护区以外矿山开采爆破产生的振动，在石窟区内的振动要比上述标准低一个量级，即要低于地震烈度 1 度，要求人无感，只能仪器才能记录到。规定爆破产生地振动的最大速度控制在 0.04cm/s 以下。

3) 爆破地震与天然地震

洛阳地震台站位于龙门石窟重点保护区内。自建台以来长期监测了该地区的地震情况。根据 1984 年元月~6 月份的地震资料统计，该地区平均每日记录到地动位移大于 2μm 的地震为十余次，地动位移大于 20μm 的地震为 3~5 次。其中最大的一次位移量达 400μm，有些年月远大于此数。按天然地震烈度标准，上述的振动记录均属地震烈度 1 度。历史上该地区地震烈度 5 度以上有 50 次以上，其中烈度最大达 7 度，从历史记载来看，石窟并未遭受到巨大的破坏。

天然地震是人们无法避免的，爆破振动是生产发展带来的，是可以控制或禁止的。我们只要控制爆破振动的强度，淹没在地震台站地震仪检测分辨率之下的微弱振动是不会影响龙门石窟安全的。

4) 龙门石窟的现状

联合测试组对龙门石窟(西山部分)作了宏观考察，概括起来有以下几点。

(1) 石窟区岩体层理、节理发育，层面与地面夹角约为 30°。在有垫层面间有夹层，并有几条破碎带。石窟内佛像除了早年风化和人为破坏外，有些由于节理的影响而具有裂纹。露天佛像由于长期风化存在剥落现象。

(2) 石窟所在山坡有些地段的边坡不稳定。在雨季时有小滑坡和危石下落现象。

(3) 石窟内漏水渗水现象比较严重。渗漏水的长期侵蚀加剧了岩石裂隙的发展，使围岩整体性和稳定性愈来愈差。石窟的自然破坏是不容忽视的问题。

以上现象说明，龙门石窟急待维修和加固。

4.2.3　燕山石化基坑石方开挖爆破振动

4.2.3.1　石方开挖爆破振动测量

燕山石化炼油厂厂房扩建地基开挖工程位于液化石油气生产车间以南 100~

800m 的地方，新厂房地基设计标高 216m，场地平整需要将 216m 高程以上的山体岩石进行开挖并回填到两侧沟里。爆破地段为花岗岩，岩石表层层节理发育但岩体致密，有多组东西走向垂直于地面的层节理面，西坡有风化较为严重的花岗岩粉砂层。

开挖爆破设计采用深孔爆破方案和浅孔爆破方案。深孔爆破台阶高一般为 6~13m，爆破设计的炮孔排间距、孔间距为 4~5m，炮孔直径为 150~170mm。

液化石油气车间主控室有许多自动调节仪表，采用指针式读数显示。为了确保车间正常运行和安全，需要通过现场监测并控制厂区内的爆破振动强度，提出保证液化气正常生产和车间安全允许的爆破规模和措施。

监测厂区内爆破引起的振动是结合现场开挖爆破进行的。观测点主要布置在厂区内及至爆破点一线，共布置了四个测点。

在四个测点，每点都布置一台测量垂直地面振动速度的拾震器，在主控室测点同一位置还有一台水平向拾震器。观测站设在主控室仪表间。

两次试验爆破的主要设计参数：

第一次爆破设计总装药量 2.7t，分四段延迟起爆，选用 1，3，5，8 段毫秒雷管。

第二次爆破设计总装药量 3.87t，分五段延迟起爆。

爆破地段花岗岩较为新鲜，结构致密。

4.2.3.2　试验爆破测量结果

(1) 两次爆破在四个测点上都得到了完整的振动波形，分析判读后，我们看到距爆破区近的测点记录到的振动速度大，远处测点的振动速度小。

(2) 第一次 2.7t 爆破时，在主控室测得垂直地面振动速度为 0.123cm/s，径向水平方向振动速度为 0.109cm/s，可以估计合成振动速度不超过 0.2cm/s。第二次 3.87t 爆破时，在同一测点测得的垂直和水平向振动速度分量为 0.557cm/s，0.292cm/s，其合成振动速度不超过 0.71cm/s，见表 4.2.13 和表 4.2.14。

表 4.2.13　燕山石化 2.7t 深孔爆破振动速度测量结果

测点编号	至爆心距离/m	传感器型号	放大器		示波器		系统灵敏度/(mm/(cm·s))	实测振幅/mm	振动速度/(m/s)	振动频率/Hz
			型号	A	型号	振子号				
1	310	65-83284	96(2)	300	139-12	FC-400 3407	12000	19	0.475	13
2	385	65-83300	96(3)	300	139-11	FC-400 6561	14750	18.3	0.372	13
3	450	65-83209	96(4)	100	139-6	FC-400 9921	12500	15.3	0.123	13.5
3	450	CD-7 54086	96(5)	300	139-5	FC-120 9688	22105	8	0.109	10
4	578	65-3288	96(6)	100	139-1	FC-120 2902	15000	26.4	0.176	10

表 4.2.14　燕山石化 3.87t 深孔爆破振动速度测量结果

测点编号	至爆心距离/m	传感器型号	放大器		示波器		系统灵敏度/(mm/(cm·s))	实测振幅/mm	振动速度/(m/s)	振动频率/Hz
			型号	A	型号	振子号				
1	312	65-83284	96(2)	300	139-12	FC-400 3407	12000	41.5	1.038	16.25
2	387	65-83300	96(3)	300	139-11	FC-400 6561	14750	44.5	0.905	16
3	450	65-83209	96(4)	100	139-6	FC-400 9921	12500	23.2	0.557	16.2
3	450	CD-75 4086	96(5)	300	139-5	FC-120 9688	22105	21.5	0.292	13.7
4	582	65-3288	96(6)	100	139-1	FC-120 2902	15000	17	0.34	10

(3) 4 号测点布置在车间北边一个储气罐的基座地面上,两次爆破记录的振动波形特征是:当爆破地震波到达 4 号测点时,储气罐基座开始振动,在振幅达到一定值后,逐渐衰减,频率较高,和其他测点记录的地震波作用时间大致相同。但在其后有一振动时间大于 3s 的正弦波的振荡,振动频率为 10Hz 左右。其波形特征说明由于储气罐在地震作用下激起的结构振动,位于此罐基座上测点记录的波形是结构的反应。被爆破振动激起的储气罐结构响应振动应值得注意。

(4) 分析这些数据,图 4.2.6 和图 4.2.7 给出了在这一地段爆破地震波传播的衰减规律,尽管试验爆破次数不多、测试次数不多,但从这些数据分析给出的地震波的传播规律可用于预测工地石方开挖爆破可能产生的振动强度。

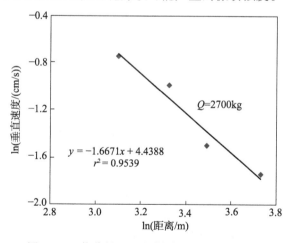

图 4.2.6　装药量 2.7t 的爆破振动速度的衰减

(5) 粗石油罐体 20L 容器液位显示指针偏转幅度和几次爆破实测主控室地面振动速度值的相对比较如下:

三次爆破主控室地面的振动分别为 0.4cm/s、0.123cm/s、0.557cm/s;相应罐体液位显示仪表指针偏转量分别为 1.5cm、0.5cm、2.1cm。三次数字的相对比例为

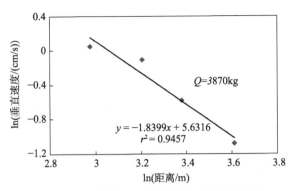

图 4.2.7   装药量 3.8t 的爆破振动速度的衰减

v_1: v_2: v_3 =0.72: 0.22: 1；

a_1: a_2: a_3 =0.71: 0.258: 1。

可见，液位显示指针偏转值反映了地面振动速度的大小，其值可反馈用于监控工地爆破振动的强度。

4.2.3.3   试验结果分析

(1) 主控室为液化石油气生产车间的中枢，其间有许多自动调节仪表，和各种调节阀相连，这些仪表机壳和地基有良好的连接。爆破时，它们将和大地一起受到振动，转动式的指针由于惯性也将产生摆动，其摆动的幅度也将显示在记录中，我们看到有的偏移较大，如 20L 容器的液面记录；有的不明显。因为这些指针和不同的液体或气体的自动控制系统相连，尽管自动控制系统其他环节，如机械式调节阀的惯性，爆破引起的地震波作用时间短(大约 100ms)，不会因振动干扰产生跟踪误调节，但仍要控制一定的爆破规模，一次爆破的总药量，以避免这些调节指针产生较大的瞬时干扰偏移量。

(2) 比较实测主控室爆破引起的振动速度值和部分仪表指针的振动干扰偏移量，同时考虑现场开挖爆破施工方案设计需要，我们认为在主控室内地面上产生的振动速度不应超过 0.5cm/s。根据实测该地区爆破振动速度传播规律，建议采用深爆破开挖方案，爆破的规模在距离主控室 400m 处一次爆破用量不得超过 2.2t；距离为 450m 处时为 3.2t，而距离 100m 处(即生产车间厂房门口的小山头爆破时)不得超过 35kg。

(3) 液化石油气厂或是类似的化工厂，都有一些不同尺寸的罐体支架结构，这些罐体不少是支架结构，这些罐体结构物质量重心较高，自振频率较低，即是它们距离爆破地点较远，爆破引起的地面振动幅值不大，但仍有可能被激振，这是应该引起重视的。

4.2.4   爆破振动对冷却塔的影响和分析

4.2.4.1   基坑开挖爆破工程

石景山发电厂改建工程要新建两座冷却塔。因施工场地限制，二号冷却塔基础开挖安排在一号冷却塔建成后进行，一号冷却塔于 1987 年 9 月竣工，塔高 120.6m，塔座基础的直径 102.4m，顶部直径 55.4m，喉部直径 50m。冷却塔为一双曲线形薄壁结构物，中部最薄处壁厚为 18cm。一号塔基为砂石配料碾压的板式基础。二号冷却塔基础工程设计为环形基础，因地面以下环形基础为砂岩，工程设计要求清除基岩表层风化岩石，采用爆破松动后清挖，保留的基岩不得受到破坏，以满足工程设计要求的地基承载能力。

基坑开挖爆破采用深孔爆破方案，炮孔直径为 100mm，钻孔深度 4.5m 左右。两个塔的基础相距最近处仅为 45m。二号冷却塔塔基爆破开挖可能产生的振动对新建一号塔的影响是建设、设计、施工单位都很关心的问题。通过观测、分析一号冷却塔受爆破振动作用产生的效应，一方面可以了解冷却塔设计的性能指标和施工质量，同时为二号塔基开挖爆破方案、设计参数选择提供依据，以确保基础开挖爆破时一号冷却塔的绝对安全。

对于爆破振动作用下冷却塔的响应以及它能承受的振动强度，现场要如何控制爆破振动，控制标准是多少很少有类似资料的报道。我们知道，大量爆破振动测试研究报告指出，结构物受振动导致的破坏与其所在地基振动速度关系最明显，因此，本项测试工作的内容：一是监测分析塔基地面上振动速度传播衰减规律，二是要测量分析一号冷却塔塔体子午线上的运动参数变化和振动响应特性。运动参数测量采用振动速度传感器。

另外，根据分析塔式结构物横向运动时在根部承受的作用力最大，为了规程冷却塔的受力变形，主要在其支撑构件人字柱上测量了在爆炸载荷作用下的动态应变。

本项开挖工程爆破设计采用的是多排深孔爆破方案。钻孔直径为 100mm，台阶高度为 4.5m。为保护基础岩石并达到要求的破碎块度，钻孔深度一般为 4.2m，炮孔间距和前后排距均为 2.5m，每孔装药 7~12kg。由于两个塔之间的距离近，为避免爆破地震波的叠加作用，前后排药包起爆采用的是秒差延时雷管。根据以往该地区爆破振动实测数据和对高大建筑物允许的安全振动标准，爆破设计最大一段起爆药量控制不超过 80kg。

4.2.4.2　爆破振动测量

由于塔基尺寸大于两塔距离，爆破振动对冷却塔的影响需要通过监测爆破时的塔座基础地面的振动速度的衰减得知。因此，测点分布在爆破中心至一号塔中心的连线上，共设置了四个测点，同时在与此连线的地面垂直方向的塔基座的人字柱根部设置了两个测点。

为了观测塔身运动参数，分别在高度为 12m，60m 及 120.6m 处安置了测点，在距离爆破点远的一边塔顶上也设置了一个测点。每个振动测点安置两台拾震器，分别测量垂直地面振动速度分量和径向水平速度分量。

现场测试分两个阶段进行。

第一阶段是分次爆破，观测分析塔基座地面振动速度传播的衰减规律。首先测量水平向的振动速度分量，然后同时测量了在塔基座直径径向一线的水平、垂直向振动速度分量。根据爆破地段开挖要求并考虑冷却塔的安全，试验爆破的药量从小到大，一段起爆用药量从15kg逐步增加到一段最大用药量为80kg。一次爆破延迟分2段或4段。采用秒差延时电雷管来控制起爆时间，试验用的四段秒差电雷管的时差分别为0s，1.3s，2.3s，3.4s。

地面振动测量共七次。除个别信号因灵敏度选择不当出现限幅，其他波形记录较为完整。秒差延迟起爆，各药包爆破产生的振动波形明显分开。采用秒差延迟起爆技术减小了一次开挖爆破引起的振动作用。由于高段秒差延迟电雷管的不同起爆时间误差较大，尽管后排炮孔个数多，一次用药量较大，但后段爆破记录的振动波形幅值一般不大于第一段爆破产生的振动幅值。各次爆破振动测量记录整理见表4.2.15~表4.2.21。

表 4.2.15   二号冷却塔基础开挖爆破振动测量记录一

(爆破地点：石景山发电厂；爆破类型：深孔爆破；爆破总药量：60kg；日期：1988-3-14 16：30；
记录纸速：100mm/s；记录时标：0.1s)

测点号	距离/m	传感器型号 CD-7S	放大器 GZ5 型号	A	示波器 SC16	系统灵敏度 /(mm/(cm·s))	读数 /mm	振动速度 /(cm/s)
$1_{//}$	88	4086	96-1	1000	振子号 FC6-400 2944	23174	4.5	0.19
$2_{//}$	108	3222	96-2	300	振子号 FC6-400 3407	20490	16	0.23
$3_{//}$	165	3188	96-3	300	振子号 FC6-400 3139	24588	9	0.11
$4_{//}$	185	7098	96-4	300	振子号 FC6-400 2916	23604	7	0.09
$5_{//}$	143	7123	96-5	300	振子号 FC6-400 9639	21863	6.5	0.09
$6_{//}$	143	7112	96-6	300	振子号 FC6-400 6561	20490	6.5	0.08

计算示例：$\dfrac{读数 \times A}{系统灵敏度}$，即 $\dfrac{4.5\text{mm} \times 1000}{23174\text{mm}/(\text{cm}\cdot\text{s})} = 0.1942\text{cm/s}$。

表 4.2.16   二号冷却塔基础开挖爆破振动测量记录二

(爆破地点：石景山发电厂；爆破类型：深孔爆破；爆破总药量：30kg；日期：1988-3-15 12：30；
记录纸速：250mm/s；记录时标：0.1s)

测点号	距离/m	传感器型号 CD-7S	放大器 GZ5 型号	A	示波器 SC16	系统灵敏度 /(mm/(cm·s))	读数 /mm	振动速度 /(cm/s)
$1_{//}$	93	4086	96-1	1000	振子号 FC6-400 2944	23174	6.5	0.28
$2_{//}$	120	3222	96-2	300	振子号 FC6-400 3407	20490	3.2	0.47
$3_{//}$	170	3188	96-3	300	振子号 FC6-400 3139	24588	13	0.16
$4_{//}$	190	7098	96-4	300	振子号 FC6-400 2916	23604	9	0.11
$5_{//}$	148	7123	96-5	300	振子号 FC6-400 9639	21863	8.5	0.12
$6_{//}$	148	7112	96-6	300	振子号 FC6-400 6561	20490	10	0.15

表 4.2.17　二号冷却塔基础开挖爆破振动测量记录三

(爆破地点：石景山发电厂；爆破类型：深孔爆破；爆破总药量：71kg；日期：1988-3-16；
记录纸速：250mm/s；记录时标：0.1s)

测点号	距离/m	传感器型号 CD-7S	放大器 GZ5 型号	A	示波器 SC16	系统灵敏度 /(mm/(cm·s))	读数 /mm	振动速度 /(cm/s)
$1_{//}$	95	4086	96-1	300	振子号 FC6-400 2944	23174	9	0.12
$2_{//}$	122	3222	96-2	300	振子号 FC6-400 3407	20490	7	0.10
$3_{//}$	172	3188	96-3	300	振子号 FC6-400 3139	24588	8.5	0.10
$4_{//}$	192	7098	96-4	300	振子号 FC6-400 2916	23604	4	0.05
$1_{\perp}$	95	4012	82-2	300		21500	16.5	0.23
$2_{\perp}$	122	4013	82-3	300		26100	10	0.11
$3_{\perp}$	172	8064	82-4	300		18426	8	0.13
$4_{\perp}$	192	8077	82-5	300		21500	4	0.06

表 4.2.18　二号冷却塔基础开挖爆破振动测量记录四

(爆破地点：石景山发电厂；爆破类型：深孔爆破；爆破总药量：138kg；日期：1988-3-18；
记录纸速：250mm/s；记录时标：0.1s)

测点号	距离/m	传感器型号 CD-7S	放大器 GZ5 型号	A	示波器 SC16	系统灵敏度 /(mm/(cm·s))	读数/mm	振动速度/(cm/s)
$1_{//}$	57	4086	96-1	300	振子号 FC6-400 2944	23174	限幅	
$2_{//}$	84	3222	96-2	300	振子号 FC6-400 3407	20490	限幅	
$3_{//}$	134	3188	96-3	300	振子号 FC6-400 3139	24588	33	0.40
$4_{//}$	154	7098	96-4	300	振子号 FC6-400 2916	23604	22	0.28
$1_{\perp}$	57	4012	82-2	300		21500	限幅	
$2_{\perp}$	84	4013	82-3	300		26100	限幅	
$3_{\perp}$	134	8064	82-4	300		18426	27	0.44
$4_{\perp}$	154	8077	82-5	300		21500	14	0.20

表 4.2.19　二号冷却塔基础开挖爆破振动测量记录五

(爆破地点：石景山发电厂；爆破类型：深孔爆破；爆破总药量：192kg；日期：1988-3-22 12：30；
记录纸速：250mm/s；记录时标：0.1s)

测点号	距离/m	传感器型号 CD-7S	放大器 GZ5 型号	A	示波器 SC16	系统灵敏度 /(mm/(cm·s))	读数 /mm	振动速度 /(cm/s)
$1_{//}$	50	4086	96-1	300	振子号 FC6-400 2944	23174	限幅	
$2_{//}$	77	3222	96-2	300	振子号 FC6-400 3407	20490	限幅	
$3_{//}$	127	3188	96-3	300	振子号 FC6-400 3139	24588	28	0.34
$4_{//}$	147	7098	96-4	300	振子号 FC6-400 2916	23604	21	0.27
$1_{\perp}$	50	4012	82-2	300		21500	47	0.66
$2_{\perp}$	77	4013	82-3	300		26100	断线	
$3_{\perp}$	127	8064	82-4	300		18426	17	0.28
$4_{\perp}$	147	8077	82-5	300		21500	10	0.14

表 4.2.20　二号冷却塔基础开挖爆破振动测量记录六

(爆破地点：石景山发电厂；爆破类型：深孔爆破；爆破总药量：192kg；日期：1988-3-25 12∶00；
记录纸速：250mm/s；记录时标：0.1s)

测点号	距离/m	传感器型号 CD-7S	放大器 GZ5 型号	A	示波器 SC16	系统灵敏度 /(mm/(cm·s))	读数 /mm	振动速度 /(cm/s)
$1_{//}$	67	4086	96-1	1000	振子号 FC6-400 2944	23174	11	0.47
$2_{//}$	94	3222	96-2	1000	振子号 FC6-400 3407	20490	14	0.68
$3_{//}$	144	3188	96-3	300	振子号 FC6-400 3139	24588	25	0.31
$4_{//}$	164	7098	96-4	300	振子号 FC6-400 2916	23604	20	0.25
$1_{\perp}$	67	4012	82-2	1000		21500	20	0.93
$2_{\perp}$	94	4013	82-3	1000		26100	13.5	0.52
$3_{\perp}$	144	8064	82-4	300		18426	23	0.37
$4_{\perp}$	164	8077	82-5	300		21500	12	0.17

表 4.2.21　二号冷却塔基础开挖爆破振动测量记录七

(爆破地点：石景山发电厂；爆破类型：深孔爆破；爆破总药量：225kg；日期：1988-3-28 11∶45；
记录纸速：250mm/s；记录时标：0.1s)

测点号	距离/m	传感器型号 CD-7S	放大器 GZ5 型号	A	示波器 SC16	系统灵敏度 /(mm/(cm·s))	读数 /mm	振动速度 /(cm/s)
$1_{//}$	60	4086	96-1	1000	振子号 FC6-400 2944	23174	12	0.52
$2_{//}$	87	3222	96-2	1000	振子号 FC6-400 3407	20490	10.5	0.51
$3_{//}$	137	3188	96-3	300	振子号 FC6-400 3139	24588	24	0.29
$4_{//}$	157	7098	96-4	300	振子号 FC6-400 2916	23604	20	0.25
$1_{\perp}$	60	4012	82-2	1000		21500	19	0.88
$2_{\perp}$	87	4013	82-3	1000		26100	10	0.38
$3_{\perp}$	137	8064	82-4	300		18426	17	0.28
$4_{\perp}$	157	8077	82-5	300		21500	断线	

　　第二阶段是测量爆破中心和塔体中心连线上冷却塔体子午线上的振动速度分布，由于安置拾震器的困难和限制，测点分布选择在塔基座地面零高程、12m、60m和120m(塔顶)四个高程。顶部子午线上两点同时进行观测。每点分别测量径向振动和垂直地面振动分量。同时对人字支撑柱进行了应变测量。各次爆破振动测量记录整理见表 4.2.22~表 4.2.25。

表 4.2.22　基础开挖爆破一号冷却塔体振动测量记录一

(爆破总药量：112.5kg；日期：1988-3-30 11：30；记录纸速：250mm/s；记录时标：0.1s)

测点号	距离/m	传感器型号 CD-7S	放大器 GZ5 型号	放大器 GZ5 A	示波器 SC16	系统灵敏度 /(mm/(cm·s))	读数 /mm	振动速度 /(cm/s)
$1_{//}$	塔顶远	4086	96-1	1000	振子号 FC6-400 2944	23174	12.5	0.54
$1_\perp$	120m	4013	82-3	1000		26100	22	0.84
$2_{//}$	塔顶近	3188	96-3	1000	振子号 FC6-400 3139	24588	13	0.53
$2_\perp$	120m	8064	82-4	1000		18426	7.5	0.41
$3_{//}$	塔腰 60m	7098	96-4	1000	振子号 FC6-400 2916	23604	9	0.38
$3_\perp$		8077	82-5	1000		21500	8	0.37
$4_{//}$	塔腰 12m	7123	96-5	1000	振子号 FC6 9639	21863	8.5	0.39
$4_\perp$		8067	96-6	1000	振子号 FC6 9921	22274	10	0.45
$5_{//}$	塔基 54m	3222	96-2	1000	振子号 FC6-400 3407	20490	5	0.24
$5_\perp$		4012	82-2	1000		21500	10	0.47

表 4.2.23　基础开挖爆破一号冷却塔体振动测量记录二

(爆破总药量：225kg；日期：1988-4-2 11：30；记录纸速：250mm/s；记录时标：0.1s)

测点号	距离/m	传感器型号 CD-7S	放大器 GZ5 型号	放大器 GZ5 A	示波器 SC16	系统灵敏度 /(mm/(cm·s))	读数 /mm	振动速度 /(cm/s)
$1_{//}$	塔顶	4086	96-1	1000	振子号 FC6-400 2944	23174	10	1.29
$1_\perp$	远 120m	4013	82-3	1000		26100	17	1.95
$2_{//}$	塔顶	3188	96-3	1000	振子号 FC6-400 3139	24588	11.5	1.4
$2_\perp$	近 120m	8064	82-4	1000		18426	5.5	0.9
$3_{//}$	塔腰	7098	96-4	1000	振子号 FC6-400 2916	23604	8.5	1.08
$3_\perp$	60m	8077	82-5	1000		21500	5.5	0.77
$4_{//}$	塔腰	7123	96-5	1000	振子号 FC6 9639	21863	7.5	10.3
$4_\perp$	12m	8067	96-6	1000	振子号 FC6 9921	22274	7.5	1.01
$5_{//}$	塔基	3222	96-2	1000	振子号 FC6-400 3407	20490	2	0.29
$5_\perp$	60m	4012	82-2	1000		21500	8	1.12

注：观测塔身自振频率时，纸速在 25~250mm/s，96-2~96-4 的 A 为 100~1000。

4.2.4.3　测量结果和分析

采用线性回归分析方法，将实测的振动速度和相应的参数 $(R/Q^{1/3})$ 拟合，求得上述有关参数。由于一次爆破测点有限，考虑多次爆破在同一地段进行，爆源点变化的尺度远小于观测的距离，将数次测量的数据采用回归的方法分析给出，爆破时塔体基础地面振动速度衰减规律为

$$径向水平分量 \quad v_{//} = 18.2 \, (R/Q^{1/3})^{-1.25}$$

$$\text{垂直地面分量}\quad v_\perp = 43\,(R/Q^{1/3})^{-1.47}$$

所用数据回归分析的相关系数分别为 0.90(径向水平分量)，0.94(垂直地面分量)。

试验结果分析如下：

(1) 根据地震波传播特征和实测数据说明，由于爆源至冷却塔的距离为 50~90m，塔基直径为 100m，地震波波长与塔基尺寸为同一量级。塔基所受的振动载荷随着至爆源距离远近而变化，离爆源近处受到的振动强度大，离爆源远处的振

表 4.2.24　基础开挖爆破一号冷却塔体振动测量记录三

(爆破总药量：240kg；日期：1988-4-9 12：30；记录纸速：250mm/s；记录时标：0.1s)

测点号	距离/m	传感器型号 CD-7S	放大器 GZ5 型号	A	示波器 SC16	系统灵敏度/(mm/(cm·s))	读数/mm	振动速度/(cm/s)
1∥	塔顶远	4086	96-1	1000	振子号 FC6-400 2944	23174	10.5	1.36
1⊥	120m	4013	82-3	1000		26100		
2∥	塔顶近	3188	96-3	1000	振子号 FC6-400 3139	24588	10.5	1.28
2⊥	120m	8064	82-4	1000		18426		
3∥	塔腰	7098	96-4	1000	振子号 FC6-400 2916	23604	9	1.14
3⊥	60m	8077	82-5	1000		21500		
4∥	塔腰	7123	96-5	1000	振子号 FC6 9639	21863	6.5	0.89
4⊥	12m	8067	96-6	1000	振子号 FC6 9921	22274		
5∥	塔基	3222	96-2	1000	振子号 FC6-400 3407	20490	2.5	0.37
5⊥	53m	4012	82-2	1000		21500	13	1.81

注：观测塔身自振频率时，纸速为 25~250mm/s，96-2~96-4 的 A 为 100~1000。

表 4.2.25　基础开挖爆破一号冷却塔体振动测量记录四

(爆破总药量：240kg；日期：1988-4-9 12：30；记录纸速：250mm/s；记录时标：0.1s)

测点号	距离/m	传感器型号 CD-7S	放大器 GZ5 型号	A	示波器 SC16	系统灵敏度/(mm/(cm·s))	读数/mm	振动速度/(cm/s)
1∥	塔顶	4086	96-1	1000	振子号 FC6-400 2944	23174	10	1.29
1⊥	远120m	4013	82-3	1000		26100		
2∥	塔顶	3188	96-3	1000	振子号 FC6-400 3139	24588	10	1.22
2⊥	近120m	8064	82-4	1000		18426		
3∥	塔腰	7098	96-4	1000	振子号 FC6-400 2916	23604	6.5	0.83
3⊥	60m	8077	82-5	1000		21500		
4∥	塔腰	7123	96-5	1000	振子号 FC6 9639	21863	6.5	0.76
4⊥	12m	8067	96-6	1000	振子号 FC6 9921	22274		
5∥	塔基	3222	96-2	1000	振子号 FC6-400 3407	20490	2	0.29
5⊥	53m	4012	82-2	1000		21500	6	0.84

动强度小，如果塔基两侧振动强度差别大，塔体可能要承受剪切作用，对塔体安全是不利的。由于控制了一次爆破的总药量，所以塔基的振动控制在一个很小的强度，在距爆源近处的振动速度峰值不大于 1cm/s。在塔顶测得振动速度峰值不大于 2cm/s，振动频率为 1.2Hz，可见是冷却塔的结构响应频率。根据冷却塔设计资料，其抗震能力设计为八度地震裂度，相当于地面振动速度超过 18cm/s。数据表明承受这样大小的爆破地面振动，冷却塔是安全的。

(2) 实测数据表明，由于塔基振动，塔体在不同高度的振动强度随高度增加的变化并不明显。塔顶振动强度的放大系数小于 2，比一般弹性结构物的放大系数低，这是由于冷却塔设计中采用的是低刚度的柔性结构。

参 考 文 献

[1] 波林格 G A. 爆炸振动分析. 刘锡荟, 熊建国, 译. 北京: 科学出版社, 1975.

[2] 中国力学学会工程爆破专业委员会. 爆破振动对龙门石窟的影响测试研究报告//工程爆破文集: 第三辑. 北京: 冶金工业出版社, 1987.

[3] 爆破安全规程. 中华人民共和国国家标准(GB 6722—2014). 2014-12-05 发布.

第5章 拆 除 爆 破

5.1 拆除爆破设计

拆除爆破技术是指对废弃的旧建(构)筑物进行拆除的控制爆破技术。拆除爆破是利用少量炸药把需要拆除的建筑物或构筑物按所要求的破碎度进行爆破,使其塌落解体或破碎,同时由于进行这种爆破作业的环境约束,要严格控制爆破可能产生的损害因素,如振动、飞石、粉尘、噪声的影响,保护周围建筑物和设备的安全。

5.1.1 拆除爆破技术发展概况

炸药在工业上的应用范围随着人们对炸药性能和主要爆破作用的认识而不断深化,控制炸药的巨大爆破能量作为一种施工手段已成为现代技术的一部分。

利用炸药爆炸对土岩体的爆破作用进行开挖、切割或破碎土(岩)是矿山生产和土木工程施工中的重要手段之一。根据不同的施工目的进行的不同爆破作业已被称为专门的爆破技术。如定向爆破、预裂爆破、光面爆破、水下爆破等。这里我们要介绍的控制爆破技术是指在建筑物密集的城市或室内进行的爆破作业。这种爆破技术旨在利用少量炸药把需要拆除的建筑物或构筑物按所要求的破碎度进行破碎拆除,同时要严格控制爆破可能产生的损害因素,如振动、飞石、噪声,保护周围建筑物和设备的安全。

第二次世界大战后,为清除战争带来的大量废墟,重建那些被破坏了的桥梁、大楼和房屋。许多欧洲国家用炸药爆破作为一种清理废墟的方法。那时一般采用的是军用 TNT 炸药和战争时期的爆破技术和药量计算方法。因为周围都是受战争破坏的建筑物,无所谓保护问题。这种拆除爆破谈不上有什么控制或要求,炸倒算数。在城市重建之后,爆破技术转向工业采矿、采石,为提高生产效率促进了爆破技术研究工作。

经过战后二十多年的恢复重建,在许多工业日益发达的国家和地区,如东欧、西欧、美国,大量农村人口涌入城市,这就必须改建城市中的老区,拆除旧的建筑物,建设更多的楼房。为使城市现代化,城市设计规划者不得不做出拆除大量旧房子的决定,有的是成片地进行拆除。

　　由于城市建设总是在不断更新，相应的建筑工业技术也得到不断发展，这些发展包括快速扩建和改建工业厂房设施以及更新一些宿舍和公寓、桥梁。在有些情况下，一些旧有建筑物必须拆除以便在原地新建。对人工、机械、爆破和冲击锤不同施工方法作了比较后，发现爆破方法往往是最容易被采用的，特别是对那些高大、强度高的建筑物。从时间和费用方面来看，爆破拆除是最可行的快速施工方法。许多旧建筑物采用爆破法拆除的效果使越来越多的人乐意接受并称赞这种新技术。

　　采用爆破方法拆除旧建筑物突出的优点：一是经济；二是安全。以铁路桥拆除为例，美国加州的 B. Flagg 博士指出：要拆除旧铁路桥，用常规拆除方法花时间、费力气，还需要许多大型机械设备。甚至在某些情况下，拆除一座旧桥比架一座新桥花费还多。

　　常规拆除方法容易发生事故。在美国许多建筑工地上，拆除过程中，墙倒塌下来压在工人身上，或是工人从高处摔下来是常见的事。用爆破方法拆除就可以避免这样的事故。常规的拆除方法需要把建筑物和结构物的某些附属部分逐步破坏或去掉以减弱其强度，直至使其毁坏塌落。这种塌落的时间往往不准确，不能预先确定，又不好测量。相反，爆破拆除的时间可以准确地知道，可以安排使周围建筑和人员得以保护和撤离。结构物不是一步一步减弱至垮落，爆破前，仍然是相当坚固和稳定的。

　　另一方面，爆破拆除施工安全，人们不必揣着慎之又慎的心情去从事危险的作业，如切割、去挂钩等。在进行爆破作业准备时，建筑物是相当完好的。

　　爆破拆除施工的另一优点是经济。不仅可以节省时间和成本，也可节省大量劳力和设备。仍以拆除铁路桥为例，与常规方法拆除对比发现爆破拆除铁路桥的成本只为常规拆除方法的 40%~60%。

　　在美国建筑行业施工技术中，爆破方法有很明显的优势和吸引力，是从事建筑物拆除施工中最具竞争力的手段。如果要拆除的是高大、陡峻的建筑物，或是拆除在靠近交通干线和行人很多的地方的建筑物，或是新桥要建在旧桥拆除后腾出的地段，爆破方法拆除的速度是其他的方法不可相比的。

　　1999 年 2 月上海同济大学爆破工程技术公司成功地拆除了位于上海市中心地段的长征医院 16 层的高楼。爆破效果达到了设计预定的目标。据不完全统计，在中国，每年有近千座建筑物或构筑物是采用爆破方法拆除的，控制爆破拆除技术在中国城市更新和改造建设中发挥了重要作用。

5.1.2　拆除爆破的技术特点

　　拆除爆破是要通过爆破达到拆除工程要求，同时要保护邻近建筑物和设备的安全，使其不受到损害。所以拆除爆破是"拆除"和"保护"的矛盾统一体，拆除爆破的技术特点是：

(1) 要按工程要求确定的拆除范围、破碎程度进行爆破。这就要求只破坏需要拆除的部分，需要保留的部分不应该受到损坏。两楼间仅以沉降缝相邻接，一座楼爆破的同时，要确保相邻要保留的楼房不受到伤害；如是桥墩的部分拆除工程，墩帽的拆除不允许破坏桥墩。

(2) 要控制建(构)筑物爆破后的倒塌方向和堆积范围。烟囱拆除要求爆破后准确地倒塌在设计的指定方位，高大烟囱如果反向或严重偏离设计的倒塌方向，可能会造成严重的事故。建筑物在爆破后塌落堆积超过设计范围也将导致邻近房屋或设施损坏。

(3) 要控制爆破时破碎块体的堆积范围、个别碎块的飞散方向和抛出距离。在厂房内爆破拆除设备基座时，要控制和防止个别飞石打坏附近正在运转的机器；市区街道上拆除爆破房屋时，不允许爆破的碎块飞散到邻近房屋或打伤来往车辆和行人，塌落的瓦砾不能阻碍街道的交通；铁路复线施工爆破塌落的石块不能堆积在行车的轨道上影响行车安全。

(4) 要控制爆破时产生的冲击波、爆破振动和建筑物塌落振动的影响范围。爆破振动和建筑物塌落的振动效应不能损坏爆破工点附近的建筑物和其他设施，更不能危害居民的人身安全。要控制爆破产生的空气冲击波和噪声的强度，避免或减少对附近人员的心理影响和干扰。

因此，拆除爆破的技术内容可概括为：根据工程要求的目的和爆破点周围的环境特点和要求，考虑建(构)筑物的结构特点，确定拆除爆破的总体方案，通过精心设计、施工，采取有效的防护措施，严格控制炸药爆炸作用范围、建(构)筑物的倒塌运动过程和介质的破碎程度，达到预期的爆破效果，同时要将爆破的影响范围和危害作用控制在允许的限度内。

拆除爆破技术不同于一般的土石方爆破技术，是在已有爆破技术基础上发展起来的。它需要对爆炸力学、材料力学、结构力学和断裂力学等工程学科有一定的了解。由于要严格控制爆破后产生的破坏效果，特别是爆破可能产生的危害，拆除爆破设计需要了解拆除对象的结构特点、材质以及施工变更情况，要分析爆破后建筑物在重力作用下的变形和运动过程、破坏和解体，解体构件的塌落堆积范围；要研究不同装药爆破条件下，炸药爆炸用于破碎的能量，在地层中引起的振动大小及传播衰减特性等。

5.1.3 被拆除建(构)筑物的类别

拆除是一项建筑工程施工工艺，拆除施工作业的目的是将原有的建(构)筑物构件破坏解体并进行清除。可以采用人工方法对逐个构件进行解体拆除，也可以采用机械方法拆除。利用炸药的爆破作用可以在炸药爆炸的瞬间完成对建(构)筑物的破坏，实现拆除的目的。采用爆破方法拆旧建筑物的突出优点有：一是安全；二是时间少，经济。

根据爆破拆除设计方案的基本特点，我们可以把要拆除的建(构)筑物或设施分成两大类，一类是有一定高度的建(构)筑物，如办公或住宅楼房、厂房、桥梁、烟囱和水塔类结构物；一类是基础类结构物、构筑物，包括各种设备基础和建筑基础、地坪、桩基或孤石。另外还有采用水压爆破拆除的可充水容器类结构物。

按爆破对象的材质来分类，有钢筋混凝土、素混凝土、砖砌体、浆砌片石、钢结构物、钢锭、钢炉渣等。不同材质爆破时，要考虑介质的结构特性和力学性质，选择合适的爆破设计参数。不同配筋的钢筋混凝土爆破，选用的单位体积耗药量会很不一样。爆破砖砌体时，考虑砖块砌筑工艺，垂直地面的砖缝由于砖块交错砌筑是不贯通的，而水平方向的层面裂缝总是延续发展的，因此砖砌体爆破时的钻孔布置，水平方向的间距要大于垂直向的间距。

5.1.4　拆除爆破的技术原理

5.1.4.1　爆破破碎作用原理

拆除爆破工程无论是拆除有一定高度的建(构)筑物，还是拆除基础类结构物或构筑物，都需要进行钻孔爆破。钻孔爆破是拆除爆破最基本的爆破方式。一座大型建筑物的爆破拆除，需要布置多个炮孔进行爆破，但每一个药包的炸药量不大，有的几十克，多的数百克。因此拆除爆破是利用多个小药包的控制爆破完成的拆除作业。和矿山爆破开挖岩石一样，拆除爆破是利用药包的爆破破碎作用破坏混凝土构件。

5.1.4.2　失稳塌落解体作用原理

在现有建筑物的结构设计中，大多数高大的建筑物采用的是钢筋混凝土框架结构，即由钢筋混凝土柱和梁组合成的框架，有预制的柱梁构件，也有全是现浇的梁柱；多数楼板是预制件，也有的楼板是现浇混凝土。砖混结构设计的柱体中有的是配筋，有的只是在一定高度上设计了圈梁。对于建筑物的爆破拆除，其设计原理在于破坏建筑物的稳定性，通过爆破手段破坏它的刚度，使结构物失去平衡的条件，在自重作用下变形破坏塌落，达到解体拆除的目的。

建筑物拆除爆破设计的基本原理是通过爆破破坏建筑物的部分或全部承重构件，如柱、梁、墙体，使建筑物失稳，在自身重力作用下塌落。爆破立柱或墙体要炸毁一定的高度和宽度，这是建筑物失稳倒塌的先决条件。

钢筋混凝土框架结构建筑物解体破坏主要是弯曲破坏，立柱失稳，要把立柱炸毁一段高度，施加于梁上的弯曲荷载要超过梁的极限抗弯强度。

　　梁弯曲时，拉力由梁断面受拉区的钢筋承担，相比混凝土的受拉能力可以不计；压力则由受压区的混凝土和钢筋承担，如图 5.1.1。根据受力平衡条件有

$$n_1 A_1 \sigma_1 = n_2 A_2 \sigma_y + BX\sigma_R$$

式中，n_1，n_2 分别为拉伸区和压缩区钢筋的数目；A_1，A_2 分别为拉伸区和压缩区每根钢筋的截面积，cm^2；σ_1，σ_y 分别为钢筋的抗拉强度极限和抗压屈服极限，MN/m^2；B 为梁的宽度，cm；X 为梁底面至截面弯曲中性面的距离，cm；σ_R 为混凝土的极限抗压强度，MN/m^2。

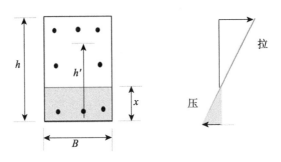

图 5.1.1　梁弯曲断面受力图

　　由上式可得

$$X = \frac{n_1 A_1 \sigma_1 - n_2 A_2 \sigma_y}{B\sigma_R}$$

若把弯曲中性面取在受压区的钢筋位置，则截面承受的弯矩为

$$M = n_1 A_1 \sigma_1 h' + B\sigma_R X\left(\frac{X}{2} - a\right)$$

式中，h' 为受拉区钢筋中心到受压区钢筋中心的距离，cm；a 为保护层厚度，cm；若 $n_1 A_1 \sigma_1 \leqslant n_2 A_2 \sigma_y$，则有 $X=0$，这时的弯矩强度为

$$M = n_2 A_2 \sigma_y h'$$

　　爆破设计时，要分析梁上载荷形成的弯矩，若大于其能承受的极限抗弯强度，则在其上重力荷载作用下解体。这是采用逐段解体爆破设计的依据。

　　根据对钢筋混凝土框架结构的受力分析，把框架结构假定为平面杆系结构，应用有限元法模拟计算了部分支撑柱后的应力分布和倒塌过程，说明对于多排柱构成的框架结构物，随着楼房高度的增加，需要增加爆破的跨度。爆破后的堆积物高度增加，塌散点远，塌落经历的时间长。部分支撑柱爆破多，保留的支撑强度不能承受上部重力载荷时，支撑柱失稳，建筑物将绕其支撑点转动，倾斜塌落。框架结构爆破拆除的大量实践经验表明，超过三个连续梁的支撑柱爆破后，上部结构物将在

重力作用下塌落。为了解体充分，拆除爆破工程设计时，可以对部分梁实施减弱爆破。

5.1.4.3 失稳塌落方式

爆破后建筑物失稳塌落有两种方式：一种是定向倾倒方式；一种是逐段解体。

对于建筑物总体尺寸高宽比较大时，一侧又有可供倒塌的场地，往往采用定向倒塌的爆破拆除设计方案。

建筑物整体定向倒塌是对部分支撑构件实施爆破后，另一部分支撑构件不能承受建筑物主体的重力荷载和重力弯矩的作用，失稳破坏，建筑物将绕其支撑点转动倾斜而塌落。烟囱拆除采用爆破后定向倒塌的方案是典型的定向倾倒方式，已往许多建筑物拆除爆破工程设计中多采用这种方式。

逐段解体塌落方式是对部分支撑构件实施爆破后，保留支撑构件能承受其上的重力荷载和已爆部分的重力弯矩作用，但失去支撑作用的上部构件将由于重力荷载和重力弯矩的作用产生折断破坏，垂直下落，由于这些构件的下落也加载于未爆破部分，所以未爆部分的建筑构件产生局部大变形，图 5.1.2 是一座典型的钢筋混凝土框架结构的楼房爆破拆除塌落解体的过程照片。当对右侧的两排一层支撑柱体实施爆破后，上面的结构物失去支撑，突加重力作用下，各层梁在重力矩作用下形成剪切破坏，解体下落。同时，对未爆破部分的上部结构产生大变形和位移。建筑物在局部失去支撑后由于重力造成的破坏有一个时间过程，因此在建筑物拆除爆破设计中，要充分利用重力势能的破坏作用，不同部位爆破的延迟时间选择应采用比半秒间隔时间长的延迟雷管。

图 5.1.2 逐段解体塌落

5.1.4.4 钢筋混凝土承重立柱的失稳条件

钢筋混凝土框架主要承重立柱的失稳是整体框架倒塌的关键。用爆破方法将立柱基础以上一定高度范围内的混凝土充分破坏，使之脱离钢筋骨架，并使箍筋拉断、主筋向外膨胀成为曲杆，则孤立的钢筋骨架顶部便不能组成整体抗弯截面；当暴露出一定高度的钢筋骨架顶部承受的荷载超过其抗压强度极限或达到压杆失稳的临界荷载时，钢筋必将发生塑性变形，从而导致承重立柱失稳。因此，满足上述条件时的立柱破坏高度称为最小破坏高度 H_{min}(cm)。

立柱爆破是把混凝土爆破破碎，使之脱离钢筋，未炸断，也没有必要去炸断的钢筋仍有一定的支撑力，因此爆破设计要炸毁一定的高度，实际上是要判别爆破后残留钢筋的失稳。爆破后的钢筋受力是典型的压杆失稳问题。在拆除爆破实施中，一般柱体爆破的高度都大于 2~3 倍断面尺寸，炸高增加是很容易实现的事，但我们需要确定最小爆破高度 H_{min}。多数情况下，爆破混凝土柱体暴露出的钢筋高度和直径比值(长细比)大，为中长柔度杆。细长柔度杆件的失稳长度可采用欧拉公式，中长柔度杆件的失稳长度可采用雅兴斯基公式计算。通过计算，采用碳钢或硅钢材料为骨架的钢筋混凝土立柱，使其爆破失稳的最小爆破高度 $H_{min} = (30\sim50)d$。这里，d 为钢筋直径(cm)。

理论计算和现有的实践经验表明，为确保钢筋混凝土框架结构爆破时顺利坍塌或倾倒，钢筋混凝土框架结构承重立柱的爆破破坏高度按下式确定：

$$H=K(B+H_{min}) \tag{5.1.1}$$

式中，B 为立柱截面的边长，矩形截面取长边；K 为经验系数，$K=1.5\sim2.0$。

要求立柱爆破后能形成铰链，爆破破坏的高度 $H'=(1.0\sim1.2)B$。

5.1.4.5 水压爆破拆除的技术原理

利用水传递炸药的爆炸能量，破坏结构物以达到拆除目的的爆破称为水压拆除爆破。

水压爆破拆除适用于可充水容器类混凝土结构物，特别是薄壁结构的钢筋混凝土构筑物。对薄壁结构的钢筋混凝土构筑物，若采用钻孔爆破方法拆除，要布置很多炮孔，炮孔浅，炸药爆破能力利用率低，爆破噪声大，爆破效果差。相反，水压爆破拆除施工可以对爆破振动、爆破噪声、粉尘和飞石的影响进行有效控制。充水的炮孔爆破能大大减少炮孔壁周边的过破碎(粉尘)，因此水压爆破拆除技术作为一种爆破新技术受到重视。

炸药在水中爆炸，在水中产生很强的冲击波，随着距离增加，激波压力降低；炸药量大，爆炸影响范围增加。

水中炸药爆炸荷载对结构物的破坏过程可概述如下：炸药引爆后，结构物的内壁首先受到通过水介质传播的冲击波的作用，作用于筒壁上的冲击波的峰值压力为 $10\sim10^2$MPa。圆形结构物的筒壁在此冲击荷载作用下运动和变形，大的变形位移使筒壁材料在切向受拉，当拉伸应变超过材料的极限抗拉应变时，形成材料的径向断裂。同时，当冲击波传到筒体外自由面时，将在材料中形成反射拉伸波，造成切向断裂。冲击波后,在爆炸高压气体膨胀作用推动下水体的动压力将使筒体进一步破坏。水在惯性作用下向外冲击破坏筒壁,并从筒壁开裂处泄漏。具有残压的水流将携带少量碎片向外冲出,形成个别飞石。由此可知,水压拆除爆破的爆破作用为两种形式的荷载:一种是水中冲击波的作用;一种是爆炸气体膨胀作用下水的动压力。

5.1.5 拆除爆破工程设计

拆除爆破工程大多位于城市建筑物密集的地区,有的是厂房车间内设备基础的拆除。拆除旧的建(构)筑物是为了建设新的建筑,因此其环境特点是爆破点附近总有要保护的不要拆除的建筑物或设备,有的是居民宿舍楼,有的是大商店,或是正在运行的机器设备;有的是在重要的交通干道旁边或是在已建成新桥的一侧。拆除爆破设计一方面要达到工程拆除的目的,另一方面要保护邻近的建筑物和设备不受损害,交通不受影响,或是爆破后能立即恢复交通的正常运行。因此爆破设计的内容不仅包括拆除爆破设计方案,爆破设计参数,还应包括控制爆破施工可能产生的危害的措施。

为加强城市市区内拆除爆破工程的管理,凡要决定采用爆破方法进行拆除的工程项目应有项目审批文件。拆除爆破工程都要认真作设计、编写设计说明书。设计方案要进行安全评估并报政府有关部门审查批准,要严格按照设计方案进行施工。爆破后,应对爆破效果进行验收检查记录,对爆破事故进行处理分析,及时进行工程总结。

为制订出经济上合理、技术上安全可靠的爆破设计方案,爆破技术人员接到任务后,首先应全面地搜集爆破拆除对象的原有设计和竣工资料,了解建筑物的结构设计特点、原施工质量和使用情况,然后到现场进行实地勘察与核对,将实际要爆破的结构物或拟爆破的部位准确地标明在核对过的图纸上。如无原始资料,则应对实物进行测量并绘制图纸和注明尺寸,查明有无配筋和布筋的部位等。要仔细了解爆破工点周围的环境,包括地面和地下需要保护的重要建筑物和设施,它们与爆破工点的相对位置和距离等。

拆除爆破工程设计的内容和步骤,一般包括设计总体方案的制订、技术设计和施工组织设计三个步骤。

5.1.5.1 拆除爆破总体设计方案

一般说来,用炸药爆破方法拆除建筑物有以下问题要研究:了解建筑物的结构和材料构成;邻近建筑物的情况和状态的调查;建筑结构物在爆破后失稳塌落的研究;爆破造成的振动和由于解体的构件下落撞击地面振动对邻近建筑物的影响;爆破时的飞石;主要爆破部位的覆盖以及要保护建筑物的防护;爆破时造成的尘土污染和噪声。由于各个建筑物或建筑物群千变万化,前四部分的内容各不相同,各有特点。因此也就不存在一成不变的爆破设计方案。不同建筑物拆除的爆破设计方案很不一样，同一座建筑物拆除有多种爆破拆除方案可供选择。一个正确的爆破设计方案有赖于很多条件的确定。只有详细地研究并把握住各个环节及其影响因素，才可设计出有效的、安全的爆破拆除方案。考虑不周或是计算错误都会造成严重事故。

爆破拆除总体方案设计是对要拆除的建(构)筑物选择确定最基本的爆破方案和设计思想。如对基础类构筑物是采用钻孔破碎爆破方案，还是采用充水措施，实施水压爆破拆除设计方案；对一座建筑物拆除爆破是采用定向倒塌方案，还是采用折叠倒塌方案，或是分段(跨)原地塌落的爆破设计方案；对多个楼房进行拆除爆破是一座一座地分别爆破，还是一次爆破实施完成；对烟囱水塔类结构物爆破时的倒塌方向的选择；如果烟囱整体定向倒塌的场地不够，或是倒塌方向有严格的约束条件，是否需要提高爆破部位的高度，是否要采用分段(高度)折叠的定向爆破倒塌方案。

爆破设计总体方案要在多种设计方案进行比较后确定，比较设计方案的安全可靠性，爆破后建筑构件解体是否充分，爆破施工作业量在经济上是否节省。

5.1.5.2　拆除爆破技术设计

拆除爆破技术设计是在总体爆破设计方案确定后编制具体的爆破设计方案，设计文件的具体内容有工程概况、爆破设计方案、爆破设计参数选择、爆破网路设计、爆破安全设计及防护措施等。

工程概况包括要爆破拆除的建(构)物的基本情况：结构特点、主要尺寸、材质等；周围环境状况：地面和地下建(构)筑物的分布、距离、交通及其他重要设施的相关情况；拆除工程的目的和要求。

爆破设计方案要详细描述设计方案的思想和方案的内容，如选择定向倒塌方案的依据，倒塌方向确定的原则，爆破部位的确定，起爆先后次序的安排等。

爆破设计参数选择是爆破设计的基本内容。它包括炮孔布置，各个药包的最小抵抗线、药包间距、炮孔深度、药量计算、堵塞长度等参数的确定。

爆破网路设计包括起爆方法的确定、网路设计计算和连接方法、起爆方式等。

爆破安全设计及防护措施设计的内容包括：根据要保护对象允许的地面质点振动速度确定最大一段的起爆药量及一次爆破的总药量；预计拆除物塌落触地振动和飞溅物对周围环境的影响以及要采取的减震、防震措施；对烟囱水塔类建(构)筑物爆破后可能产生的后座及残体滚落、前冲可采取的防护措施；对爆破体表面的覆盖或防护屏障的设置；减少和防护爆破粉尘的措施。

5.1.5.3　拆除爆破设计参数选择

在拆除爆破的技术设计中，正确选择爆破设计参数是一个非常重要的问题，爆破参数选择得是否恰当将直接影响爆破效果和爆破安全。目前，在拆除爆破工程设计中，大多数爆破设计参数的选择根据的是以往设计施工的经验数据，在一定范围内选取经验参数，采用经验公式进行设计计算。因此，参照类似结构和材料的拆除爆破工程实施的效果进行比较设计是十分有效的方法，有经验的爆破工程师都有这样的经历和积累。必要时，需要进行小型爆破试验或是局部试爆，然后进行设计参数的调整和修改。

建筑物拆除爆破的对象是建筑结构的构件，一般采用钻孔方法实施爆破。其主要的爆破设计参数包括：最小抵抗线 W、炮孔间距 a、炮孔排距 b、炮孔深度 l、爆破单位体积耗药量 q，以及单孔装药量 Q_i 等。爆破设计的几何参数主要根据结构的尺寸来确定。

1) 最小抵抗线 W

最小抵抗线 W 是所有爆破工程设计中最基本的设计参数。在拆除爆破工程中，由于爆破的部位是建筑结构的构件，最小抵抗线的确定在大多数情况下是由要爆破的构件的几何形状和尺寸所确定的。同时，要对爆破体的材质、钻孔直径和要求的破碎块度的大小等因素进行调整选定。在城市或厂矿车间内不同旧建(构)筑物的爆破拆除中，最小抵抗线 W 一般情况下均小于 1m。

爆破的构件是钢筋混凝土梁柱时，W 值就是梁柱断面中小尺寸边长的一半，即 $W=0.5 B$，B 为梁柱断面短边的长度。实践经验表明，B 小于 30cm，即 W 小于 15cm 时，这种薄壁结构或梁柱的爆破飞石需要采用严密的覆盖防护才能控制。因此，薄壁结构物应考虑采用其他施工方法进行破碎。对于拱形或圆形结构物，如铁路机车转盘外围的混凝土墙、烟囱筒壁的爆破等，为使爆破部位破碎均匀，药包至两侧临空面的最小抵抗线应不一样，药包指向外侧的最小抵抗线 W 应取 $(0.65\sim0.68)B$，指向内侧的最小抵抗线取 $(0.32\sim0.35)B$，如图 5.1.3 所示。

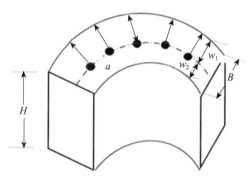

图 5.1.3　拱形块体炮孔布置

当爆破对象为大体积的圬工(如桥墩、桥台、建筑物或重型机械设备的混凝土基座等)时，最小抵抗线的选取取决于要破碎块度的尺寸，尽管爆破破碎的块度还

与炮孔间距 a、排距 b 与药量分配有关。若要求爆破破碎块度不宜过大，以便人工清碴，则最小抵抗线 W 可取如下值：

混凝土坞工：$W=(35\sim50)\mathrm{cm}$；

浆砌片石、料石坞工：$W=(50\sim70)\mathrm{cm}$；

钢筋混凝土墩台帽：$W=(3/4\sim4/5)H$，H 为墩台帽厚度。

若爆破后采用机械方法清碴，W 可以选取较大值。因此，要考虑机械吊装和运载能力确定的破碎的块度大小或重量来设计 W 值。

最小抵抗线的选择原则上在满足施工要求与安全的条件下，应选用较大的 W 值。

2) 炮孔间距 a 和排距 b

一次爆破要通过多个炮孔的药包爆破的共同作用来实现，因此，相邻两个炮孔之间的距离 a 是一个重要的爆破设计参数。在爆破大体积或大面积坞工体时，往往还需要布置多排炮孔，因此相邻两排炮孔之间的排距 b 也是一个重要的设计参数，a 和 b 值选择得是否合理，对爆破效果和炸药能量的充分利用有直接影响。

根据一定埋深情况下装药爆破的破坏影响范围，爆破破碎作用的几何相似率，合适的炮孔间距可以获得两个药包共同作用的最佳破碎效果。炮孔间距 a 与最小抵抗线 W 成正比，其比值 $m=a/W$ 称为间距系数。它随 W 的大小、爆破体材质和强度、结构类型、起爆方法和顺序、爆破后要求的破碎块度，或是要求保留部分的平整程度等因素而变化。

当 $m<1$，即 $a<W$，炮孔间距过小时，爆破后往往会沿炮孔连线方向裂开，容易形成大块。因此，只有在要求切割出整齐轮廓线的光面爆破中选取 a 小于 W。

为了获得好的爆破破碎的拆除效果，一般均应取 a 大于 W。在满足施工要求和爆破安全的条件下，应力求选用较大的 m 值。因为比值 m 越大，钻孔工作量越少。实践表明，对各种不同建筑材料和结构物，可以采用下列公式计算炮孔间距：

混凝土坞工：$a=(1.0\sim1.3)W$；

钢筋混凝土结构：$a=(1.2\sim2.0)W$；

浆砌片石或料石：$a=(1.0\sim1.5)W$；

浆砌砖墙：$a=(1.2\sim2.0)W$；

混凝土地坪切割：$a=(2.0\sim2.5)W$；

预裂切割爆破：$a=(8.0\sim12.0)d$，d 为炮孔直径。

上述公式中，m 值的上下限取值要根据建筑材料的质量和 W 值的大小确定。一般情况下，材质差的，抵抗线大时取大值；材质好的，抵抗线小时取小值。混凝土地坪破碎爆破，如机场跑道的拆除，由于是垂直地面钻孔，钻孔深度就是药包的最小抵抗线。若是超强(多层)配筋的钢筋混凝土结构物，如地下工事的顶板拆除，其 m 值将比上述取值的下限还要小。因此，上述公式的取值范围需要使用者通过现场试验爆破进行调整。

混凝土切割爆破时，残留的混凝土要不受破坏，这时需要采用较密布孔的分离切割爆破，考虑切割面的平整度的要求和混凝土的强度，一般取 $a=(0.5\sim0.8)W$。还可以按上述公式按预裂爆破设计参数计算炮孔间距 a，进行设计校核，式中 d 是炮孔直径。

多排炮孔一次起爆时，排距 b 应略小于炮孔间距 a。根据材质情况和对破碎块度的要求，可取 $b=(0.6\sim0.9)a$。

3) 炮孔直径 d 和炮孔深度 l

目前，在拆除爆破工程施工中，大多采用炮孔直径 d 为 38~44mm。

炮孔深度 l 也是影响拆除爆破效果的一个重要参数。合理的炮孔深度可避免出现冲炮，使炸药能量得到充分利用，获得良好的爆破效果。设计的炮孔深度原则上应大于最小抵抗线 W 的长度，同时应尽可能避免钻孔方向与药包的最小抵抗线方向重合。炮孔装药后的堵塞长度 l_1 要大于或等于最小抵抗线 W，即 $l_1 \geq (1.1\sim1.2)W$。

实践表明，炮孔深的爆破效果好，炮孔利用率高，爆破破碎方量大。但炮孔深度的确定受爆破体的几何形状的约束，不可能任意加深。原则上应尽可能设计深度大的炮孔，如拟爆破的是柱梁，应从柱梁的短边钻进(图 5.1.4(a))。但是，建筑结构的梁柱的短边，往往是承受抗弯强度的地方，钢筋配比量大，有的钢筋密集到无法钻进，这时不得不从梁柱的长边钻进，这时炮孔的深度就不能太深(图 5.1.4(b))。显然从短边钻孔炮孔浅，为达到同样的破碎度，炮孔个数多，起爆雷管的个数也多。

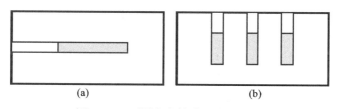

图 5.1.4　不同方向钻孔的炮孔深度

一般说来，在拆除爆破施工中，为便于钻孔、装药及堵塞操作能顺利进行，炮孔深度 l 不宜超过 2m。

炮孔深度 l 与爆破体的长、宽和高度 H 有关，在确保炮孔深度 $l>W$ 的前提下，当爆破体底部有临空面时，取 $l=(0.5\sim0.65)H$；底部无临空面时，取 $l=(0.7\sim0.8)H$。孔底留下的厚度应等于或略小于侧向抵抗线，这样才能保证下部的破碎，又能防止爆炸气体从孔底冲出，产生座炮，使爆破体侧面和上部得不到充分破碎。

4) 单位体积耗药量 q

单位体积耗药量 q 是爆破破碎或抛掷单位体积的用药量。同样，它也是拆除爆破设计中的一个重要参数。单位体积耗药量大,炸得破碎,碎片也容易抛得远。因为爆破对象千变万化,材质不同,爆破要求的目的不同,单位体积耗药量的选择需要十分谨慎。选择不合适不仅影响爆破效果,有时还会产生爆破事故。用药量大,过远的飞石会造成伤害;用药量少,炸不开,要爆破拆除的建筑物不倒,成为新的危楼。

在拆除爆破工程中,除了大体积坞工构筑物爆破时炮孔比较深,大多数都是比较浅的炮孔爆破,浅孔爆破由于堵塞长度小,炸药爆破的能量利用率低,为了达到工程要求的破碎度,不得不增加用药量。但是炮孔长度有限,增加了装药量的长度,堵塞长度就更少了,就会有更多的能量不能用于破碎。因此在爆破体材质及其强度一样时,为获得同样的破碎度,随着爆破对象的几何尺寸不同,单位体积耗药量是随最小抵抗线和炮孔深度而变化的。一般情况下,抵抗线大,炮孔深度也大时,可以选用较小的单位体积耗药量 q 值。若抵抗线小,炮孔浅,单位体积耗药量 q 值就要取大值。

选择确定单位体积耗药量,可以采用下列两种分析方法:

(1) 根据经验,按资料中单位体积耗药量用表选取:即单个药包药量计算与总体积耗药量比较法。根据爆破体的材质、强度、最小抵抗线和临空面条件等,按本节中单位体积耗药量用表所给出的经验数据初步选取一个 q 值,然后按药量计算公式计算单孔装药量 Q_i,各个炮孔的药量因为参数不一样,计算的药量也有差别;然后对要爆破的部位所有炮孔的计算药量进行累计,求出爆破的总药量 $\sum Q_i$,总药量 $\sum Q_i$ 和相应炮孔爆破部位的体积 V 之比 $\sum Q_i/V$ 称为总体积耗药量。比较 $\sum Q_i/V$ 比值和初步选取的 q 值的大小,如果二者相近,便可采用所选取的 q 值。

(2) 根据试验爆破的结果选择单位体积耗药量:对重要的拆除爆破工程,或是对爆破体的材质、强度和原施工质量不了解,为了保证爆破的设计效果,应对爆破体进行小范围的局部试爆,根据试验爆破的情况,选定 q 值。试验爆破要按实爆时设计的孔网参数布置炮孔,试爆的炮孔不应少于 3 个。可以根据试验爆破体的材质初步选取 q 值计算炮孔的装药量。试验爆破的 q 值一般应选取小值,可能爆破破碎的效果差一点,也要按照"宁小勿大,只松不飞,确保安全"的原则进行试爆。试验爆破应选择比较安全的部位或构件,它们爆破后绝对不能影响建筑物整体或结构的安全和稳定。即使这样,仍要采用严密的防护措施,确保试验爆破的安全。

由于拆除爆破工程周围环境的复杂性,有的工地不允许进行试验爆破,爆破工程设计参数的正确选择就具有较大风险性,因此初学者应在有经验的工程师指导下学习设计。

5) 炮孔布置

合理地设计炮孔方向和布置炮孔对保证拆除爆破效果至关重要。炮孔布置要考虑多种因素的影响。诸如爆破体的材质、几何形状和尺寸，结构物的类型、施工条件等。

一般来说，考虑爆破体的临空面状况，炮孔方向分为垂直炮孔、水平炮孔和倾斜炮孔三种。当爆破对象有水平临空面时，一般要采用垂直向炮孔，因为钻孔作业效率高、劳动作业强度低，钻孔质量容易保证。有的场坪基础拆除爆破工程，由于基础的厚度方向有限，为了增加有效的炮孔长度和堵塞长度，提高炸药爆破的能量利用率，可以选择倾斜炮孔，如机场跑道的拆除。倾斜炮孔的方向可以采用固定的或可变的角度支架进行控制。如果爆破对象是柱和墙体，只能垂直于柱和墙面进行钻孔，这时就不得不进行水平向钻孔。水平向钻孔劳动强度大，需要用支架来控制钻机的凿进方向。倾斜炮孔和水平向钻孔方向的偏离将会影响爆破效果。如果相邻两个炮孔底端接近，其间的距离小于设计的炮孔间距，局部的单位体积耗药量将变大，单位体积耗药量过大容易造成飞石。如果相邻两个炮孔底端相距过大，其间的距离大于设计的炮孔间距，将使局部的单位体积耗药量变小，爆破效果差。因此在施工条件允许时应尽可能设计垂直炮孔。

炮孔布置的原则应是力求炮孔排列规则与整齐，使药包均匀地分布于爆破体中，以保证爆破后破碎的块度均匀或切割面平整。

在爆破梁柱体或是小断面尺寸的基座时，一般是在结构物的中线上布置一排炮孔，如果尺寸大(大于或等于70cm)，可以布置两排孔，两排炮孔可以平行布置，也可以交错布置。

在进行切割爆破时，为防止保留部分损伤，可在切割面端头布置 1~2 个不装药的炮孔，亦称导向孔(图 5.1.5)，有利于切割面沿预定的方向形成。导向孔距爆破体边缘和主炮孔(即装药炮孔)的距离要小于设计的炮孔间距 a，其值可控制在 $(1/3\sim1/4)a$ 范围内。相邻导向孔之间的距离可控制在 $(1/2\sim1/3)a$ 范围内。

当大体积或大面积的圬工体要求全部爆破拆除时，需要布置多排炮孔，前后排间或上下排间的炮孔可布置成正方形或三角形(梅花形)排列，三角形交错布孔方式有利于炮孔间的介质充分破碎。为满足爆破振动安全设计要求，可采用微差延迟起爆技术，逐排分段起爆。

6) 分层装药

当炮孔深度 $l \geqslant 1.5W$ 时，则应设计分层装药。如厚度大的深槽梆(壁)的钻孔爆破、梁体减弱爆破解体等。分层装药设计是将计算出的单孔装药量 Q_i 分成两个或两个以上的药包。分层药包的分配原则是：两层装药时，上层药包为 $0.4Q_i$，下层药包为 $0.6Q_i$；三层装药时，上层药包为 $0.25Q_i$，中层药包为 $0.35Q_i$，下层药包为 $0.4Q_i$。

设计分层装药时，最上层药包的堵塞长度不小于最小抵抗线，或等于炮孔间距。

分层药包的起爆可以在每个药包中安装起爆雷管，如有导爆索时，可将各个分

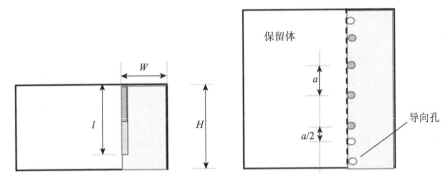

图 5.1.5   混凝土切割爆破的药包间距

层药包按设计的间距绑扎在相应长度的导爆索上，采用预裂爆破的装药结构。

5.1.6   拆除爆破的药量计算

5.1.6.1   爆破破碎的药量计算

在工程爆破设计中，许多设计计算都是基于经验公式，经验公式的可靠性要建立在相似律的基础上。为了把握爆破过程的主要物理现象，在力学问题分析中，我们可以采用量纲分析方法，给出爆破用的药量计算公式，

$$Q_i = \sigma W^3 f(N)$$

这里，Q_i 为单孔装药量，σ 为爆破体的破坏强度，W 为爆破体的几何尺寸(最小抵抗线或断面尺寸)，$f(N)$ 为爆破破碎度 N(破碎的块度数量或破碎率)的函数。

因为爆破体的几何尺寸是相关的，而且爆破破碎满足几何相似。如

$$W = (1/2)B, \quad a/W = m, \quad l = (2/3)A \quad 或 \quad l = (2/3)H$$

于是我们得到如下药量计算公式

$$Q_i = ABH\sigma f(N) \quad 或 \quad Q_i = aHW\sigma f(N) \tag{5.1.2}$$

在拆除爆破工程中采用的药量计算经验公式里，爆破的破碎程度和材料强度的影响都包含在单位体积耗药量 q 里。考虑临空面条件、爆破器材的品种和性能，以及堵塞质量要选择合适的单位体积耗药量 q。于是，不同结构条件下的单孔装药量 Q_i 的药量计算公式有如下形式：

$$Q_i = qWaH \tag{5.1.3}$$

$$Q_i = qabH \tag{5.1.4}$$

$$Q_i = qBaH \tag{5.1.5}$$

$$Q_i = qW^2l \tag{5.1.6}$$

其中，Q_i 为单个炮孔装药量，kg；W 为最小抵抗线，m；a 为炮孔间距，m；b 为炮

孔排距，m；B 为爆破体的宽度或厚度，m，$B=2W$；H 为爆破体的高度，m；l 为炮孔深度，m；q 为单位体积耗药量，kg/m^3。

各种不同材质及爆破条件下的 q 值，可参考表 5.1.1。

表 5.1.1　单位用药量 q 及平均单位体积耗药量 $\sum Q_i / V$

爆破对象		W/cm	$q/(g/m^3)$			$(\sum Q_i / V)/$ (g/m^3)
			一个临空面	两个临空面	三个临空面	
混凝土圬工强度较低		35~50	150~180	120~150	100~120	90~110
混凝土圬工强度较高		35~50	180~220	150~180	120~150	110~140
混凝土桥墩及桥台		40~60	250~300	200~250	150~200	150~200
混凝土公路路面		45~50	300~360			220~280
钢筋混凝土桥墩台帽		35~40	440~500	360~440		280~360
钢筋混凝土铁路桥板梁		30~40		480~550	400~480	400~480
浆砌片石或料石		50~70	400~500	300~400		240~300
钻孔桩的桩头	$\phi1.00m$	50			250~280	80~100
	$\phi0.80m$	40			300~340	100~120
	$\phi0.60m$	30			530~580	160~180
浆砌砖墙 $b=(0.8~0.9)a$	厚约 37cm(a=1.5W)	18.5	1200~1400	1000~1200		850~1000
	厚约 50cm(a=1.5W)	25	950~1100	800~950		700~800
	厚约 63cm(a=1.2W)	31.5	700~800	600~700		500~600
	厚约 75cm(a=1.2W)	37.5	500~600	400~500		330~430
混凝土二次破碎爆破	ΔV=0.16~0.15m^3				180~250	130~180
	ΔV=0.16~0.15m^3				120~150	80~100
	$\Delta V \geqslant 0.4m^3$				80~100	50~70

公式(5.1.4)适用于多排布孔时中间各排炮孔的药量计算，这些炮孔只有一个临空面。

公式(5.1.5)适用于爆破体较薄，只在中间布置一排炮孔时的药量计算。

公式(5.1.6)适用于钻孔桩头爆破的药量计算，在桩头中心向下钻一个垂直炮孔，桩头爆破是多面临空条件下的爆破，式中的 W 即为桩头半径(最小抵抗线)。

表 5.1.1 和表 5.1.2 中所列出的各种不同条件下拆除爆破的单位体积用药量和平均单位体积耗药量系通过大量生产性爆破和试验爆破数据的统计得出的经验值。使用的是 2 号岩石硝铵炸药，其他品种炸药要乘以炸药换算系数 e。

表 5.1.2   钢筋混凝土梁柱爆破单位用药量 q 及平均的单位体积耗药量 $\sum Q_i/V$

W/cm	$q/(\text{g/m}^3)$	$(\sum Q_i/V)/(\text{g/m}^3)$	布筋情况	爆破效果
10	1150~1300	1100~1250	正常布筋	混凝土破碎、疏松、与钢筋分离，部分碎块逸出钢筋笼
	1400~1500	1350~1450	单箍筋	混凝土粉碎、疏松、脱离钢筋笼，箍筋拉断，主筋膨胀
15	500~560	480~540	正常布筋	混凝土破碎、疏松、与钢筋分离，部分碎块逸出钢筋笼
	650~740	600~680	单箍筋	混凝土粉碎、疏松、脱离钢筋笼，箍筋拉断，主筋膨胀
20	380~420	360~400	正常布筋	混凝土破碎、疏松、与钢筋分离，部分碎块逸出钢筋笼
	420~460	400~440	单箍筋	混凝土粉碎、疏松、脱离钢筋笼，箍筋拉断，主筋膨胀
30	300~340	280~320	正常布筋	混凝土破碎、疏松、与钢筋分离，部分碎块逸出钢筋笼
	350~380	330~360	单箍筋	混凝土粉碎、疏松、脱离钢筋笼，箍筋拉断，主筋膨胀
	380~400	360~380	布筋较密	混凝土破碎、疏松、与钢筋分离，部分碎块逸出钢筋笼
	460~480	440~460	双箍筋	混凝土粉碎、疏松、脱离钢筋笼，箍筋拉断，主筋膨胀
40	260~280	240~260	正常布筋	混凝土破碎、疏松、与钢筋分离，部分碎块逸出钢筋笼
	290~320	270~300	单箍筋	混凝土粉碎、疏松、脱离钢筋笼，箍筋拉断，主筋膨胀
	350~370	330~350	布筋较密	混凝土破碎、疏松、与钢筋分离，部分碎块逸出钢筋笼
	420~440	400~420	双箍筋	混凝土粉碎、疏松、脱离钢筋笼，箍筋拉断，主筋膨胀
50	220~240	200~220	正常布筋	混凝土破碎、疏松、与钢筋分离，部分碎块逸出钢筋笼
	250~280	230~260	单箍筋	混凝土粉碎、疏松、脱离钢筋笼，箍筋拉断，主筋膨胀
	320~340	300~320	布筋较密	混凝土破碎、疏松、与钢筋分离，部分碎块逸出钢筋笼
	380~400	360~380	双箍筋	混凝土粉碎、疏松、脱离钢筋笼，箍筋拉断，主筋膨胀

5.1.6.2   爆破切割的药量计算

混凝土切割爆破可以采用式(5.1.3)进行药量计算。对混凝土结构物要进行部分切除(图 5.1.5)，可以布置一排密孔，炮孔间距小于最小抵抗线，式(5.1.3)中的 H 是要切割的厚度。混凝土切割爆破单位用药量 q 可参照表 5.1.3 选取。

表 5.1.3   混凝土切割爆破单位用药量 q

材质情况	临空面	W/cm	$q/(\text{g/m}^3)$	$(\sum Q_i/V)/(\text{g/m}^3)$
强度较低的混凝土	2	50~60	100~120	80~100
强度较高的混凝土	2	50~60	120~140	100~120

若要对大体积或是大面积的混凝土结构物进行分离破碎，也可以与岩石类似采用预裂爆破的方法先进行切割分离，这时炮孔装药量可按下式计算：

$$Q_i = qaB \tag{5.1.7}$$

其中，Q_i 为单孔装药量，g；a 为炮孔间距，m；B 为预裂部位的厚度或宽度，m；这里 q 为预裂面单位面积用药量，g/m^2。q 可根据材质情况参照表 5.1.4 选取，表中 $\sum Q_i/S$ 为预裂面单位面积的平均耗药量。

表 5.1.4　混凝土预裂爆破单位面积用药量 q

材质情况	a/cm	q/(g/m²)	$(\sum Q_i / S)$/(g/m²)
强度较低的混凝土	40~50	50~60	40~50
强度较高的混凝土	40~50	60~70	50~60
厚 20~30cm 混凝土地坪	30~60	100~150	

5.1.6.3　水压爆破拆除的药量计算

圆筒形的水池或罐体是采用水压爆破拆除的典型结构物。圆筒形的水池或罐体是一轴对称结构物,当在其内充水时,中心线上一定高度布置药包爆炸的水激波作用造成筒壁运动,水压爆破对结构的破坏是水击波冲量的作用,冲量作用于筒壁产生的应力超过材料的破坏强度时,结构将发生破坏。通过求解筒壁在水击波冲量作用下的位移,考虑材料的动态特性及工程要求的破坏程度,我们可以给出圆筒形薄壁结构物采用水压爆破拆除时的药量计算公式:

$$Q = CR^{1.41}\delta^{1.59} \tag{5.1.8}$$

这里,δ 为壁厚(m),R 为圆筒形薄壁结构的半径(m),$\delta/R \leqslant 0.1$。系数 C 是考虑材料强度和破坏程度的系数。公式说明炸药量是随药包至筒壁的距离的 1.41 次方幂,筒壁厚度的 1.59 次方幂成正比的。爆破破碎壁厚的要比薄的用药量多,通过冲量作用分析给出的药量公式从物理上说明了这种关系。

5.1.7　拆除爆破网路设计

一座大型建筑物的爆破拆除,需要布置多个炮孔进行爆破,有的药包多达数千上万个。要确保每个雷管能安全准爆,爆破网路设计和施工质量十分重要。显然,拆除爆破起爆网路的特点是雷管数量多,起爆时间要求准确。为此,拆除爆破起爆网路设计一般采用电起爆网路和非电导爆管起爆网路。拆除爆破禁止采用导火索起爆,也不采用导爆索起爆,因为导爆索传爆有大量炸药在空中爆炸,空气冲击波对周围环境的危害和干扰大。

拆除爆破采用电力起爆系统要严格按设计网路施工,校核起爆电源的输出功率,确保流经每个雷管的电流强度要大于爆破安全规程的要求和工程设计值,拆除爆破工程多采用起爆器作起爆电源。

非电导爆管起爆网路起爆量大,网路连接施工方便,目前在拆除爆破工程中用得最多。非电导爆管起爆网路连接多采用束(簇)接和四通连接的方法。大型起爆网路都要采用复式交叉的起爆网路。非电导爆管起爆网路的起爆点火可以采用电力起爆或导爆管击发点火方法,两种方法都可以实现准时起爆,准时起爆是城市拆除爆破工程管理必须做到的。

大型起爆网路设计若采用孔内外延迟技术，第一响的雷管不宜采用瞬发雷管，应采用延迟雷管，起爆的时间应大于孔外延迟的累计时间。当第一时间爆破时，所有的雷管都已获得点火信号在炮孔内延迟等待。不然，第一响药包爆破的飞片可能会打坏正在传播起爆信号的导爆管或雷管，造成拒爆事故。

5.1.8 拆除爆破安全设计

拆除爆破安全设计的内容主要是指爆破实施过程中由于爆破作用产生的危害因素的控制和防护设计。它们是：炸药爆破造成的振动和建(构)筑物解体构件下落撞击地面的振动；爆破时的飞石；爆破时的粉尘污染和噪声。

5.1.8.1 爆破振动

建筑物拆除爆破时使附近地面产生振动的原因：一是被拆建筑物构件中药包爆炸所产生的振动；二是建筑物塌落解体对地面冲击造成的地层振动。

炸药爆破除了破坏介质，还有部分能量经地面传播产生振动，要通过人为的措施阻止它的产生是困难的，但控制一次爆破的装药量，采用延迟爆破技术等手段减小地面振动的强度，可以使它不到引起相邻建筑物和设备的损坏。大量测量数据和工程实践说明，炸药爆炸振动造成建筑物、结构物受损的程度与地面振动速度的大小相关性最好。若以地面质点振动速度 v 描述振动强度，计算地面质点振动速度可采用下式计算：

$$v = K(R/(Q^{1/3}))^\alpha \tag{5.1.9}$$

这里，K，α 为衰减常数。K 主要反映了炸药性质、装药结构和药包布置的空间分布影响，α 取决于地震波传播途径的地质构造和介质性质。Q 为一段延迟起爆的总药量，R 为观测点至药包布置中心的距离。建筑物拆除爆破采用的是小药量装药，药包量小，个数多，但它们分散在不同楼层和不同部位的梁柱，炸药爆破有较多能量散失在空气中，所以炸药的爆破作用经过建筑物基础后引起的地面振动比矿山爆破、基础拆除爆破引起的振动强度要低，衰减要快，振动速度衰减常数 K 要小。不同结构和拆除爆破方法的 K，α 值可参考表 5.1.5[1]。

表 5.1.5 不同的拆除爆破振动速度衰减常数

结构特点及爆破方法	K	α	相关系数 r
基础类结构爆破	116.2	−1.74	0.99
多层建筑物爆破拆除	32.1	−1.57	0.98
水压爆破	91.5	−1.48	0.95

多个药包时，应采用等效药量和等效距离来替代

$$\overline{Q} = \frac{\sum Q_i R_i}{\sum R_i}, \quad \overline{R} = \frac{\sum Q_i R_i}{\sum Q_i} \tag{5.1.10}$$

如果观测点至爆破区的距离不是很远，其距离小于或是和药包分布尺寸相当，要考虑无量纲相似参数 L/R 的影响，这时可以只计及距离观测点近处的药包的作用。

由于爆破振动的影响是一个十分复杂的波动问题，要考虑周围建(构)筑物的结构强度、累积损伤程度，用一个参量的标准讨论建筑物受振动破坏问题是困难的。因此，需要我们在拆除爆破工程实践中不断积累数据，以给出不同条件下的经验参数。

5.1.8.2　塌落振动

建筑物在爆破拆除后塌落至地面的撞击造成的地面振动随着高大建筑物拆除项目的增多引起了人们的重视。显然，这种振动作用不宜简单地和爆破振动的大小相比。对于同一建筑物，不同的爆破拆除方案，塌落后的解体尺寸和下落过程都会在不同程度上影响塌落时的地面振动。有的设计方案，以少量装药一次爆破拆毁一座高大建筑物，这时虽然爆破造成的振动不大，但塌落的振动则不可忽视。当然，好的设计方案可通过合理布药，控制结构物拆除的解体尺寸达到减小塌落时的振动。

建筑物爆破拆除的塌落过程一般不是整体下落撞击地面，而是被分解成许多大小各不相同的破碎构件，依次下落撞击地面并相互撞击，上层构件的撞击作用要经过先已着地的下层构件传给地面，其过程是相当复杂的。研究建筑物爆破拆除塌落对地面的撞击作用，我们不妨将其看成许多不同块度的落体对地面撞击的叠加。

实测数据表明，落锤至地面的撞击作用造成的地面振动与它的质量和下落高度有关，影响下落物体撞击地面振动传播的因素还与地层介质的力学性质有关；至撞击落点距离远，振动小；距离近，地面振动强度大。若以地面振动速度表示强度，采用无量纲相似参数分析方法，集中质量(冲击或塌落)作用于地面造成的振动速度 v_t 有以下关系：

$$v_t = K_t \left(\frac{R}{\left(\dfrac{MgH}{\sigma} \right)^{\frac{1}{3}}} \right)^{\beta} \tag{5.1.11}$$

这里，v_t 为塌落引起的地面振动速度(cm/s)；M 为下落构件的质量(t)；g 为重力加速度(m/s^2)；H 为构件中心的高度(m)；σ 为地面介质的破坏强度(MPa)，一般取 10MPa；R 为观测点至冲击地面中心的距离(m)。

建筑物拆除爆破塌落振动与结构的解体尺寸和下落的高度有关。为了减小对地面的撞击作用，控制下落建筑物解体的尺寸十分重要，因为高度是改变不了的。根据数座高烟囱爆破拆除实测数据整理分析给出式(5.1.11)中的衰减参数 K_t=3.37，β=-1.66。

算例 如砖烟囱高 35m，密度 2.0t/m³，体积 100m³。计算给出距离烟囱倒塌中心一侧 50m 处烟囱塌落着地可能产生的振动速度为 0.69cm/s；距离 30m 处计算给出振动速度 1.60cm/s。一座 100m 高钢筋混凝土烟囱拆除，钢筋混凝土密度 2.6t/m³，体积 500m³，计算给出距离烟囱倒塌中心一侧 50m 处烟囱塌落着地可能产生的振动速度为 3.44cm/s。

地震波是在地层中传播的一种扰动，它是一个随时间和空间衰减的波动。描述波动特征的基本参数是振动幅值和振动频率，爆破振动波和塌落振动波不是单一频率的谐波，爆破振动波的频谱分析说明谱峰代表的主频率比其他分量重要。大量拆除爆破工程的爆破振动监测数据表明，爆破振动的主频一般在 20~30Hz，距离远的地方振动频率低。建筑物塌落振动的主频较低，一般在 10Hz 左右。

5.1.8.3 爆破飞石

建(构)筑物爆破拆除施工中要严格控制和防止飞石的危害。由于拆除爆破的炮孔深度浅，堵塞长度小，爆破的部位多是多面临空的梁柱墙体，最小抵抗线小；破碎钢筋混凝土结构物的单位体积耗药量大，在没有有效的防护遮挡措施下，爆破时的碎块有可能飞散很远，防护不当，会造成对邻近的房屋和设备的损坏和人员的伤害。

由于设计错误产生的飞石主要是装药量过大，因此，要慎重地选择爆破药量计算公式中的单位体积耗药量参数。如果设计错误，再厚的覆盖都是无济于事的。

拆除爆破的个别飞石距离的计算比较困难。可根据选择的耗药量参数估算飞石速度。

$$R = v^2/2g \tag{5.1.12}$$

根据摄影观测资料，飞石速度 10~30m/s。由于飞石产生的因素难于判定，拆除爆破都要进行防护，常用的飞石防护措施有：

(1) 直接覆盖防护。这是直接覆盖在爆破体上进行的防护，它们是防止爆破破碎块飞散的重要屏障。用作覆盖防护的材料有：草袋(或草帘)、废旧轮带编制的胶帘、荆笆(竹笆)或铁丝网等。覆盖防护时要用细铁丝连接成一体，以增强防护效果。

(2) 近体防护。这是在爆破体近距离处设置的防护，亦称间接防护，距离一般为 1~3m。它能遮挡从覆盖防护物中飞出的爆破碎块。近体防护一般采用挂有防护材料的围挡排架。排架的高度根据爆破时可能出现的飞石高度确定。

直接覆盖的防护材料和近体防护的排架在阻挡飞石的运动中被砸碎、破坏和击倒，它们吸收了碎块的动能，就有效降低了碎块飞出的速度，减小了碎块的飞散距离。

(3) 保护性防护。对在爆破危险区内或爆破点附近的机具设备或设施，可以在要保护的物体上进行架空式的遮挡覆盖防护，这种防护称为保护性防护。

爆破拆除时建筑构件在倒塌着地破坏时产生的个别飞石是很难准确估计和设防的。钢筋混凝土柱梁在折断过程中，倒塌着地产生的碎片以及地面被溅起石块的飞散都可能会造成伤害。因此建筑物拆除爆破施工中，除了采取防护措施，还要确定安全警戒范围。

5.1.8.4　爆破粉尘及减尘降尘措施

1) 爆破粉尘产生的原因

城市建筑物爆破拆除时的粉尘污染是一个国内外尚未解决的问题。国外有人把拆除爆破时的粉尘污染说成是难得的一次遭遇，就是说它是一种难于克服、回避和控制的负面影响。这是因为粉尘的产生和散播是爆破本身具有的物理现象。炸药爆炸，炮孔周围介质产生粉碎性破碎，混凝土在断裂过程中也产生粉尘。爆炸气体的膨胀速度为 10^2m/s，粉尘运动的速度高，即使是下雨天，由于雨滴的速度小一个量级，爆破拆除时仍是粉尘飞扬的景象。其次是建(构)筑物触地时产生的冲击作用引起地面尘土和多年沉积和附着在旧建筑物上的灰尘飞扬。

2) 减尘降尘防治措施

要想完全克服和控制爆破粉尘的污染是困难的，但控制和减小粉尘污染是可能的。下面是一些可以采用的降尘措施。

(1) 清除钻孔和预拆除施工中堆积的碎块渣土。

(2) 炮孔充水爆破，利用爆炸冲击波作用下水的雾化捕捉粉尘。可以使用较大孔径的炮孔，使用抗水类炸药和起爆材料。这种装药结构可以提高炸药能量利用率。

(3) 对整个楼体，特别是要爆破的承重砖混墙体，对地板进行淋水、喷洒使其湿透，这样墙体爆破和倒塌过程中产生的粉尘就可以大大减少。楼顶蓄水在建筑物倒塌过程中会随之下泄，扩散覆盖在坍塌物上，能有效地防止污染物扩散。

(4) 水袋幕帘防尘是对拟爆破的梁柱墙体的四周布设水袋，在水袋内安装药包，利用药包爆破或飞石击破水袋，喷流和雾化的水吸附炮孔爆后产生的粉尘[2](图 5.1.6)。

图 5.1.6　包裹在柱边的水袋幕帘

5.2　建(构)筑物的爆破拆除

建(构)筑物的种类很多，有不同结构设计和用途的楼房建筑、厂房车间、烟囱水塔、桥梁及大面积混凝土基础等。根据不同建(构)筑物结构和材质，不同的环境，要采用不同的爆破拆除设计方案,建筑物千变万化,所以没有一成不变的爆破拆除设计方案。

楼房拆除爆破设计的基本思想是要充分利用建筑物的自重,对承重构件实施爆破使建筑物失稳,建筑物的上部结构物将在重力作用下塌落并解体。对于钢筋混凝土结构的建筑物,爆破拆除不是要把它的全部构件炸毁,也没有这种必要,一般只需要通过爆破把建筑物分成若干部分,破坏它们的平衡,使它们在下落过程中解体。爆破截断形成的缺口要使结构物在重力作用下塌落,要求被爆破的构件碎块尽可能快地离开,以减少上部结构下落时的能量损失。

5.2.1　楼房建筑物爆破拆除的倒塌方式

依据倒塌方式不同,楼房拆除爆破总体方案有以下几种。

5.2.1.1　定向倒塌

当楼房一侧有较为空旷的场地时,可以采用定向倒塌方案。对设计倒塌方向一侧的承重构件(墙、柱)实施爆破,炮孔布置高度从外向里逐排减小,最后一排墙柱的支撑结构不爆破或减弱爆破,爆破后楼房将在重力矩作用下转动塌落。对一般砖结构的楼房或是简单的框架结构的楼房都可采取这种爆破拆除方案。其倾倒方向场地的水平距离不宜小于 2/3 楼房高度。

定向倒塌拆除方案的优点是爆破工作量小,拆除效率高。要能实现定向倒塌的爆破拆除方案,关键是要使不爆破或弱爆破的承重构件有足够的支撑强度。

5.2.1.2　原地坍塌

若楼房周边场地有限,或不允许楼房往侧向倾倒,可选择采用"原地坍塌"方案。爆破前,需要将楼房最下一层,或二层内的隔断墙进行拆除,并清运腾空;对其所有承重柱墙体实施爆破。同时对其上面的部分楼层的梁柱进行局部爆破松动以减弱强度。爆破后整座楼房将在自重作用下塌落,达到"原地坍塌"拆除的目的。相邻柱体的爆破部位的高度有差别,可以使上层结构物下落时承受不均匀的反作用力,有利于上层结构受剪破坏。"原地坍塌"方案要注意清空下层空间,减少堆积杂物的缓冲作用。

5.2.1.3　折叠倒塌

折叠倒塌是将多层楼房分层实施"定向倒塌",数层为一组向左倾斜倒塌,其上数层一组向右倾斜倒塌,利用延迟起爆技术,使各组楼层在重力作用下,向下折叠倒塌。

根据各楼层的倒塌方向,折叠倒塌可分为单向折叠倒塌、双向交替折叠倒塌、内向折叠坍塌等不同倒塌类型。

单向折叠指各倒塌楼层倒塌方向指向同一方向,如上海 16 层长征医院大楼的拆除。双向交替折叠指各楼层组顺序起爆时,上下层结构一左一右地交替定向连续折叠倒塌。1978 年,美国人杰克·卢瓦索在巴西爆破拆除的一座高三十二层的大厦采用的就是折叠倒塌方式。这座高 88m 的大厦一侧距另一座大楼只有 25m,另一侧是一座建筑优美的大教堂。大厦前面 6m 的地方是早已建成的地下铁路,不能受波及损害,大楼拆除必须垂直塌落解体。爆破时,大楼从下至上六层为一组段,每组累计层高 20m,采用左右交叉依次起爆,以半秒时差雷管逐段延迟引爆,在重力作用下,上面楼房的重力依次把下面楼房折叠式地压向地面。爆破后,建筑物按预定要求塌落在周围不超过 6m 的地方(图 5.2.1)。

图 5.2.1   巴西一座高三十二层的大厦爆破拆除
(a) 折叠倒塌起爆示意图;(b) 塌落过程

内向折叠坍塌类似原地坍塌,其特点主要是自上而下对楼房每层的内承重构件(如墙、柱和梁)等予以充分破坏,从而在重力作用下形成内向重力矩,在外侧上部结构的重力矩作用下,上部构件和外承重墙、柱向内折叠坍塌。内向折叠坍塌需采用延迟间隔起爆技术。

5.2.2 框架结构楼房的拆除

框架结构楼房的承重构件是钢筋混凝土立柱,它们和梁连接构成框架。框架结构的楼房有的楼板和梁现浇注为一体,有的楼房还有剪力墙。框架结构楼房爆破拆除时必须将立柱一段高度的混凝土进行充分爆破破碎,使它们和钢筋骨架脱离,使柱体上部失去支撑。爆破部位以上的建筑结构物在重力作用下失稳,在重力和重力弯矩作用下,爆破柱体以上的构件将受剪力破坏,同时将向爆破一侧倾斜塌落。如果后排立柱根部和前排柱同时或是延迟进行松动爆破破碎,则建筑物整体将以其支撑点转动塌落。实际上,框架结构楼房的结构多种多样,因此,同样是框架结构的楼房,考虑拆除工程要求和环境状况,有不同的拆除爆破设计方案。下面将以典型的框架结构楼房的爆破拆除工程实例说明其设计思想。

5.2.2.1 上海长征医院 16 层病房大楼爆破拆除工程

上海长征医院 16 层病房大楼是一座建于 1987 年的钢筋混凝土框架-剪力墙结构的高层建筑。大楼南北方向宽 20.28m，东西方向长 38.48m，高 67.30m，总建筑面积为 13200m²。大楼南距繁华的南京西路 60m，西距高架桥 20m，周边环境复杂。

拆除爆破设计总体方案是将大楼在东西方向分成两部分，先后依次分多层折叠向南倾倒的爆破方案，这样可以有效地控制爆破解体构件渣块的堆积范围，同时可以有效地把爆破和建筑物塌落振动降低到不影响邻近建筑物的安全。图 5.2.2 和图 5.2.3 说明了该楼房折叠爆破塌落设计的起爆顺序和爆破部位。

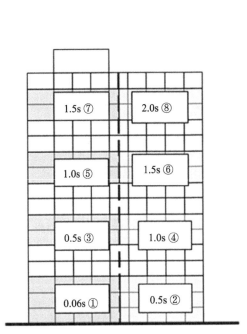

图 5.2.2　上海长征医院 16 层大楼折叠爆破塌落起爆顺序图

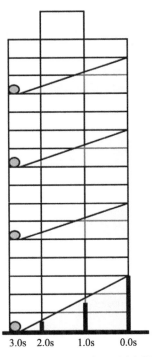

图 5.2.3　上海长征医院 16 层大楼倾倒折叠爆破部位示意图

爆破设计为使大楼主体向南侧分层折叠定向倾倒，底部南侧爆高 1~3 层，北侧柱仅在一层立柱根部布置两个炮孔，向上每隔二层爆二层；东西两部分采用延迟起爆技术先后起爆，利用时间差和爆破高度达到空中解体的目的。建筑物解体构件将分层、依次下落着地。爆破后下落的构件将冲击先已下落着地的构件，上层构件下落的势能将部分转变成下层构件的破坏能，导致这些构件的进一步解体破碎。先着地的下层构件的缓冲减小了塌落的触地冲量。

图 5.2.4 是上海长征医院大楼拆除爆破塌落过程的照片。在起爆后，大楼主体

下落过程中，呈现向南折叠塌落的图像，犹如点头下弯坠落。东西两部分的起爆时差对柱体向南倾斜塌落的过程没有明显影响。爆破后的渣土准确地堆积在设计的控制范围里，大楼拆除后解体充分，易于清除；周边民房及设施未出现损坏。监测的振动数据表明附件居民楼处的垂直地面振动速度为 2.76cm/s，高架桥墩台处仅为 1.4cm/s。

(a)　　　　　　　　　　　　　(b)

图 5.2.4　上海长征医院大楼拆除爆破塌落过程的照片

图 5.2.5 是上海中环西路一建设工程项目地块拟拆除清理原地面上总面积约 25 万平方米的旧建筑物，其中爆破拆除的面积约 16 万平方米。爆破拆除的四幢超高建筑主体均为 20 层以上、高度超过 80m。在同一地点、同一时间全部爆破拆除，施工难度非常大。另外，项目西侧为营业中的"百联中环"商场，东侧和北侧紧邻中环线主线和 G2 京沪高速上海入城段高架，周边环境比较复杂，对于爆破拆除时的炸药放置、总量控制、起爆时间精度及爆破时的安全防护措施都有极高的要求。爆破拆除防尘控制难度大，施工单位除了采用常规的防护、防尘处理措施，在主楼爆破区域外挂满绿网，防止爆破飞石及粉尘外泄。另外，还配备大量喷水设备，用于爆破时降尘，但爆破时的镜头仍是烟雾弥漫，喷水只是杯水车薪，无济于事。

(a)　　　　　　　　　　　　　　　　　(b)

图 5.2.5　上海中环西路四座高 80m 大楼爆破拆除

5.2.2.2 西班牙一建筑楼群的爆破拆除

位于西班牙卡迪兹(Cadiz)城中心的一组建筑楼群是 1974 年爆破拆除的[3]。主建筑物由三座七层钢筋混凝土框架的楼房组成,它们在平面布置上排成 T 形,楼高 28m,楼之间有沉降缝隔开。在 T 形排列一字的两端,仅以一缝相隔后建的两座配楼需要保留。

爆破拆除设计的关键问题是分析结构物失稳塌落的过程,如何保护两侧的配楼在拆除过程中不受到损伤。图 5.2.6 说明了爆破拆除设计总体方案的要点。从图中我们看到,为了保护侧向的两个配楼,要求两侧的主楼只能向中间运动、倒塌,同时在主楼和配楼之间要有一个安全区(缓冲带),以便保护配楼,避免由主楼向中心倾斜运动中反作用造成的破坏。

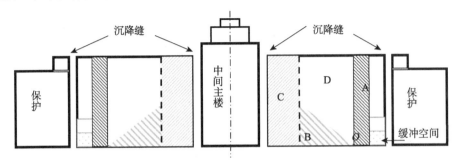

图 5.2.6　两翼主楼爆破设计方案

三个主楼的高宽比为 3.6:1。爆破设计方案是把两侧的主楼分成 C、B、D、A 四部分,C 是上下分层布置药包全部爆破破坏,然后是 B,爆破截断下部主要承重的柱和梁,使 D 区重力作用下绕着 A 下部 O 点转动倾倒。在 D 区倾斜之前,由于 A 下部已采用预爆破减弱了强度,成为缓冲区,不能有效地把 D 区倾斜倒塌的运动作用传给侧向的配楼。A 区最后爆破前,起着支撑作用。爆破后两侧的配楼安然无恙(图 5.2.7)。

图 5.2.7　T 形主楼爆破塌落过程

5.2.3 高大厂房或大跨度建筑物的爆破拆除

5.2.3.1 广州旧体育馆拆除爆破工程

广州旧体育馆比赛场馆高 23m、长 91.5m、宽 56.4m,是由 11 排跨度 50m 的钢筋混凝土拱梁构成的薄壳结构物。南楼休息馆、北楼训练馆都是三层砖混结构，钢筋混凝土人字架屋顶，包括东西门楼，拆除工程总建筑面积 43215m²。

由于周围环境的约束，可能选择的爆破设计方案是内向倾倒爆破拆除方案。

比赛场馆是钢筋混凝土拱梁构成的薄壳结构物。对于拱形结构物一般只需要对拱顶和拱脚实施爆破，结构物将失去平衡塌落。

但是体育馆是大跨度的结构物，拱梁支撑柱钢筋配比高，要把柱体中的混凝土全部爆破破碎后抛离钢筋网，爆破装药量大；如果只是对拱顶和拱脚实施爆破，大跨度的梁在下落过程中仍有可能相互支撑构成不稳定的爆破堆积物，或是造成东西山墙向外侧塌落。因此爆破设计方案确定对拱梁及支撑柱设计多点爆破破碎，加大立柱爆破炸高，设计柱体累计炸高达 11m；设计安排梁体先于柱起爆一个时段，让其在自重作用下塌落，并施加于柱体向内的力矩，使柱体爆破后向内倒塌。为了能控制比赛场馆爆破内向倒塌的总体塌落方案，起爆顺序是先从中间的跨段起爆，然后分别向东西两端半秒差逐跨延迟爆破(图 5.2.8)。

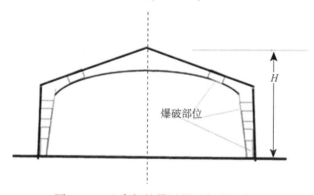

图 5.2.8　比赛场馆拱梁爆破部位示意图

广州体育馆比赛场馆及四周附属建筑物(南楼、北楼及东西门楼，包括比赛场馆的山墙)的爆破设计参数见表 5.2.1。图 5.2.9 是广州体育馆拆除爆破塌落过程的一组照片。

表 5.2.1　广州体育馆拆除爆破设计参数表

爆破位置	构件名称	布孔方式	排距/mm	孔距/mm	孔深/mm	最小抵抗线/mm	单位长装药/(g/m)
比赛场馆	钢筋混凝土拱架	多排	400	400	300	250	940
	钢筋混凝土柱 350mm×350mm	单排		300	220	175	1360
	钢筋混凝土柱 500mm×500mm	单排		400	300	250	750
南北楼	钢筋混凝土柱 φ600mm 南楼	单排		400	350	300	660
东西山	钢筋混凝土柱 φ450mm 北楼	单排		400	300	175	1050
门楼	砖柱 500mm×1200mm	双排	400	400	300	250	940

(a)

(b)

(c)

图 5.2.9 广州体育馆拆除爆破塌落过程

5.2.3.2 重庆发电厂改建拆除爆破工程

重庆发电厂西厂于 1993 年实施爆破拆除，其厂房结构如图 5.2.10 所示。火力发电厂厂房一般由汽机房、锅炉房、除氧间、煤仓间四部分组成。其平面布置根据不同功率的机组和锅炉容量有不同的结构设计，但发电机房内都有大体积的钢筋混凝土发电机基座，锅炉房有储煤用的煤斗仓。厂房建筑物最大高度 34m。主厂房分四期改扩建形成，其间有不同期建筑的沉降缝。西厂拆除爆破总体方案设计是：厂房内的汽机机座，锅炉基础先于主厂房爆破前进行爆破拆除；主厂房建筑按设计顺序分期依次连续爆破使其向汽机房一侧倾斜塌落。分析厂房的结构特点，除氧间和煤仓间是两框架结构的楼房，由钢屋间连接 A 柱和 B 柱构成汽机房，连接 C 柱和 D 柱构成锅炉房。在爆破拆除过程中，除氧间和煤仓间的运动决定了整个厂房的塌落过程。按图 5.2.10 所示的爆破部位，当 A 柱、B 柱、C 柱的炮孔爆破后，除氧间(包括汽机房)将失稳，在重力和重力矩作用下向北倾斜塌落。当这种转动力矩施加于锅炉房钢屋架时，D 柱、E 柱及 C 柱炮孔延迟起爆，煤仓间将失稳，随除氧间的转动带动锅炉房屋架向北倾斜塌落。厂房建筑爆破塌落过程中，钢屋架和支撑柱的连接点是一铰支点，见图中圆圈处。选择合适的起爆时间差，可以利用其施加于后爆的结构物上，使其向设计倒塌方向运动。如果延迟时间太长，铰支点将被拉断；时间太短，将使后爆结构物的运动受阻，不利于整体建筑物的倒塌运动过程和建筑结构的解体。

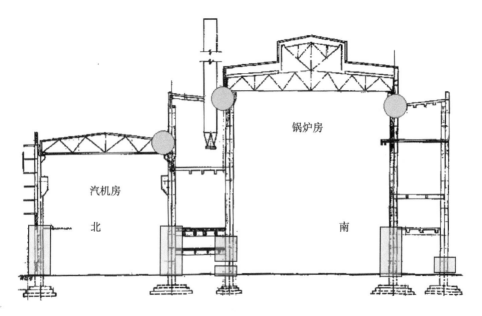

图 5.2.10   重庆电厂西厂结构及爆破部位设计示意图

5.2.4   砖混结构楼房的拆除

5.2.4.1   砖混结构楼房爆破拆除的特点

砖混结构的楼房是指由砖与钢筋混凝土组成的混合结构的建筑物，建筑结构的承重构件主要是砖墙，有的含部分钢筋混凝土柱。砖混结构的楼房一般不是太高，多为 10 层以下的楼房。砖混结构楼房拆除爆破多采用倾斜塌落的倒塌方案，或原地塌落的方案。爆破设计楼房要往一侧倾倒时，在对设计的爆破缺口范围的柱、墙实施爆破时，一定要使保留部分的柱和墙体有足够的支撑强度，成为铰点使楼房倾斜后向一侧塌落。

1) 砖墙爆破设计参数的选取原则

砖墙拆除爆破一般采用水平钻孔，最小抵抗线 W 为砖墙厚度 δ 的一半，即 $W = \delta/2$。炮孔水平方向间距 a 随墙体厚度及其浆砌强度而变化，可取 $a = (1.2\sim2)W$。炮孔排距 $b = (0.8\sim0.9)a$，因为垂直方向的砖缝错位，间距要小。砖墙拆除爆破参数如表 5.2.2。

表 5.2.2　砖墙拆除爆破参数表

墙厚/cm	最小抵抗线/cm	孔距/cm	排距/cm	孔深/cm	炸药单耗/(g/m³)	单孔药量/g
24	12	25	25	15	1000	15
37	18.5	30	30	23	750	25
50	25	40	36	35	650	45

2) 砖混结构楼房拆除爆破施工

(1) 为使楼房顺利坍塌，对非承重墙和隔断墙可以进行必要的预拆除，拆除高度应与要爆破的承重墙高度一致。

(2) 楼梯间往往会影响楼房能否顺利坍塌和倒塌方向，爆破前应采用人工预处理或布孔装药在楼房爆破时一起起爆。

5.2.4.2　砖混结构楼房拆除爆破工程实例[4]

北京华侨大厦爆破拆除工程是一座典型的砖混结构楼房的拆除工程。北京华侨大厦位于王府井大街与东四西大街交汇处。东侧 8m 有一五层住宅楼，南侧 80m 内有一片古旧民房，抗震能力很差。大厦为内框架的砖混结构，周边为承重砖墙，内部是钢筋混凝土柱、梁和楼板。大厦由中间主楼和东、南两侧翼楼组成，楼间为沉降缝。主楼高 33.6m，是 20 世纪 50 年代北京十大建筑之一。

根据大厦的建筑结构特点，拆除爆破设计方案是依次爆破东、南、中主楼，使其向内侧倾斜倒塌，东、南侧楼两端最后起爆。砖混结构物由于承重墙体厚，建筑物的解体主要靠其自身的重力势能，建筑物一旦倾斜，由于其抗剪能力弱，在倾斜塌落过程中就会解体破坏。因此对每座楼的爆破部位都进行了延迟 3~4 段起爆(图5.2.11)，主要爆破设计参数见表 5.2.3 和表 5.2.4。分段延迟起爆控制下落构件的质量，减少了建筑物塌落着地的振动，爆破时监测 8m 外住宅楼的振动数据说明，楼房一层地面的振动速度为 0.95cm/s。爆破后，建筑物解体充分，爆破堆积物在原建筑物占地范围偏内一侧，马路一侧不超过 4m，堆积塌落远点未触及东边住宅楼围墙。

5.2.5　烟囱水塔类构筑物的爆破拆除

烟囱水塔类高耸构筑物的特点是重心高，支撑面积小。采用爆破方法拆除这类构筑物时，最常用的是"定向倒塌"爆破拆除方案，即在其下部用炸药炸开一个缺口，去掉一部分支撑，使烟囱失稳倾斜倒塌。

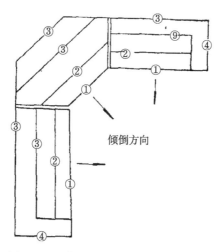

图 5.2.11　华侨大厦爆破拆除起爆顺序

表 5.2.3　北京华侨大厦爆破拆除各楼起爆顺序所用时间

楼号	延时分段顺序所用时间/ ms			
	1	2	3	4
东楼	950	1450	1950	2950
中楼	650	1650	2650	
南楼	800	1300	1300	2800

表 5.2.4　北京华侨大厦爆破拆除各楼段起爆药量

楼号	延时分段药量/ kg				小计
	1	2	3	4	
东楼	62.3	49	42	29	182.3
中楼	84.5	110	64.7		259.2
南楼	61	25.4	42.8	22	151.2
合计	207.8	184.4	149.5	51	592.7

图 5.2.12 是一座高 80m 的钢筋混凝土烟囱爆破拆除时记录到的振动波形，分析地面的振动信号我们可以了解烟囱拆除爆破后的运动和塌落的物理过程。图中 4 条振动波的时程曲线都有先后到达的四次波动信号。首先到达的应是炸药爆炸的爆破信号，炸药爆破的振动作用时间短，频率高，幅值不大。如果把爆破振动起始时间称作零时，在 1.75s 时有一幅值不大的振动信号到达。这个信号表示爆破后，爆破缺口的部分筒壁被爆除，未爆破部分的截面在重力弯矩作用下，爆破一侧的介质

受压缩破坏，另一侧的介质受拉破坏。由于支撑截面承载面积减少，这种拉压破坏过程急剧发展，使未爆破部分的截面完全失去承载能力。第二个振动信号就是这时的物理特征，支撑部分失稳下沉座落，是一个软着陆的振动，作用时间短，幅值小。如果爆破部位范围过大，烟囱急剧下落失稳后座，振动幅值会大一些。其后烟囱上部筒体似一刚性杆在重力作用下，并在其重心所在的平面内转动。在烟囱定向倒塌过程中，爆破缺口上唇磕地时(6.0s)也必然要产生一个振动，其振动幅值较大。最后在10.43s时，烟囱整体着地塌落振动波的作用时间长，频率低，幅值最大。

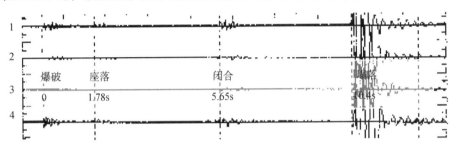

图 5.2.12   一座 80m 高钢筋混凝土烟囱爆破拆除时的地面振动记录

5.2.5.1 烟囱、水塔拆除爆破设计

烟囱、水塔拆除爆破采用"定向倒塌"的设计方案。设计要求在倒塌方向有一定范围的场地。其长度一般要求不小于烟囱的高度，在倒塌中心线两侧的宽度，不得小于烟囱或水塔底部外径的 3 倍。水塔爆破拆除时由于水柜质量大，倒塌过程中筒壁受剪切破坏段长，爆破后的堆积长度一般小于水塔的高度。

烟囱倒塌在地面上的长度与其筒体的高度、结构、刚度和建筑质量有关。有的烟囱顶部在倒塌着地时会向前冲，因此要留有一定的空间。刚度差的砖砌烟囱在倾斜倒塌过程中将出现折断，还有多处折断的，倒塌长度可能要比烟囱高度尺寸小。由于折断的烟囱着地支点的随意性，在设计倒塌方向的横向宽度时则要大一些。由于烟囱着地冲击反作用力的作用，烟囱筒壁将产生激烈破坏，圆形筒壁砸扁，砖块全部散落，筒体破坏过程中产生的碎块有可能飞散一定距离，筒体砸向地面也可能把地面的杂物或碎石溅起，成为飞石。

如果倒塌的场地不够，可采用分段折叠爆破的倒塌方式，或提高爆破的位置。

1) 爆破部位的确定

烟囱水塔采用定向倒塌设计方案一般是对其底部筒壁实施爆破。不考虑烟道口和出灰口的位置时，爆破范围是筒壁的周长的 1/2~2/3，即

$$(1/2)\pi D \leq L \leq (2/3)\pi D \tag{5.2.1}$$

L 为爆破部位长度，D 为爆破部位筒壁的外直径。其相应的圆心角 α 为 180°~240°。大量的工程实践经验说明，爆破部位采用一次爆破产生的缺口边沿尺寸的精确度

差，烟囱倒塌的方向容易出现偏离。在实施烟囱拆除爆破工程中，为了控制烟囱的倒塌方位，爆破部位(爆破缺口)不是全部采用爆破完成，而是在设计的爆破缺口两端预先开定向窗口，只对余下的一段弧长的筒壁实施爆破。图 5.2.13 是烟囱底部筒壁爆破部位周长展宽图。

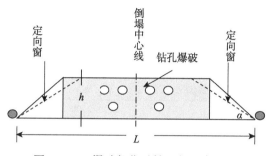

图 5.2.13　爆破部位（缺口）及定向窗

爆破部位(爆破缺口)高度的确定与烟囱的材质和筒壁的厚度有关。烟囱拆除爆破要求爆破部位的筒壁要瞬间离开原来的位置，使烟囱失稳。因此设计要求爆破部位的高度 h

$$h \geqslant (3.0 \sim 5.0)\delta \tag{5.2.2}$$

式中，δ 为爆破缺口部位的烟囱的壁厚。砖烟囱的筒壁较厚，取小值；钢筋混凝土烟囱壁较薄，取大值。同样壁厚条件下，高烟囱取小值，低烟囱取大值。对于钢筋混凝土烟囱，如果钢筋配比高，要取大值。如果炸高小了，暴露的钢筋不会立刻屈曲，烟囱不会立即失稳倒塌，残留的砖块也可能支撑烟囱不马上倒塌。

2) 定向窗的形状和作用

比较不同爆破部位(爆破缺口)的形状，下面以正梯形的爆破缺口说明设计参数的选取。图 5.2.13 是梯形缺口展宽图，以倒塌中心线对称的梯形底边是设计的爆破部位长度，即设计爆破部位圆心角 ω 对应的烟囱筒体外壁的弧长，h 为爆破缺口的高度，中间的长方形是钻孔爆破部位，两边的三角形是定向窗，定向窗底角一般选取 $\alpha = 25° \sim 35°$。三角形的底边长为 $2 \sim 3$ 倍壁厚，其高度可以和爆破高度相同，也可小于爆破高度 h(如图中虚线)。

爆破前，开凿定向窗为预拆除施工，拆除爆破工程原则上要尽量减少预拆除，特别是对影响结构稳定的承重构件的预拆除。烟囱属高耸构筑物，为了尽可能减少对烟囱结构的损伤，要尽量设计尺寸小的定向窗。两侧定向窗破坏状态的对称是决定烟囱按设计倒塌方向的关键，如果两侧破坏状态不对称，这种初始断裂破坏点的不对称将严重影响烟囱倾斜倒塌的方向。

3) 爆破设计参数的选择

对于不同壁厚的砖烟囱或是钢筋混凝土烟囱的爆破设计参数可以参考表 5.2.5

和表 5.2.6。

表 5.2.5   钢筋混凝土烟囱爆破单位用药量 q

壁厚 δ/cm	q/(g/m³)	($\sum Q_i / V$)/(g/m³)
50	900~1000	700~800
60	660~730	530~580
70	480~530	380~420
80	410~450	330~360

表 5.2.6   砖烟囱爆破单位用药量 q

壁厚 δ/cm	径向砖块数/块	q/(g/m³)	($\sum Q_i / V$)/(g/m³)
37	1.5	2100~2500	2000~2400
49	2.0	1350~1450	1250~1350
62	2.5	830~950	840~900
75	3.0	640~690	600~650
69	3.5	440~480	420~460
101	4.0	340~370	320~350
114	4.5	270~300	250~280

5.2.5.2   烟囱水塔拆除爆破工程施工

1) 爆破缺口中心线位置的确定和钻孔布置

烟囱水塔爆破拆除的定向倾倒中心线是确定爆破缺口的中心线的依据。在考虑周围可以允许倒塌的场地的情况下，爆破设计的烟囱定向倒塌方向原则上应尽量和烟囱结构的对称线一致。在施工现场要用测量仪器准确地把其方位标在烟囱水塔的圆形筒壁上。确定了爆破缺口中心线后，应从中心线向两侧均匀对称布置炮孔，炮孔应指向截面的圆心。

2) 爆破缺口内衬的处理

爆破缺口部位的内衬要在爆破前采用人工方法破碎拆除，或是和外筒壁同时进行爆破。烟囱内衬的处理范围应与爆破缺口部位一致。

3) 定向窗口的预处理

爆破前在爆破缺口(梯形)的两边预先开凿定向窗口，要准确地测定两侧三角形底角顶点的位置。定向窗口宜用人工剔凿，两边三角形的剔凿面要尽量对称，其连线的中垂线将是烟囱倒塌的方向。对于钢筋混凝土烟囱，爆破前可将定向窗部位的钢筋进行切除。

4) 烟囱水塔倒塌方向的地面处理

钢筋混凝土烟囱、质量完好的砖烟囱或水塔在倒塌时对地面的撞击力是很大的。为了减小对地面的冲击产生的振动强度，防止烟囱筒体砸扁产生的破碎物或地面上碎石被砸的飞溅，可以在设计倒塌的地面铺上沙土、煤渣等缓冲材料。

5.2.5.3　烟囱水塔拆除爆破工程实例

1) 茂名两座 120m 高钢筋混凝土烟囱定向爆破拆除工程[5]

两座烟囱的结构尺寸和爆破设计主要参数见表 5.2.7。

表 5.2.7　两座钢筋混凝土烟囱拆除爆破倒塌过程的时间

	起爆时间/ms	断裂微倾时间/ms	初始倾斜时间/ms	倒塌着地时间/ms
A 座	0	3080	5850	12480
B 座	0	4200	6300	12900

爆破时对两座烟囱的根部受力变形破坏进行了观测。A 座烟囱 1702ms 定向窗口端部出现裂纹，慢慢向背部发展，预留部位受拉中心在 3013ms 出现可见水平裂纹 3 条，裂纹短而窄，其后以 41m/s 的速度向两侧扩展，裂纹条数增多，宽度增大，在 3105ms 时和定向窗口端部发展过来的裂纹连成一片，形成断裂面，断裂面的标高在背部切筋部位的下方。此时，烟囱出现明显可见的倾斜。B 座烟囱起爆后 210ms 定向窗口端部下沉，1720ms 时下沉量 12mm，2000ms 时下沉量达 57mm。距离定向窗口端部 0.9m 处(预留部分)在 1396ms 时应变片还呈现零应力状态，1400ms 后开始受拉，1706ms 应变片失效。离背部受拉中心线 3.83m 处的测点是 460ms 时开始受拉，1180ms 应力片拉断失效。表 5.2.7 给出了两座烟囱拆除爆破倒塌过程的时间。B 座爆破缺口圆心角小、重心高度低，初始断裂时间长。

2) 数座钢筋混凝土高烟囱爆破拆除工程参数

十余座高度在 100m 以上的钢筋混凝土烟囱采用定向爆破方法拆除成功，说明高烟囱拆除爆破设计的精度和危害因素控制是十分重要的问题。表 5.2.8 给出了数座钢筋混凝土高烟囱拆除爆破的设计参数，供设计参考比较。

表 5.2.8　数座钢筋混凝土高烟囱爆破拆除工程参数表[5-8]

	北京朝阳	广东茂名 A	广东茂名 B	云南宣威	贵阳电厂	鞍钢电厂	湖南益阳	广西合川	四川攀电	武钢四座
高度/m	85	120	120	120	100	120	100	120	100	100
底部直径/m	6.5	10	12	120	9.2	9.2	8.0	9.8	8.54	7.49
底部壁厚/m	0.69	0.5	0.5	0.50	0.42	0.5	0.5	0.50	0.50	0.35
上口直径/m		5.0	3.2	3.2	5.6	5.4	3.0		2.74	3.5
上口壁厚/m							0.18		0.16	0.18
体积/m³	490			843		1100		691	683	
密度/(t/m³)	2.6			3.0						
自重/t	1274	4809	3725	2600	2439	2650		2440	1616	1700
重心高/m		45	38	39.8	41.5	42		43.4	39	36
烟道宽/m	3.2			1.8	1.8	2.5		3.0		
烟道高/m	5.8			2.0	2.5	3.0		5.0		

	北京朝阳	广东茂名A	广东茂名B	云南宣威	贵阳电厂	鞍钢电厂	湖南益阳	广西合川	四川攀电	武钢四座
外周长/m	20.4			37.7	28.4		25.12	30.77	26.83	
切口长/m	12.48			23	17.4	17.6	13.8	18.31	15.65	14~14.3
定向窗底长/m	2.0			4.0	1.5	2.0	2.0	1.35	1.75	1.8~2.15
定向窗高/m					0.7	1.5	2.0		1.5	0.8~1.04
三角形角度/(°)	35	38	20	20				25	40	20~30
爆破圆心角/(°)	220	231	220.4	220	220	220	198	216	210	210~220
缺口高度/m	2.5	3.0	3.0	2.8	3.0	3.0	2.0	2.0	2.1	2.6
孔径/mm	40	38	38	40	40	40	40	40	40	40
孔深/m	0.5			0.28	25	0.33	0.35	0.30	0.33	0.30
孔间距/cm	40	30	30	35	25	30		0.30	0.30	0.29
排间距/cm	40	30	30	35	25	30	40	0.35	0.30	0.25
孔数	106			277	596	299	180	338		233
单孔药量/g	250	150		60	75	75	160	110	120	121
总炸药量/kg	26.5			16.62		22.4	28.8	37.18		28.19
单位体积耗药量/(kg/m³)				1.0	2.8	1.4		2.1	2.5	4.0

5.2.6 桥梁的爆破拆除

5.2.6.1 桥梁的类型及桥梁拆除爆破的设计原则

1) 桥梁的类型

桥的种类很多。按材质分有钢结构桥、混凝土桥、石桥等；按桥形分有斜拉桥、预应力混凝土桥、拱桥等。目前，国内的大型铁路桥的桥梁有相当一部分是钢结构梁，其中有钢桁架梁、钢板梁；大部分桥面为钢筋混凝土预制梁，桥墩为现浇钢筋混凝土结构。小型铁路桥的桥面一般为钢筋混凝土预制构件，桥墩有现浇钢筋混凝土结构。

2) 桥梁拆除爆破的设计原则

桥梁拆除爆破设计施工首先需要了解它的结构特点和性能，还有环境状况及拆除工程要求，以确定拆除爆破的总体方案。采用爆破方法拆除桥梁最能体现爆破拆除技术的优点，采用爆破方法拆除桥梁不仅经济、安全，而且速度快、效率高。采用常规的人工和机械拆除方法可能和建一座桥梁花同样的时间和费用。在桥下有水时，机械拆除往往是很难施工作业的，而爆破是瞬间的事。

原则上，桥梁的拆除爆破可分为桥梁(包括桥面)拆除和桥墩拆除两大主要部分。无论是简支还是拱形结构的梁，桥墩和拱脚被爆破拆除后都会由于重力的作用失稳垮塌落到地面，钢筋混凝土梁落地后将自行解体破坏，部分过大块需要二次爆破破碎；而钢结构的梁都需要进行二次切割解体。钢筋混凝土结构的桥墩和拱脚一般都采用钻孔装药实施破碎性爆破方法拆除,对于大型桥梁的桥墩可以从墩台顶采用支架式的潜孔钻机钻孔,将桥墩一次爆破破碎拆除。

5.2.6.2　变截面无铰钢结构拱桥爆破拆除[9]

阜新至锦州公路清河门大桥为钢结构双曲拱桥,上部结构为变截面悬链线箱型薄壁无铰拱,下部为埋置重力式钢筋混凝土墩台。因桥拱偏斜属危桥需要进行拆除。该桥由三跨组成,全桥长 234.4m,桥面净宽 12m,中跨长 120m。两侧边跨长 50m,吊索为ϕ5mm 高强钢丝,钢骨架为 A3 普通角钢。拆除工程要求保留桥台和桥墩。

根据拱桥结构的设计原理,破坏拱顶和拱脚后,拱桥将失稳塌落。爆破拆除设计方案是先将桥台连接处及拱脚之间的桥面进行人工拆除,然后对主拱拱顶及拱脚的钢结构实施爆炸切割,使其爆破后沿轴线塌落;边拱岸边一侧预拆除后只对另一端拱脚实施爆炸切割。

钢骨架爆炸切割用聚能切割索的线装药量为 1.2g/mm,其最大切割厚度为20mm。

图 5.2.14 是该桥爆破拆除时的塌落过程,拱顶部位的钢骨架切断后,在重力作用下,即拱脚在延迟较长时间后起爆,也已开始塌落,说明桥梁拆除爆破时的关键是要对拱顶实施爆破切断。

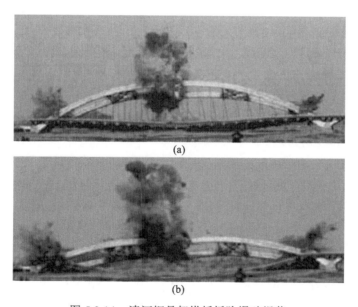

(a)

(b)

图 5.2.14　清河钢骨架拱桥拆除爆破塌落

5.2.7　大型块体和基础类构筑物的爆破拆除

在已往采用控制爆破方法拆除的各种障碍物的施工中,大多数是钢筋混凝土或混凝土构件和基础设施,如建(构)筑物的基础,包括楼房柱体的杯形基础及地梁、塔基和烟囱基础、设备基础和机床基座、桥墩台、基础施工中残留的混凝土桩头、深基坑施工用的钢筋混凝土支撑等。下面仅以钢筋混凝土和混凝土结构物的拆除进行介绍。

对于基础类结构物的拆除需要对要拆除的对象全部实施钻孔爆破,利用炸药的能量实现破碎拆除。不同于建筑物的爆破拆除,对基础类结构物实施爆破时,要严格地控制炸药的破碎作用,要控制爆破破碎体的运动和飞散,因此基础类结构物的爆破是严格的松动爆破,要使被爆破体爆破后在原地解体破裂。对那些只是要进行局部或部分拆除的工程,为了能有效地保护留下的部分,需要采用切割爆破技术,控制爆破作用在需要的方向形成裂缝。

5.2.7.1 基础类结构物拆除爆破的设计原则

钻孔爆破破碎是爆破作用最基本的效果,根据不同拆除工程要求,控制爆破破碎的程度是基础类结构物爆破拆除设计的主要内容。爆破破碎的设计原则:

(1) 基础和大块体构筑物的拆除爆破一般采用浅孔爆破方法,钻孔孔径为$\phi 35 \sim 42$mm。在周围环境许可的条件下,也可采用深孔爆破的方法。

(2) 钻孔深度不大于 2.0m。当爆破体厚度大时,可分层进行爆破,分层高度一般不超过 2.0m。破碎爆破宜选用较大的抵抗线和孔排距,采用交错的梅花形布置炮孔。

(3) 在室内或周围环境有约束条件下进行爆破时,一次爆破的总药量不宜过大,宜采用毫秒差雷管延迟起爆技术控制爆破振动强度。基础类结构物爆破时,一般都要采用覆盖防护措施,防止爆破时的个别飞石造成危害,有效的覆盖防护可以降低空气冲击波危害,减少爆破时的粉尘污染。覆盖防护材料有草袋、竹芭、荆芭、胶皮带、胶袋帘、土袋等。

5.2.7.2 基础类结构物拆除爆破工程实例

北京玻璃五厂旧空压机基础为一大块体结构物,位于厂房内地面以下,基础的尺寸大小为:长×宽×高=4m×1.8m×1.2m,中间一小块凸出高 0.4m,两端有砖墙(图 5.2.15)。采用钻孔松动爆破进行破碎,取最小抵抗线 $W=0.4$m,炮孔排距 $b=0.4$m,炮孔孔距 $a=0.35$m,炮孔深 $l=0.85$m。素混凝土的单位体积耗药量 $q=0.15$kg/m^3,计算单孔装药量 40g,分两层空气间隔装药,上药包 15g,下药包 25g,分四段微差起爆,延迟时间 25ms。爆破前基础四周挖开,采用两层草袋加两层荆芭覆盖防护,爆破时车间全部窗户打开。爆破后块度不大于 40cm,满足人工搬运清理。

1) 切割爆破

切割爆破主要是利用炸药能量通过合适的布孔方式实施爆破,对爆破块体进行切割或分离解体的一种控制爆破技术。基础类结构物实施切割爆破原则上和光面爆破和预裂爆破的机理一样,爆破设计方法可以参照本书有关章节。

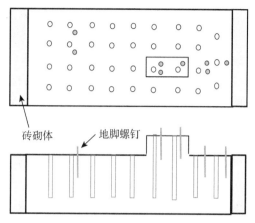

图 5.2.15 空压机基础爆破炮孔布置图

2) 地坪爆破

地坪，即用人工材料筑成的路面或场地，一般都是在夯实的垫层上进行敷设。有三合土、混凝土、片石或块石加水泥砂浆抹面和沥青等不同介质的地坪。多数地坪为 30~40cm，机场跑道、高速公路的厚度超过 50cm，有的达到 100cm。用作地坪的材料强度和水泥标号一般都比较高，人工破碎难度大。对于厚度大于 50cm 的地坪的拆除爆破可以参照大块体和基础类结构物的拆除爆破方法进行破碎；对不太厚的地坪应选择机械破碎方法。

5.2.8 挡水围堰拆除及岩坎爆破

挡水围堰是一种常用的临时挡水构筑物。围堰工程广泛用于水利电力、铁道交通、港口码头和桥涵隧道工程施工。围堰结构的种类繁多，按使用材料可分为土石围堰、混凝土围堰(碾压混凝土或混凝土心墙围堰)、岩坎围堰、草土围堰、钢板桩围堰等。

岩坎围堰为复合型围堰。这类围堰下部为宽厚的岩坎，上部有土石加高的围堰，下部岩坎是围堰的主体。岩坎围堰和混凝土围堰一般要采用爆破方法拆除。围堰拆除和岩坎爆破时，一般距离已建主体构筑物都很近，爆破时的各种有害效应控制十分重要。

岩坎爆破和围堰拆除工程施工都需要充分破碎围堰体和岩坎，才有利于后续的水下挖渣清除作业，因此，一般采用钻孔爆破法施工，根据围堰的结构特点也有采用集中药室和水平深孔相结合的爆破拆除方法。

5.2.8.1 挡水围堰拆除爆破

1) 围堰拆除爆破的特点

围堰主体爆破拆除时，不能采用分次爆破方法，因为部分爆破后，围堰将成为不稳定的残体,再次进行爆破施工困难和不安全。因此围堰主体拆除时的一次爆破工程量大。

围堰主体拆除爆破时,如果围堰内充水,爆破产生的水中冲击波和动水压力以及地震荷载对主体建筑及其设施(通水管道、挡水闸门以及起闭室等)的影响都比不充水的情况要大;围堰爆破破碎体物落入水中还将产生波浪效应。但围堰爆破破碎物及淤积物大部分原地堆积,若基坑内充水位高于围堰外水位,部分堆积物可能随水流流向围堰外侧。

在不充水的情况下实施爆破拆除时,围堰外水体将突破爆破口下泄,涌进堰内基坑。高水头(水位差)产生的水跃现象会对基坑产生强烈冲刷,对主体建筑结构迎水面产生强大的涌浪压力,甚至在闸门井和控制室通道形成"井喷"现象,并携带大量淤积物及堰体破碎物涌入基坑。因此,无论围堰内充水与否,爆破时都应分别采取相应的安全保护措施。譬如,用气泡帷幕削减水中冲击波;用临时屏障阻挡泥沙、碎石直接灌入。

2) 几类典型围堰结构的爆破拆除方法

(1) 混凝土防渗心墙土石围堰结构的爆破拆除。

混凝土心墙是在土石堆积形成围堰后,为提高围堰的防渗能力,在土石围堰体内浇筑的混凝土墙。它是一道连续性的高大刚性墙体,围堰拆除时,只要将其心墙爆破破碎,即可挖装清运。混凝土防渗心墙拆除一般采用钻孔爆破方法,沿墙体中线布置一排垂直超深孔,按挤压爆破设计爆破参数,炮孔装药结构宜采用间隔、耦合装药。根据炮孔装药长度一般采用上、下起爆药包实施双向传爆。一座混凝土心墙爆破拆除有数十上百,有的近千个炮孔一次点火起爆,因此要选择采用孔内外组合的微差延迟起爆技术。

(2) 混凝土(包括碾压混凝土)重力式围堰爆破拆除。

混凝土重力式围堰的结构特点是迎水面近乎为垂直面,背水面一般为 1:0.6左右的斜面。围堰拆除一般采用以垂直孔为主,辅以倾斜孔相结合的分层钻孔爆破法。为保护与之相连接的水工建筑主体结构物和部分保留的堰体,应在爆破边界处布置预裂孔、隔震孔起阻隔或缓冲作用。炮孔临空面应以朝向挡水面为主,采用抛掷爆破或加强松动爆破使爆破的碎块往挡水面方向移动。

5.2.8.2 典型围堰爆破拆除工程实例

葛洲坝水电站大江上游围堰爆破拆除工程。

葛洲坝水电站大江上游围堰是一座大型混凝土防渗心墙土石围堰。该围堰全长890m,堰顶高程66m,底宽约189m,挡水深度达35m。围堰主要用材为混合料,砂砾石,容重为 $1.88\sim2.26t/m^3$。围堰地基有厚达数米的砂砾石覆盖层。为解决围堰的渗流问题,沿围堰顶轴线的上游侧设置了两道厚度为 0.8~1.0m 的混凝土防渗心墙，两墙间距 3.5m。墙体施工采用 УГAC 冲击钻机从围堰顶往下造孔至新鲜基岩上，用泥浆护壁，在槽孔内连续浇筑 200# 混凝土成墙。墙体全长 723m，总方量约 39000m³。该围堰结构见图 5.2.16。

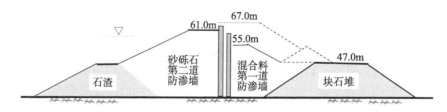

图 5.2.16　葛洲坝工程大江上游围堰结构

围堰挡水位 60m。因此，围堰预拆除至 61m 高程，下游边坡做了相应的预拆除。爆破前，围堰内充水至 52.8m 高程。

该围堰拆除工程要求将两道混凝土防渗心墙进行爆破破碎，以满足后续机械挖运。拆除爆破设计是沿两道墙体的中轴线分别进行垂直向超深孔钻孔，将墙体充分爆破破碎。

因墙体两侧均受砂卵石料约束，无临空面，属坚硬非均质体内挤压破碎爆破。因此，炮孔装药量计算时，不能简单地以炮孔中心至墙体两侧边缘的距离作为最小抵抗线，要考虑墙体两侧土石的约束作用，炸药单位体积耗药量经试验爆后确定。炸药单位体积耗药量 q 值随孔深变化，在装药顶部 5m 内为 0.6kg/m³，随孔深增加，至 15m 以下时 q 值增加到 2.5kg/m³ 左右。

鉴于墙体薄、钻孔精度要求高，垂直钻孔的偏差应控制在 5‰ 以内，故用 GYQ–100 型全液压潜孔钻机钻孔，炮孔间距 60~80cm。

同时为了提高墙体的爆破破碎度，炮孔内采用间隔(孔深方向)耦合的装药结构，两相邻炮孔内的药包错位布置，使炮孔间墙体的爆破破碎分布均匀，降低破碎块度粒径。

葛洲坝工程大江上游围堰拆除爆破工程规模大，炮孔多达 3548 孔，爆破安全设计允许一段起爆的最大炸药量不超过 500kg。为了减小爆破水中冲击波、地震波及飞石对电厂及周围建筑设施的有害效应，爆破网路设计采用非电导爆管延时雷管组成的双复式交叉接力传爆网路，这种起爆网路安全可靠，准爆率高。该项拆除爆破工程共分 324 段起爆，最大一段药量为 282 kg，总装药量 47.78t，总延时 8.1s。

爆后检查表明葛洲坝工程大江上游围堰拆除爆破十分成功，墙体破碎均匀，离电厂距离 200m 处坝段的最大振动速度在 0.1cm/s 左右。水中冲击波和波浪压力也不大，所有建筑物及设施安全无恙。

5.2.8.3 岩坎爆破

某工程船坞是在岸坡开挖形成，船坞进水口在岩坎爆破后形成[10]。岩坎上部用浆砌块石加高作子堰挡水。堰顶高程 7.0m，爆区部位最大潮差 5.61m，高潮时潮水位达+5.13m，低潮位时−0.48m。围堰全长 250m，高 16m，呈扇状分布。围堰设计爆破拆除区总长 160m，需一次爆破至岩坎底高程，总方量达 69000m³。围堰爆破拆除区至船坞口的最近距离约 15m。该工程总体布置见图 5.2.17。船坞围堰主体下部为中细粒花岗岩岩坎。岩体为濒海斜坡岩礁，岩质坚硬，但节理较发育，呈块状结构。围堰拆除爆破要求一次爆通成型至−9.0m，并确保已建成的船坞结构、码头及附近重要设施的安全。

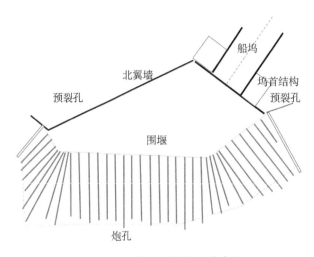

图 5.2.17　船坞围堰及炮孔布置

1) 爆破方案选择

由于需要爆破的岩石绝大部分都在水下，若选择采用水上钻孔作业平台，进行钻孔爆破。不仅水下钻孔作业量大，钻孔定位难度大，而且装药起爆工序复杂，费用大，一次爆破量有限，工地不允许进行多次爆破作业。

爆破设计选择在船坞坞槽基坑一侧的岩坎坎壁上进行钻孔。采用接近水平的小俯角钻孔(图 2.6.1)。多排毫秒差延迟的岩坎爆破方案的设计原则是从岩坎中部开始，从上至下分层爆破拉槽然后向两边扩展延迟爆破，如图 2.6.2。这样既可大量减少各段爆破炸药量，减轻爆破地振强度，同时获得侧向挤压爆破破碎岩体的良好效果，减少块度尺寸，爆堆较集中，有利于挖运。一次爆破即可将岩坎全部爆破破碎，爆破瞬间打通船坞进水口。

水平深孔微差爆破法具有设备简单，可在围堰内侧陆地施工，作业方便，工期短和费用少等优点。

2) 岩坎爆破设计

岩坎爆破设计的主要内容是进行钻孔布置和计算装药量。炮孔呈 10°俯角斜向下，从上至下分层布置炮孔。上下层炮孔间距 2.3m，水平间距为 3m。岩坎高度方向共布置 5 层炮孔，水平侧向 65 列主炮孔，共计 365 孔(包括 2 列预裂孔和扇形扩展增加孔)，如图 5.2.17。第 2、3、4 层的炮孔长、孔深随岩石坡面变化和底盘高度确定，最长的炮孔长达 47m(图 2.6.1)。根据坞槽基坑开挖爆破用药量和岩坎地段岩体结构情况，对于岩坎爆区岩体为中细粒花岗岩层节理面较发育，破碎岩石单位体积耗药量拟选择 q=0.6~0.8kg/m³。设计总装药量 40.29t。考虑爆区岩体上面有厚度为 6~9m 的淤泥质粉沙层，还有静水压力，因此对先起爆的中间部位的掏槽孔和后爆的下层炮孔，适当增加药量。根据一些水下爆破试验结果和工程经验，这些炮孔的药量计算选择单位体积耗药量 q=1.0kg/m³。

对于多排多段延迟深孔爆破，在依次延迟起爆数列炮孔后，为克服岩石破碎松动位移有限造成的阻力，在中间形成拉槽后往两边扩展时，对加强段增加炮孔装药量，岩坎爆破获得了良好的破碎堆积效果。这对于超多排深孔爆破的药量计算都是有参考价值的。

3) 起爆网路

起爆网路采用非电导爆管雷管孔内外延迟微差起爆法，以实现分排列多段接力式顺序起爆。最大一段的炸药量为 2600kg，段差间隔时间取 25 ~ 50ms，孔内用 10 段毫秒延时导爆管雷管。爆破总延时 1750ms (图 2.6.2)。

4) 装药与堵塞

水平超深孔容易下垂弯曲，岩坎岩石裂隙发育，在强渗流情况下炮孔容易掉块和积水，因此必须采用抗水炸药和起爆器材。炸药卷为 PVC 塑料外壳包装乳化炸药，节长 50cm，直径有 ϕ80mm 和 ϕ70mm 两种规格。为了有利于装药和堵塞，爆破施工设计采用了分节组成的炮棍。炮孔堵塞采用砂质土，对渗流量大的炮孔，采用带槽孔木塞固定在炮孔口，便于排水减压，防止渗透水涌带出堵塞物和导爆管。爆前在船坞坞门处设置临时堵口方块，防止大量砂石随坞口围堰炸开时水流挟带进入船坞。

5.2.9 水压爆破拆除

水压爆破主要用于拆除能够充水的容器状构筑物，如水槽、水罐、蓄水池、管桩、料斗、水塔和碉堡等。有些构筑物在经过封堵施工若能充水也可以采用水压爆破方法拆除。对薄壁构件采用钻孔爆破，浅孔爆破效果差，噪声大，还不安全。

5.2.9.1 水压爆破拆除设计与施工

1) 水压爆破拆除设计原则

水压爆破拆除设计主要是合理布置药包，确定药包数量和进行药量计算。

(1) 药包布置。

水压爆破拆除设计原理是基于圆柱形容器中在其中心位置设置一个集中药包爆炸，通过水把炸药能量传给待拆除的结构，使其破坏。对于直径高度相当的圆柱形容器的爆破体，一般是在容器中心线下方一定高度设置一个药包，如果直径大于高度，也可采用对称布置多个集中药包的爆破方案；对于长宽比或高宽比大于 1.2倍的结构物，可设置两个或多个药包，以使容器的四壁在长度方向上受到均匀的破坏作用，药包间距按下式计算：

$$a \leqslant (1.3 \sim 1.4)R \tag{5.2.3}$$

式中，a 为药包间距，m；R 为药包中心至容器壁的最短距离，m。

拟进行爆破拆除的容器，原则上应充满水。容器不能充满水时，应保证水深不小于药包中心至容器壁的最短距离 R。这时应降低药包在水中的位置，直至置于容器底部。爆破后，容器状结构物的底面亦将受到不同程度的破坏。实践表明，当药包入水深度 h 达到某一临界值后，h 再增大，对爆破效果影响很小。通常药包的入水深度 h 采用下式计算：

$$h = (0.6 \sim 0.7)H \tag{5.2.4}$$

式中，H 为注水深度，注水深度应不低于结构物净高的 0.9 倍。

药包入水深度最小值 h_{min} 按下式验算：

$$h_{min} \geqslant 3\sqrt{Q} \quad \text{或} \quad h_{min} \geqslant (0.35 \sim 0.5)B \tag{5.2.5}$$

式中，Q 为单个药包重量，kg；B 为容器直径或内短边长度，m。当 h_{min} 计算值小于 0.4m 时，一律取 0.4m。

采用水压爆破拆除的容器结构物的外侧是临空面，对半埋式的构筑物，应对周边覆盖物进行开挖。如果要对结构物的底板获得良好的破坏效果，需要对底板下的土层进行掏挖。

对方形断面的容器结构物，两侧壁厚不同(图 5.2.18)，可以采用偏炸的药包设计方案。这时药包偏离容器中心的距离 x 用下式计算：

$$x = R(\delta_1^{1.143} - \delta_2^{1.143}) / \delta_1^{1.143} + \delta_2^{1.143} \approx \frac{R(\delta_1 - \delta_2)}{\delta_1 + \delta_2} \tag{5.2.6}$$

式中，x 为偏炸距离，m；R 为容器中心至侧壁的距离，m；δ_1、δ_2 为容器两侧的壁厚，m。

(2) 药量计算。

基于水中药包爆炸作用于结构上的冲量积累导致结构物破坏给出的药量计算公式是

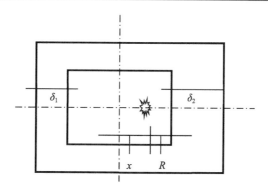

图 5.2.18 方形容器药包布置

$$Q = KR^{1.41}\delta^{1.59} \tag{5.2.7}$$

式中，Q 为炸药量，kg；R 为圆筒形结构物的半径，m；δ 为筒体的壁厚，m；K 为药量系数，是根据爆破结构物的材质-结构特点-拆除工程要求的破碎度决定的综合经验参数。由于内含影响因素多,大量实际工程资料给出的 K 值取值范围是 2.5~10。对素混凝土 $K = 2~4$；对钢筋混凝土筒形结构物，一般取 4~8。配筋密、要求破碎块度小时取大值，反之取小值。

对于不是筒形，即截面不为圆环形的结构物，可以采用等效半径和等效壁厚进行计算。

等效半径

$$\hat{R} = \sqrt{\frac{S_R}{\pi}} \tag{5.2.8}$$

式中，S_R 为爆破结构物横断面的面积，m^2。

等效壁厚

$$\hat{\delta} = \hat{R}\left(\sqrt{1+\frac{S_\delta}{S_R}} - 1\right) \tag{5.2.9}$$

式中，S_δ 为爆破结构物要拆除材料的截面积，m^2。

考虑要爆破拆除筒形结构物的材质、结构特点，以及对拆除工程要求的破碎度的影响，可以采用下式计算药量：

$$Q = K_M(K_P K_Z \delta)^{1.6} R^{1.4} \tag{5.2.10}$$

式中，Q 为 TNT 炸药量，kg，使用其他炸药时要乘以换算系数；K_M 为结构材料系数；K_P 为破坏程度系数，混凝土围墙破碎取 18~22，龟裂松动取 4~7。K_Z 为厚壁筒修正系数。K_M、K_Z 取值见表 5.2.9 和表 5.2.10。

表 5.2.9 结构材质系数 K_M

混凝土标号	C15	C20	C25	C30	C35	C40
K_M	0.1225	0.1393	0.1952	0.2282	0.3045	0.3610

表 5.2.10 厚壁圆筒修正系数 K_Z

δ/R	0.1	0.2	0.4	0.6	0.8	1.0
K_Z	1.000	1.109	1.233	1.369	1.514	1.667

2) 水压爆破拆除施工

选择采用水压爆破方法拆除的容器类结构物并不是理想的储水结构。多数情况下要对其进行防漏和堵漏处理。水压爆破拆除施工要注意的问题有：有缺口的封闭处理；孔隙漏水的封堵；注水速度与停水时间；排水；药包的加工和防水。

药包安置可采用悬挂式或支架式，一般需要附加配重以防止上浮或移位。

水压拆除爆破时，炸药爆炸引起的地面振动要比一般基础结构物爆破时大，因为炸药的爆炸能量没有过多地消耗在近区被爆破介质的过破碎。为防止振动的影响范围，应根据周围建筑物的具体情况采取相应的对策，如开挖防震沟等隔离措施。

5.2.9.2 水压爆破拆除工程应用实例

1) 钢筋混凝土储仓罐群水压爆破拆除工程

贵阳市水泥厂储仓建筑由 4 个连成整体的钢筋混凝土筒仓群和输送系统组成(图 5.2.19)。四个筒仓相切连成方形，罐体的圆筒部分连成 6.7m，外径 10.4m，壁厚 40cm。根据储仓筒群的形状、结构及爆破区周围环境条件，决定对罐体部位采用水压爆破方法拆除。

圆筒部分药量计算采用冲量准则公式

$$Q = K\delta^{1.6}R^{1.4}$$

式中，δ 为壁厚 $\delta = 0.2$m；R 为筒壁内半径，$R = 5$m；K 为破坏系数，取 $K = 10$。

由上式计算得单层(设计破坏层高 3m)集中药包药量为：$Q_1 = 7.2$kg；按 5 层药包布置，则每个圆筒的水压爆破总药量为 $Q = 7.2 \times 5 = 36$(kg)。

多药包的布置方式是在半径为 3m 的圆周上均匀布置 6 个药包，药包的间距为 3m，药包至筒壁的距离为 2m。这时计算每个药包的药量为 2kg，每层药包总量 12kg。计算筒壁处水激波压力 $P_m = 28.8$MPa。采用多药包将比集中药包爆破的破碎效果好。考虑周围建筑物的安全，实际装药量比计算值小，面临住宅区的筒仓部位的药包 1.2kg，其他药包为 1.8kg。为了保证圆筒相切部位的破碎效果，在距筒壁 1m 处增加一个辅助药包。倒锥体部位采用集中药包爆破方案，在离底部 2.6m 和 4.7m 的轴线处各布置一个药包，计算给出：$Q_1 = 4.2$kg，$Q_2 = 9.9$kg，实际取 $Q_1 = 4.5$kg，

$Q_2 = 10\text{kg}$。

爆破后整个储仓充分破碎,爆堆高度为 3m。大片炸散的钢筋和混凝土碎渣随水冲出 40m 左右,未充水部位的筒壁也已分离成布满裂纹的钢筋混凝土块片被冲散。整个爆破共使用乳化炸药约 460kg,灌水约 5000t,爆后两排防护屏障被冲倒,周边的居民小区楼房、铁路、高压线均安然无恙。

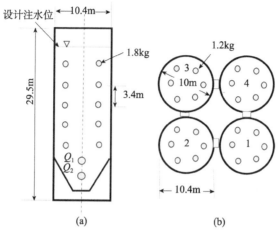

图 5.2.19 连体钢筋混凝土筒仓爆破药包布置图

(a) 单个筒仓药包布置剖面图;(b) 药包布置平面图

2) 半埋式和地面上水池结构物的爆破拆除工程

(1) 沼气罐水压爆破拆除。

沼气罐平面图为圆形,内径 10m,立面为六角形,全高 12m。地面以上 9.0m,周壁和顶盖厚 0.33m,底板厚 0.5m。双层配筋,钢筋直径 $\phi16\text{mm}$,网格尺寸为 15cm×15cm。混凝土强度为 C20。拆除钢筋混凝土罐壁 55m³,基础 30m³(图 5.2.20)。

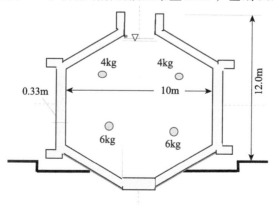

图 5.2.20 沼气罐的结构及药包布置图

这是一个准圆筒壁结构物，而且$\delta/R<0.1$。为了对底板获得良好的破碎效果，设计计算取$\delta=0.5m$，$R=5m$，取系数$K=6$。计算药量$Q=K\delta^{1.6}R^{1.4}=18.87kg$。实际取$Q=20kg$，分四个药包，两个4kg药包放在中上部，两个6kg药包放在中下部。这样分布药包方案有利于爆破破碎均匀。校核设计药量为6kg，药包在$R=3m$时对侧壁的爆破作用破坏系数为7.6，相应对底部$R=2.5m$的爆破作用破坏系数为5.0。说明对侧边的破碎作用要强于底板。爆破后，罐体坍塌，大部分钢筋脱落，下部破碎较差，有少量大块需要用风镐进行破碎，爆破堆积物不超过侧壁外5m，飞石范围15~20m。

(2) 不均匀壁厚水池的水压爆破拆除。

由浆砌片石筑成的圆形水池，内径10m，池深4m，内壁垂直、外壁坡角75°，池壁上薄下宽，上部0.8m，下部1.87m。池顶为现浇钢筋混凝土拱形薄壳顶盖，厚0.13m，池壁顶部有一高0.4m的圈梁与顶盖连成一体，水池容积314m³，要爆破破碎的池壁体积190mm³，如图5.2.21。

采用冲量公式$Q=K\delta^{1.6}R^{1.4}$进行水压拆除爆破的药量计算。对浆砌片石取药量系数$K=2.4$，$R=5m$，考虑池壁厚度的变化，为了使其下部受到破坏，取$\delta=1.6m$，计算给出$Q=48.46kg$。由于水池浅，不宜采用集中药包，应采用分集药包，使每一个子药包至池边的距离小于水深；同时对要保护的仓库方向减弱爆破，采用了不对称分布药包的爆破方案。设计6、7、8号药包至池边的距离为2m，相应药包的药量为6kg、6kg、5kg。采用药量计算公式核算各药包的破坏系数为1.07、1.07、0.9。1~4号药包至池壁的距离为1.5m，每个药包的药量均为6kg。采用药量计算公式核算其破坏系数为1.6。池中充水4m，药包置于水下3.5m高程。

爆破后的结果是1~4号药包一侧的池壁全部开裂、松动、位移、解体。另一侧处于刚破坏解体的程度，上部池壁松散后向外塌落，下部池壁松动。对于浆砌片石构筑物，解体到这种程度，后期拆除已很方便了。如有大型机械拆除这类结构物也是十分有效的。

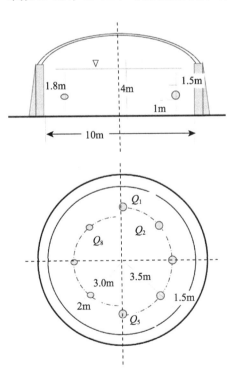

图5.2.21 水池结构及药包布置

5.3　8020 铵木炸药及应用

5.3.1　8020 铵木炸药

　　基于对爆破作用的分析，建筑物拆除爆破在于利用炸药爆破破碎建(构)筑物的构件在构件中产生应力波破坏作用外，主要是利用炸药爆炸气体使构件开裂，裂隙开裂发展，使破碎块体移动。因此拆除爆破宜选用爆压、爆速都较低的炸药品种，同时在设计上要采用小量装药，严格控制爆破的装药量和药包位置。众所周知，炸药的爆破作用除了破坏岩石，还有相当一部分能量转化为介质的振动和噪声。介质中应力波的传播特性与炸药的爆轰参数及介质的阻抗特性(ρc)有关，如果炸药的阻抗特性(炸药的密度和爆速的乘积)比介质的阻抗高，则介质近区粉碎得越严重，同时形成漏斗的抛掷爆破的碎块飞散距离越远。因此进行控制爆破时，为减少有害的噪声、振动及飞石可能造成的危害，应尽可能地选用爆速低、密度低的炸药品种。工程要求的破碎度可以通过调整设计参数来实现。实践表明 8020 炸药就属于低爆速低密度的炸药，很适宜在控制爆破工程上应用。

　　这里有必要介绍一种曾经研究并应用于工程的廉价炸药 8020 铵木炸药。8020 铵木炸药的配方为

$$硝酸铵 + 锯木粉 = 80\% + 20\%(重量比)$$

简称 8020 炸药。

　　8020 炸药爆速为 1960m/s；起爆敏感度高，可用一发 8#雷管引爆；传爆性能比铵油炸药高 5%；炸药的气体生成量为 585L/kg；爆热值为 912kcal/kg；药室内爆压约为 7×10^3kg/cm^2；装药密度为 0.65g/cm^3。

　　8020 炸药的各种物理特性参数值都比 2#岩石硝铵炸药或铵油炸药低。通过近千次爆破实例说明，8020 炸药是适用于拆除爆破的一种炸药。表 5.3.1 对 8020 炸药与 2#岩石硝铵炸药及燃烧剂，在性能和使用条件上进行了比较。可以看到 8020 炸药具有制作方便，使用操作简单安全；运输保管安全方便，价格低廉，爆破效果好等优点。

5.3.2　爆破设计参数

5.3.2.1　药包设计参数选取

　　因此对于任何复杂的结构物，事先对它进行认真、仔细的分析，然后确定好药包的位置和深度，最后采用准确的药量爆破是能够达到既安全，拆除效果又好的目的的。

表 5.3.1   炸药与燃烧剂破碎效果比较

编号	性能	8020 炸药	2#岩石硝铵炸药	燃烧剂
1	成分	NH_4NO_3 + 木粉	NH_4NO_3 + TNT + 木粉	Al：MnO_2
2	配比	80%+20%	85%+11%+4%	30%：70%
3	成本	0.35 元/kg	1.2 元/kg	6.5 元/kg 以上
4	爆速	1960m/s	4000m/s	1.5m/s(燃速)
5	生成气体	585kL/kg	800 公升/kg	
6	起爆	雷管起爆	同左	
7	破坏作用	爆炸击波与气体膨胀	同左	电阻丝引燃燃烧、金属氧化物膨胀
8	钻眼施工量	凿岩机钻孔孔距 $a \geqslant W$	同左	凿岩机钻孔孔距 $a < W$
9	堵塞	用黄土、砂土	同左	快干水泥速凝剂、待凝固后起爆沿孔间切割移动
10	爆破效果	可立即起爆	同左	
11	安全防护	破碎、切割、移动有振动、音响和飞石、需要覆盖防护	振动音响和飞石比 8020 炸药大，覆盖防护要求严格	振动音响和飞石比 8020 炸药小但也要覆盖防护
12	炸药制造	制作简便，可在现场混合配制	专门工厂生产出成品	专门制作成品
13	炸药运输储存	混合配制前不存在运输、储存安全问题	要按危险品运输及储存规定办	按一级易燃品运输及储存规定办

拆除爆破一般都是小药量装药，多采用 ϕ40~45mm 钻头打孔。试验观测和理论分析指出，在内部药包爆炸作用下，周围岩体中裂缝扩张的长度为 15~20 倍药包半径。这是确定爆破炮孔间距的依据。当然，炮孔间距的选取受到许多因素的影响，如岩石或混凝土的强度、层理和预裂面，以及对岩石破碎块度的要求等。但炮孔间距主要取决于炮孔直径，在岩石和混凝土中进行的许多实例说明，炮孔间距 a 为

$$a = (8~12)d \tag{5.3.1}$$

其中，d 为炮孔直径(cm)，这样确定的炮孔间距爆破后切割面平整，即炮孔之间拉通，爆后的破碎块度便于清方。如果间距过密，不仅增加了钻眼工作量，还会增加个别飞石的距离；如果间距过大，则炮孔间的部分得不到充分破碎，形成过大块。

炮孔间距与被爆物体的厚度有关，上述药包间距的选取适合于爆破厚度 $h \geqslant 15d$ 的物体，如果被爆物体很薄，如大面积的车站平台、混凝土路面、飞机跑道、旧设备基础爆破等，药包间距的大小应和爆破体厚度相当。

炮孔深度一般为一次爆破体厚度的 2/3~3/4。被爆物体的几何尺寸总是有限的，临空面的存在控制着破碎块石的移动方向，决定了耗药量的选取(表 5.3.2)。药包至

临空面的最短距离为最小抵抗线,它是爆破设计中的重要参数,炮孔间距确定之后,最小抵抗线 W 一般选取为

$$W=(0.8\sim1.0)a \tag{5.3.2}$$

式中,a 为炮孔间距。

表 5.3.2 混凝土 q 值

材料临空面条件	一面临空	二面临空	三面临空	多面临空
$q(K)/(kg/m^3)$	0.4	0.3	0.2	0.1

如果爆破体在最小抵抗线方向的厚度有限,如图 5.3.1 矩形断面的梁、墙壁等,这时被爆物体的厚度决定了最小抵抗线的选取,药包总是布置在中间,即两边的最小抵抗线相等的地方;或者考虑飞石的限制,药包布置在略偏于允许抛撒的一侧。对于不规则形状的爆破体,在允许的炮孔间距条件下可以选取不同的抵抗线。

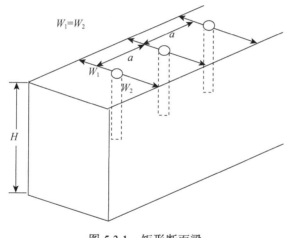

图 5.3.1 矩形断面梁

5.3.2.2 药包设计计算

拆除爆破技术主要用于混凝土建筑物和设备基础的拆除,爆破装药量的计算要根据爆破的体量、混凝土的标号及配筋情况等因素,选择合适的单位体积耗药量。

根据选取的最小抵抗线、炮孔间距和爆破部位计算要爆破的体积 V

$$V=a\cdot h\cdot W \tag{5.3.3}$$

这里,a 为药包间距;h 为被爆破体的厚度;W 为最小抵抗线。当 $a=h=W$ 时,体积 $V=W^3$。

根据所需要爆破破坏的体积 V,确定相应的装药量 Q

$$Q=qV$$

式中，q 为爆破单位体积耗药量，它是根据爆破条件(临空面条件)、混凝土(岩石)以及炸药的特性决定的常数。有了一次爆破的总药量，再按炮孔布置要求决定的炮孔个数 n 即可计算出每个炮孔的实际装药量 Q_i：

$$Q_i = Q/n$$

式中，Q 为一次爆破总药量。

关于 q 值的选取可参考表 5.3.2。

当混凝土配有钢筋时上述表中的 q 值，根据实际情况，相应增加 $0.2\sim0.3\text{kg/m}^3$。当混凝土的质量很差时根据实际情况，相应降低 $0.1\sim0.2\text{kg/m}^3$。

当炮孔比较深时，如果孔深 $h \geqslant 2W$，应把药量分成两个药包上下埋入，其两药包间距应接近或等于最小抵抗线尺寸，保证外面的一个药包至炮孔口的距离不小于最小抵抗线。控制爆破施工不宜钻太深的孔，因为深孔不易保证施工质量，影响药包的准确位置。当采用 $\phi40\text{mm}$ 的钻头打孔时，一般炮孔深度不超过 1.5m 为宜。

5.3.3 工程案例

5.3.3.1 中关村拱型礼堂爆破拆除

中关村礼堂中名字最有趣的要数"四不要"礼堂。之所以叫"四不要"，是"不要砖头，不要钢筋，不要木头，不要水泥"，全部用预制块构件盖成，连暖气都是陶瓷的，很符合时代期间"多、快、好、省"的口号。别看礼堂音响效果不佳，来演出的都是大腕，梅兰芳去世前的绝唱就在这里。

中关村"四不要"礼堂是一座不要水泥、木材、钢材、砖瓦的试验性建筑物，1975 年需拆除重建。若用机械拆除，费用高；用人力拆除，其费用不仅更高，且不安全。该礼堂处于街区，四周马路行人多，环境复杂。采用控制爆破法，不仅减少了工程费用，缩短了工期，而且安全准确地实施了拆除。

建筑物控制爆破拆除设计时要对爆破的构筑物进行结构的力学分析，没有必要对各个部分都要均匀破碎时，至少需要把药包布置在结构物的要害部位，当这样的部位被爆破拆除后，其整个构筑物就会因重力作用或构件之间的相互作用而自行塌落破坏。北京中关村一个拱形结构的礼堂见图 5.3.2，该礼堂是一座拱形建筑物、屋顶结构物和拱形梁的重力均匀分布在梁上，拱柱脚处受支座的水平推力。如果把拱柱脚支点爆破移走，那么整个梁拱即将失去支撑作用而自行塌落破坏，拱梁上的屋顶结构也将下落破坏。其爆破设计药包布置方案如图 5.3.3 所示。

　　为了保证拱柱脚支点彻底炸毁，在四周围墙保留的情况下，在拱柱脚部分、梁长为 1m 的范围内布置了两个炮孔，爆破体积为 $0.4×0.6×1.0=0.24(m^3)$，选取爆破单位体积耗药量为 $0.5kg/m^3$，即每孔 8020 炸药量为 60g，这样爆破后仅在数秒内，整座礼堂就安全准确地被爆破拆毁，见图 5.3.4。

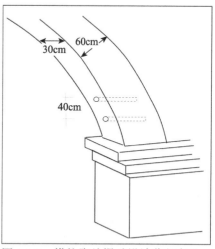

图 5.3.2　中关村礼堂拱顶结构　　　　　图 5.3.3　拱柱脚处爆破设计药包布置

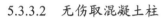

(a)　　　　　　　　　　　　　(b)

图 5.3.4　中关村"四不要"礼堂爆破前及爆后塌落情况

5.3.3.2　无伤取混凝土柱

　　图 5.3.5 所示为待拆后移走的厂房车间钢筋混凝土牛腿立柱。施工要求清除柱脚混凝土基础，但保证不损伤柱体，以便柱体取出后再用。原施工设计表明，柱体为预支构件，其与基础间为后灌注的混凝土。在充填的混凝土与柱体基础之间存在着不同凝结期的裂隙。因此采用了如图 5.3.5 所示的药包布置，选取单位体积耗药量为 $q=0.2kg/m^3$。爆后在柱体周围沿原裂隙面形成整齐的裂缝，被爆破的柱

基础破裂成若干块，由于预裂缝终止了和它相交裂缝的发展，柱脚完好无损，见图 5.3.6。

图 5.3.5　爆前立柱基础及炮孔布置

(a)　　　　　　　　　　　　　　　　　　　　　　(b)

图 5.3.6　爆后柱脚无损

参 考 文 献

[1] 刘殿中. 工程爆破实用手册. 北京: 冶金工业出版社, 1999, 485-566.

[2] 池恩安, 温远富, 罗德丕, 等. 拆除爆破水幕帘降尘技术研究. 工程爆破, 2002, 8(3): 25.

[3] Technical Department of CAVOSA. Demolition by controlled blasting of a building in CADIZ(Spain)//Proceedings of the Third Conferences on Explosives and Blasting Technique. 1977.

[4] Zhou J H, Pang W T. Demolition by controlled blasting of the west buildings in chong qing power plant//Zheng Z. Proceedings of the Second International Conference on Engineering Blasting Technique. Beijing: Peking University Press, 1995, 423-427.

[5] 郑炳旭, 高金石, 卢史林. 120m 钢筋混凝土烟囱定向倒塌爆破拆除//工程爆破文集: 第六辑. 深圳: 海天出版社, 1997, 149-153.

[6] 潘长洪, 庞智勇. 鞍钢第二发电厂 120m 钢筋混凝土烟囱爆破拆除. 工程爆破, 2002, 8(2): 20-22.

[7] 周俊珍, 李必红. 百米钢筋混凝土烟囱的定向爆破拆除. 工程爆破, 2000, 6(2): 16-20.

[8] 周家汉, 金保堂, 陈善良. 高烟囱拆除爆破及塌落振动测量与分析//工程爆破文集: 第七辑. 成都: 新疆青少年出版社, 2001, 707-712.

[9] 费鸿禄, 付天光, 曹景祥, 等. 变截面悬链线箱型无铰拱桥切割爆破拆除. 工程爆破, 2002, 8(4): 43-46.

[10] 周家汉. 岩坎爆破设计中的几个问题//工程爆破文集: 第六辑. 深圳: 海天出版社, 1997, 330-333.

第6章 拆除爆破工程案例

6.1 秦皇岛耀华玻璃厂爆破拆除工程

6.1.1 工程概况

秦皇岛耀华玻璃厂为新建平面浮法窑平板玻璃生产线，需要将原为立式的四号、五号管窑厂房及附属建筑物进行拆除。

用爆破方法拆除大型建筑物是 20 世纪 70 年代发展起来的一项新技术。随着国民经济的发展，城市建筑更新，厂房设备改建，我们遇到大量钢筋混凝土结构和设备基础的拆除问题。采用控制爆破方法拆除为解决这类问题提供了新的技术途径。它与常规的人工和机械方法相比，在安全、速度和经济效益上都有明显的优越性。我国从 20 世纪 70 年代开始开展这一技术的研究和应用，其实，作者参与设计实施完成的秦皇岛耀华玻璃厂控制爆破拆除工程是这一技术在应用上的一次新实践。

本工程需拆除的建筑物有：四号、五号管窑厂房、一座高 60m 的钢筋混凝土烟囱、煤气发生站。四号、五号管窑厂房是两个结构相同的砖混结构厂房，两楼之间有通廊和料斗房相连接。管窑厂房长 48m，宽 27m，高 27.76m。厂房长度方向有 9 柱轴线，北段 1~3 轴标高 6.0m 有一现浇平台，2~3 轴线标高 9m 有一现浇平台，2~4 轴线顶层有 27m 跨度带天窗的钢屋架。南段 5~9 轴为多层框架结构。下三层(+5.8m，+10.25m，+14.8m)为现浇平台，三层以上为现浇框架结构。3~5 轴线上，东西侧标高+6.0m 处有 3m 宽的现浇通廊。该厂房周边柱体除支承钢屋架为钢筋混凝土柱外(底部尺寸 75cm×150cm)，其余为预制混凝土砖柱，室内柱体均为钢筋混凝土柱，厂房结构复杂多变。

烟囱为钢筋混凝土结构，底部直径 6m，高 59.7m，位于四号、五号厂房建筑对称轴上，与厂房相距 7m，地平面上建筑物总重量 502t。

煤气站位于烟囱北面 15m 处，东西长 21m，南北宽 10.3m，高 20m，由南北两部分组成，北侧为钢筋混凝土框架结构，南侧为钢筋混凝土排架结构。

该项拆除工程周围环境为：四号厂房东面 12m 是正常生产的三号管窑厂房，两厂房之间由过道相连。过道为独立结构，与厂房之间仅有 1cm 的伸缩缝。四号管窑厂房爆破时不得损害过道。四号、五号厂房南面 110m 外有 4.5kV 高压线，五号厂房西侧 80m 为生产车间。煤气站北面 2m 处有地下供暖管道(图 6.1.1)。

图 6.1.1　秦皇岛耀华玻璃厂管窑厂房及烟囱

6.1.2　管窑厂房爆破拆除总体设计方案

管窑厂房建筑物长 50m、宽 30m、高 28m，四层现浇钢筋混凝土结构。周边承重柱部分为钢筋混凝土柱，部分为混凝土砖柱；内部柱体全部为钢筋混凝土柱。

爆破拆除设计方案要点：

(1) 根据管窑厂房建筑物层间结构强度差，刚度小，建筑物细长比小，选取倾斜原地塌落方案。逐段爆破倾斜下落，采用秒延期起爆技术控制厂房逐段爆破倾斜下落，厂房建筑构件将在重力矩作用下折断破坏。

(2) 为减小两层以下承重墙破坏时吸收大量能量，爆破前将它们全部预拆除。同时为尽可能增大落差，将建筑物内部的设备基座提前爆破拆除。

(3) 设计将两层以下柱体全部爆破破碎，爆后建筑物下落高差达 6~7m。两层以上柱体，仅作局部松动爆破布药，起爆时间比一层对应柱慢一时段。

(4) 对二层、三层楼板的大部分主梁进行预爆破局部处理。

6.1.3　管窑厂房爆破设计

管窑厂房建筑物长 50m、宽 30m、高 28m。四层钢筋混凝土现制结构，周边承重柱部分为钢筋混凝土柱。部分为混凝土砖柱。内部柱体全部为钢筋混凝土柱。柱体规格分别有 40×40(cm×cm，下同)、40×50、45×55、75×75、70×100、100×100、70×150 等，除个别配钢筋率超过 5%以外，其余钢筋混凝土柱均为正常配筋。楼板梁的尺寸为：宽(cm)25、30、40，高(cm) 50、60、70、75、80、100 不等。

6.1.3.1　爆破设计要点

(1) 根据建筑物强度情况，层间联系性差，刚度小；同层间联系性强，刚度大。而建筑物细长比小，故选取管窑厂房爆破倾斜原地下落方案。

(2) 设计将两层以下柱体作全破碎布药(主要是对粗大柱体，对细长柱体作三段铰形式布药)。为减小两层以下承重墙破坏时吸收大量能量，爆破前全部预拆除；为充分利用落差将建筑物内部的设备基础预先拆除清移，还需清出地面上的杂土方量。这样爆破后建筑物的落差达 6～7m。预拆除施工应校验楼房的安全稳定性，包括柱间的梁及承重柱的安全计算，即梁的抗弯及柱的承压荷载，失稳校核。

(3) 采用秒时差的延迟雷管起爆实现分段折断倾斜下落。延迟时间应使得构件运动倾斜一定角度并能折断。两层以上的柱体只作局部松动爆破装药，延迟时间比下层对应柱延迟一个时段。

(4) 对二层、三层楼的楼板和梁的爆破。大部分主梁作预爆破处理，以减小薄厚塌落体的块度。局部预爆破后的梁体仍应有足够强度，确保爆破前建筑物的安全稳定。

6.1.3.2　管窑厂房爆破设计参数

(1) 装药量选择。对需要进行充分破碎的钢筋混凝土的比药量为 $0.5\sim1kg/m^3$。非关键部位采用弱松动爆破，比药量为 $0.2\sim0.3kg/m^3$。对素混凝土破碎的比药量为 $0.3\sim0.5kg/m^3$，或是只松动爆破，取 $0.1\sim0.2kg/m^3$。

(2) 炮孔布置。断面尺寸小于 100cm 的混凝土柱体，一段用单排孔，孔距 $(1\sim2)W(W$ 为药包最小抵抗线)，孔深为柱体厚度的 2/3。

对断面尺寸大于 75cm 的钢筋混凝土柱体，多采用双排孔，同排孔距为 $1.5W$。

(3) 梁的预爆，一般为单孔，沿梁高方向钻孔，孔深位置距离梁的底面 10～15cm，采用不耦合装药，堵塞 20cm 左右；梁高较大时(如大于 60cm)，一般采用双药包不耦合装药结构，保证爆后梁体中下部的破碎效果。

管窑厂房爆破拆除时共用雷管 700 发，炸药量 103kg。

6.1.4　烟囱爆破设计方案

烟囱为钢筋混凝土结构，高 59.7m，底外径 6m，下部壁厚 30cm，左右为烟道，烟道以上重 502t。设计烟囱倾倒方向为烟道的对称中心断面。

爆破设计方案是采用了预爆破措施，在设计倒塌方向两侧的筒壁上开了一个梯形定向"窗口"(图 6.1.2)。因此，预爆破后的烟囱是靠四块烟囱筒壁支撑的，爆破设计是对倒塌一侧的两块筒壁进行钻孔爆破，炮孔布置是：炮孔间距 25cm×30cm，比药量是 $2kg/m^3$。总体起爆孔数为 110 个，总药量 6kg，用双层荆笆防护。

预爆破前，应对爆后烟囱的稳定进行强度校核。计算中的荷载除烟囱自重外，还应考虑到最不利方向上的最大风力(可以估计 50kg/m²)。起爆后烟囱失稳计算,考虑到烟囱筒壁竖向布筋为直径ϕ18mm,间距 10mm,筒壁爆破高度应大于 1.3m,设计取 1.7m。设计烟囱定向倒塌的必要充分条件是要爆后未爆的筒壁能支承烟囱上部筒体不下坐,不然烟囱倒塌方向不准确。

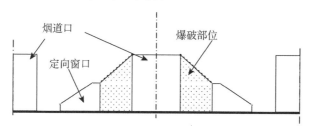

图 6.1.2　高 60m 钢筋混凝土烟囱爆破部位展宽图

6.1.5　煤气站爆破设计

煤气站由两座小尺寸的钢筋混凝土框架建筑组成。大的一座刚架结构高 19.5m,长 21m,宽 7m,小的一座附楼为排架结构,高 13m,宽 3.3m。每座框架均为双排共 8 柱(40cm×60cm),大的细长比小于 3,小的细长比为 6。爆破时是分别装药实施爆破。

附楼采用翻转 90° 倒塌方案,前排柱每柱 4 孔,爆高 2m,后排在柱根部布一个炮孔。20 个炮孔共计装 1.5kg 炸药,同时起爆。主楼刚性强,但细长比小,设计倾斜倒塌。前排两层以下四柱作破碎装药爆破,后排柱根部布一个炮孔,共计 40 孔 3kg 炸药同时起爆。

6.1.6　起爆网路

管窑厂房爆破工程最大起爆雷管数 700 发。如图 6.1.3 所示,采用 I-IV 段秒差延期电雷管,采用交流 380V 动力电源。起爆网路采用串-并联方式,每支路约 10 发雷管,单发雷管全电阻为 5Ω,为了减少回路总电阻,将雷管的铁脚线剪掉,接入网路中的雷管阻值为 3Ω。主起爆线采用断面为 50mm² 的电缆,设计每发雷管起爆电流为 6A。

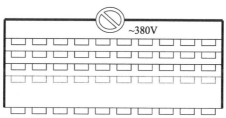

图 6.1.3　电起爆网路连接图

6.1.7 爆破效果及分析

1981 年 11 月 30 日，五号管窑厂房一次爆破塌落，爆破后，建筑物按设计意图实现了南侧楼房分段倾斜原地塌落，北侧多层平台受剪破坏塌落，建筑物拆除得到充分解体。由于三层楼以上的钢筋混凝土柱断面尺寸较大(75cm×150cm)，除按原设计在塌落后需要钻孔爆破之外，其余构件均可清理搬运。

12 月 16 日，四号管窑厂房和烟囱在相隔不到 1 小时时间内先后爆破塌落拆除。四号管窑厂房和五号厂房爆破塌落过程一样，厂房原地塌落后堆渣高度不超过 5m，四号厂房塌落范围除南边超出建筑物地基 1m，其余均在原地基范围之内。图 6.1.4 为四号楼爆破塌落过程。

图 6.1.4　四号管窑厂房爆破塌落过程

与四号管窑厂房主楼仅 1cm 相接通往三号窑的过道完好无损。和四号管窑厂房相邻接的过道(仅有一伸缩沉降缝 1cm)需要保留，四号楼爆破的起爆顺序是控制起爆时间让楼体向西边移动后再起爆东侧柱体中的炸药，爆后过道完整无损(图 6.1.5)。

图 6.1.5　保留的过道完好无损

烟囱塌落方向与设计方向偏离 5.6°。烟囱爆破的塌落效果是，烟囱根部 9m 长一段尚完整，须再次钻孔爆破。在 9~15m 区段，烟囱筒壁大致保持原形，但已破损，稍加锤击即可解体，15m 以上部分完全破碎解体。因为烟囱落地瞬间的角速度达到 0.68 rad/s(9m 处对应线速度~6m/s，15m 处对应~10m/s)。

从塌落过程的影片分析看到，在烟囱爆后偏转 3.5°时刻，后支座开始破坏，烟囱开始下坐。偏转 5.5°时，烟囱下坐约 2m。烟囱转动的支点由后缘逐步移至前缘。根据计算，烟囱若以前缘为支点，须偏转 7.6°才能使重心越出前支点，因此烟囱下坐后继续偏转，是靠动能把重心移过新支点的，实测得到偏转 5.6°时刻，转动动能达 82t·m。而此时把重心移过新支点所需能量为 15.3t·m。

12 月 24 日，煤气发生站按设计要求爆破塌落，解体块度适中，便于采用机械和人工清碴。在不到三个月的时间里，完成了秦皇岛耀华玻璃厂管窑厂房建筑物地面以上部分渣土的清除，拆除工程快速、安全和节省费用。

从煤气站附楼翻倒结果来看(图 6.1.6)，构件解体尺度是合适的，完全不用二次爆破。建筑物以后排四柱体为支座翻转，两层以上重量为 163t，支座强度是足够的。建筑物翻转 60°时，影片资料得到的角速度为 1.42rad/s。如支座为无能量损耗铰支，建筑物为刚体，对应的角速度为 1.9rad/s。能量损失主要用于折断支座做功。建筑物在翻转 90°时，尚有 5m 左右落差，对应末速度大于 10m/s，对一般排架结构，这个落地速度可以充分解体。

图 6.1.6 煤气站框架倾斜塌落

从煤气站主楼倾斜塌落过程来看，在转动下落过程中，相对高度下降较小，与自由落体相近。框架支座也是四柱体(40cm×60cm)，支点为柱基部，每个柱设置一药包，而主楼质量较大，刚度也较大，因在楼内有三个料斗(6m×6m 的斗口，四角棱台高 4m)。二、三层为刚架。以第二层的倾斜下落为例，高差 5m。从影片中观察分析构件一端触地时的速度为 7m/s(前端为 10 m/s)。如支座为理想铰，无能量消耗，建筑物为刚体，对应的中心速度也是 7m/s，能量在下落过程中的相对损耗要比副楼的小，四层楼柱体在下落过程中，由于惯性作用被折断，楼体略呈菱形，从爆破效果看，料斗在这样的落差下(料斗底部距离地面为 10m)未能解体，这是爆破前预料到的(图 6.1.7)。

图 6.1.7 煤气站框架副楼爆破后清运

总地来看，对刚性较大的建筑物，还需加大其下落能量，或对内部构件作爆破处理。该框架结构，5m 落差对解体是不充分的(实际上，倾斜下落时由于前端触地时两层构件落差仅 2.5m)。7~8m/s 的触地速度不会使这类结构物破坏解体。

爆破堆积物坍塌范围，向前冲出厂房地基 5.6m，后排柱体向后支出 1.5m，在后向 2m 处有地下供热管道，爆后无损。

6.1.8　爆破振动测量和分析

建筑物拆除爆破时使附近地面产生振动的原因：一是被拆建筑物构件中药包爆炸所产生的振动；二是建筑物塌落解体对地面冲击造成的地层振动。

秦皇岛耀华玻璃厂管窑厂房爆破拆除工程分多次爆破作业，按时间先后分别是加工车间、五号管窑厂房、四号管窑厂房、烟囱和煤气发生站。建筑物拆除爆破时产生的振动以往研究不多，在城市里进行爆破作业，爆破振动究竟有多大是人们关心的问题。利用本工程多次爆破作业的机会，我们对建筑物爆破拆除产生的振动进行监测，特别是对建筑物塌落造成的振动进行了系统性的观测和分析。对每次爆破时的振动测量点的位置进行了调整，以便能了解各次爆破时的振动传播规律。有关本工程的爆破和建筑物塌落振动的监测和分析见 7.1 节。

6.2　北京旧华侨大厦爆破拆除

6.2.1　工程概况

20 世纪 50 年代末建成的北京华侨大厦是 20 世纪 50 年代北京十大建筑之一。华侨大厦是海外华侨回国在京首选的宾馆，为满足改革开放以来大量华侨的回国需要，20 世纪 80 年代，北京市决定将旧大厦拆除，在原地重建华侨大厦。

华侨大厦位于王府井大街与东四西大街交叉口东南角，是北京市的繁华闹市区，人流，车辆密集。北 30m、西 25m 是马路和人行道，沿马路边有供电线、电车电缆，地下有通讯电缆。大厦东侧 8m 为 5 层宿舍楼，南侧 13m 为商店、民房，东南方向 80m 内为大片古旧民宅，属抗震能力很低的平房。爆破拆除要确保周围民房的安全不受损害。

大厦为内框架式的砖混结构，周边为承重砖墙，内部为钢筋混凝土整体浇灌的柱、梁、板框架(图 6.2.1)。大厦主结构由三部分组成：主(中)楼、东配楼、南配楼，各楼间有结构伸缩缝。主楼九层高 33.6m，配楼八层高 28.8m。占地南北长 95m、东西宽 78m。预计拆除爆破实物方量为 14633m³。

6.2.2　爆破拆除设计总体方案

爆破拆除设计总体方案的确定一要满足工程提出的安全要求，二要建筑物爆破后坍塌解体充分。工程提出的安全要求如下。

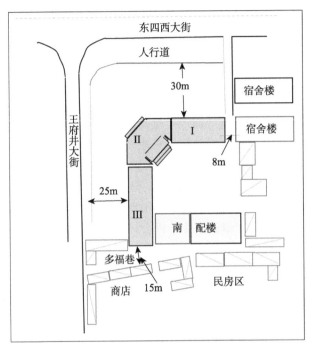

图 6.2.1　北京华侨大厦位置平面图

(1) 确保东侧 8m 处五层宿舍楼以及南侧 13m 处民房、商店的安全；要求大厦东楼向南倒塌，南楼向东倒塌，控制爆破后的碎渣不得堆积到西侧和北侧的人行道上，保障马路及其上电信网路安全。

(2) 根据国家安全规范，对邻近的宿舍楼，爆破产生的振动(包括塌落产生的振动)速度应在 3cm/s 以内；对民房控制在 2cm/s 以内。

(3) 要求施爆时，飞石不得对周围民房、商店造成损害。

根据上述爆破安全要求，爆破设计的基本原则是：

(1) 采用延迟爆破技术，设计大厦东楼、南楼、主楼分片向内侧倾斜倒塌。

(2) 为控制爆破振动与塌落振动，对每座楼房的柱墙，按倒塌方向分排延迟爆破，减少一次起爆药量。

(3) 为控制马路方向不发生飞石，马路一侧的炮孔布置在地平面以下的地下室内。

6.2.3　爆破设计思想

采用爆破方法拆除建筑物要通过合理的设计，选定爆破部位、爆破的范围及起爆时差，控制建筑物爆破后的失稳、倒塌运动方式，以最小的施工量达到安全、充分解体的目的。

　　建筑物爆破拆除解体主要是利用其自身的重力势能。对部分支撑构件实施爆破，建筑物失稳后，重力及重力矩的作用使未施爆的构件变形破坏及至解体。建筑物失稳倒塌落地冲击地面时会造成进一步破坏。爆破设计要充分利用前一种解体方式，即空中解体。空中解体一方面能有效地控制解体尺寸，使势能得到充分利用，同时又减小了落地冲量，减弱了构件冲击地面引起的振动。

　　应用 CAD 辅助设计系统模拟计算了多层框架结构爆破后各节点受力状况，研究了在不同爆破方式下构件的破坏[1]。华侨大厦的结构特点是四边为承重砖墙，内部为内框架结构。在设计倒塌方向一侧第一跨起爆后，其跨上层的梁体可视为悬臂梁，作用于悬臂梁上的均布载荷为

$$q = \left(bh + \frac{1}{2}b_0\delta\right)\gamma_1$$

式中，b 为梁宽；h 为梁高；b_0 为相邻柱体间距；δ 为楼板厚度；γ_1 为钢筋混凝土容重。

　　在梁的自由端承受的外墙重力：

$$P_L = \gamma_2(b_h\delta_L l_L)$$

式中，b_h 为外墙有效长度；δ_L 为外墙厚度；l_L 为每层墙高；γ_2 为砖墙容重；

　　故悬臂梁固端结点所受弯矩为

$$M_g = \frac{1}{2}ql^2 + P_L l$$

式中，l 为梁长。

　　梁的抗弯强度 M_e 可通过其尺寸及配筋计算。当 $M_g > M_e$ 时，梁折断。本工程实例中，第一跨计算得

$$M_g = 37.85\text{t·m}, \quad M_e = 121.4\text{t·m}$$

即 $M_g > M_e$，第一跨全部折断。

　　对第二跨，属全框架结构。通过 CAD 系统，计算框架结点在施爆第二跨后的重力弯矩 M_g。同时，根据柱、梁结构参数求出 M_{gJ} 趋近结点处梁的抗弯强度，M_{gz} 趋近结点处柱的抗弯强度。

　　当 $M_g > M_{eJ}$(或 M_{gz})时，梁(或柱)折断。

　　在同一结点上，由 M_{gJ} 与 M_{gz} 大小，可判断梁或柱是否折断。在本工程实例计算中，侧楼第二跨度理想情况下全部折断。对于第三、四跨以及主楼结构的不规则性，重力不足以使其充分折断，而以完整的结构整体下落，对于这一部分，我们依据建筑物及其构件落地冲击解体判据来判断。

　　建筑物施爆后失稳，构件在重力作用下发生弯折，所消耗的重力势能可根据构件弯曲破坏时所需的塑性功来计算[2,3]。

$$\eta = K \frac{1}{\cos\left(\dfrac{\alpha}{2}\right)}$$

式中，η 为构件弯曲破坏与其质心落差所释放势能之比；K 为构件结构常数，与其截面尺寸，配筋有关；α 为构件弯折角。

在本工程中，就内框架的柱、梁作典型计算，K 取 0.6，α 取平均值为 50°，九层结构，全部柱梁折成 50°角所耗能量，与这些构件所具势能之比为

$$\frac{\sum E_e}{\sum m_i g h_i} = 0.14$$

式中，$\sum E_e$ 为构件弯折消耗的塑性功之和；$\sum m_i g h_i$ 为构件所具势能之和。上式说明构件折断破坏只消耗它们本身所具有势能的一小部分，尚有 86%的能量用于冲击时二次破碎。在本工程中，主要质量分布在周边承重墙，如设计建筑物倾斜下落，墙体的破碎耗能不突出。

$$\eta_{\mathrm{T}} = 1 - \frac{\sum E_e}{\sum m_i g h_i} - \frac{\sum E_i}{\sum m_i g h_i} > 0$$

式中，η_{T} 为建筑物落地动能比；$\sum E_e$ 为构件弯折塑性功总和；$\sum m_i g h_i$ 为建筑物下落释放势能总和；η_{T} 大于 0 说明爆破后建筑物塌落着地还有部分能量导致地面振动。

在倾斜倒塌形式下，本工程建筑物大块整体坍塌，可以满足充分解体条件。

6.2.4　爆破设计参数

根据大厦的建筑结构特点，拆除爆破设计方案是依次爆破东、南、中主楼，使其向内侧倾斜倒塌，东、南侧楼两端最后起爆。砖混结构物由于承重墙体厚，建筑物的解体主要靠其自身的重力势能，建筑物一旦倾斜，由于其抗剪能力弱，在倾斜塌落过程中就会解体破坏。

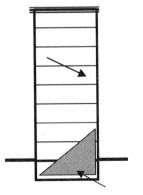

按照总体设计分析计算，为使各楼实现内向定向倒塌，爆破部位只需对地下室和一层、二层的墙体和柱布孔爆破，三层以上不需布孔爆破。最大爆高 6.8m，设计倒塌倾斜角 α 为 35°(图 6.2.2)。

每座楼的爆破部位按倒塌方向要求进行延迟起爆，楼间采用半秒差雷管延迟起爆，分段延迟起爆控制下落构件的质量，减少了建筑物塌落着地的振动。各部分的起爆顺序见图 6.2.3 和表 6.2.1。各部分的爆破药量见表 6.2.2。

图 6.2.2　爆破部位示意图

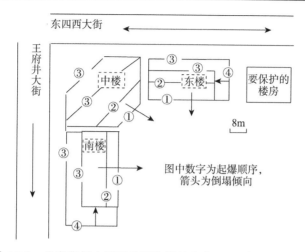

图 6.2.3　北京华侨大厦爆破拆除设计方案(1989 年 5 月 18 日)

表 6.2.1　北京华侨大厦爆破拆除各楼起爆顺序所用时间

楼号	延时分段时间/ms			
	1	2	3	4
东楼	950	1450	1950	2950
中楼	650	1650	2650	
南楼	800	1300	1300	2800

表 6.2.2　北京华侨大厦爆破拆除各楼段起爆药量

楼号	延时分段所需药量/kg				
	1	2	3	4	小计
东楼	62.3	49	42	29	182.3
中楼	84.5	110	64.7		259.2
南楼	61	25.4	42.8	22	151.2
合计	207.8	184.4	149.5	51	592.7

　　东侧楼的最大药包的药量不超过 63kg,南侧楼的最大药包的药量 61kg,中楼的最大药包的药量 110kg,以控制爆破振动。

　　本工程爆破对象以承重砖墙和混凝土柱为主,砖墙单位体积耗药量为 1.0kg/m³,钢筋混凝土柱的单位体积耗药量取 0.6~0.3kg/m³。总炮孔数 6077 个,用药量 592.7kg,整个爆破共分 11 响。

6.2.5　爆破效果

　　建筑物拆除爆破时使附近地面产生的振动是药包爆炸所产生的振动和建筑物

解体塌落对地面冲击造成的地层振动。

　　炸药爆破除了破坏介质，还有部分能量经地面传播产生振动，要通过人为的措施阻止它的产生是困难的，但控制一次爆破的装药量，采用延迟爆破技术等手段减小地面振动的强度，可以使它不致引起相邻建筑物和设备的损坏。若以地面质点振动速度 v 描述振动强度，计算地面质点振动速度可采用下式计算：

$$v = K(R/(Q^{1/3}))^{\alpha}$$

这里，K，α 为衰减常数。K 主要反映了炸药性质、装药结构和药包布置的空间分布影响，α 取决于地震波传播途径的地质构造和介质性质。Q 为一段延迟起爆的总药量，R 为观测点至药包布置中心的距离。建筑物拆除爆破采用的是小药量装药。药包量小，个数多，但它们分散在不同楼层和不同部位的梁柱，炸药爆破有较多能量散失在空气中，所以炸药的爆破作用经过建筑物基础后引起的地面振动比矿山爆破、基础拆除爆破引起的振动强度要低，衰减要快。根据北京石景山发电厂爆破拆除工程监测资料，选取 $K = 40$，$\alpha = -1.6$，预计大厦爆破时邻近住宅楼房的振动速度值为 1.57cm/s。爆破时监测数据说明，该楼房一层地面的振动速度为 0.95cm/s。四层住户居民回宿舍楼看到倒置的啤酒瓶未倒。

　　爆破噪声是爆破空气冲击波衰减后继续传播的声波。本工程爆破时，外墙为承重构件，炸药在砖墙内爆破，炸药能被砖体破坏而耗损，散逸到空气中的能量小。爆破时对爆破部位采用了三层荆芭覆盖防护，以减少飞石和噪声。预计爆破噪声将小于 500Pa，爆后检查邻近居民住房玻璃窗无一损坏，马路方向无一飞石，爆破取得圆满成功。

　　本工程于 1988 年 5 月 29 日凌晨五点起爆,建筑物按设计的倒塌方式依次塌落。图 6.2.4 和图 6.2.5 是爆破瞬间和爆破后的堆积效果。

图 6.2.4　凌晨爆破的情景

图 6.2.5　华侨大厦拆除爆破塌落堆积效果

6.3　重庆发电厂西厂改建爆破拆除工程

6.3.1　工程概况

　　为新建两台 20 万千瓦发电机组，重庆发电厂西厂改建工程需要将原西厂主厂房全部建(构)筑物进行拆除，结合基础石方开挖拆除地下设施。需拆除的西厂主厂房原建(构)筑物包括汽机房、除氧间、煤仓间、主控楼等 11 项附属建(构)筑物。主厂房内有 8 台汽机基座和 7 台锅炉基座，以及其他辅助设备基座。地下基础(建筑物和设备)以及地下设施(各种管沟)埋深−3m，相互交错、十分复杂[4]。

　　地面建筑物最大高程为 34m，钢结构烟囱高 50m，总建筑面积 26916m²。该项建筑物拆除工程的特点是：汽机和锅炉基座结构尺寸大，钢筋配比高，强度大；厂房建筑粗梁胖柱，钢筋密度大。改建工程工期紧，要在短期完成这种强度高、工程量大、复杂结构的拆除，采用人工和常规机械方法拆除几乎不可能。改建工程决定采用控制爆破方法拆除。改建工程是在原厂区范围内进行的，环境条件复杂。拆除范围东北是正在运行的东厂发电机组、厂房建筑、80m 高的烟囱，100m 外是供 20 万千瓦机组运行的 210m 高的烟囱、主控室等。拟拆除厂房北面 3m 为供油管道和电缆夹墙，还有电厂办公楼；东南 10m 处地下有东厂发电机组运行用的石灰水供水管线。南墙外 40~50m 有成渝铁路(图 6.3.1)。在这样复杂环境约束下进行大量的建(构)筑物的爆破拆除施工，工程难度大，安全程度要求高。

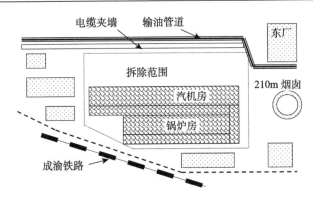

图 6.3.1 重庆发电厂西厂主厂房爆破拆除工程环境平面图

6.3.2 爆破拆除设计总体方案

根据本工程建(构)筑物的结构特点，爆破拆除总体设计方案要点是：

(1) 主厂房内汽机基座、锅炉基座以及其他辅助设备基础，在主厂房爆破拆除前先采用钻孔爆破方法进行破碎；其地下部分及建筑物柱基础随新厂房基坑石方开挖进行爆破破碎拆除。

(2) 主厂房建筑结构爆破塌落拆除。主厂房建筑物(汽机房、锅炉间、除氧间、煤仓间)是分四期改扩建形成的，其间有不同期建筑的沉降缝，总体爆破拆除设计方案拟将主厂房建筑按期分块延迟爆破，依次向北倾斜塌落解体。爆破后采用机械锤对其进行二次破碎。

(3) 主厂房外部分附属建筑(如主控室、开关室、西厂办公室、空压机房、机修车间)采用机械或辅以人工方法进行拆除。

6.3.3 西厂主厂房建筑爆破拆除设计

6.3.3.1 主厂房建筑的结构特点

西厂主厂房建筑由汽机房、锅炉间、除氧间、煤仓间共四部分组成。厂房建筑主结构是由五排钢筋混凝土柱和梁、钢屋架构成的框架结构(图 6.3.2)。

汽机房和锅炉房分别由 A、B 柱，C、D 柱及其以上的钢屋架连接形成厂房。

汽机房 A、B 柱间跨距 20m，总长 154m，高 21.4m。地面上 14.8m 处有纵贯汽机房的 20T 的吊车行车梁。A 柱断面尺寸为 55cm×115cm，B 柱断面尺寸为 75cm×110cm；柱断面双层抗弯钢筋设计(ϕ32mm)，钢筋密度大。锅炉房 C、D 柱间跨距 24.5m，总长 119m，高 34.4m。C 柱断面尺寸为 75cm×110cm，D 柱断面尺寸为 70cm×110cm。B 柱、C 柱间为除氧间，柱间跨距 9m。由于除氧设备及引风机设备荷载要求，其结构设计为 4 层框架，2、3、4 层的梁、楼板及柱体均为现浇钢筋混凝土。梁的断面尺寸大，钢筋配比高，2、3 层层高仅 2.5m，框架结构强度大，难于在爆破后获得充分解体。除氧间的屋顶有 7 根钢材结构的烟囱，高出地面 50m。煤仓间是由 D、E 柱构成的四层框架结构，柱间距 8m。煤仓间上部的煤斗仓相互连接在高 21m 的平台上。总之，主厂房的结构特点是：除氧间、煤仓间的框架结构强度高，汽机房、锅炉房强度比较弱，柱梁尺寸大，钢筋含量高，爆破拆除时难于充分解体。

图 6.3.2　重庆发电厂西厂主厂房

根据主厂房建筑的结构特点，爆破拆除方案是将其按建筑分期以沉降缝分块，以除氧间和煤仓间两个框架结构为主体的倾斜倒塌，采用不同的爆破高度和时间差，使主厂房整体建筑爆破后失稳依次向北倾斜塌落。爆堆采用机械锤二次破碎清除。

6.3.3.2　爆破设计参数

爆破设计参数以电厂第二期扩建工程主厂房横断面柱体的炮孔布置、爆破部位、药量计算为例进行说明(表 6.3.1)。

表 6.3.1　A、B、C、D、E 柱(断面编号 17)炮孔布置及爆破参数选择

| 柱号 | 0m 以上炮孔爆破参数 | | | | | | 7m 以上炮孔爆破参数 | | | | | |
	断面 S/m^2	孔距 a/cm	孔深 l/cm	孔数 n	药量 Q_i/g	时间 T_i/s	断面 S/m^2	孔距 a/cm	孔深 l/cm	孔数 n	药量 Q_i/g	时间 T_i/s
A	55×115	55	95	10	375	2.5	55×115	55	95	4	300	2.5
B	75×110	55	90	10	450	3.0	65×110	55	90	6	375	2.5
C	75×110	55	90	10	450	3.0	65×110	55	90	3	375	2.5
D	70×110	55	90	10	375	2.7	70×100	55	90	4	300	2.7
E	70×90	55	70	3	375	2.7	70×80	55	70	3	300	3.0
合计				43	17.625kg					20	6.675kg	

注：药量合计时需乘以对应孔数。

6.3.3.3　建筑物倾斜塌落过程和破碎效果分析

　　从爆破部位和起爆顺序看,当 A、B、C 柱(7m 以上)炮孔爆破后,汽机房(包括除氧间)将失稳,在重力和重力矩作用下其将下落并向北倾斜运动(图 6.3.3)。汽机房屋架的连接作用带动除氧间上部(钢烟囱)向北倾斜转动;当这一转动力矩施加于锅炉屋架时,D、E 柱爆破部位的炮孔起爆,煤仓间上部将依势随锅炉屋架向北倾斜塌落。钢屋架和主体的连接点在柱体爆破后相当于一个铰,如果延迟时间过长,铰点将破坏,不能传递向北定向倒塌的牵引作用。最后起爆除氧间 B、C 柱的下部炮孔,完成主厂房建筑的爆破拆除解体塌落。

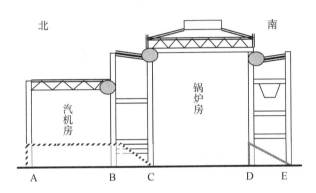

图 6.3.3　重庆电厂西厂结构及爆破部位设计图

　　由于除氧间框架结构强度大,尽管对 B、C 柱及其间的连接梁进行了预处理爆破,减弱了其强度,但是由于落差小,爆破后塌落解体是不充分的。同样煤仓间上部的煤斗仓、汽机房的吊车行车梁、柱体上部未钻孔布置药包爆破的部分在建筑物整体塌落时解体不很充分,需要进行机械二次破碎。

6.3.4　起爆网路设计

　　主厂房爆破拆除设计是将建筑物按期分块依次爆破,为控制建筑物的塌落运动工程和减少对地面的振动。爆破设计分 11 段,以数百毫秒的时间差延迟起爆,采用瞬发电雷管和非电导爆管瞬发雷管、毫秒差雷管、半秒差雷管串联组合网路。分块起爆顺序如图 6.3.4 所示,各段起爆时间如表 6.3.2。

6.3.5　主厂房爆破振动安全设计

　　主厂房爆破时,2000 个炮孔分布在占地面积近 8000m² 的厂房的柱、梁上,柱子上的炮孔有的高于地面 10 余米,药包布置空间分散,又不是在同一时刻起爆。尽管主厂房建筑拆除爆破时的总装药量 765kg。由于药包分散,爆破震源不是集中

在一个局部位置，这种三维空间分布药包爆破时的振动作用和基础爆破的振动作用
不一样，有大量炸药爆炸产生的能量在爆破破坏柱梁混凝土后散失在空气中，经柱
基传入地下产生的地震波能量小。

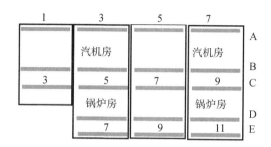

图 6.3.4　重庆发电厂西厂爆破拆除起爆顺序图

表 6.3.2　起爆顺序时间安排和网路组成

起爆顺序	起爆时间/ms	起爆网路组成
0	0	EO–PO
1	500	EO–PO+HS2
2	700	EO–PO+MS7+HS2
3	1000	EO–PO+HS3
4	1200	EO–PO+MS7+MS3
5	1500	EO–PO+HS4
6	1700	EO–PO+MS7+MS4
7	2000	EO–PO+HS5
8	2200	EO–PO+MS7+MS5
9	1500	EO–PO+HS6
10	2700	EO–PO+MS7+MS6
11	3000	EO–PO+HS7

　　根据类似框架结构厂房爆破拆除时的监测结果，可以参照以下经验公式来预测
主厂房爆破时的振动强度：

$$v = (48 \sim 72)(R/Q^{1/3})^{-1.8}$$

这里，观测点至药包布置的中心距离 R 要大于药包分布的特征尺寸，Q 则是按建筑
分期分块一次起爆的分布药包群的总药量。v 为观测点地面振动速度峰值。参照上
式，对距离爆破区外的油管、电缆夹墙在主厂房爆破时可能产生的爆破振动速度峰
值将不超过 0.4cm/s。其值小于工程要求的 2cm/s 的安全控制值。可以认为主厂房
爆破时，考虑爆破区以外需要保护的目标的抗震能力，上述振动强度将不会造成任

何振动损害。

参照类似的建筑拆除爆破,建筑物塌落着地的冲击振动由于不同于集中质量物体下落的冲击振动,厂房结构物是分片、解体后先后着地,其振动强度将和爆破振动为同一量级,对所关心的建筑和设备不会产生振动危害。

爆破时实测距离爆破作业区最近处的油管地面爆破振动速度为 0.36cm/s。2.2s 后,由建筑塌落造成的振动速度为0.56cm/s,但塌落振动波的作用时间长,后期振动延续到5.6s,振动强度不大。

6.3.6 爆破效果及分析

重庆发电厂西厂主厂房爆破拆除工程于 1993 年 1 月 31 日下午 2：30 实施爆破 (图 6.3.5)。建筑物塌落破碎效果良好(图 6.3.6),邻近建筑和设备及管线未产生任何损害。爆破取得了完全成功。

图 6.3.5 厂房爆破塌落过程

图 6.3.6 爆破后堆积图

6.4　秭归县医院楼群爆破拆除设计

6.4.1　工程概况

三峡水电枢纽工程将于 2003 年 6 月开始蓄水发电，蓄水高程 135m。2002 年三峡库区移民拆除工程任务繁重。湖北省秭归县是三峡库区淹没的县城之一，秭归县归州镇大部分建筑物位于 135m 高程以下，有数十万平方米的建筑物要拆除，秭归县医院是其中之一。医院建筑楼群依山坡而建，住院部靠近河边，宿舍楼在坡上边，楼群呈阶梯状。有的楼房河边一侧下落一层，当地俗称为吊楼。

屈原故里牌坊(图 6.4.1)就坐落在医院门诊楼前，屈原故里牌坊将原样搬迁移至茅坪秭归新县城，秭归县医院的爆破拆除将记录这千年历史遗址的变迁。

图 6.4.1　屈原故里牌坊

秭归县医院有住院部、门诊楼、宿舍楼及其附属建筑物共计 15 栋。多数为 5 层或 6 层高的砖结构或砖混结构楼房，少数为三层楼房，承重砖墙厚 24cm 或 37cm，支撑结构墙体薄弱，总建筑面积 20000m²。

筹建三峡工程长达 40 多年，考虑到三峡大坝建成后，库区蓄水，库区内各县城的建筑物设计的服务年限不长。大多数建筑物为砖结构或砖混结构，墙体薄，使用多年后结构强度减弱。人工拆除不安全，隐患多，拆除过程中已发生多起人员伤亡事故。加之，清库工程工期紧，所以县医院建筑物决定采用控制爆破方法进行拆除[5]。

清库工程要求拆除后无过大块体的残楼堆积物。

医院相邻的其他建筑都属待拆建筑物，多数建筑物已经拆除。拆除后的空场或是待拆除的建筑周围没有需要保护的建筑物。

6.4.2 爆破拆除总体设计方案

根据医院主要楼房的结构特点，墙体薄、抗弯能力弱，拟采用单侧定向倾倒的爆破设计方案。

为了一次爆破使各个建筑物在爆破后倾倒实现解体破碎的目的，并获得良好的爆破堆积效果，考虑各建筑的结构特点和楼群间的相互位置，合理地确定它们的倒塌方向和起爆顺序。

爆破拆除总体设计方案是将医院建筑物楼群分成三组，确定各楼房的爆破拆除倒塌方向，如图 6.4.2 所示。医院建筑物楼房的平面布置不是简单的一字形，有的是 U 形布置，有的是 L 形，有的是 T 形。这样平面布置的楼房不能像一字形楼房一样采用简单的往一侧倒塌的爆破拆除设计方案。为了使楼房倒塌破碎效果充分，

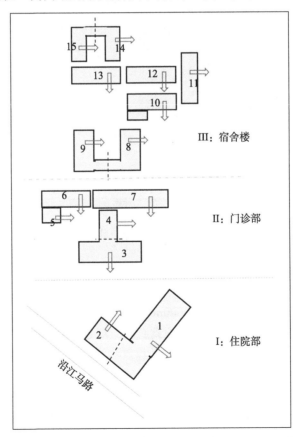

图 6.4.2　秭归县医院建筑物楼群分布及分片爆破顺序图

需要将它们进行预切割进行分离。

I 组为 L 形的住院部，住院部河边一侧是临街道路，这条道路在清库期间仍要通行，因此住院部不允许向河边一侧倾倒。为了确保爆破后堆积物不堵塞道路，要控制该建筑物爆破后向下游方向和上坡方向倒塌，爆破前采用预切割将该楼分为两部分，向下游方向倾倒的部分先爆破，以利于后起爆部分向上坡方向倒塌。

II 组门诊部有三座楼房，其中一座为 L 形，一座为 T 形，这两座楼也需要进行预切割分离；III 组家属宿舍区有 6 座楼房，其中两座 U 形楼要进行预切割分离。三组建筑物楼群经预切割分离后变成了 15 座独立的楼房。爆破拆除总体设计方案是把 15 座楼房分成三组建筑物，按它们之间的相互位置确定倒塌的先后顺序，如图 6.4.2 所示，图中箭头表示了爆破后的倾倒方向。

6.4.3 爆破设计

医院建筑物楼房的建筑结构设计基本相同，都是简单的砖混结构，主要承重结构是墙体。因此爆破拆除设计方案是爆破部分承重墙体，爆破后使其向一侧定向倾倒。下面以住院部楼为例说明爆破设计方案，包括爆破部位-药包布置和起爆网路。由于要爆破的墙体不厚，所以钻眼工程量大，起爆雷管数多，爆破网路连接复杂，施工难度大。

图 6.4.3 是住院部楼房的主结构图。为了使其爆破后向上坡一侧塌落，爆破部位为上坡一侧的一、二层墙体。沿江马路一侧的墙体和与其相连接的部分房间隔断墙不爆破，作为支撑以确保爆破后楼房不产生后座。隔墙不进行爆破部分的长度为 1.5~2m。

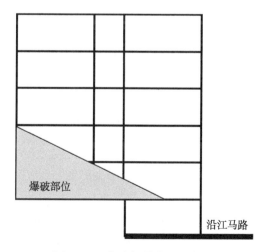

图 6.4.3 住院部楼房爆破部位

由于医院建筑物楼房多，要求一次爆破完成拆除，一次爆破的起爆雷管数量很大，为减少一次起爆雷管数，爆破设计要对一、二层墙体进行局部预拆除，预拆除范围如图 6.4.4。

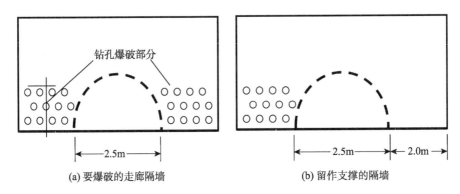

(a) 要爆破的走廊隔墙   (b) 留作支撑的隔墙

图 6.4.4 墙体预拆除范围和钻孔布置示意图

6.4.4 爆破设计参数

要爆破的部位都是砖墙，墙厚 δ 为 24cm，爆破钻孔设计参数如下：

钻孔直径：$\phi 40mm$；

最小抵抗线：$W = \delta/2 = 12cm$；

钻孔间距(水平向)：$a = (1.5\sim2.0)W = 18\sim24cm$，这里取 25cm；

钻孔间距(垂直向)：$b = (1.5\sim2.0)W = 18\sim24cm$，这里取 20cm；

钻孔深度：$l = 15cm$；

装药量：$Q_i = q \times a \times b \times \delta$。

这里由于墙体不厚，炮孔孔深小，为浅眼爆破，炸药爆破有效能量利用率低；墙体为多层面介质，爆破耗药量大。设计选择单位体积耗药量 $q = 2.0kg/m^3$，计算给出 $Q_i = 24g$，设计单孔装药量 25g。

各个建筑物爆破拆除设计参数和起爆顺序如表 6.4.1。

6.4.5 爆破网路

由于 15 座楼房要在一次爆破的时间里完成拆除，所以确保起爆网路安全准爆十分重要。每座楼房爆破的部位都是墙体，墙体不厚，钻孔数量多，要起爆的药包超过一万个。爆破设计采用非电导爆管起爆系统，采用孔内外延迟起爆方法。炮孔内全部采用高段雷管，孔外采用低段雷管实现楼间延迟起爆，并按设计的倾倒方向和顺序依次塌落。孔外雷管传递起爆信号的累计延迟时间要小于孔内高段雷管的延迟时间,确保在先爆破楼房内雷管爆炸前,所有雷管都已点火。根据供货单位提供的雷管品种(瞬发电雷管、毫秒差延迟雷管 MS1、MS3、MS10)设计起爆网路。

表 6.4.1　爆破设计参数表

楼座编号	建筑面积/m²	墙体厚度/cm	钻孔数量/个	雷管数/发	炸药量/kg	爆破网路连接
1	2200	24	980	980	25.5	E0+3M10+MS10
2	1800	24	740	740	18.5	E0+3MS1+3MS3+MS10
3	1500	24	790	790	19.75	E0+3MS1+MS10
4	800	24	500	500	12.5	E0+3MS1+MS3+MS10
5	700	24	440	440	11.0	E0+3MS1+MS3+MS10
6	1100	24	610	610	15.25	E0+3MS1+4MS3+MS10
7	1100	24	590	590	14.75	E0+3MS1+4MS3+MS10
8	1200	24	770	770	19.25	E0+3MS1+MS10
9	1200	24	760	760	19.0	E0+3MS1+MS3+MS10
10	1300	24	760	760	19.0	E0+3MS1+5MS3+MS10
11	900	24	530	530	13.25	E0+3MS1+MS10
12	1200	24	790	790	19.75	E0+3MS1+5MS3+MS10
13	1200	24	790	790	19.75	E0+3MS1+5MS3+MS10
14	1300	24	800	800	20.0	E0+3MS1+MS10
15	1300	24	810	810	20.25	E0+3MS1+MS3+MS10
合计	18800		10660		267.5	

(1) 炮孔内全部采用高段 MS10 毫秒差雷管(350ms)。

(2) 墙体炮孔中的雷管采用束接方式,每束采用两个 MS1 瞬发非电雷管进行三次接力传爆。两发雷管交叉连接形成复式起爆系统。

(3) 按建筑物座别分组延迟起爆,楼座间采用毫秒差 MS3 段(50ms)的组合接力进行楼间爆破延迟。

(4) 各楼座的起爆端头采用电雷管串联,形成同一起爆回路,采用高能起爆器起爆。

(5) 上述爆路网路连接方式以 12 号楼表示为 E0+3MS1+5MS3+MS10。E0 表示电雷管,3MS1 表示采用瞬发雷管的三次接力传爆,5MS3 表示 5 个三段毫秒差雷管串联的延迟时间。这样,该楼墙体内雷管的设计起爆时间为(不计瞬发雷管时差)5×50ms+350ms=600ms。

6.4.6　爆破效果

由于是建筑群爆破,所以药包分散。建筑物高程有限,结构强度不高,倾斜过程中解体破坏，爆破和塌落振动强度不大，加之附近无特别需要保护的建筑物和设备，爆破拆除的振动影响可不考虑。爆破时的飞石尺寸小、飞散距离小，主要飞散方向为河边。爆破时河边一侧人员全部撤离，可以不考虑飞石的影响。

(1) 预拆除范围要严格控制大小，要确保建筑物稳定可靠。爆破前，一、二层楼梯间要预切断。

(2) 钻孔，要选择从顺砖块长边钻进，防止钻孔时将砖块打掉。炮孔装药后堵塞长度要求 10~12cm，堵塞质量要求严实，要用好黏土层层捣实。

(3) 使用非电导爆管雷管(毫秒差 10 段)10660 发(导爆管长 3m)，毫秒差 3 段 150发。非电导爆管瞬发雷管(传爆接力用雷管)200 发(导爆管长 5m)。瞬发电雷管 20 发(起爆点火)。乳化炸药 300kg。

2002 年 3 月 24 日下午 3 点整，15 座楼房在爆破声中分片依次爆破倒塌，破碎效果良好。沿江马路仅有少量碎砖块，保证了交通正常运行。在三峡工程清库旧建筑物拆除工程中，秭归县医院建筑物一次爆破拆除 15 座楼群的爆破瞬间已录入三峡工程建设的历史记录片中(图 6.4.5 和图 6.4.6)。

图 6.4.5　秭归县医院爆破时情景　　　　图 6.4.6　爆破后马路可以正常通行

参 考 文 献

[1] 庞维泰，杨人光，周家汉，等. 控制爆破解体建筑物的判据问题//土岩爆破文集：第二辑.
    北京：冶金工业出版社, 1985.
[2] 周家汉，杨人光，庞维泰. 建筑物拆除爆破塌落造成的地面振动//土岩爆破文集：第二辑.
    北京：冶金工业出版社, 1984: 317-326.
[3] 周家汉，金保堂，陈善良. 高烟囱拆除爆破及塌落振动测量和分析//第七届工程爆破学术会
    议论文集. 成都, 2001, 707.
[4] Zhou J H, Pang W T. Demolition by controlled blasting of the west buildings in Chong Qing
    power plant//第二届国际工程爆破技术学术会议. Kunming: Peking University Press, 1995,
    423.
[5] 文蔚，周家汉. 秭归县医院楼群爆破拆除设计与施工. 工程爆破, 2003, 9(2): 26-29.

第7章 拆除爆破塌落振动

7.1 建筑物拆除爆破塌落造成的地面振动

7.1.1 建筑物拆除爆破时地面振动的来源

岩土中的爆破作用使药包破坏区以外的地层产生振动，要想通过人为的措施阻止它的产生是困难的，但事先控制一次爆破的装药量，采用延迟爆破等技术手段减小地面振动的强度，使它不致引起其他建筑物和设备的破坏，还是可能的。

建筑拆除爆破时使周围建筑物产生振动的原因：一是被拆建筑物中药包爆炸所产生的振动波；二是建筑物拆毁塌落解体对地面撞击造成的地层振动。

城市建筑物拆除爆破采用的是小药量装药，许多个药包布置在需炸毁的部位。由于每个药包的用药量小，尽管个数多，但因它们分散在不同层次和不同部位，又不是在同时刻引爆，所以炸药的爆炸作用经建筑物基础在地层中传播引起的地面振动比矿山采矿爆破引起的振动强度要低，衰减要快。根据一些建筑物拆除爆破的试验结果，有的研究者提出采用修正系数 $K' = f(Q^{1/3}/R) < 1$ 对爆破振动衰减规律 $V = K(Q^{1/3}/R)^{\alpha}$ 加以修正。人们在土岩爆破工程施工作业时，已积累了大量爆破振动的观测和试验资料，得到了在不同土岩层中各种装药结构的爆破振动的传播规律，即使不考虑修正，根据以往经验也不难为拆除工程药包爆破产生的振动提供一个保守的预报。

建筑物爆破拆除时塌落撞击造成的地面振动，随着高大建筑物拆除项目的增多引起了人们的重视。显然，这种振动作用不宜简单地和爆破振动的大小相比。对于同一建筑物，不同的爆破拆除方案，拆毁后的解体尺寸、下落次序都会在不同程度上影响塌落时的地面振动。有的设计方案，以少量装药一次爆破就可以拆毁一座高大建筑物，这时虽然爆破造成的振动不大，但塌落的振动不可忽视。当然，好的设计方案可通过合理布药，控制结构物拆除的解体尺寸达到减小塌落时的振动，相反，若装药不合适，采用大药量爆破，则爆破振动大，塌落振动也不一定小。

关于塌落振动的影响，捷克人亨利其(J. Henrych)[1]曾想找出有关建筑物爆破碎块撞击地面引起振动的衰减规律。在他给出的一些拆除爆破工程监测的地面振动数据中，有爆破直接引起的振动，还有建筑物塌落的地面振动数据，二者的振动特征不一样。他企图引入整个结构重量或与部分装药相对应的结构部分重量来分析，但没有找出振动位移或是振动速度和观测点至下落物重心的距离之间存在的明显关系。不得已，他认为在一般的装药分布情形下，撞击地面的部分重量变化不大。不考虑被炸毁的结构的重量，直接整理了多项工程的振动位移和观测点至下落物重心的距离关系为

$$位移平均值=500/R \tag{7.1.1}$$

$$位移最大值\ A_{max}=2000/R \tag{7.1.2}$$

塌落振动最大位移时的频率范围为 3~33Hz，比炸药爆破引起振动位移时的频率低。式(7.1.2)给出的结果说明在距离为 25m 处的安全性是，爆破引起的振动速度为 4~7mm/s，加速度达到 2000mm/s²。如果将这些结果外推到周围最近的结构物，即距爆破区中心仅 5m 的房屋与工程设施，可能产生的振动速度为 35mm/s，加速度约为 10m/s²，即与重力加速度相等。根据最新测量结果，5m 以内的砖石房屋或松散材料在这样大的振动作用下将会变形。

塌落撞击的效应比爆破效应要小，30m 远处振动速度不超过 4mm/s，加速度达到 1100mm/s²。在 5m 远处，估计振动速度将是 24mm/s，加速度为 6600mm/s²。

振动对于工程设施的破坏(如地下钢管)取决于产生的相对变形，以及钢管产生的应变，即 $\varepsilon=u/c$。c 为工程材料的弹性波速。地面最大振动波速

$$u=2\pi fA_{max}=35\text{mm/s}$$

并可认为它沿管长不变，土壤传播速度 $c\approx500$m/s，从而得到相对变形

$$\varepsilon=u/c=35/(5\times10^5)$$

若这一变形全部传给钢管，钢管的弹性模量 $E=2.15\times10^6$kg/cm²，则钢管中产生的应力将是

$$\sigma=E\varepsilon=2.15\times10^6\times7\times10^{-5}=150.5(\text{kg/cm}^2)$$

当然，这里只考虑起主要作用的振动分量的估算。若考虑另外两个分量在极端情况下可能具有相同的值，则总应力是

$$\sigma_{max}\approx\sigma\sqrt{3}\approx260\text{kg}/\text{cm}^2$$

这样估算是偏安全的。因为振动作用不可能都由土壤传给了管道。若钢管中相对应的振动位移是土壤变形的 50%，管道中的应力 $\sigma_{max}\approx130$kg/cm²，这样低的应力是不会造成任何破坏的。

由于建筑物爆破塌落过程的不确定性，要准确地判断下落物的重心是很困难的，因此观测点与其间的距离的精度很有限。显然，这样一个塌落振动强度的平均值或最大值的概念太粗糙了，公式(7.1.1)，(7.1.2)很难用于工程设计，如上述，有时估算还是错误的。

秦皇岛耀华玻璃厂改建工程需要拆除两座高 27.5m、长 50m、宽 30m 的管窑厂房；一座高 60m 的钢筋混凝土烟囱；一座高 21m 的钢筋混凝土煤气发生站，爆破拆除这些建筑物实测周围地层振动速度的结果表明，爆破引起的振动和塌落振动的

波形明显分开，塌落振动在爆破振动波过后到达。我们认为，建筑物塌落冲击地面的振动强度将给周围建筑物和设备造成什么样的危害，如何才能控制它们，是在进行高大建筑物拆除爆破设计时需要认真研究的问题。

7.1.2　集中质量作用于地面造成的振动

建筑物拆除爆破设计一般是把药包埋在结构中的承重和受力关键部位，一旦药包起爆，这些构件瞬时被炸断破坏失去支撑作用，致使整个结构物处在失稳、不平衡的状态之中。建筑物中的各个部位由于受力产生不同的变形和在下落运动中解体破坏，有的则在下落后与地面撞击发生破坏。因此，建筑物爆破拆除的塌落过程一般不是整体下落撞击地面，而是被分成许多大小各不相同的破碎框架，依次下落撞击地面并相互撞击，上层构件的撞击作用经过先已着地的下层构件传给地面，其过程是相当复杂的。为研究建筑物爆破拆除塌落对地面的撞击作用，我们不妨将其看成许多不同块度的落体对地面撞击的叠加。

7.1.2.1　落锤夯击地面振动位移

强夯法处理地基是用重锤从高处自由落下给地基土施以冲击力和振动，从而达到提高地基土的强度并降低其压缩性，改善其抗振动液化的能力和消除土的湿陷性。落锤在夯击加固地层的同时导致一定范围内的地层振动，建筑物爆破拆除解体塌落过程可以看成是多个落锤冲击地面。因此，了解落锤下落造成的地面振动传播具有重要意义。

落锤试验是将重 3t 的夯锤从不同高度下落撞击地面，监测不同距离处地面产生的振动位移。文献[2]给出了冲击锤(重 3t)从不同高度下落夯击地面的振动强度(位移)随距离的衰减数据(表 7.1.1)。

表 7.1.1　振动位移(《土岩爆破文集 2》183 页)　　　　　(单位：mm)

	R	振动位移 A		R	振动位移 A		R	振动位移 A
	8	0.38		13	0.08		9	0.25
	13	0.11		13	0.07		13	0.05
高差	15	0.2		14	0.18		14	0.05
10m	33	0.049		14	0.16		15	0.09
	42	0.049	高差	38	0.026	高差	33	0.02
	9	0.39	5m	40	0.026	2m	35	0.02
	42	0.05		45	0.026		50	0.02
				50	0.026		54	0.02
				60	0.026		58	0.02
				80	0.02		54	0.01

7.1.2.2　集中质量作用于地面造成的振动

实际观测表明，落锤至地面的撞击作用造成的地面振动与它的质量和下落高度有关，这种振动作用似一种冲量作用于地面。若以地面振动速度表示强度，影响下落物体撞击地面振动传播的因素很多，显然还与二者的声阻抗有关；随着至撞击落点距离远近不同，地面振动强度是不一样的。因此，可以把地面振动速度 v 表示成如下关系[3,4]：

$$v=f(M,H,g,\rho_h,E_h,\rho_g,E_g,R) \tag{7.1.3}$$

式中，M 为落锤的质量；H 为落锤的高度；g 为重力加速度；ρ_h，E_h 为落锤的密度和杨氏模量；ρ_g，E_g 为地面岩上层的密度和杨氏模量；R 为观测点至塌落中心的距离。

从量纲分析得到

$$v_t/c_g = f(M/\rho_g R^3,H/R,\rho_g gR/E_g,\rho_h/\rho_g,E_h/E_g) \tag{7.1.4}$$

其中 $c_g^2=E_g/\rho_g$，若我们研究的下落物体的材料和撞击地面的材料性质不变，假定撞击地面造成的只是一种弹性振动，则可以简化上式，得到

$$v_t/c_g=f(M/\rho_g R^3, H/R, \rho_g gR/E_g)$$

通过无量纲组合，我们得到如下的振动速度衰减公式：

$$v_t / c_g = f\left(\frac{MgH}{\sigma R^3}\right) = f\left(R \Big/ \left(\frac{MgH}{\sigma}\right)^{1/3}\right) \tag{7.1.5}$$

为了寻找和爆炸振动衰减类似的关系来描述解体构件对地面的撞击振动，不妨采用 $v=K\left(R\Big/\left(\dfrac{MgH}{\sigma}\right)^{1/3}\right)^{\beta}$ 整理实测数据。对上式两边取对数，我们得到

$$\ln(v_t)=\ln(K)+\beta\ln(R/((MgH)/\sigma)^{1/3}) \tag{7.1.6}$$

图 7.1.1 是整理落锤夯击地面的振动速度衰减规律，横坐标是 $\ln(R/((MgH)/\sigma)^{1/3})$，

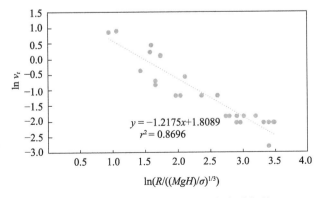

$$y = -1.2175x+1.8089$$
$$r^2 = 0.8696$$

图 7.1.1　落锤夯击地面振动速度衰减规律

纵坐标是 $\ln v_t$。直线方程给出落锤夯击地面振动衰减规律为

$$v_t=6.05(R/(MgH/\sigma)^{1/3})^{-1.22} \tag{7.1.7}$$

建筑物爆破拆除的塌落过程一般不是整体下落撞击地面，但是我们可以看成许多被解体的不同尺寸的渣块对地面的撞击。因此我们需要分析爆破塌落的物理过程，确认我们关注的塌落体以及可能的塌落着地点。

从这里我们看到，建筑物的高度是客观存在的，为了减小建筑物塌落对地面的撞击振动强度，我们可以通过总体设计方案，确定爆破部位，控制建筑物的解体尺寸。特别是要分析控制第一时间塌落块体的尺寸，因为先着地的构件可以缓冲之后塌落构件或块体的冲击作用，减小塌落振动的影响。

7.1.3　塌落振动测量案例一

7.1.3.1　秦皇岛耀华玻璃厂旧厂房拆除爆破

秦皇岛耀华玻璃厂旧厂房拆除爆破工程分三期进行，为观测不同设计方案、不同建筑物在拆毁塌落时的地面振动，先后安排了八次爆破，分别是：加工车间框架东部、加工车间框架西部、五号管窑厂房、五号管窑厂房副楼、四号管窑厂房、煤气站及副楼等，还有 60m 高的钢筋混凝土烟囱。每次爆破时，相应都进行了地面振动速度测量[3]。

爆破设计参数和药包布置参数见 6.1 节。

监测系统由 GL-2 型测振仪、CD-1 型和 CD-7 型速度传感器、SC-16 型电磁示波器组成。主要监测垂直于地面的速度分量。四号管窑厂房、烟囱爆破时测量点布置见图 7.1.2 和图 7.1.3。

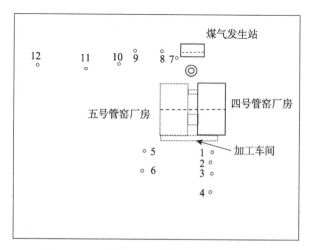

图 7.1.2　四号管窑厂房爆破时测点布置图

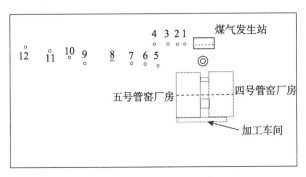

图 7.1.3   烟囱爆破时测点布置图

八次爆破拆除时的振动测量结果分别列入表 7.1.2~表 7.1.9。

表 7.1.2   加工车间框架东部爆破振动及塌落振动测量结果

测点编号	至爆破中心距离/m	至塌落中心距离/m	主振波频率/Hz		振动速度峰值/(cm/s)	
			爆破	塌落	爆破	塌落
1	29.5		17.2	9.1	0.149	0.333
3	42		27.8	9.4	0.061	0.167
4	42		20.8	9.3	0.052	0.148
5		58		9.3		0.088
6	62			8.1	0.012	0.012
7	77.5		22.7	8.6	0.01	0.66
8						
9		92.5		9.3		0.05
10		111.5		10		0.028
11		120.5		9.3		0.026
12		140.5	22.7	7.7	0.005	0.014

表 7.1.3   加工车间框架西部爆破振动及塌落振动测量结果

测点编号	至塌落中心距离/m	主振波频率/Hz		振动速度峰值/(cm/s)	
		爆破	塌落	爆破	塌落
1	36.5	20		0.107	0.089
2	24.5	25		0.261	
3	20	18.5		0.167	0.917
4	33	27.8		0.251	
5	55	29.4		0.152	0.056
6	63			0.042	
7	54.5	26		0.097	
12	108		7.6		0.025

表 7.1.4　五号管窑厂房爆破振动及塌落振动测量结果

测点编号	至塌落中心距离/m	主振波频率/Hz		振动速度峰值/(cm/s)	
		爆破	塌落	爆破	塌落
2	58		6.6		0.22
3	68		10.0		0.108
6	74	31.25	8.1	0.57	0.333
7	90	16.7	8.3	0.68	0.158
8	129	18.8	8.3	0.036	0.121
9	172	16.7		0.033	
10	202	16.7		0.0160	

表 7.1.5　五号管窑厂房副楼爆破振动及塌落振动测量结果

测点编号	至塌落中心距离/m	主振波频率/Hz		振动速度峰值/(cm/s)	
		爆破	塌落	爆破	塌落
2	79.5	21.3		0.112	
6	42	26.3		0.170	
7	62		10.9		0.123
8	105	16.7	6.3	0.057	0.154
9	148	13.9		0.044	
10	178	31.3	6.8	0.016	0.031
11	38.5	16.7		0.016	

表 7.1.6　四号管窑厂房爆破振动及塌落振动测量结果

测点编号	至塌落中心距离/m	主振波频率/Hz		振动速度峰值/(cm/s)	
		爆破	塌落	爆破	塌落
1	20	19.2	12.5	0.963	0.667
2	34		12.5		0.4
5	78	22.5	5.7	0.03	0.03
7	77	15.6	9.6	0.184	0.533
8			8.9		0.36
9	106	19.2		0.093	
10	113	16.1		0.10	
11	142	15.6	7.4	0.051	0.053
12	206	17.9	5.0	0.026	0.038

表 7.1.7 煤气站爆破及塌落振动测量结果

测点编号	至塌落中心距离/m	至塌落中心距离/m	主振波频率/Hz		振动速度峰值/(cm/s)	
			爆破	塌落	爆破	塌落
1	20.5		25	13.9	0.561	0.411
2	28.5		22.7	9.6	0.318	0.430
3	39		27.8	12.5	0.119	0.260
6		74.5		9.6		0.167
7		86		10.4		0.089
8	108		27.8	6.9	0.023	0.075
9	129		27.8	7.4	0.015	0.035
10	15		19.2	8.1	0.015	0.020

表 7.1.8 煤气站副楼爆破及塌落振动测量结果

测点编号	至爆破中心距离/m	至塌落中心距离/m	主振波频率/Hz		振动速度峰值/(cm/s)	
			爆破	塌落	爆破	塌落
1	22		25	10.4	0.115	0.381
2	30		25	8.9	0.079	0.268
3	40			7.8	0.058	0.20
5		68		6.0		0.10
7		108		6.8		0.10
10	150		18.5	4.4	0.004	0.053
11	174		20.8	4.9	0.004	0.045

表 7.1.9 烟囱爆破及塌落振动测量结果

测点编号	至爆破中心距离/m	至塌落中心距离/m	主振波频率/Hz		振动速度峰值/(cm/s)	
			爆破	塌落	爆破	塌落
5	92.5		54	7.8	0.056	0.073
12	174		18.5	7.6	0.033	0.005
5		74.5				0.141
9		22.5		0.9		7.2
10		59		9.6		1.55
11		82.5		13.9		0.16
12		149		15.6		0.13

7.1.3.2 爆破振动

从表 7.1.2~表 7.1.9 中我们看到，爆破产生的地震波的频率为 13.9~54Hz，大多为 20~30Hz，作用时间一般在 100ms 左右。

图 7.1.4 给出了爆破振动速度 v_1 随距离的衰减关系。距离 R 是分布药包的几何中心到观测点的距离，炸药以总药量计。这些曲线可以近似地用下面的公式表示：

$$v_1=K(R/Q^{1/3})^\alpha \qquad (7.1.8)$$

式中，v_1 为爆破引起的地面振动速度，cm/s；Q 为炸药量，kg；R 为距离，m；K、α 为系数，经计算，$K=50\sim120$，$\alpha=1.93$，$R'=R/Q^{1/3}$。上式的适用范围为 $14.3<R'<100$。

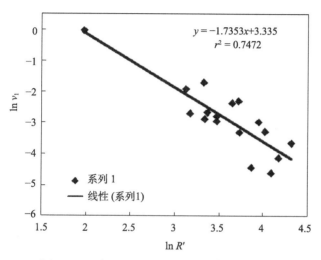

图 7.1.4 爆破振动速度 v_1 随距离的衰减关系

建筑物拆除爆破施工时，炸药不是埋置在深层地基土壤中，而是分散在结构的不同层次和方位的柱、梁炮孔中。所以这里得到的 K 值比相应地基土层中爆破所测的要小。数据的分散还在于各种不同类型的建筑物和不同的炮位布置。秦皇岛为一海滨城市，被爆破拆除的厂房地基系由碎瓦和杂石土填筑而成，爆破振动在这样的地层中传播要比原状土层中衰减得快。这里我们不难看出，建筑结构爆破造成的振动不难由类似地基的土岩工程爆破振动值给出一个保守的预报。

7.1.3.3 塌落振动

被拆毁解体的框架式结构物(如五号管窑厂房)的塌落时间大约在爆破地震波后 1s，这相当于 4~5m 高的二层楼板、梁及柱的自由下落时间，其延续时间随不同结构物而不一样。烟囱最后塌落至地面的时间大约是在爆破后 9s。振动持续时间也长短不一。

测量结果表明，塌落引起地震波的主频率多在 10Hz (4.4~13.9Hz)。不少塌落振动幅值大于爆破引起的振动。在距离烟囱塌落中心 22m 处，测得最大振动速度达

7.2cm/s。显然，其数值已超过一般建筑物所允许的振动强度(5cm/s)，在这个范围内的建筑物就有可能被破坏。

结构物在地震作用下的反应与其频率特性的关系十分密切。一般建筑物的自振频率为 1~10Hz。如果建筑物基础输入的地震波的主频率接近它的自振频率，由于共振作用会产生更大的振动，可能造成建筑物破坏。爆破产生的振动主频率多在 20~50Hz，不易引起建筑物的共振。但频率较低的塌落振动应引起我们的重视，特别是在高楼林立的建筑群中，若有类似的烟囱结构物拆除，可能造成的地面振动强度是一个要控制的设计参数，往往要采取必要的减振措施。

拆除爆破设计是用爆破的办法炸坏结构物的主要承重部位。爆破瞬间，突加重力荷载作用于上层结构物中，不同层不同部位的构件受力不同，产生的变形和破坏程度也不一样。在塌落过程中，不同构件受到不同的约束，因此拆除爆破的塌落过程是一个复杂的过程。塌落着地的振动波形不像烟囱倒地有较强的波峰。地面上所受到的塌落撞击过程比较复杂，需要认真分析。

7.1.3.4 塌落振动分析

表 7.1.2~表 7.1.9 列出了八次爆破建筑物塌落引起的地面振动。除了烟囱在倾倒地测得 22m 处最大振动速度为 7.2cm/s 外，其他结构物爆破的塌落振动速度都没有超过 1cm/s。尽管四号、五号管窑框架结构厂房建筑物总重量大于烟囱的重量，但它们在塌落时已解体成不同大小块体的残梁断柱。从现场摄影看，烟囱定向爆破倒塌，以一个整体倾倒方式塌落着地。同样是框架结构的煤气站，由于采用的是倾倒方案，上部结构在塌落过程中破坏不充分，似一个整体着地。尽管煤气站比管窑厂房小、矮，但其塌落着地时振动强度却和管窑厂房爆破时差不多。

图 7.1.5 给出了结构物塌落所引起的地面振动速度峰值随距离的衰减关系。

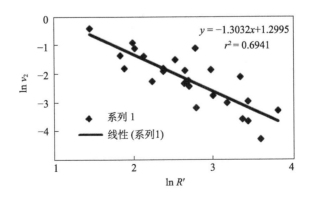

图 7.1.5 塌落振动速度随距离的关系

根据式(7.1.5)，这里通过数据回归处理，我们可以给出

$$v_t=3.67(R/(MgH/\sigma)^{1/3})^{-1.3} \tag{7.1.9}$$

式中，v_t 为塌落引起的地面振动速度，cm/s；$R'=(MgH/\sigma)^{1/3}$。上式的适用范围为 $4.0<R'<44.7$。

由于爆破设计方案和塌落方式各不相同，塌落过程十分复杂，难于详细分析各个构件下落造成的振动，图中整理的数据分散性较大，上式中的经验参数有待于在今后的实践中补充数据，整理修正。

从烟囱爆破塌落的 5 号测点记录的地振波形分析，可以清楚地看到塌落过程分成三个时段。第一段是烟囱下部装药起爆引起的爆炸振动波，其幅值为 0.05cm/s，频率为 54Hz，持续时间不到 10ms。大约在 1 秒钟后，有一明显的振动波，主振频率为 7.8Hz、幅值为 0.073cm/s，持续时间达 300ms，这是烟囱下部装药爆破后，重心略偏移，下部未炸部分被压碎屈服，烟囱整体就地"下坐"冲击地面的振动信号。从烟囱倒塌摄影分析看出，在初始倾倒运动的惯性作用下继续往设计方向加速塌落下去。在 9 秒钟左右，烟囱整体塌落撞击地面造成了较大的振动。这时 5 号测点的振动速度为 0.141cm/s，频率为 5Hz，持续作用时间长达 1 秒。11 号测点也记录到类似的地面运动过程。

在烟囱倒落地面一侧相距 22m 的 9 号测点记录到的最大速度峰值为 7.2cm/s，持续时间为 300ms。烟囱爆破塌落地面振动速度随距离衰减很快，这可能是烟囱塌落在海边碎砖块回填的地面上，如若不是这种松散地表垫层的减振作用，附近地面一定要承受到更大的振动。

四号、五号管窑框架式厂房爆破下落时，从测得地面振动作用时间分析，起爆后接收到的第一个信号应是炸药引起的爆炸波，1 秒钟后出现了塌落引起的振动波延续时间 6~7s，尽管作用时间长，波形时起时伏，但我们看到，当第一次出现较大的振动波后，再次出现的波峰一般都不大于第一次出现的峰值。指出这一点是十分重要的。我们分析四号、五号管窑厂房塌落过程，首先是第一层下落，尔后上面各层依次下落撞击作用于第一层和后面叠压的上层，由于第一层落地后起到了垫层作用，缓和了上层对地面的撞击作用。所以没有记录到更大的振动峰值。从这里我们可以看出，第一层解体下落的块度以及它所在的高程确定了塌落振动的峰值。高大楼房的爆破拆除，只要设计合理、分层爆破塌落、控制好最先着地的构件的尺寸，尽管上层构件下落高度大，由于下面构件依次着地，缓冲了上层对地面的作用，高大建筑物爆破拆除时塌落引起的振动是完全可以控制的。

7.1.4　塌落振动测量案例二

7.1.4.1　石景山发电厂旧厂房拆除

1983 年国家计划委员会(现称国家发展改革委)批准石景山发电厂老厂改建为热电厂，列入"七五"计划时期国家重点工程项目。1984 年 10 月，主厂房开始爆破，1985年10月，安装3台$20×10^4$kW供热汽轮发电机组，配备3台670t/h燃煤锅炉。3台机组分别于1988年、1989年、1990年建成投产。

石景山发电厂（图7.1.6）老厂始建于1919年，以后几经扩建，形成了三期不同结构的大厂房。各期厂房主要构成有锅炉房、发电机房、输煤及供电系统建筑物和构筑物。改建工程需要把这些建筑物和构筑物全部拆除。爆破拆除工程项目包括：不同高度的钢筋混凝土框架结构建筑物17座；各类地下或半地下基座类构筑物20项[4]。

图7.1.6 石景山发电厂全景

爆破拆除总体方案是，根据不同时期钢筋混凝土厂房的框架式结构特点采用了原地塌落、倾斜倒塌和定向倒塌拆除方案；地下或半地下基座构筑物采用充水爆破或钻孔爆破的破碎解体方法。

九号发电机房和高60m的钢筋混凝土烟囱距离商店20m，最近处民房仅有9m；输煤沟边5m外有需要保留的机修车间。为了不影响周围建筑物的安全、车间的正常生产、铁路运行，爆破拆除工程要求精心设计选择爆破拆除方案和防护措施，严格控制飞石造成的危害，控制爆破拆除及其塌落产生的地面振动强度，不产生破坏性影响。

为了研究和发展建筑物拆除爆破技术，不同建筑物和构筑物采用不同的爆破拆除方法，炸药的爆破作用和建筑物塌落运动造成的地面振动传播规律，结合现场大量拆除项目的施工，我们进行了二十余次振动测量。

7.1.4.2 爆破振动

图7.1.7给出了爆破振动速度v_1随比例距离的衰减关系。距离R是以分布药包

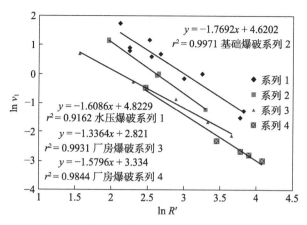

图 7.1.7　爆破振动速度 v_1 与比例距离的关系

系列 1. 输煤沟车道水压爆破；系列 2. 输煤沟边坡基础爆破；系列 3. 16 号、17 号锅炉房，
7 号机房爆破；系列 4. 19 号、20 号锅炉房，8 号机房爆破

的几何中心为原点计算的，炸药 Q 以总药量计算：在双对数坐标图上，这些数据可以采用线性回归分析方法，拟合为一直线，直线方程可以改写成如下关系式：

$$v_1 = K_1 (R/Q^{1/3})^\alpha$$

式中，$R' = R/Q^{1/3}$ 为比例距离；K_1 为直线方程的截距；α 为斜率。

各次爆破所得经验公式的系数见表 7.1.10。

表 7.1.10　部分建筑物构筑物拆除爆破振动传播的经验公式参数

工程项目	爆破方式	K	α	γ
输煤沟边坡	钻孔破碎爆破	108	1.72	0.98
输煤沟车道 1	水压爆破	79	1.49	0.99
输煤沟车道 2	水压爆破	67.2	1.28	0.94
16、17 号锅炉房(五层)	边倾倒拆除爆破	18.7	1.35	0.99
19、20 号锅炉房(四层)	边倾倒拆除爆破	43.5	1.7	0.98
13 号锅炉基础	钻孔破碎爆破	551.5	2.1	0.97

注：γ 为相关系数。

根据被拆建筑物和构筑物的特点以及采用的不同爆破拆除方案，可以分为三类。

(1) 地面以下构筑物，可以充水，采用水压爆破拆除。

(2) 地面以下或半地下基础类构筑物，采用钻眼破碎爆破方法拆除。

(3) 不同高度的楼房结构的建筑物，采用定向或倾斜，或原地塌落的拆除方案。

按上述三类结构特点及爆破拆除方法，整理数据，给出经验公式参数如表 7.1.11。

表 7.1.11   不同结构物不同爆破方法的振动速度衰减参数

结构特点及爆破方法	K_1	α	γ
可充水结构物水压爆破	124.2	−1.61	0.92
基座式基础钻孔爆破拆除	101.5	−1.77	0.99
多层建筑物倾倒拆除爆破	24.9	−1.52	0.98

从表 7.1.11 中我们看到，在不同结构物、不同的爆破方法中，地震波传播的衰减指数相差不大。这是因为衰减指数反映了地震波传播现场的局部地层特征，现场观测点都布置在钢筋混凝土基座或地面上，发电厂厂房地基及地下结构物几乎连成一体。很明显，基座或类似基座的地面结构物爆破拆除，无论是采用水压爆破技术还是钻孔爆破拆除方法，其经验系数 K 都明显大于楼房类建筑物拆除爆破的 K 值。拆除楼房时，爆破设计的药包大多分散布置在地面以上的柱体和墙中。由于存在多个临空面，有相当多的炸药能量散失在空中，减少了经地基传播的振动能量。可见框架结构类楼房建筑物拆除的爆破振动为相应基础类爆破振动强度的 1/3~1/4。所以，我们认为，采用相应地基条件下基础类结构物爆破的振动强度来预测控制楼房建筑物拆除的爆破振动是十分安全的。

7.1.4.3 塌落振动

建筑物拆除爆破产生的地面振动。从实测地面振动波形图上我们看到了由于炸药的爆破作用产生振动、建筑物下落撞击地面产生的地面振动，有些情况下后期的塌落振动可能比爆破振动还大。

石景山发电厂旧厂房拆除项目多，工期紧(图 7.1.8)。为了高质量、高效率、安全地完成爆破拆除任务，针对建筑物高大、整体性强的特点，通过优化爆破设计方案，采用了逐层逐段多层爆破解体技术，延迟爆破技术，充分利用建筑物高度具有的势能，获得了较为理想的爆破拆除工程效果，二次破碎量低于10%。

图 7.1.8   石景山发电厂第四期厂房全景

　　这里主要给出了烟囱爆破和三期发电机厂房爆破拆除后的塌落振动监测数据的分析结果。分析这些爆破拆除记录的塌落振动波形，我们看到，13 号~15 号高压炉厂房，19 号、20 号、21 号锅炉房及 7~9 号发电机房的建筑物高度达 23~31m，整体结构性较强，由于爆破设计方案合理，爆破拆除解体充分，解体构件依次塌落。塌落振动波和爆破振动波形没有明显分开。厂房爆破时塌落振动幅值都不高于爆破振动强度，但塌落振动波作用时间长，有的长达 8~9s。仔细分析波形，我们看到爆破振动之后，有两次明显的着地冲击振动，第一次冲击是爆炸后，部分支撑构件被爆破拆毁，未爆或爆破不充分的支撑构件在上面建筑物重力作用下瞬间失去平衡，上面建筑物垂直地面下落，其时间长短与未爆部分的多少、结构物强度以及建筑物本身的重量有关。然后上部建筑物倾倒着地，形成明显的塌落振动。实际上，建筑物拆除爆破过程是部分支承构件爆破后，上部结构就失去了平衡，在重力作用下，一些构件发生变形破坏并开始塌落，塌落运动过程是很复杂的。因此在分析塌落撞击振动的影响因素时，要考虑描述下落构件破坏的材料常数以及地面在撞击作用下的非弹性受力状态(如黏性)。

　　16 号、17 号锅炉房以及 6 号发电机房爆破拆除时的塌落振动波和爆破振动波是明显分开的。锅炉房为整体现浇的四层钢筋混凝土结构，粗梁胖柱，整体结构性强。楼房拆除时塌落振动在起爆后 1.5s 到达，振动幅值小于爆破振动。这是因为爆破设计是框架结构充分解体破坏控制了建筑物塌落着地的冲击强度。

　　对于烟囱类定向爆破倒塌的集中质量下落造成的振动，爆破振动和下落着地振动波形明显分开。如高 60m 的砖烟囱爆破拆除过程，第一次下落冲击地面的振动发生在起爆后 2.4s 左右，同样高度的钢筋混凝土烟囱的垂直下落冲击振动出现在 1.0s。第二次是烟囱本体定向倾倒着地产生的，烟囱定向倾倒似一杆件绕一支点转动自由下落，塌落振动出现在起爆后 8.6~9.0s，烟囱下落时间主要取决于它的高度，砖和钢筋混凝土烟囱着地时间差不多。烟囱的塌落由于集中质量的作用，尽管地面上已有先行拆除的解体构件的堆积物，但观测点仍记录到明显大于爆破振动速度的波形。

　　图 7.1.9 整理了烟囱和 16 号、17 号锅炉房两次爆破拆除时塌落振动速度和比例距离的关系，尽管数据比较分散，但总的衰减趋势和集中质量落体试验所得的结果是一致的。

　　表 7.1.12 给出了塌落振动速度衰减的经验公式参数。表 7.1.13 是相关计算参数。

表 7.1.12　塌落振动速度衰减的经验公式参数

项目名称	K	α	γ
烟囱	15.33	−1.92	0.76
16号、17号锅炉房，7号机房	1.76	−1.30	0.90

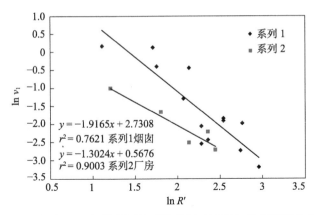

图 7.1.9　烟囱及厂房爆破拆除时塌落振动速度与比例距离的关系

表 7.1.13　爆破振动分析参数

输煤沟车道水压爆破		输煤沟边坡		二期厂房 16 号、17 号锅炉房		三期厂房 19 号、20 号锅炉房	
$R/Q^{1/3}$	v_1/(cm/s)	$R/Q^{1/3}$	v_1/(cm/s)	$R/Q^{1/3}$	v_1/(cm/s)	$R/Q^{1/3}$	v_1/(cm/s)
0.12	5.6	0.14	3.2	0.21	2.0	0.085	0.62
0.08	3.2	0.14	3.0	0.10	0.76	0.032	0.10
0.069	1.95	0.07	1.0	0.056	0.42	0.023	0.07
0.039	0.99	0.072	0.93	0.036	0.19	0.0205	0.062
0.105	2.45	0.037	0.29	0.026	0.12	0.017	0.051
0.105	2.2						
0.078	1.8						
0.05	0.84						
0.022	0.28						
0.023	0.22						

图 7.1.10 和图 7.1.11 石景山发电厂烟囱及厂房爆破拆除时的典型振动波形的功率谱，共同特点是爆破振动的高频部分比塌落振动的丰富，而且频带较宽，塌落振动的频率低。

7.1.4.4　小结

建筑物拆除爆破时在地面产生的振动一是由于炸药爆炸经基础传播，二是由于被拆毁建筑的构件下落对地面撞击造成的振动。

爆破振动由于药包分散在梁或柱，或墙体中，综合产生的振动强度小，作用时间约 100ms，频率 20~50Hz。建筑物拆除爆破工程一般可以不考虑布置在柱梁炮孔中炸药的爆破振动，若采用已有土岩中爆破经验足以给出一个十分保守的预报。

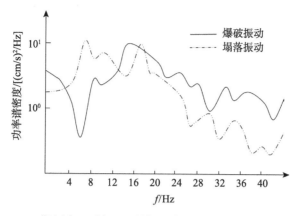

图 7.1.10　二期厂房 16 号、17 号锅炉房及 6 号机房爆破振动功率谱

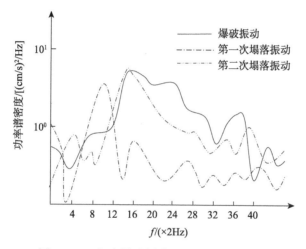

图 7.1.11　烟囱爆破拆除时塌落振动功率谱

　　塌落振动在爆破振动 1 秒钟后到达，这一时间相应为 5m 左右高的物体自由下落的时间，塌落振动由各层拆毁建筑物构件下落撞击地面造成，作用时间长，频率较低，约为 10Hz 或更低。塌落振动的速度大小与下落解体的构件尺寸和下落高度有关。控制最早着地构件或是块体的尺寸是控制减小振动强度的关键。随后依次下落的高层构件的撞击由于下层面先塌落构件的垫振作用被缓冲减弱。必要时还可在地面预铺松散的砂层和煤碴减振，所以，高大建筑物爆破时的塌落振动是可以控制的。

　　建筑物拆除爆破产生的振动是由炸药爆炸产生的振动和建筑物塌落着地撞击地面造成的振动两部分组成。质量集中的结构物，如烟囱、水塔等，在定向倒塌时，塌落振动强度可能大于炸药爆破产生的振动，除此以外，在一般情况下，即使建筑物高大层多，只要拆除爆破设计合理，采用逐层解体，此时构件撞击地面的塌落振动可以不超过爆炸产生的振动。

地下或半地下基础类结构物的拆除爆破振动一般大于楼房式建筑物拆除的爆破振动，后者仅为前者的 1/3。

7.1.5 塌落振动测量案例三

7.1.5.1 朝阳公园 80m 高烟囱爆破拆除[5]

根据北京市朝阳公园建设发展规划和全市供热系统煤改气要求，西小区原建烧煤供热锅炉房将停止使用，烟囱也将废弃。高 80m 的钢筋混凝土烟囱的存在有碍邻近已建楼宇大厦的视野和景观，经有关方面协商，决定将烟囱拆除。烟囱爆破拆除后将在该地开发建设新的房地产项目。

该烟囱坐落在朝阳公园西小区原热力厂区内，北边 35m 外是高尔夫球场，西南两侧 20m 为原热力厂锅炉厂房。景园大厦在烟囱东边 250m 远处，烟囱与景园大厦之间有待拆除的天车行架和几间临建平房。

高 80m 的钢筋混凝土烟囱结构强度大，采用常规方法拆除难度大，施工作业不安全，工期长。定向爆破拆除技术是一种快速又安全的施工方法，特别适用于烟囱、水塔类高耸建筑物的拆除。采用控制爆破技术定向爆破拆除烟囱安全可靠，爆破施工操作简单，倒塌方向准确，爆后易于清理，工期短。

该烟囱是采用滑模施工方法建成的。外层钢筋混凝土厚 32cm，内衬为 15cm 厚的耐热陶粒混凝土，内外之间的隔热层是加气混凝土砖。在浇筑成型过程中，中间的加气混凝土砖用作内外不同混凝土的隔模板，因此三种材料组成的烟囱筒壁连成一体。

烟囱爆破拆除施工要求将烟囱定向爆破倒塌在设计的方向上，烟囱爆破及塌落的振动不能对邻近建筑造成损害和不良影响。

7.1.5.2 定向爆破拆除方案

1) 倒塌方向选择

该座烟囱的烟道位于西侧，烟道口高 5.8m、宽 3.2m，烟道出口有钢筋混凝土加固圈，出灰口在东侧。由于烟道口尺寸大，为准确地控制烟囱爆破后的倒塌方向，应选择烟囱结构的对称线作为倒塌方向。考虑烟囱东侧有较空旷的场地，爆破设计烟囱爆破后倒塌方向为正东方向。

2) 爆破部位的确定

爆破部位只是在烟囱的下部。烟囱爆破拆除设计一般是将倒塌一侧的底部筒壁周长的 1/2~2/3 进行爆破，余下的部分作为支撑，在重力弯矩作用下烟囱主体将失稳偏向爆破一侧倾倒塌落。由于该烟囱的烟道口尺寸大，不同于一般结构的烟囱，

要对爆破切口的大小进行分析计算，校核爆破后支承部分的抗压强度，防止烟囱下坐造成方向偏离。支承部分的抗压强度

$$\sigma = P/S \qquad\qquad (7.1.10)$$

这里，P 是烟囱的自重，S 为爆破后作为支撑的筒壁断面积。烟囱体积 $V = 490\text{m}^3$，钢筋混凝土容重为 2.6t/m^3，取钢筋混凝土抗压强度 $\sigma = 30\text{MPa}$（筒壁钢筋混凝土中的钢筋含量为 5%，这里不计钢筋和钢筋混凝土的抗压强度差）。计算要求的极限承载面积应不小于 4250cm^2。为了使残留断面有足够的支撑能力，爆破设计取保留段承载截面积的安全系数为 3。烟囱钢筋混凝土层壁厚 $\delta = 0.32\text{m}$，经计算，要求保留段作为支撑部分的圆周弧长为

$$L = 3S/\delta = 400\text{cm}$$

其长度所对应的圆心角为 78°，烟道口所对应的圆心角为 55°，计算说明爆破设计可以选择爆破部分（包括预开三角形切口）圆心角为 220°。烟囱爆破时，保留部分（烟道口在爆前将用水泥方砖砌堵）具有足够的支承强度，不会造成烟囱下座。

3）爆破设计参数

烟囱高度：80m；　　　　　　　钻孔直径：40mm；
爆破部位的圆心张开角：220°；　钻孔深度：50cm；
爆破部位的炮孔布置高度：2.5m；钻孔间距，排距：40cm×40cm；
预开三角形切口底边长：2.0m；　炮孔数目：106；
单孔装药量：250g；
总药量：26.5kg；

烟囱拆除爆破炮孔装药结构如图 7.1.12 所示。

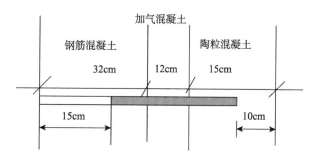

图 7.1.12　烟囱拆除爆破炮孔装药结构

4）药量计算

烟囱拆除爆破为浅孔爆破法，炸药能量作用于破碎的利用率低，拆除爆破要求使爆破部位的钢筋混凝土破碎离开，因此设计单位体积耗药量 $q = 2.6\text{kg/m}^3$，计算

单孔装药量

$$Q_i = q \times a \times b \times \delta = 250\text{g}$$

爆破总药量为 26.5kg。

5) 起爆网路

全部采用瞬发电雷管，串联回路。采用高能(1000 型)起爆器起爆。

7.1.5.3　烟囱爆破拆除振动安全设计校核

烟囱拆除爆破时的振动来源于炸药爆破能量造成的地面振动，还有烟囱塌落着地的冲击地面振动。烟囱拆除爆破设计一次起爆药量为 27.5kg。由于爆破部位在地面以上，参考北京地区以往工程经验，可以采用以下经验公式进行计算：

$$v_1 = K_1 (R/Q^{1/3})^{\alpha} \tag{7.1.11}$$

这里，$K_1 = 110$，$\alpha = -1.7$。

计算爆破时，距离烟囱 50m 处的地面振动速度为 0.75cm/s。

烟囱塌落着地振动按公式(7.1.9)计算

$$v_2 = K_2 [R/(MgH/\sigma)^{1/3}]^{\beta}$$

这里，M 为烟囱的质量，H 为烟囱的高度(80m)，g 是重力加速度(10m/s^2)，σ 为倒塌地面介质的破坏强度(5MPa)。参照以往类似工程实测资料选取 $K_2=3.86$，$\beta = -1.6$，计算给出 50m 处烟囱塌落着地振动速度为 1.47cm/s，前方 30m 处塌落振动速度 3.32cm/s。上述计算的爆破振动和烟囱塌落振动强度说明，烟囱爆破及塌落振动强度将不会对距离 80m 远处的建筑物造成损坏。

7.1.5.4　爆破及塌落着地振动监测与分析

鉴于以往建筑物爆破拆除塌落振动实测资料尚少，特别是烟囱、水塔类高耸结构物。本次爆破拆除对烟囱爆破拆除的爆破及塌落着地振动进行了监测。监测方案是：在塌落方向的地面中心线前方和垂直于中心线方向，即烟囱塌落的侧向各布置了三个测点(每点设置垂直地面和水平方向的拾震器)，记录爆破及塌落振动的全过程，以分析振动衰减规律和振动特性，测点布置如图 7.1.13。

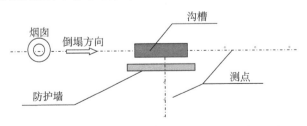

图 7.1.13　烟囱倒塌地段防护及振动监测布置图

　　监测结果表明，烟囱拆除爆破时，在同一测点的爆破振动幅值较小，塌落振动幅值大(图 7.1.14)。在距烟囱塌落前方 25m(距烟囱根部 105m)处地面振动最大速度为 4.2cm/s，相应处的爆破振动速度仅为 0.52cm/s；前方 65.6m 处的塌落振动速度为 1.82cm/s。实测结果略高于预测值。高大烟囱爆破拆除时，烟囱塌落着地会造成附近地面产生较大的振动，其塌落的振动强度对邻近建筑物的影响应有足够的重视。但在一定距离处，振动强度将很快衰减。

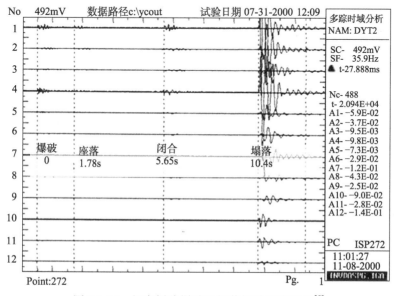

图 7.1.14   烟囱拆除爆破及塌落振动速度记录[5]

　　实测烟囱塌落着地振动速度分析给出塌落振动速度衰减的经验公式为(图 7.1.15)：

$$v_2 = 3.39[R/(MgH/\sigma)^{1/3}]^{-1.8} \tag{7.1.12}$$

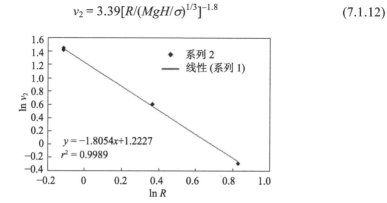

图 7.1.15   烟囱塌落振动速度衰减(垂直)规律

从实测的振动速度走时曲线记录分析，我们看到第一个信号是炸药起爆后爆破产生的振动；1.7s 后是未爆破部分在上部载荷作用下破坏失稳，烟囱本体垂直下落着地的振动，其值和爆破振动幅值差不多；大约在 5.8s 时，烟囱倾斜运动，爆破部分的上口着地，即所谓闭合时的着地振动；最后在 10.4s，烟囱本体似一刚性杆倒塌着地的振动，其振动速度幅值最大。

7.1.5.5 安全防护措施

根据该烟囱的结构特点和现场的环境情况，拆除爆破设计烟囱在爆破后将定向倒塌在正东方向。爆破部位只是烟囱的下部。爆破部位已按一定孔距和排距布置炮孔装药堵塞，爆破前对爆破部位进行覆盖防护。

爆破设计说明烟囱拆除爆破时造成的地面振动不会影响邻近建(构)筑物的安全。烟囱塌落时，烟囱的筒体将在触地时碰扁破碎。由于烟囱倒塌着地速度较大，烟囱破碎后的碎块飞溅可能在一定范围内构成危害因素。为了防止烟囱碎片的飞散，避免飞石造成伤害，爆破设计施工要求在烟囱上部 30m 段长预计塌落的地方侧边(或一侧)设置防护挡墙，并在烟囱上部一段倒塌的地面上开挖沟槽或设置缓冲垫层(图 7.1.16)。这些防护安全措施有效地防止了烟囱倒塌破碎后碎块的飞溅。另外，爆破前还在倒塌方向一侧的地面上洒水以减少烟囱倒塌着地产生的尘土飞扬。

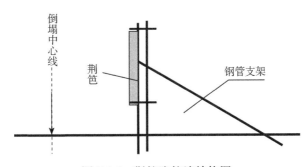

图 7.1.6 荆笆防护墙结构图

爆破后，烟囱准确地倒塌在设计的正东方向上。设置在倒塌一侧 6m 处的荆笆防护墙完好无损，防护墙有效地阻止了烟囱破碎时产生的碎块飞散。

7.2 爆破拆除塌落振动速度计算公式

7.2.1 塌落振动速度计算公式参数的变化

建筑物爆破拆除塌落撞击地面造成的振动，随着高大建筑物拆除工程的增多已引起人们的广泛关注和重视。拆除爆破工程实践表明，建筑物拆除时塌落振动往往比爆破振动大。

20 世纪 80 年代在秦皇岛耀华玻璃厂爆破拆除工程中，在分析建筑物拆除爆破周围地面产生的振动波形时，我们就注意到有两段振动波形。起爆后最先到达的是埋设在被拆建筑物构件中药包爆破所产生的振动，之后是建筑物塌落的构件对地面撞击造成的振动。通过实测振动速度分析，1982 年在福州召开的第二届全国土岩爆破经验交流会上作者发表了《建筑物拆除爆破塌落造成的地面振动》[3]研究报告(该文收录在冶金工业出版社出版的《土岩爆破文集》第二辑)。当时，我们认为建筑物爆破拆除的塌落作用似一冲量作用到地面，冲量大小与建筑物构件的质量和所在的高度有关。通过力学参数的量纲分析，给出的振动速度计算公式是 $v=0.284 \times (I^{1/3}/R)^{1.67}$，其适用范围是 $0.2<(I^{1/3}/R)<2.0$。1986 年，作者在总结和分析北京石景山发电厂爆破拆除工程中监测的塌落振动速度数据后，修正了塌落振动是冲量作用的看法[4]。认为建筑物爆破拆除塌落造成地面振动的物理过程是：建筑物由于爆破作用而失稳，所在高度具有的重力势能转变成构件的形变能，或是构件的下落运动；塌落冲击地面造成构件和地面破坏转变成破坏能；还有剩余能量转变成周围地面的振动。地面的振动波形和能量不是单一脉冲波动的结果，因此以冲量表述塌落振动是不准确的。显然塌落造成的地面振动的大小与其具有的重力势能相关，即与下落构件的质量和所在的高度有关，随传播距离的增加而衰减。这里，作者有责任和权利对自己提出的论点进行修正和解释，或是讨论。2001 年作者在成都会议上发表了题为《高烟囱拆除爆破及塌落振动测量与分析》的研究报告[5]。我们在对烟囱爆破时产生的塌落振动进行了系统监测后，对烟囱类高大建(构)筑物爆破拆除的物理过程有了进一步的认识。

根据实测数据分析和整理，作者将塌落振动速度公式改写成 $v_t = K_t \left(R / \left(\frac{MgH}{\sigma} \right)^{1/3} \right)^{\beta}$，以 β 表示衰减指数，区别炸药爆炸产生的爆破振动公式中的衰减指数 α；塌落振动强度系数 K_t。

7.2.2　塌落振动速度计算公式的物理意义和参数选择[7]

建筑物爆破拆除时的塌落振动速度计算公式：

$$v_t = K_t \left(R / \left(\frac{MgH}{\sigma} \right)^{1/3} \right)^{\beta} \tag{7.2.1}$$

式中，v_t 为塌落引起的地面振动速度(cm/s)；M 为下落构件的质量(t)；g 是重力加速度(9.8m/s²)；H 是构件的高度(m)；σ 为地面介质的破坏强度(MPa)，一般取 10MPa；R 为观测点至冲击地面中心的距离(m)；K_t、β 为塌落振动速度衰减参数和指数。

我们知道，一个随距离衰减的物理现象，在数学上表述为一负幂次函数或负指数函数。建筑物爆破拆除引起的地面振动，无论是炸药爆破振动，还是构件下落引起的地面振动都是随着传播距离衰减的。通过量纲分析，我们可以采用无量纲参数组合的比例距离作为自变量。振动是随比例距离衰减的幂函数或指数函数，振动速度衰减的经验公式中的指数或是幂次应为一负数。但不少人习惯性地把比例距离倒着写，不得已只能将表示衰减规律的负指数或是幂次写为正数。

定向爆破拆除高大烟囱时，爆破后烟囱将似一刚性杆定向转动倒塌。原则上我们可以把烟囱分解成很多小段(ΔH 段高的相应质量ΔM)，每一小段的塌落可当成集中质量体像落锤一样下落。这样，我们可以将整个烟囱逐段依次下落撞击地面的振动看成多点依次冲击地面的线性震源，线性震源导致观测点处的振动叠加可以通过积分获得。可以假定地面振动为弹性振动，同时不考虑相位和频率的影响，积分的结果必将和烟囱的全高和总质量有关。因此，应用上述塌落振动速度公式计算烟囱爆破塌落振动时，H 为烟囱的高度；M 为总质量。σ 为建筑物爆破后解体构件混凝土的破坏强度，包含地面被砸介质的破坏强度，但以混凝土构件破坏为主，σ 一般取值 10MPa。

公式(7.2.1)说明建筑物拆除爆破时的塌落振动速度与结构的解体尺寸和下落的高度有关，和构件的材料性质、地面土体性质有关。为了减小对地面的撞击作用，控制下落建筑物解体的尺寸十分重要，逐段延迟爆破可以减小下落物体的质量；尽管建筑物的总体高度不能改变，但可以通过设置上下缺口分层爆破，控制先后下落的解体构件的大小从而控制对地面的采集振动强度；改变地面土体状态也可以减小振动的影响范围。

对于钢筋混凝土高烟囱的拆除，整体定向爆破拆除是最简单、节省的方案。但爆破拆除时塌落振动很大，这时只能在地面采用减振措施，在地面开挖沟槽、垒筑土墙改变烟囱触地的地面状况，以缓冲、减小地面振动。

作者[5]根据数座高烟囱爆破拆除实测数据整理，由多组数据回归分析拟合给出公式中的衰减参数是：$K_t = 3.37 \sim 4.09$，$\beta = -1.66 \sim -1.80$。其值是在地面没有开挖沟槽、不垒筑土墙减振措施的条件下给出的，当在地面开挖沟槽、垒筑土墙改变烟囱触地状况时，塌落振动将明显减小。塌落振动速度公式中衰减参数 K_t 仅为原状地面的 1/4~1/3。

高烟囱拆除采用折叠爆破方案时，显然可以减小烟囱塌落振动强度。

通过对建(构)筑物的倒塌机理进行研究，我们发现楼房爆破拆除的塌落过程一般不是整体下落撞击地面，而是被分成许多大小各不相同的解体构件，依次下落撞击地面并相互撞击,上层构件的撞击作用经过先已着地的下层构件传给地面,其过程是相当复杂的。依次下落撞击地面的过程使我们看到控制第一时间着地的解体构件的尺寸十分重要,首先着地的构件作为垫层可以缓冲上层结构物下落对地面的冲击,下层构件在被上层构件撞击破坏过程中就吸收了上层下落的动能。

多座框架结构的高大楼房爆破拆除时监测结果显示,楼房拆除时的塌落振动衰减参数 K_t 为烟囱爆破的 1/3~1/2,即 1.1~2.1;β 值变化不大。若在地面采用减振措施,振动还能降低。

高大楼房建筑物爆破拆除时不宜选择简单的定向倒塌方案,应采用上下楼层分割或是分片逐段解体的爆破方案。这时,塌落振动速度公式中的 M 就不是总质量,而是设计分段爆破第一时间着地的那部分的质量 M_1,公式中的计算参数高度也不是总高,这时 H 应为 H_1,即第一时间着地的构件的高度 H_1。高大楼房建筑物采用简单的定向倒塌方案,M 和 H 值大,产生的塌落振动就不小。因此高大楼房爆破拆除时,应采用多缺口爆破方案,无论单向还是双向折叠爆破。大量地振波形记录分析说明第一时间落地的解体尺寸对控制塌落振动大小的作用最重要。

7.2.3 工程应用

7.2.3.1 温州中银大厦爆破拆除

2004 年 5 月浙江温州中银大厦爆破拆除,大厦邻近的楼房建筑工地正在浇灌混凝土,该工程提出中银大厦爆破时建筑工地的振动速度不得超过 1cm/s。

中银大厦主楼高 93.05m,23 层。爆破拆除设计总体方案是分别在 1~4 层,9~10 层,15~16 层设计了三个爆破缺口。第一个缺口先起爆,依次由下至上分段延迟起爆,将楼房分成多段塌落,减小塌落对地面的冲击振动,减小塌散范围。为了减少爆破振动和塌落振动对周围建筑的影响,在楼房倒塌一侧开挖了减振沟,沟宽 1.5m、深 2.5m;用软土和沙包堆砌 4 道土堤,土堤底宽 2.5m、顶宽 1m,高 1.5m,顶层码砌 0.6m 高的沙袋[6]。

基于多次烟囱爆破拆除塌落振动监测数据的整理和对中银大厦爆破拆除方案的分析,作者对大厦楼房爆破可能产生的塌落振动速度进行了预报[7]。预报计算用参数是衰减参数 $K_t = (1/3) \times 3.39 = 1.13$,$\beta = -1.66$;第一时间落地构件质量 M 为 6000t,$H=30m$,重力加速度 $g = 9.8m/s^2$,材料破坏强度 $\sigma = 10MPa$。表 7.2.1 为温州中银大厦爆破时监测的塌落振动速度和预报值,监测数据(包括噪声)为长江科学院爆破与振动研究所提供。预报给出距离中银大厦爆破塌落中心 116.5m 处的中建五局工地的振动速度为 0.337cm/s。实测值为 0.276cm/s,小于该工地要求提出的控制值(1.0cm/s),其振动强度不会影响该工地的混凝土浇灌施工质量。爆破后大楼略偏向观测点 D 一侧的过渡房处倒塌,观测点 D 处实测塌落振动值(1.08cm/s)略大于预报值，如图 7.2.1 所示。图中直线为计算预报值，方块符号为实测值，个别点略大于预报值，如图 7.2.1 所示，线上的点为计算预报值，图中横坐标 $R' = R/(MgH/\sigma)^{1/3}$。

表 7.2.1　温州中银大厦拆除爆破塌落振动速度监测结果

测点部位	至震源距离/m	测量方向	振动速度/(cm/s)	最大振动速度(振动速度×校正值*)/(cm/s)	频率/Hz	预报值/(cm/s)	备注
A 检疫局	99	水平切向	0.559	0.486	1.9	0.440	噪声 500Pa
		垂直	0.28	0.244	3.2		
		水平纵向	0.305	0.265	3.4		
B 国土资源局办公楼	56.5	水平切向	0.508	0.44	3.4	1.12	噪声 500Pa
		垂直	1.17	1.02	3.6		
		水平纵向	1.08	0.94	1.4		
C 中建五局工地	116.5	水平切向	0.673	0.586	1.9	0.336	
		垂直	0.317	0.276	5		
		水平纵向	0.457	0.4	2.3		
D 过渡房	68.5	水平切向	0.978	0.85	3.5	0.811	
		垂直	1.08	0.94	3.4		
		水平纵向	0.71	0.62	2.8		
E 华尔顿酒店西北角	160	水平切向	0.152	0.132	2.2	0.198	
		垂直	0.216	0.188	5.3		
		水平纵向	0.305	0.26	1.5		
F 车站大道东侧民房空地	103	水平切向	0.483	0.42	2.1	0.412	
		垂直	0.343	0.298	2.9		
		水平纵向	0.406	0.353	2.9		

* 校正值为 0.87，为长江科学院爆破与振动研究所提供。时间为 2004-05-18 早 6：00。

7.2.3.2　包头 150m 高钢筋混凝土烟囱爆破拆除

2007 年 9 月 26 日，包头第三热电厂爆破拆除了一座高 150m 的钢筋混凝土烟囱。

爆破拆除的烟囱位于包头市第三热电厂老厂院内，为了响应国家"节能减排、上大压小"的号召，需要将其拆除。待拆除烟囱为钢筋混凝土结构，始建于 1990 年，烟囱高度 150m，自然地面以上的混凝土量为 1111.43m³；地下基础混凝土量为 1175.61m³。整个烟囱的直径和壁厚自下而上逐渐减小，筒体的底部最大外直径 13.16m，壁厚 500mm；上部最大外直径 5.3m，壁厚 230mm，最小直径 160mm。混凝土标号为：5~50m 为 250#，50~150m 为 200#。

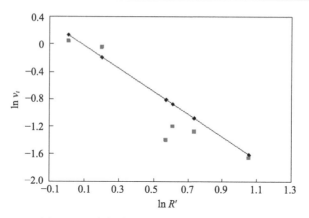

图 7.2.1　中银大厦爆破拆除塌落振动速度

　　拆除的钢筋混凝土结构烟囱的周围环境较复杂，东侧 15.0m 是楼房，南侧约 180.0m 有较开阔的狭长空地，西侧距离主厂房 20.0m，西南侧距泵站房 100m，北侧距厂房约 40m，东南方向距铁路货站约 120.0m。待拆除烟囱的周围环境见图 7.2.2。

　　烟囱拆除采用定向爆破设计方案，烟囱整体向南倒塌。爆破缺口为梯形，位于烟囱底部，最大爆破高度约 3.0m，总装药量为 97kg。

　　为了减少烟囱倒塌冲击引起的地面振动，爆破前在预计的倒塌范围的地面进行了改造，从 50m 开始，每 10m 铺设一条高度不小于 2.0m、长 20~40m 的袋装土埂，土埂两侧挖深约 2.0m 减振沟，以改变烟囱触地时的地面状况，降低烟囱触地时的振动强度。

　　爆破时振动测点布置如图 7.2.2 和表 7.2.2，观测结果见表 7.2.3。图 7.2.3 是测点 3 记录的垂直地面振动速度波形。

　　从以上测试结果(表 7.2.3)可以看出：炸药爆炸引起的最大振幅为 1.09cm/s (距爆源约 18m)，小于烟囱倒塌触地引起的最大振幅(1.97cm/s)(距倒塌中心线 45m)，除测点 1 外，在其他 3 个测点处，倒塌引起的振动强度都大于炸药爆炸引起的振动强度，说明在此类烟囱爆破拆除过程中，烟囱倒塌引起的振动起主导作用，在防护时应重点对其进行控制。同时从测点 1 的数据看到：该点处炸药爆炸引起的振动大于烟囱倒塌引起的振动，因此在距爆源较近处，也应校核炸药爆炸振动对周围建筑物的影响，必要时采取防护措施。

　　从各点振动的主振频率可以看出：烟囱倒塌触地引起的振动频率(<10Hz)低于炸药爆炸引起的振动频率(6.1~25.1Hz)。

　　根据多个烟囱爆破拆除塌落振动的监测数据分析和该烟囱爆破设计参数，以及地面采取的减震措施，作者对该烟囱爆破可能产生的塌落振动进行了预报(图 7.2.4

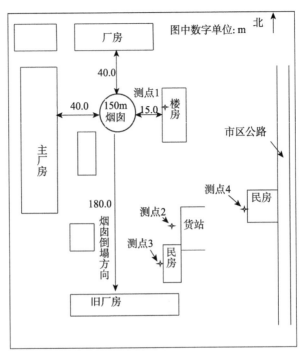

图 7.2.2   包头 150m 高钢筋混凝土烟囱爆破平面图及振动测点布置

表 7.2.2   包头 150m 高烟囱爆破测点具体布置

测点编号	测点位置	距离/m
1	烟囱根部东侧民房	16(距烟囱底部)
2	烟囱中上部倒塌处东民房基础旁	70(距倒塌中心线)
3	烟囱头部倒塌处东民房基础旁	56(距倒塌中心线)
4	烟囱东南民房基础旁	130(距倒塌中心线)

表 7.2.3   烟囱爆破振动观测结果

测点	炸药爆炸引起的振动				烟囱倒塌引起的振动				
	铅垂向		水平径向		预测	铅垂向		水平径向	
	振幅/(cm/s)	主振频率/Hz	振幅/(cm/s)	主振频率/Hz	振幅/(cm/s)	振幅/(cm/s)	主振频率/Hz	振幅/(cm/s)	主振频率/Hz
1	1.09	25.1	0.41	17.2		0.99	4.7	0.66	5.1
2	0.73	7.2	0.91	20.1	1.56	0.76	6.8	1.33	5.2
3	0.60	6.3	0.36	18.6	2.42	1.36	4.0	1.97	3.6
4	0.29	6.1	0.04	18.1		0.32	3.9	0.10	8.9

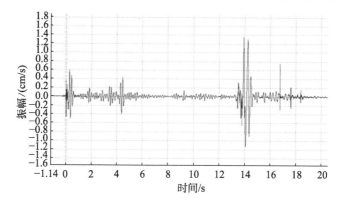

图 7.2.3　测点 3 实测振动波形图(铅垂向)(局部放大)

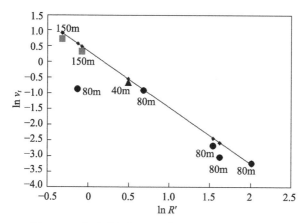

图 7.2.4　烟囱爆破拆除塌落振动速度测量结果

中直线是计算预报值)。预报计算用参数是衰减参数 $K_t = (1/3) \times 4.09$，$\beta = -1.80$；烟囱总体质量为 $1114.3 \times 2.6 \approx 2897(t)$，$H=150m$，重力加速度 $g = 9.8m/s^2$，材料破坏强度 $\sigma = 10MPa$。预测距离倒塌中心线 56m 处的 3 号观测点塌落振动速度为 2.42cm/s，实测 1.97cm/s。预测距离倒塌中心线 70m 处的 2 号观测点塌落振动速度为 1.56cm/s，实测 1.33cm/s。监测数据(图 7.2.4 中方块标记点)为中国水利水电科学研究院提供。

图 7.2.4 中三角形标记点的数据是一座高 40m 烟囱爆破拆除时距离 30m 处的塌落振动速度。图中圆点数据为深圳一座 80m 钢筋混凝土烟囱爆破实测的数据[1]。深圳市梅林赛格三星旧址烟囱于 2005 年 10 月 27 日爆破，倒塌方向地面采用了间隔 10~15m 垒筑高 1.0~1.5m 的沙袋墙的缓冲减振措施，实测数据和塌落公式预测计算值接近，有一点实测值偏小。

烟囱、水塔结构物爆破拆除定向倒塌时产生的塌落振动可能大于炸药爆破产生的振动。在一般情况下，对高大、多层楼房建筑物，只要采用分层、分段解体的爆破设计方案，在预计塌落的地面上采用减振措施，即使是高大的烟囱定向爆破拆除，其塌落振动也是可以得到有效控制的。以上实例监测数据说明当采用土埝沟槽减振措施后，高大烟囱爆破拆除时的塌落振动速度可以减小70%左右。

7.2.3.3　河北马头电厂6号冷却塔爆破

为响应国家"上大压小、节能减排"政策，2011年5月马头电厂爆破拆除了高105m的6号冷却塔。爆破前，作者应邀到现场参观指导，对冷却塔爆破时的塌落振动速度进行了预报，预报参数如下：

塌落振动速度计算公式

$$v_t = K_t \left(R \Big/ \left(\frac{MgH}{\sigma} \right)^{1/3} \right)^{\beta} \quad (0.73 < R' < 4.5)$$

式中，v_t 为塌落引起的地面振动速度(cm/s)；M 为下落结构的质量(t)；g 是重力加速度(10m/s^2)；H 是结构的顶高度(m)；σ 为地面介质的破坏强度(MPa)，一般取 10MPa；R 为观测点至塌落中心的距离(m)，比例距离 $R'=R/(MgH/\sigma)^{1/3}$。这里，M=3000t，H=105m；K=0.8；β=−1.8。计算给出距离塌落中心 R=55m，预测塌落振动速度为 v_t=1.17cm/s；爆破实测值为 v_t=1.00cm/s。预测距离 R=160m 处 v_t=0.172cm/s，实测值为 0.137 cm/s。

表 7.2.4 和表 7.2.5 是现场测量监测记录。图 7.2.5 和图 7.2.6 是现场测量监测记

表 7.2.4　河北马头电厂 6 号冷却塔爆破振动测试 1

(检测单位：上海消防技术工程有限公司；检测地点：10#机组西侧 10m 处；记录时间：2011-5-19；
操作员：吕振皖、申文胜；炮次：1；记录长度：5.000m；仪器编号：2；距离：160m；
记录速率：1600m/s；试验设备：TC-4850；药量：60kg)

通道号	通道名称	最大值	主频	时刻	单位	量程	灵敏度
1	通道 X	−0.137cm/s	5.155Hz	3.40062s	cm/s	35.689cm/s	28.020
2	通道 Y	−0.115cm/s	5.694Hz	3.07975s	cm/s	35.714cm/s	28.000
3	通道 Z	0.203cm/s	25.723Hz	0.01300s	cm/s	35.714cm/s	28.000

表 7.2.5　河北马头电厂 6 号冷却塔爆破振动测试 2

(检测单位：上海消防技术工程有限公司；检测地点：7#凉水塔南侧 10m 处；记录时间：2011-5-19；
操作员：吕振皖、申文胜；炮次：1；记录长度：5.000m；仪器编号：1；距离：55m；记录速率：
1600m/s；试验设备：TC-4850；药量：60kg)

通道号	通道名称	最大值	主频	时刻	单位	量程	灵敏度
1	通道 X	1.007cm/s	4.813Hz	3.38350s	cm/s	35.814cm/s	28.000
2	通道 Y	1.704cm/s	1599.658Hz	3.38356s	cm/s	35.714cm/s	28.000
3	通道 Z	−1.178cm/s	800.134Hz	3.38363s	cm/s	35.714cm/s	28.000

录的振动波形。从表 7.2.5 和图 7.2.6 中我们看到通道 2,3 的主频高(1600Hz,800Hz)，波形图上为高频干扰波，应是破碎石子掉落在拾震器上或是附近地面上。

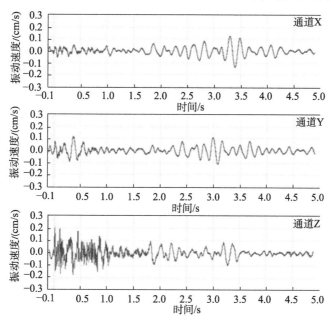

图 7.2.5　距离冷却塔 160m 处的记录波形

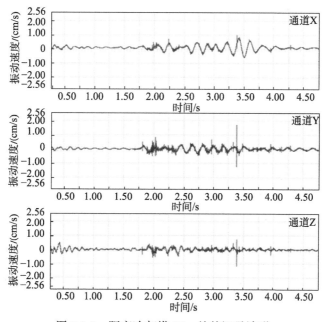

图 7.2.6　距离冷却塔 55m 处的记录波形

7.2.4　小结

(1) 基于对烟囱类高大建(构)筑物爆破拆除塌落过程的认识，作者在以往发表的文章中提出的塌落振动速度计算公式最终形式为：$v_t = K_t \left[R / \left(\frac{MgH}{\sigma} \right)^{1/3} \right]^\beta$，其中振动衰减指数$\beta$为负值。根据多座高烟囱爆破拆除实测数据整理分析，塌落振动速度公式在地面无减振措施时，K_t=3.37~4.09，$\beta = -1.66 \sim -1.80$；当地面采取挖沟槽、垒筑土墙减振措施时，建议K_t值乘以系数1/4~1/3。

(2) 框架结构高大楼房爆破拆除时的计算K_t值为烟囱爆破K_t值的1/3~1/2，而β值变化不大；若地面采取减振措施，K_t值还会降低。

7.3　拆除爆破振动安全值的参考资料

7.3.1　几种特定条件下的振动强度允许值

随着城市的发展，改建工程增多，控制爆破技术的应用越来越多地接近人们日常生活工作的地带，不少石方开挖工程出现在居民区或重要设施及建筑物附近。爆破技术作为一种工程施工方法，在完成一定工程的同时，炸药的爆破作用伴随着一些损害因素存在。这些损害因素主要是爆破引起的地面振动、噪声、飞石和粉尘。正确的爆破设计和采取良好的覆盖措施可以降低噪声和避免飞石的危害。爆破引起的振动，由于总有相当一部分炸药能量在地层中传播，难于通过人为的措施完全阻止它们产生，研究爆破振动传播、振动效应和控制爆破振动的影响范围是现代爆破技术应用的重要问题。

爆破振动破坏标准的评定依赖于爆破振动强度参数的测量与分析，建筑物的动态响应及振动产生的破坏状态的比较和统计。根据大量测量数据和工程实践说明，地面振动速度的大小与建筑物、结构物的破坏程度的相关性最好，这是因为爆破振动对建筑物产生影响的主要频率为中频带，建筑物的损坏在于能量的积累。当然采用这样单一参数方法评定建筑物的安全性是不全面的，还应考虑结构物的动态响应特性。但确定一个最基本的载荷强度参数对工程设计具有十分重要的意义。

现代环境保护提出的问题是关心不产生破坏，不致引起诉讼事件发生。在国家《爆破安全规程》给出的一般情况控制标准下，通过对一些特殊结构物和设备的现场爆破振动的监测和分析，可以给出一些具有重要参考意义的数据。

7.3.1.1　城市居民住宅区

北京寨口石灰矿的矿山建设在修建矿区运输道路和采准平台时,大量的矿山剥离量需要进行爆破作业。离矿区 300~400m 大片民房,频繁的爆破引起的诉讼事件,曾几度迫使矿山建设工程停止施工。经过多次试验爆破测量和分析,提出了约束矿山建设爆破规模和爆破方式。提出民房地面振动速度不要超过 1cm/s。按照这种特定的约束条件确定了一定的搬迁范围,解决了由爆破振动引起的纠纷。

同样大小的控制标准,被用作北京华侨大厦控制爆破拆除设计的依据。北京华侨大厦位于繁华的王府井大街的十字路口,除了相邻 8m 的住宅楼房外,在其东南方向有近五十多户的平房,这些平房有不少是 100 多年前修建法华寺留下的旧房。有的山墙已倾斜 4~5cm,有的墙在唐山大地震时倒塌过,年久失修的屋檐,大风一吹可能就有瓦片掉落。这些已属于危房的建筑处在市规划待拆迁的地带内,构成了华侨大厦爆破拆除的复杂环境条件。试爆和工程爆破时振动监测和民房调查说明,采用上述控制标准,爆后检查没有造成民房的损害和不良影响。

7.3.1.2　液化石油储气设备的控制标准

北京东方红炼油厂液化石油气生产车间扩建工程的花岗岩地基开挖爆破,距离生产车间和主控室不到 100m。爆破引起的振动对炼油厂设备及控制系统的影响,没有相应的行业振动控制标准。工程现场过大的爆破振动曾引起控制系统的报警。为了确保液化气车间的正常生产,保证首都几百万人的生活用气,我们实测了液化气车间不同储油设备及主控室的地面振动强度,比较了实测地面振动速度和部分仪表指针受干扰引起的偏移量,提出了对主控室及邻近储气设备的地面振动不超过 0.5cm/s 的控制标准。

主控室的自动调节仪表和各个储气设备的调节阀门相连接,安装连接在储气罐体仪表机壳和地面一起受到爆破振动,储气罐的液位变化被记录在转动式指针笔写的轨迹上,在监视记录上可以看到爆振动干扰引起了储气罐液位的偏离。三次实测主控室仪表地面测点的爆破振动速度为 0.4cm/s、0.12cm/s、0.56cm/s(相应比值 0.72:0.22:1.00),相应仪表干扰偏移量比较得出仪表指针偏移量相应为 1.5cm、0.5cm、2.1cm (相应比值为 0.71:0.23:1.00)。这样,我们可以监测液位显示记录仪指针偏离反馈工程现场,随着开挖点距离的变化调节控制爆破规模。提出贮气设备的地面振动不超过 0.5cm/s 的振动控制标准,保证了液化气生产的正常,为爆破开挖方案设计提供了依据。

7.3.1.3　卫星通信地面站的特殊问题

卫星通信地面站有大直径抛物线形的接收天线,接收天线的结构特点是要确保天线伺服跟踪系统的高稳定度和精确度。爆破振动对接收天线的影响需要受到严格控制和约束。由于某建设工程施工需要，不得不在接收天线附近进行爆破作业，而天线结构本身具有由很大的偏心距造成的固有载荷，因此为了保证天线方位轴受振动干扰引起的偏离度小于 20″，通过实测提出地面站附近地面振动速度不超过0.1cm/s，以保证接收天线的正常工作。

7.3.1.4 龙门石窟文物保护对爆破振动的约束要求

龙门石窟是我国宝贵的文化遗产，是国家重点文物保护单位，石窟是一种特殊的结构物，它是从岩体上开挖的洞穴，佛像和山体岩石连在一起。石窟洞穴的深度和径高各不相同，从结构强度分析，比一般地面建筑物要强得多。但一千多年来，石窟佛雕的表层风化严重，自然剥离经常发生。天然地震和自然因素造成的影响，人们无法控制，但对于龙门石窟这样的国家重点文物保护单位，人为破坏因素，如生产爆破产生的振动，应当尽力避免。鉴于石窟现状和国家文物保护条例，早在 20世纪 80 年代，通过实测分析，我们提出了为保护石窟文物不受人为爆破产生的振动影响，振动应约束在以"无感"为标准，爆破振动产生的速度应控制在 0.04cm/s以下。

7.3.2 关于振动标准的参考资料

7.3.2.1 德国的标准

德国的振动标准(代号 Din4150)如表 7.3.1。

表 7.3.1 联邦德国的振动标准(代号 Din4150)

建筑物类别	质点速度峰值	
	mm/s	in/s
作为文物保护的重要遗迹古建筑和历史建筑物	2	0.08
已有可见的破坏的建筑和墙体裂缝	4	0.16
比较好的建筑物，可能灰浆中有裂缝	8	0.32
混凝土结构的工业建筑	10~40	0.39~1.56

7.3.2.2 澳大利亚规定允许的最大振动强度

(1) 频率低于 15Hz 的位移量为 0.008in；

(2) 频率高于 15Hz 的合成速度峰值为 0.75in/s；0.008in 的位移量对应于频率10Hz 时的振动速度为 0.5in/s，5Hz 时为 0.25in/s。

7.3.2.3 英国的标准

(1) 英国 Skipp 认为，居民区的隧道爆破要求地面振动速度小于 10mm/s，而在人口稀少地带为 25mm/s；英国国家安全规定地面煤矿爆破，振动频率在 12Hz 以下时，振动速度为 0.47in/s。

(2) 英国 Ashley 列表给出了不同结构类型允许的最大质点振动速度，如表 7.3.2。

表 7.3.2　英国 Ashley 提出的振动控制值

建筑物类别	质点速度峰值	
	mm/s	in/s
古建筑和历史纪念物	7.5	0.30
修缮差的房屋	12	0.47
好的居民住宿住宅、商业、工业建筑	25	1.0

7.3.2.4　葡萄牙的标准

葡萄牙 Esfevas 给出安全极限振动速度峰值，如表 7.3.3。

表 7.3.3　葡萄牙 Esfevas 提出的振动速度峰值

建筑物类型	弱凝聚力松散土壤,碎石混合物 1000m/s $<c<$3000m/s		较硬的黏性土壤，均匀的砂石 c=1000~2000m/s；c=3300~6600m/s		黏性很强的土壤岩石 c>2000m/s；c>6600m/s	
	mm/s	in/s	mm/s	in/s	mm/s	in/s
须特别保护的历史纪念物、医院，高大建筑物	2.5	0.10	5	0.20	10	0.4
一般建筑物	5	0.20	10	0.40	20	0.80
钢筋混凝土建筑	15	0.60	30	1.20	60	2.40

7.3.2.5　汽车(T-3 型)引起的振动

布拉格市区街道上行驶的汽车(T-3 型汽车)引起的振动的测量结果，可用作比较效应强度；其数据是在大街路面上离一个车轮 1.5m 远处测得的，垂直地面位移 13μm，频率 141Hz，最大速度 12μm/s，最大加速度 10350mm/s²；径向水平位移 26μm，频率 73Hz，最大速度 12μm/s，最大加速度 5540mm/s²；其振动速度约为炸毁房屋时离爆破区中心 5m 处的速度的 1/3，加速度却稍高一些(摘自《爆炸动力学及其应用》[1])。

7.3.3　重要的和老旧易损坏建筑物的爆破振动标准

1984 年在美国爆破工程师协会召开第十一届炸药与爆破工程师年会上，美国爆破工程师发表了一篇他们收集的一些国家关于文物建筑受到爆破振动的文章，归纳了这些国家引用的爆破振动控制值，这里的振动还包括冲击振动。从表 7.3.4 中，我们看到对于文物建筑或是遗迹、遗址的振动影响是以控制爆破速度为标准的，多数国家控制振动速度为 mm/s 量级大小。就是说控制振动强度为人们可感振动的大小，我们知道 cm/s 量级大小的振动可能导致建筑损伤。

表 7.3.4　重要的和老旧易损坏建筑物的爆破振动标准[8]

参考资料	质点振动速度峰值		振动类型	建筑物类型	说明
	in/s	cm/s			
法国振动标准 1980	0.08 0.16	0.2 0.4	未特别指定	废墟遗址，古老和历史性建筑物 有可见损伤、裂缝的砖石建筑物	
葡萄牙 Bsteves 1978	0.10 0.20 1.0	0.25 0.50 2.5	爆破	特别重要的和历史古迹遗址 历史名胜	松软土壤渣石基础 中硬土层、均匀分层 的沙土坚硬的土石层
美国 Konor& Schering 1983	0.25 0.25~3.5 0.5	0.53 0.5~1.3 1.3	冲击载荷	历史性和老旧易损坏性的建筑物	$f<10Hz$ $10Hz<f<40Hz$ $40Hz<f$
瑞士标准局	0.3 0.3~0.5	0.75 0.75~1.3	爆破	具有历史性价值的建筑物和古迹易损坏的建筑物	$10Hz<f<60Hz$ $60Hz<f<90Hz$
英国 Ashley 1976	0.3 0.5	0.75 1.25	爆破	古老和历史性遗址、名胜 欠修缮的住房	
Egriw & Cigncia 1961	0.5	1.25	爆破 冲击夯	条件差的历史性建筑物和古迹	基岩上有 30 英尺覆盖土层
Chse 1981	0.5 2.0	1.25 5.0	爆破	基础很差的旧民房建筑 比较差的旧民房建筑	比例距离 68N·m 临界值　40N·m
美国 S Skind. Stagg & Dowing	0.5 2.0	1.25 5.0	爆破	老旧民房建筑 内墙为木结构摸灰民房建筑	$f<40Hz$ $40Hz<f$

引自美国第 11 届炸药和爆破工程师年会文集 "Vibration Criteria of Landmark Structures" [8]。

　　国家爆破安全规程只是对一般建筑物和构筑物的爆破振动安全给出了允许值。但实际工程往往在已有的建筑物和设备附近进行爆破施工。而这些建筑物和构筑物的抗震性能很不一样。如果只是从安全规程上提出约束条件，往往不能满足爆破设计的需要，需从更多特种环境条件下，不同类型建筑物允许承受的地面振动强度的经验来提出控制值，为爆破作业的环境保护提供依据，根据这些约束条件进行审核修改爆破方案。为了满足这些约束条件，我们需要提高爆破技术的水平，提高对炸药爆破作用的控制能力。

参 考 文 献

[1] 亨利奇 J. 爆炸动力学及其应用. 熊建国, 等译. 北京: 科学出版社, 1987.
[2] 吕毅, 顾毅成, 金骥良. 控制爆破拆除钢筋混凝土整体框架的试验研究//土岩爆破文集: 第二辑. 北京: 冶金工业出版社, 1984, 172-183.
[3] 周家汉, 杨人光, 庞维泰. 建筑物拆除爆破塌落造成的地面振动//土岩爆破文集: 第二辑. 北京: 冶金工业出版社, 1984, 317-326.
[4] 周家汉, 陈善良, 杨业敏, 等. 爆破拆除建筑物时震动安全距离的确定//工程爆破文集: 第三辑. 北京: 冶金工业出版社, 1988, 112-119.

[5] 周家汉, 金保堂, 陈善良. 高烟囱拆除爆破及塌落振动测量与分析//工程爆破文集: 第七辑. 乌鲁木齐: 新疆青少年出版社, 2001, 707-712.

[6] 曲广建, 崔允武, 吴 岩, 等. 温州市 93m 结构不对称楼房拆除爆破. 中国典型爆破工程与技术. 北京: 冶金工业出版社, 2006.

[7] 周家汉. 爆破拆除塌落振动速度计算公式的讨论. 工程爆破, 2009, 15(1): 1-4.

[8] Schuring J R, Jr, Konon W. Vibration Criteria of Landmark Structures//Proc. the 11th Conference of Explosive and Blasting Technique, Society of Explosives Engineers, 1984.

第8章 轨道交通振动与文物保护

8.1 列车振动与文物保护问题

8.1.1 振动对文物的影响[1]

　　振动是自然界一种常见的物理现象，现代社会的生产活动和人们的生活活动都在产生振动，如轨道交通运行振动、爆破振动、振动冲击强夯加固地基、锤击破石料等。人们一方面在利用振动作用，同时也承受着振动带来的伤害。比如，乘坐的汽车跑得快了，就要遭受汽车颠簸产生的振动。在达到一定施工目的的同时，振动可能危及邻近建筑物的安全和影响人们的正常生活。《中华人民共和国环境保护法》第四章规定要防治在生产建设或者其他活动中产生的废水、废渣、粉尘以及噪声、振动等对环境的污染和危害。因此防止振动造成的损害是许多工程建设设计和施工中要关心的重要问题。爆破作业的有害效应之一是爆破振动对周围环境的影响，轨道交通振动更是一种经常发生在我们身边的振动现象。

　　我国历史悠久，文物建筑或古迹特别多，为保护文物艺术宝库，国家于 1982年颁布了《中华人民共和国文物保护法》。对于我国许多重要的古建筑、名胜古迹，国家先后确定了一批国家级或省级重点文物保护单位。随着国家经济建设的发展，一些现代社会活动对文物保护的负面影响也相应出现。

　　古建筑物或是重要的文物古迹，特别是古塔类建筑物由于建筑年代久远，有的数百年，有的上千年，甚至更长，它们经历了无数自然灾害的袭击或人为的伤害，或多或少都存在不同程度的破坏。它们的现状难于用现代力学给予准确的描述和评价。一方面我们从古代建筑中看到了我们祖先聪睿的智慧、高超的建筑艺术和施工质量，同时又不得不承认当时认知的局限性，生产能力和材料品种有限，或是结构设计不合理，这使得有的建筑物基础承载能力不够，不少建筑就难于保存到现在。由于累积的伤害，它们抵抗自然灾害和现代社会活动带来的干扰能力严重降低了。因此，专门研究确定它们可以承受的振动安全控制值是十分必要的。

　　20 世纪 80 年代初，洛阳市想在龙门石窟东边 3km 处建设一个年产 120 万吨的石灰石矿山。矿山建设和生产都要进行爆破作业，爆破时总有一部分炸药的能量引起爆破作业地界附近地面的振动,尽管 3km 外的爆破在龙门石窟区产生的振动量值很小,但是这样大小的振动若长期存在,会对早已遭受风水剥蚀的石窟文物的保护极为不利。龙门石窟文物已存在一千多年了,我们希望它们还能继续保存下去。为了保护龙门石窟文物,即使是具有很高品位的矿山资源,我们也要选择保护文物,放弃矿山开采。

爆破振动对文物保护有影响,轨道交通列车运行振动(包括大型重型卡车运行振动)对环境的影响也值得重视。为了保护好龙门石窟文物,铁路也要让道。20 世纪 70 年代修建的焦枝铁路要穿越龙门石窟保护区,对景区文物保护不利。在修建焦枝铁路复线确定洛阳龙门段选线方案时,政府主管部门提出要求:铁路要建设,文物要保护。铁路列车运行振动是存在的。铁路振动有多大,铁路要外移多远,需要进行科学论证。经过实地监测既有铁路列车运行振动和分析研究,1992 年国家政府部门在评价焦枝铁路复线选线方案时,同意专家组提出以龙门石窟区的地脉动为标准,让焦枝铁路复线东移 700m,为龙门石窟在 2000 年 11 月被联合国教科文组织列入《世界文化遗产名录》奠定了必要的基础条件。

我们认为,古建筑的振动安全标准原则上应是以回避现代社会活动的干扰影响确定的,依据科学分析给出有足够安全的振动约束值。

8.1.2　发展轨道交通是解决城市交通拥堵的根本出路

随着经济发展和城市化进程的不断加快,世界各国在不同程度上都出现了城市交通拥堵问题。近年来,对于中国的诸多大都市而言,交通拥堵已成为困扰政府、困扰市民的严重问题。如何解决城市的交通问题呢? 人们普遍认同的一种途径是:优先发展以轨道交通为骨干的城市公共交通系统。解决交通拥堵问题的根本出路也在于建设完善的公共交通体系,其中构建比较完整的轨道交通网络是基础。所以,发展轨道交通是北京等大都市公共交通体系建设的重中之重。因为轨道交通具有运量大、速度快、安全、准点的特点,而且可以保护环境、节约能源和土地资源。中国高速铁路网的建成能满足春节人们回家团聚的运输高峰需求,只有建设城市轨道交通网才能解决上下班时段的拥堵状况(图 8.1.1)。目前,轨道交通已构成北京、上海等城市公交系统的重要组成部分,这点不难用下列数据来说明:2010 年 9 月 22日至 24 日,北京地铁 8 条运营线路共运送乘客 1290 万人次,平均 425 万人次/天;而在 22 日一天内,日运送乘客达到 660 万人次。2012 年 2 月 25 日网上报道,北京地铁每天载客量已超过 700 万人次。4 月 30 日北京有 6 条线路每天客运量超过100 万人次,其中 1 号线客运量超过 160 万人次、2 号线超过 150 万人次、4 号线超过 120 万人次。因此,建设更多的快速轨道交通势在必行。

图 8.1.1　北京地铁拥堵状况

8.1.3　发展轨道交通和文物保护的矛盾

　　轨道交通建设在解决城市交通拥堵问题的同时也产生了文物保护等一系列新的环境保护问题。众所周知，北京、西安这些历史文化名城有很多的文物建筑和历史遗迹需要保护。因此，规划好城市发展的未来、建设好现代新城、展现好古代文明，是北京、西安等文明古城发展所面对的共同课题，其中一个重要方面是解决好轨道交通建设和文物保护之间的矛盾。

　　有报道说，在捷克一条繁忙的公路、轨道交通线附近，有一座古教堂因振动而产生裂缝，裂缝不断扩大最终导致古教堂倒塌。而在北京，亦有多处文物受地铁运营列车振动的影响，有墙体开裂、损坏的现象。

　　据有关媒体报道，国家文物局公布了全国人大常委会执法检查组关于检查《中华人民共和国文物保护法》实施情况的报告，近 30 年来全国消失的 4 万多处不可移动文物中，有一半以上毁于各类建设活动(参见 2012 年 8 月 12 日《北京晨报》)。对此种情况，人们痛心地说道：文物消失多毁于"建"！

8.1.4　轨道交通列车振动的特点

　　我们知道，和地震、爆破作业一样，轨道交通运营总有一部分能量会传递到邻近地层中，导致地面振动，过强的振动将导致文物损坏。

　　和地震、爆破等产生的振动相比较，轨道交通导致的振动有如下特点：①轨道交通导致的振动作用是长期存在的；②轨道交通导致的振动是重复、反复发生的；③轨道交通振动是一种微振动，其作用时间很长。尽管人们已采取了多种减振隔振措施，其振动能量仍能导致邻近地面的振动，从而形成建筑物的响应振动。此外，在轨道上运行的列车的振动还可能导致(或是加速)地铁轨道周边地层基础的下沉(或者说，不均匀下沉)，从而引起地面建筑墙体裂缝，造成局部损坏。不少国家都把振动列为典型公害加以控制和防止。由于轨道列车运行振动的低频分量难于完全控制和消除，地铁列车振动可能带来的干扰已引起了社会各方面的关注和重视。

8.1.5　文物建筑振动控制标准

8.1.5.1　文物建筑的特点和保护要求

众所周知，我国把可移动的和不可移动的一切历史文化遗存都称为文物。其中，可移动的文物，一般称为文化财产；不可移动的文物，一般称为文化遗产。对具有历史价值、文化价值、科学价值的历史遗留物要采取一系列措施防止其受到损害，这个过程叫做文物保护。如何保护好文物，《中华人民共和国文物保护法》对此作了明确的规定，其中有关条文要求：①各级人民政府应当重视文物保护，正确处理经济建设、社会发展与文物保护的关系，确保文物安全。②文物是不可再生的文化资源。国家加强文物保护的宣传教育，增强全民文物保护的意识，鼓励文物保护的科学研究，提高文物保护的科学技术水平。③文物保护单位的保护范围内不得进行其他建设工程或者爆破、钻探、挖掘等作业。在全国重点文物保护单位的保护范围内进行其他建设工程或者爆破、钻探、挖掘等作业的，必须经省、自治区、直辖市人民政府批准，在批准前应当征得国务院文物行政部门同意。

文物建筑不同于现代建筑，它们的受力状况难于检测，难于用现代力学方法给予准确的描述和评价。这是因为：①古建筑年代久远，有的数百年、上千年，甚至更长；②它们经历了无数自然灾害的袭击或人为的伤害；③它们的现状存在着或多或少、不同程度的损害和破坏。在过去的岁月里，特别是冷兵器时代，没有现代工业、交通的影响，文物建筑周边的环境振动是很小的，尽管天然地震无法避免。所以它们能保存至今，成为我们的文化遗产。然而，现代社会对文物建筑的干扰很多，而振动是最常见、影响最多的干扰。这类伤害的逐渐累积，严重降低了它们抵抗现代工业、交通干扰的能力；鉴于文物建筑承受振动干扰能力降低，原则上我们要尽量控制人为震源的产生和强度，在无法避免时要尽量控制人为震源的强度，特别是现代交通产生的振动。因此，我们希望它们远离需要保护的文物建筑，远点，再远点！

8.1.5.2　文物建筑振动控制标准[5]

振动对地面建筑物的影响程度用地震烈度表示，烈度说明地面建筑物的损坏或破坏程度、地表的变化状况，还有人的感知程度。地面振动强度用地面质点振动速度表示。关于地震烈度和振动速度表述的振动强度与地面建筑物受影响的对应情况，引用相关标准和文件要求如表8.1.1所示。

表 8.1.1   地震烈度和振动速度对地面建筑物的影响程度

振动速度及烈度	状态及说明
200 mm/s 烈度 8 度	多数民房破坏，少数倾倒；坚固的房屋也有可能倒塌
20 mm/s 烈度 5 度	室外大多数人都能感觉到振动；抹灰层出现细小裂缝；为一般砖房、非抗震的大型砌块建筑物的允许振动值
2mm/s 烈度 1~2 度	《机械工业环境保护设计规范》(JBJ 16—2000)对于古建筑严重开裂及风蚀者，控制振动速度 v=1.8mm/s(10~30Hz)
0.20mm/s	《古建筑防工业振动技术规范》(GB/T 50452—2008)对国家重点文物建筑(砖木结构)的振动控制标准
0.02mm/s	苏州虎丘塔地脉动值(0.01~0.03mm/s)、洛阳龙门石窟地脉动值(洛阳地震台监测)、莫高窟地脉动值

从表中我们看到，当地面振动速度为 20mm/s 时，其振动强度相当于地震烈度 5 度，振动可能使一般民房产生新的细小裂缝。房屋振动产生裂缝是人们不能接受的，因此，多数国家(我国也是这样)把振动速度为 20mm/s(或是 1in/s)定为民房的振动控制标准。振动速度为 2mm/s，是一般人稍加注意可以感觉到的振动(也叫"可感振动")，其振动强度相当于地震烈度 2 度。我们很难接受这样的标准，就是让文物建筑处在可感的振动环境状态下，特别是全国重点文物保护单位(注意：中华人民共和国机械行业标准《机械工业环境保护设计规范》(JBJ 16—2000)对于古建筑严重开裂及风蚀者，控制振动速度 v=1.8mm/s(10~30Hz))。因此我们说，再低一个量级，即《古建筑防工业振动技术规范》(GB/T 50452—2008)对国家重点文物建筑(砖木结构)的振动控制标准。将振动速度 0.2mm/s 定为国家级文物建筑的控制标准，不算苛刻。只有这样，才能让国家级文物建筑处在一个安静的环境中。

一般而言，古建筑的振动安全标准原则上应是回避现代社会活动的干扰影响，其振动安全控制的最高标准就是环境振动的本底大小。换言之，对古建筑的振动控制的最佳状态应是原生环境的状态。

8.2   龙门石窟保护与焦枝铁路

8.2.1   龙门石窟与焦枝铁路简介

8.2.1.1   龙门石窟

洛阳龙门石窟是始建于北魏以来的石窟艺术宝库。1961 年国务院公布龙门石窟为第一批全国重点文物保护单位。龙门石窟位于河南省洛阳市南郊的龙门口，距市区约 13km。洛阳素称"九朝古都"，东周、东汉、曹魏、西晋、北魏、隋、唐、后梁、后唐等九个朝代先后在这里建都。这里伊水中流，香山(东山)与龙门山(西山)

两山对峙，山河壮丽，风景优美，著名的雕刻艺术宝库——龙门石窟，密布于两山之崖壁上。龙门两山基本上都属于古生代寒武纪到奥陶纪石灰岩，石质坚硬，宜于雕造。自古以来，"龙门山色"被列为洛阳八大景之冠。

龙门石窟开凿于北魏迁都洛阳(公元 494 年)前后。唐代窟龛约占龙门窟龛的三分之二。唐以后五代、北宋以及元、明、清诸朝，仅偶有一些小型造像龛和题名、题游之类。经过调查，两山现存窟龛两千一百多个，造像约十万余躯，造像题记和其他碑碣一千六百块左右，佛塔四十余座。(本节第 1 段和第 2 段引自《龙门石窟》——文物出版社，1981)

自石窟开凿以来，除遭受人为破坏外，在自然营力作用下，还产生了严重的地质病害，如构造节理和卸荷节理的交错切割，使部分边坡失稳、洞窟围岩崩落、佛像和雕刻品掉块等破坏现象。大气降水的渗入，碳酸盐类岩石的溶蚀致使石雕被破坏；温度应力变化造成岩石的物理风化，引起石雕表面强度降低以致剥落。其次，由于人类工程活动促使自然病害加剧，不合理的造林绿化、工业企业排放废气等都加剧了石窟雕刻品的破坏。

石窟区东南方有个较大的水泥厂，附近有一些小石灰窑，为开采石灰料，经常进行爆破，据已有监测振动资料表明，爆破引起奉先寺、万佛洞一带的地动位移达12μm，周边采石场爆破是石窟区环境振动的主要振源之一。

石窟区附近的厂矿在伊河岸边设有多个抽水站，水泵昼夜运转。总之，石窟景区人类工程活动的振源是多方面的，对石窟区雕刻品的影响也较复杂，不能用一种振源来评价石窟区的环境振动，应进行综合考虑。

关于天然地震，据洛阳地震台 1984 年 1~6 月地震测试资料统计，该区平均每日记录到地动位移大于 2μm 的地震为十余次，地动位移大于 20μm 的地震 1~5 次，其中最大一次位移达 400μm，历史上该地区记录到地震烈度为 5 度以上者至少有50 次，据有关部门预测，近百年内该区最大地震烈度为 6 度，即最大地面运动加速度为 50cm/s²。

龙门石窟区位于龙门山-香山断块地块，四周被宜阳、草店、郜庄和龙门桥断裂切割。地块内发育有与周界断裂近似平行的两组构造节理，一组层面节理和一组边岸卸荷节理，形成多组裂缝交切的裂隙岩体。越靠近周界断层，节理越发育，如极南洞、万佛沟。该地块自新生代以来，一直处于整体抬升，伊河横穿地块，形成深切峡谷，山之立壁岩体为石窟开凿和雕刻提供了便利条件。

地块的岩体主要由中、上寒武系白云岩和石灰岩地层组成。岩层走向NW340°~360°，倾向北西，倾角 20°~30°。上寒武系为一套厚层、巨厚层的细晶、微晶和鲕状白云岩，宾阳洞、香山寺、看经寺、万佛沟等石窟及雕刻品都开凿在此层，中寒武系为一套薄层至厚层泥质条带灰岩和鲕状灰岩，其上部为厚层夹薄层，鲕状白云化灰岩,奉先寺即雕刻在其中,下部多为薄层条带状泥质灰岩,容易风化。极南洞和擂鼓台雕刻在此层。

沿石窟区东、西两山立壁有许多泉水出露,出露点高出河水面 1~5m。水温及流量常年变化不大,说明是地下水的排泄区。而石窟多处于地下水位以上的饱气带中。石窟内的渗水现象是大气降水渗水形成的暂时性水流。在地下水和渗水的长期作用下,发育有三层水平溶洞和竖井、溶沟、溶槽等,破坏了岩石的完整性。

8.2.1.2 焦枝铁路

焦枝铁路是我国南北交通干线之一。20 世纪 70 年代修建焦枝线时,该线有一隧道穿过洛阳龙门石窟文物保护区。该线进入龙门地段跨越伊河还有一座铁路桥。焦枝铁路线在石窟区北侧跨越伊河后进入东山隧道南下,伊河铁路大桥距石窟最近距离约 909m,铁路隧道距万佛沟石窟雕刻品的最近距离约 70m,每昼夜过往列车60 余次。洛伊公路(西山公路)傍依西山石窟区,离石窟雕刻品的最近距离 230m,洛临公路(东山公路)位于伊河东岸,距东山石窟雕刻品极近,20~50m,公路上昼夜有汽车及拖拉机行驶,十分频繁。位于龙门文物保管所北侧的龙门桥为该区公路运输的主要桥梁,是西山公路至龙门街的必经之路,极南洞南侧有漫水桥横跨伊河,为沟通东西山公路的要道,每日来往车辆很多。铁路、公路运输车辆的频繁行驶对石窟区环境的不利影响,已引起人们的关注和不安。

焦枝线穿过龙门石窟区影响了文物保护区的景观,火车长期运行的铁路振动十分不利于石窟文物的保护。修建焦枝复线可以大大提高该线的运输能力,促进沿线地区的经济发展。到1991 年,焦枝铁路复线的修建只剩龙门-龙门南区间尚未施工,此段成了焦枝复线建设工程的咽喉。

中国国际工程咨询有限公司受国家计委委托组织专家小组进行论证,专家小组通过对龙门石窟文物现状进行调查,对以往工程震动(特别是铁路震动)对各种历史文物及古建筑物现状的影响分析,对运行线路产生的振动进行监测分析,提出保护龙门石窟文物的振动约束标准和焦枝复线修建时外移的距离。

现场测试组对焦枝铁路龙门段列车运行产生的振动进行了大范围的监测。测试目的是要查清焦枝铁路线列车运行振动对石窟区的影响及石窟区附近其他振源的振动对石窟文物的影响。对洛阳龙门石窟区振动环境进行测试,监测点分布在宾阳洞、奉先寺、香山寺、万佛沟、擂鼓台、龙门铁路桥龙门隧道两端以及洛阳地震台站。对不同车型、车速、运行时刻分别进行了对比测试;监测了地面和桥墩的加速度、速度和位移量。共进行了 68 次列车运行时全部监测网络的测试。

作者参与的专家组整理实测资料,分析给出了列车振动的地面传播衰减规律,在此基础上对石窟文物保护的铁路振动安全约束值和焦枝复线龙门段外移距离进行了论证。

根据专家组论证的结论意见，国家有关部门批准采纳专家组的建议：尽管现有铁路振动对龙门石窟文物不构成有害影响，为保护龙门石窟文物，焦枝复线决定采用龙门段隧道东移 700m 的双线绕行方案。这样焦枝复线的建设既达到了保护文物的目的，又避免了大的方案修改，节省了投资。该项改线工程已于 1993 年 7 月正式动工修建，同年建成，全线通车。

8.2.2　振动测试与数据处理

现场振动测试建立了 6 个测站，布置 14 个测点，共 50 条测线，其中振动速度测线 33 条，振动加速度测线 14 条，振动位移测线 21 条(含速度测线转换为位移测线 18 条)。观测范围南北 2.1km，东西 0.8km。观测的物理量为振动速度、加速度及位移，以振动速度为主要观测物理量。

本次现场测试的仪器，按所测参量的不同有：振动测试系统(测振系统)和列车测速系统。还有光电测距仪、波速测试仪等。

8.2.2.1　振动测试系统

测振系统由传感器、放大器、记录仪和信号分析仪组成(图 8.2.1)。

图 8.2.1　测振系统示意图

为了适应和满足测试微弱振动和不同物理量的要求，采用了不同型号的传感器、放大器和记录仪等测试仪器。记录仪均采用模拟磁带机，数据分析处理均由同一台 CF-910 型多功能信号分析仪(日本，小野测器)和 WX-473I 型绘图仪(日本，渡边测器)进行。测试系统中采用了 6 种不同型号的传感器、放大器以及记录仪。速度、位移测振系统所使用的仪器，如表 8.2.1 所示，加速度测振系统使用的仪器，如表 8.2.2 所示。

表 8.2.1　速度、位移测振系统

传感器	放大器	记录仪	系统简称
CD-7	GZ2	R-71(日本 TEAC)	CD7-GZ2-R71
CD-7	GZ5	A-49(日本 SONY)	CD7-GZ5-A49
CD-7	GZ5	XR-510(日本 TEAC)	CD7-GZ5-XR510
CD-7	GCF-6B2	XR-510(日本 TEAC)	CD7-GCF-XR510
891 传	891 放	XR-30C(日本 TEAC)	891-放-传-XR30C
DS-1	DF-1	DJ-1	DD-1

表 8.2.2 加速度测振系统

传感器	放大器	记录仪	系统简称
WLJ	GZ2	XR-30C	WLJ-XR30C
FGA-13	(美国 KMl)	PDR-1	FBA13-PDR
YD-13	GHZ1	A-49	YD13-GHZ1-A49

在进行现场测试之前，对各种传感器或系统进行了统一标定，以求得一致性。标定采用两种方式进行，第一种方式是选择 6 个 CD-1 传感器(垂直方向 2 个，水平方向 4 个)，经北京市计量科学研究所进行标定；第二种方式是利用上述传感器传递,同在中国地震局工程力学研究所北京强震观测中心的 EM1 C-661 型电磁振动台(日本工程测量仪器公司)上进行传递标定。各测点所采用的测试系统见表 8.2.3。

表 8.2.3 测点、物理量和测试系统配备

测点编号	物理量	测试系统	测点编号	物理量	测试系统
1-1	速度	CD7-GZ5-A49	3A-2	速度、位移	CD7-GZ5-XR510
1-2	速度	CD7-GZ5-A49	佛底	速度	CD7-GZ5-XR510
1A-1	加速度	FBA13-PDR1	佛腹	速度	CD7-GZ5-XR510
1A-2	加速度	FBA13-PDR1	佛顶	速度	CD7-GZ5-XR510
1-3	速度	CD7-GZ5-A49	4-1	速度、位移	CD7-GZ5-XR510
1-3A	加速度	YD13-GHZ1-A49	4-2	速度、位移	CD7-GZ5-XR510
2-1	速度、位移	CD7-GZ2-R71	5-1	速度	CD7-GZ5-XR510
2-2	速度、位移	CD7-GZ2-R71	5-2	速度	CD7-GZ5-XR510
3-1	速度、位移	891-放-传-XR30C	5-3	速度	CD7-GZ5-XR510
3-2	速度、位移	891-放-传-XR30C	洛阳地震台	位移	DD-1
3-3	加速度	WLJ-XR30C	3-1	加速度	WLJ-XR30C
3A-1	速度、位移	CD7-GZ5-XR510			

8.2.2.2 列车测速系统

列车测速采用的仪器是 CS-3 型自动测速记录系统。这种系统由磁电式传感器和自动测速仪两部分组成。

两只磁电式传感器布设在同一侧钢轨上,两者相距一准确的距离位置(如 10m),仪器测试机车导轮或第一对轮先后通过这两只传感器的时间，经仪器内部计算后，打印输出列车速度。由于该仪器有时间服务系统，故还能打印出时刻(年、月、日、时、分、秒)。

各测点间的距离测量采用了 DM501 光电测距仪(瑞士 TERN 公司)，最远可测距离和精度为 1.6km+5mm+5×10⁻⁶×D，其中 D 为测量距离。

8.2.2.3　振动测试

根据石窟区石窟分布及振源分布情况，设置 5 个测站，每测站下设若干测点，除 1 号测站负责测试铁路及隧道振动外，其余 2、3、4、5 测站分布于各石窟中，形成东山与西山两个测区。东山测点布置香山寺北、香山寺、看经寺、擂鼓台及万佛沟。其中看经寺、擂鼓台、万佛沟皆为东山主要石窟，而香山寺北、香山寺测点是为了了解列车(上桥、进洞)在东山区的衰减规律而设置的。西山测点布置在龙门文物保管所、宾阳中洞、奉先寺、极南洞、极南洞下侧等处，同样，这些测点也可监测列车(上桥、进洞)振动在西山区的衰减规律。为了解风化岩层区洞窟的振动情况，布置了极南洞(半风化)及极南洞下侧(风化严重)两测点。

为了观测石窟佛像在不同高度的振动强度的变化，选择了卢舍那大佛的底座、腹部、头顶三处，布置测点进行观测。测点布置见图 8.2.2~图 8.2.5。

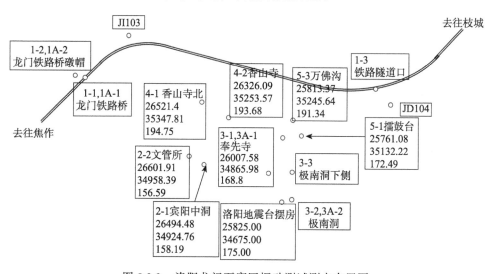

图 8.2.2　洛阳龙门石窟区振动测试测点布置图

为了便于比较，洛阳地震台 I 号摆房也作为 1 个测点，在其正常观测的地震图上摘取相应时段的数据。

除 1-1、1A-1 测点为铁路桥混凝土墩台外，其余测点均为基岩。

测试物理量为振动速度、加速度及位移。多数测点以测试振动速度为主，有些测点只测试振动加速度，在个别重要测点，还增加了加速度和位移测试。

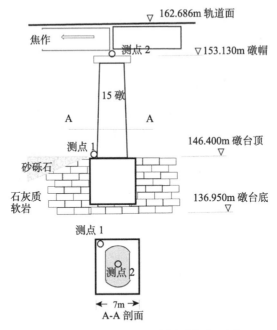

图 8.2.3 洛阳伊河铁路桥测点布置图

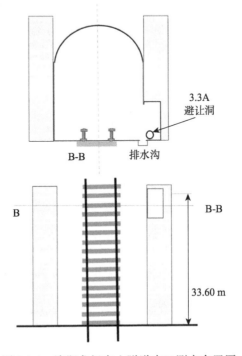

图 8.2.4 洛阳龙门东山隧道南口测点布置图

图 8.2.5　卢舍那大佛测点布置图(引自《龙门石窟》——文物出版社，1981)

除 1-3、洛阳地震台摆房测点外，其余测点均实行同期观测，采用无线通信联络，发令站设于伊河铁路桥上。

卢舍那大佛高度方向各测点采用同步观测。

1-3 测点设于隧道内单独记录列车通过时的振动，不与其他测点作同期观测。

根据石窟区的地理环境，将振源分成 8 种不同的组合，见表 8.2.4。

样本的记录时间：对于 1、2、6、8 类振源为 5~10min，其余振源不小于 3min。

表 8.2.4　振源类别

振源类别	振源情况	测试时间	备注
1	列车、汽车、游人	白天	
2	列车	21：00~22：30	
3	汽车、游人	白天	
4	游人	白天(东山公路上 10：00~10：30，11：00~11：30 汽车不通行)	
5	地脉动	21：00~22：30	
6	列车、汽车	22：30~24：00	
7	汽车	22：30~24：00	包括在漫水桥上通行
8	列车、游人	白天	

注：①表中"汽车"指东山公路汽车通行；

　　②表中各类振源中均含西山公路汽车通行；

　　③表中1~4、6~8类振源中均含地脉动。

8.2.2.4　数据处理

振动测试的数据处理是用磁带机记录数据,然后输入信号分析仪中,作时域、频域分析。每一测点不同振源类别均选择了典型样本作频域分析。根据振源类别及测站的不同,分析频率上限分别取 20Hz 和 100Hz 两种,相应的采样频率为 51.2Hz 和 256Hz。采样点数用 1024 和 2048 两种。

时域分析中,先观察每一条测线的每一次记录,当振源处于不同位置(如列车上桥、进洞;漫水桥上汽车通行等)时,其时域波形也有不同变化,检索出时域波形的最大峰-峰值,通过换算可得到峰值物理量值。同一条测线、同一类振源有多次记录,因此还可得出它的平衡峰值物理量。其次选取一典型的样本记录,打印出时域波形,并对这一样本记录做概率密度函数的平均,得出均值和标准差,由此可知峰-峰值与均值的偏差程度以及振动幅值的分布情况。

频域分析中,采用汉宁窗、峰值保持平均,作典型样本记录的功率谱分析,根据功率谱图中不同频段的能量分布,得出最主要的干扰频率,功率图由打印机给出。

8.2.3　测试结果及分析

测试期间,列车通过伊河桥及东山隧道南口的车速见表 8.2.5 及表 8.2.6。

表 8.2.5　列车通过伊河桥车速　　　　　　　　(单位:km/h)

运行方向	客车				货车			
	最高车速	最低车速	平均车速	次数	最高车速	最低车速	平均车速	次数
上行	100.0	60.0	76.4	5	68.9	32.3	50.5	19
下行	57	39.1	48.0	6	38.2	17.0	27.3	17

表 8.2.6　列车通过龙门东山隧道南口的车速　　　　　(单位:km/h)

运行方向	客车				货车			
	最高车速	最低车速	平均车速	次数	最高车速	最低车速	平均车速	次数
上行					52.0	33.2	40.2	9
下行	48.8		48.8	1	29.3	18.2	23.7	9

8.2.3.1　振动速度

表 8.2.7 给出了在不同振源类别的情况下,各测点测试结果的振动速度最大值和最小值。由表中可见,文物景点中最大振动速度是万佛沟 5-3 测点的测试结果,其值为 3.30μm/s。1 号测站测出了 15 号铁路桥礅上下的振动及隧道出口处的振动,给出了传往石窟区的初始振动强度,礅帽上的最大振动速度约为 3.36mm/s。

　　为了说明不同振源对石窟区主要文物点的振动影响，将其最大振动速度值列于表 8.2.8。

表 8.2.7　各测点振动速度最大值和最小值　　　　　　（单位：μm/s）

测站	测点号	垂直		东西		南北	
		最小值	最大值	最小值	最大值	最小值	最大值
1	1-1 桥基础	0.62	773	1.03	712.8	1.11	675.5
	1-2A 桥礅帽	0.46	638.2	5.63	3365.5	2.09	2006.4
	1-3 隧道南口	55.5	162.5	20.0	50.4	20.1	60.6
2	2-1 宾阳中硐	0.11	1.57	0.072	0.63	0.035	0.56
	2-2 文物保管所	0.068	1.40	0.026	1.19	0.031	1.89
3	3-1 奉先寺	0.11	1.07	0.17	0.89	0.093	0.82
	3-2 极南硐	0.05	0.89	0.07	0.71	0.11	0.99
3A	3A-1 奉先寺	0.204	0.348	0.156	0.266	0.135	0.293
	3A-2 极南硐	0.141	0.436	0.163	0.338	0.119	0.400
4	4-1 香山寺	0.097	1.23	0.073	1.32	0.074	1.23
	4-2 香山寺北	0.078	0.907	0.130	1.00	0.117	1.09
5	5-1 擂鼓台	0.164	2.05	0.150	1.713	0.159	1.975
	5-2 擂鼓台	0.170	1.723	0.135	1.256	0.142	1.707
	5-3 万佛沟	0.153	2.273	0.138	2.980	0.118	3.30

　　注：1-2A 测点为于铁路桥 15 号墩帽。

表 8.2.8　主要文物点振动速度最大值　　　　　　（单位：μm/s）

测点号	振源类别						
	1	2	3	4	5	6	7
2-1	1.570	0.870	0.610	0.400	0.390	1.190	0.89
3-1	1.070	0.640	0.890	0.700	0.610	0.540	0.540
3-2	0.990	0.440	0.240	0.340	0.390	0.400	0.180
5-1	1.621	1.463	1.037	0.509	0.283	2.051	0.501
5-2	2.847	0.997	1.314	0.557	0.222	1.723	0.756
5-3	2.980	3.301	0.609	0.630	0.230	2.911	0.938

　　为了说明列车振动对石窟区主要文物点的影响，将其振动速度平均值列于表 8.2.9。

表 8.2.9　列车振动对主要文物点影响

测点号	距铁路桥 19 号墩台的距离/m	距隧道的距离/m	振动速度平均值/(μm/s)		
			垂直	东西	南北
2-1	1074		0.530	0.370	0.290
3-1 3A-1	1529		0.338	0.314	0.274
3-2 3A-2	1715		0.208	0.211	0.253
5-1		370	0.912	0.952	0.948
5-2		443	0.760	0.705	0.564
5-3		270	1.382	1.529	1.462

为了说明公路汽车运行对石窟区主要文物点的影响,将其振动速度平均值列于表 8.2.10。

表 8.2.10　公路汽车振动对主要文物点影响

测点号	距公路或桥的距离	振动速度平均值/(μm/s)		
		垂直	东西	南北
2-1	距龙门公路大桥约 200m	0.537	0.350	0.290
3A-2	距漫水桥小于 100m	0.436	0.338	0.400
5-1	距东山公路小于 100m	0.679	0.509	0.791
5-2	距东山公路小于 50m	0.862	0.842	0.756
5-3	距东山公路 270	0.376	0.318	0.395

由表 8.2.8 可见,2-1,5-1,5-2,5-3 测点振动速度最大值是由于 1 或 2 类振源影响。从表 8.2.9 及表 8.2.10 看出,列车、公路汽车振动对某些文物点的影响也是明显的。

8.2.3.2　振动加速度

振动加速度测点为 1A-1、1A-2、1-3A、3-1、3-3 等,其中 1A-2 测点位于铁路桥 15 号墩帽,其余测点均在地面。振动加速度最大和最小值见表 8.2.11。

表 8.2.11　振动加速度最大值和最小值　　　　　　(单位:cm/s²)

测站	测点号	垂直		东西		南北	
		最小值	最大值	最小值	最大值	最小值	最大值
1	1A-1	4.38	7.19	5.42	11.29	5.00	10.62
	1A-2	6.31	13.12	11.71	22.61	12.50	23.12
	1-3A	2.97	5.89	0.99	1.81	0.86	1.64
3	3-1	0.004	0.239	0.003	0.042	0.024	0.155
	3-3	0.007	0.155	0.928	0.289	0.005	0.049

1A-1(铁路桥)15 号墩台与 1-3A(东山隧道进口)测点实测振动加速度比较见表 8.2.12。

表 8.2.12　1A-1 与 1-3A 实测振动加速度比较

测点及比值	振动加速度平均值/(cm/s²)			备注
	垂直	东西	南北	
1A-1	5.75	8.37	6.82	18 次平均值
1-3A	4.64	1.29	1.27	5 次平均值
1A-1 与 1-3A 加速度的比值	1.24	6.49	5.37	

从表 8.2.12 可以看出，列车通过铁路桥引起的振动，远远大于通过隧道路基引起的振动。以东西向分量最大，相对比值为 6.49 倍，垂直向相差最小，为 1.24 倍。铁路桥墩台东西向振动加速度平均值达 8.37cm/s²，最大值达 11.29cm/s²，是桥墩结构特性的反映。而隧道路基振动以垂直向为最大，振动加速度为 4.64cm/s²。

从墩台隧道路基垂直向功率谱图对比发现，墩台振动能量集中在 25Hz 以下，低频成分多，而隧道路基的振动能量集中在 40Hz 以上，高频成分较多，高频成分在传播途径中容易被传播介质吸收，因而衰减快，影响也小。

从测点 3-1(奉先寺)和测点 3-3(极南洞下侧)观测到的地脉动值为 0.004~0.085cm/s²(含西山公路汽车影响)。而铁路列车振动影响在 0.005~0.119cm/s²，略高于地脉动值。由于西山公路距 3-1 及 3-3 测点较近(约 470m 及 250m)，在 3-3 测点附近又有施工干扰，观测次数较少，所以数据的离散性较大。

8.2.4　列车运行时地面振动速度的衰减规律

严格地说，要整理分析地面振动速度的衰减规律，应选用同一次列车产生的振动分布。这里只是根据观测点在列车运行的时间内记录的时域信号，在相应时刻判读取样。我们知道，地面振动速度的大小是与测点至振源距离、列车速度和载重量有关的，在所观测的各种运行列车中，一般载重货车的总质量为 3000t 左右，车速为 20~40km/h，客车总重量为 830~900t，车速为 60~100km/h，我们在分析地面振动速度衰减规律时，考虑上述条件，整理了各种列车运行的观测结果，采用多次测试数据的平均值来分析地面振动速度随至振源距离衰减的规律。

测点至铁路的距离是以该点至铁路桥 15 号墩台或至铁路隧道的最短距离确定的，表 8.2.13 和表 8.2.14 分别为列车经隧道和过铁路桥时各测点的振动速度平均值。根据地震波的传播规律，在双对数坐标图中，采用线性拟合，回归分析给出直线方程，其振动速度衰减规律可用下式表示：

$$v = K/R^{\alpha} \tag{8.2.1}$$

式中，v 为地面某点的振动速度值，μm/s；K 为参数，反映了列车车速、载重、地层介质力学性能参数及车辆长、轨道长的影响，数值见表 8.2.15 及表 8.2.16；α 为衰减参数，反映了地层地质构造及路基质量的影响，数值见表 8.2.15 及表 8.2.16。

表 8.2.13　列车过隧道时各测点的振动速度平均值

至隧道的距离/m	地点	测点编号	振源编号	振动速度平均值/(μm/s)		
				垂直	东西	南北
270	万佛沟	5-3	1	1.566	1.693	1.63
			2	1.382	1.529	1.462
325	香山寺北	4-1	1	0.766	0.864	0.868
			2	0.788	0.867	0.802
370	香山寺	4-2	1	0.785	0.766	0.713
			2	0.624	0.548	0.580
370	擂鼓台	5-1	1	0.973	0.833	1.050
			2	0.912	0.952	0.948
443	看经寺	5-2	1	1.042	0.843	0.774
			2	0.760	0.705	0.564
685	奉先寺	3A-1	1	0.324	0.266	0.241
			2	0.255	0.178	0.187
695	极南洞	3A-2	1	0.287	0.245	0.276
			2	0.216	0.192	0.185

表 8.2.14　列车过铁路桥时各测点的振动速度平均值

至铁路桥的距离/m	地点	测点编号	振源编号	振动速度平均值/(μm/s)		
				垂直	东西	南北
1074	宾阳中洞	2-1	1	0.81	0.47	0.34
			2	0.70	0.63	0.39
966	文物保管所	2-2	1	0.80	0.51	1.08
			2	1.25	0.65	0.57
1715	极南洞	3-2	1	0.24	0.25	0.39
			2	0.20	0.23	0.32
1529	奉先寺	3-1	1	0.44	0.36	0.42
			2	0.42	0.45	0.36
919	香山寺北	4-1	1	0.915	0.930	1.013
			2	0.788	0.867	0.802
1997	香山寺	4-2	1	0.783	0.670	0.624
			2	0.624	0.548	0.580
1529	奉先寺	3A-1	1	0.274	0.266	0.290
			2	0.286	0.180	0.187
1715	极南洞	3A-2		0.270	0.242	0.257
				0.242	0.220	0.227

表 **8.2.15**　列车过隧道的振动速度衰减参数

振源类别	振动方向	K_1	α_1	R_1
1	垂直	0.184	1.58	0.917
	东西	0.134	1.86	0.968
	南北	0.152	1.66	0.951
2	垂直	0.128	0.180	0.957
	东西	0.087	2.17	0.963
	南北	0.087	2.11	0.976

表 **8.2.16**　列车过铁路桥的振动速度衰减参数

振源类别	振动方向	K_2	α_2	R_2
1	垂直	0.857	2.09	0.957
	东西	0.653	1.74	0.929
	南北	0.753	1.76	0.835
2	垂直	0.862	2.29	0.938
	东西	0.699	2.03	0.910
	南北	0.590	160	0.860

8.2.4.1　振动速度的衰减规律

图 8.2.6~图 8.2.8 分别表示垂直地面分量、东西水平分量、南北水平分量随着

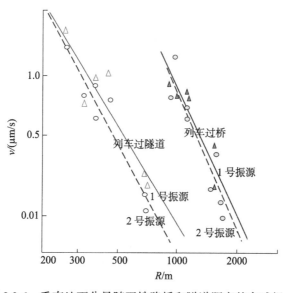

图 8.2.6　垂直地面分量随至铁路桥和隧道距离的衰减规律

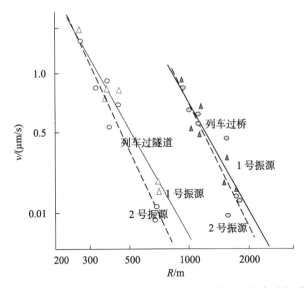

图 8.2.7　东西水平分量随至铁路桥和隧道距离的衰减规律

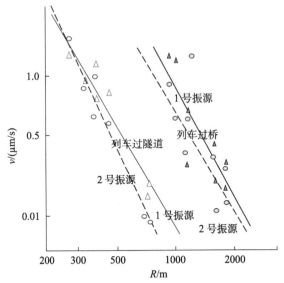

图 8.2.8　南北水平分量随着至铁路桥和隧道距离的衰减规律

至铁路桥和隧道距离的变化及 1、2 两类振源的衰减规律。表 8.2.15 和表 8.2.16 给出了这两种振源不同方向振动速度的衰减参数。

　　在由石窟区各观测点构成的观测范围内，我们看到，1 类振源的 K 值大于 2 类，在双对数坐标图中，1 类振源产生的振动衰减曲线位于 2 类之上，说明这类综合性振源的作用特点，汽车运行和游人的活动干扰叠加在火车运行时的振动影响之中。

比较不同方向的振动分量，垂直地面的分量大于水平方向的分量。这与产生振源的火车运行特点有关，列车运行对地面冲击造成的振动主要是重力荷载垂直作用于地面，还有列车运行动量转变给地面的冲量。

8.2.4.2　列车过桥和在隧道中运行时产生的振动

从表 8.2.13~表 8.2.16 以及图 8.2.6~图 8.2.8 中，我们看到火车过桥和在隧道中运行时在石窟区产生的地面振动传播情况。

列车在隧道中运行时的振动衰减规律分析主要采用了万佛沟、擂鼓台、看经寺、香山寺、奉先寺和极南洞的测量结果。振动的传播方向是从石窟东区传向西区，可以看到东区比西区的振动强度大，在距隧道最近的万佛沟处，列车经过隧道时，测得的最大振动速度峰值不超过 3.3μm/s，在奉先寺低于 0.5μm/s。

列车过桥时地面振动传播规律搜集了香山寺、宾阳中洞、文物保管所、奉先寺和极南洞的数据，从图 8.2.6~图 8.2.8 中，我们看到列车过桥时的振动强度要比在隧道中大，影响范围远。在香山寺同一测点(4-1)，分析判读火车过桥和在隧道内不同时刻的振动速度值，三分量振动速度的比值分别为 1.5、1.1、1.5，在奉先寺(3A-1测点)，也看到类似的情况，其三个比值分别为 1.26、1.42、1.34，在极南洞(3A-2测点)则是 1.26、1.22、1.37。这些测点至铁路桥的距离大于至隧道的距离，比较说明了列车过桥时产生的振动强度大。

从衰减曲线比较看出，在到桥和隧道相同距离的地方，列车过桥产生的振动要比由隧道振源产生的振动大，其原因是列车过桥时的速度比经隧道出口时的大(表 8.2.5 和表 8.2.6)，列车在隧道中是减速运行的。另外，由于伊河横穿石窟区，深切峡谷将石窟分成伊河东岸片区和西岸片区，列车经过隧道南出口的振动传向河西岸，由于地震波经过峡谷，有衰减。但是不同类别的列车运行时，由过桥产生的振动，延至石窟区内的最大振动速度不大于 2μm/s。

8.2.5　地脉动分析

石窟地区地脉动的测试是在下述情况下进行的：
(1) 东山公路中断交通；
(2) 龙门、龙门南站均无列车发出，即无列车经过本区域；
(3) 西山公路尚未中断交通；
(4) 夜间(22：00~24：00)。

在这个时段，测地脉动反映了石窟地区的本底地脉动情况。由于伊河铁路桥上测点 1-1 和 1-2 的地脉动测试结果含有桥墩结构振动等因素，这些数据并不代表石窟地区的本底地脉动状况，所以在分析地脉动时，这些数据可以不考虑。

表 8.2.17~表 8.2.19 为各测点所测得的地脉动平均值。其中 3-1 和 3-2 测点数据

为 3-1 与 3A-1，3-2 与 3A-2 的平均值，$f_主$ 为主频率(Hz)。根据表中所列数据，可画出地脉动量的分布状况，如图 8.2.9 和图 8.2.10 所示。

表 8.2.17　各测点地脉动振动速度平均值

测点号	测点位置	垂直		东西		南北	
		v/(μm/s)	$f_主$/Hz	v/(μm/s)	$f_主$/Hz	v/(μm/s)	$f_主$/Hz
2-1	宾阳中洞	0.25	6.0	0.22	4.25	0.156	4.25
2-2	文物保管所	0.16	4.35	0.17	4.25	0.16	8.40
3-1	奉先寺	0314	3.10	0.315	4.35	0.270	3.10
3-2	极南洞	0.219	3.10	0.170	3.50	0.249	3.10
4-1	香山寺北	0.107		0.098		0.095	
4-2	香山寺	0.138		0.144		0.134	
5-1	擂鼓台	0.198	4.30	0.176	4.35	0.185	4.30
5-2	看经寺	0.188	4.30	0.150	4.30	0.168	4.30
5-3	万佛沟	0.169	4.30	0.176	4.35	0.155	4.30

表 8.2.18　各测点地脉动振动位移平均值

测点号	测点位置	垂直		东西		南北	
		D/μm	$f_主$/Hz	D/μm	$f_主$/Hz	D/μm	$f_主$/Hz
2-1	宾阳中洞	0.019	5.0	0.20	5.03	0.015	5.00
2-2	文物保管所	0.020	5.0	0.024	5.00	0.015	5.00
3-1	奉先寺	0.136	4.35	0.018	4.35	0.020	4.25
3-2	极南洞	0.121	4.35	0.010	4.35	0.020	4.25
4-1	香山寺北	0.137		0.0211		0.0166	
4-2	香山寺	0.160		0.0206		0.0166	

表 8.2.19　西山东山地脉动振动速度和位移平均值比较

测点位置	v/(μm/s)			$f_主$/Hz	D/μm			$f_主$/Hz
	垂直	东西	南北		垂直	东西	南北	
西山	0.236	0.219	0.207	4.35	0.016	0.018	0.017	4.35
东山	0.160	0.149	0.147	4.35	0.015	0.020	0.016	4.35

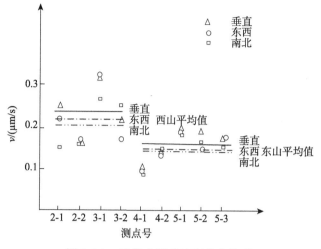

图 8.2.9　地脉动振动速度分布状况

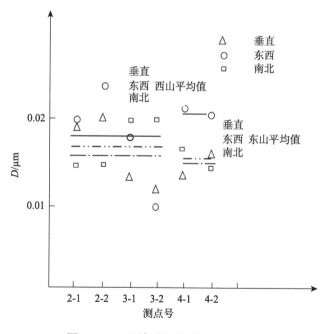

图 8.2.10　地脉动振动位移分布状况

由表和图可知:

(1) 就振动速度而言,垂直方向大于东西水平方向,东西水平方向大于南北水平方向,即 $v_{UD} > v_{EW} > v_{NS}$。

(2) 西山地脉动平均速度大于东山,约为其 1.5 倍,这可能是西山公路有汽车行驶所致。

(3) 地脉动振动速度的主频在 1~8Hz 范围内，主要频率为 4.35Hz。

(4) 地脉动位移平均值为 0.916μm。

(5) 地脉动位移的主频率在 3.5~5Hz 范围内，其中 4.35Hz 为主要频率(表 8.2.17~表 8.2.19)。

8.2.6　卢舍那大佛振动响应观测结果

为观测卢舍那大佛不同部位对不同振动的响应，在大佛头顶(距地面 17.14m)、腹部(距地面 6.1m)和底座分别设置了三个方向的拾震器，同时记录了游人 4 类振源状态和火车、汽车、游人综合状态(1 类振源)条件下大佛各部位的振动情况。数据的分析处理采用 CF-910，由于 CF-910 是双通道信号分析仪，只能用两条测线进行比较，我们采取以大佛底座的振动速度作为参考标准，取同一时刻大佛各部位的对应振动速度值进行比较，大佛底座振动为 1.0 的相对比值如表 8.2.20。

表 8.2.20　大佛各部位振动对比

振源类别	1(列车、汽车、游人)东西方向	2(列车)南北方向	4(游人)垂直方向
大佛顶部	1.07	0.98	0.71
大佛腹部	0.8	1.08	0.05
大佛底座	1.0	1.0	1.0

从表 8.2.20 看出，在 1 类振源情况下，影响奉先寺石窟的主要振源来自铁路桥，隧道和西山公路较远的地方，在大佛身上不同部位形成的振动速度相差不大，其振动主频为 4.2Hz，这是因为大佛是和背后山体连成一体的，尽管大佛总高度达 17.14m，但相对振动的波长仍为一小量，这个结果与原先的估计是一致的。

对于近区 4 类振源的情况(只有游人的状态)，振动速度的传布特征是顶部振动速度小于底座振动速度，腹部很小，这个结果说明游人在近区造成的振动影响，只是一种很浅层的振动，在向上传布过程中的衰减是较快的。

从总的趋势来看，大佛腹部的振动速度也不会大于大佛底部的振动幅值。通过观测分析，可以得出结论，大佛各部位对于由列车运行、汽车或游人造成的振动影响无明显的放大现象。

8.2.7　伊河大桥的振动特性

伊河大桥为双线桥(目前只在上游一侧铺设了一条线路)，全长 906m，大桥方位北偏西 36°，北低南高，坡度+5‰，水流和大桥夹角 72°，河中共设 17 个桥墩，架设 36 片跨度为 31.7m 的预应力钢筋混凝土梁，铁路桥位于焦枝线 K134.556~

K135.154km 处。本测点布设在距大桥南端 98.18m 的第 15 号墩墩台和墩帽上,该
桥墩高出地面 12.73m,地面下埋 9.45m,总高 22.18m。该墩坐落在西山断裂带的
石灰质软岩上。

在墩台及墩帽上所测的振动速度和加速度值见表 8.2.21 及表 8.2.22。

表 8.2.21　墩台与墩帽振动速度对比

测点及比值	振动速度平均值/(μm/s)		
	垂直	东西	南北
1-1 墩台	397.283	420.990	430.488
1-2 墩帽	447.040	1758.540	1268.468
墩帽/墩台速度比值	1.13	4.18	2.95

表 8.2.22　墩台与墩帽振动加速度对比

测点及比值	振动加速度平均值/(μm/s²)		
	垂直	东西	南北
1-1 墩台	5.63	6.56	7.03
1-2 墩帽	7.19	14.49	14.84
墩帽/墩台加速度比值	1.28	2.21	2.11

由表可知,桥墩在东西方向的振动速度值大于其他方向,反映了列车运行方向
和横向振动的差异。墩台与墩帽振动速度的比值说明了桥墩或整个桥梁是一个减震
体系,由于桥体的运动、弹性变形吸收了列车运动能量,墩台的振动强度要明显小
于墩帽的振动强度。

8.2.8　小结

(1) 不同振源对石窟区主要文物点振动速度最大值见表 8.2.23。

表 8.2.23　主要文物点振动速度最大值　　　　　　　　　(单位:μm/s)

测点位置	振源类别				
	1(列车、汽车、游人)	2(列车)	3(汽车、游人)	4(游人)	5(地脉动)
宾阳中洞	1.57	0.87	0.61	0.40	0.39
奉先寺	1.07	0.64	0.89	0.70	0.61
极南洞	0.99	0.44	0.89	0.70	0.61
擂鼓台	1.62	1.46	1.04	0.56	0.28
看经寺	2.87	1.00	1.31	0.56	0.22
万佛沟	2.98	3.30	0.61	0.63	0.23

分析发现，上述各测点在各种振源条件下的功率谱都存在频率为 3~5Hz 的峰值点，由于各测点的地理环境不同，如极南洞、擂鼓台和看经寺，它们离漫水桥或东山公路较近，受汽车运行的影响，出现频率为 10~20Hz 的峰值点，而万佛沟由于离隧道较近，受列车运行影响，出现频率为 30Hz(或更高)的峰值点。

振动最大值出现在万佛沟测点，1、2 类振源都有列车运行振动，反映了列车运行振动存在的影响，最大值仅为 3.3μm/s。观测记录的最小值是各测点的地脉动值 0.22~0.61μm/s。其最小值是洛阳地震台测点，0.22μm/s。有游人存在时的振动速度仅比脉动值高一点，说明游人参观游览时的行走振动影响可以忽略不计。

(2) 列车振动对石窟区主要文物点的影响(表 8.2.24)。

表 8.2.24　列车振动对主要文物点的影响

测点位置	列车至铁路桥 15 号桥墩的距离/m	距隧道的距离/m	振动速度平均值/(μm/s)		
			垂直	东西	南北
宾阳中洞	1074		0.59	0.37	029
奉先寺	1529		0.34	0.31	0.27
万佛沟		270	1.38	1.53	1.46

(3) 列车振动的地面衰减规律。

据实测分析，在距铁路桥 900~1750m 及距隧道 270~700m 的范围内，列车振动的地面衰减规律可用下式表示：

$$v=K/R^{\alpha}$$

式中，v 为地面某点列车振动速度值(μm/s)；K 为参数，反映了列车车速、载重、地层介质力学性能参数及车辆长、轨道长的影响，对于隧道影响，K= 0.087~0.128，对于铁路桥影响，K=0.59~0.86；α为衰减参数，反映了地层地质构造及路基质量所产生的影响，对于隧道影响，α =1.80~2.17，对于铁路桥影响，α=1.6~2.29；R 为地面某点至铁路桥或隧道的距离(m)。

(4) 公路汽车运行对石窟区主要文物点的振动影响(表 8.2.25)。

表 8.2.25　公路汽车振动对主要文物点的影响

测点位置	距公路或桥的距离	振动速度平均值/(μm/s)		
		垂直	东西	南北
宾阳中洞	距龙门公路大桥约 200m	0.54	0.35	0.29
极南洞	距漫水桥小于 100m	0.44	0.34	0.40
看经寺	距东山公路小于 50m	0.86	0.84	0.76
擂鼓台	距东山公路小于 100m	0.68	0.51	0.79

(5) 关于石窟区的地脉动。

测试结果表明，石窟区地脉动的振动速度平均值为 0.15~0.25μm/s。西山区是东山区的 1.5 倍。

(6) 卢舍那大佛各部位振动响应测试结果表明：大佛基座、腹部及佛顶各部位振动速度基本相同，无放大效应。

8.3　京沪高速铁路列车运行振动与虎丘塔保护

8.3.1　京沪高速铁路与苏州虎丘塔简介

8.3.1.1　京沪高速铁路

高速铁路以其速度快、运能大、安全、乘坐舒适、环境污染小及占地少等特点已逐渐被人们接受。鉴于高速铁路的特点，对线路的基础设施有更高的要求，20世纪 90 年代国家拟修建京沪高速铁路，这是我国第一条具有世界先进水平的高速铁路，基础设施应满足高速列车速度 350km/h 的要求。京沪高速铁路于 2008 年 4 月 18 日正式开工，2011 年 6 月 30 日全线正式通车。京沪高速铁路由北京南站至上海虹桥站，全长 1318km，设 24 个车站，设计的最高速度为 380km/h。

京沪高速铁路线路原规划设计方案是沿京沪铁路既有线方向下行，保留苏州站。这样高铁列车进站前要在虎丘塔南经过。京沪线该段线路曲线半径为 4000m、曲线内侧朝向虎丘塔，线路中心距虎丘塔 905m。拟建高速铁路进苏州站段，因为速度高，线路曲线半径加大，铁路将靠近虎丘塔。京沪高速铁路线路若偏向虎丘塔移动，可以接受的最小距离需要论证。

8.3.1.2　苏州虎丘塔

苏州虎丘塔(云岩寺塔)建于公元 959 年，是一座七层八角形楼阁式的砖结构塔。虎丘塔(云岩寺)是国务院 1961 年公布的全国重点文物保护单位，是苏州市的标志建筑物，也是我国江南第一古塔，现存塔高 47.7m。塔体建在虎丘山坡上，塔基下是一层厚薄不等的人工填土，历经一千多年沧桑，地基产生不均匀沉降，塔顶已向北偏东倾斜 2.34m，重心偏移 0.97m。在经过认真检查和测量工作的基础上，1982~1986年国家对虎丘塔进行了地基加固处理。

塔身倾斜及基础不均匀沉降的原因在于原塔基下基岩呈南高北低的斜面，覆盖层土体在水的影响下产生流失和水平位移，造成地基土发生不均匀沉降，加速了塔身的倾斜。其主要加固措施是在塔体周围建一半径近十米的围桩，组成排桩式地下环形连续墙；塔基土中钻孔灌浆，以提高填土密实度，增强抗压强度；在塔体下部、围桩与灌浆土的上部构筑相连，形成一钢筋混凝土壳体基础，以提高塔基整体抗沉降能力；使加固后的塔基刚度和整体性得到了很大的加强、提高，并有效控制了塔体的不均匀沉降和塔身的倾斜。

1986 年 11 月国家文物局、江苏省文化厅组织了专家鉴定验收，认为工程设计科学，施工稳妥，质量优良，效果显著。经 1997~1998 年 4 次观测，底层平面累积沉降 0.6mm，二至七层楼面高差变化累计 0.7mm，塔体墙面标志点的位移累计为 0.9mm。塔体内外未出现新的裂缝，原有裂缝也没有新的发展。在经受 1997 年 8 月 18 日台风风速 19.5m/s 及同年雷击，又经江苏常熟、太仓地震，均未发现塔体出现问题和变化。

虎丘塔塔体基本几何尺寸如下：

(1) 塔身底层平面尺寸：八边形平面南北长 13.81m，东西长 13.64m；

(2) 塔底层面积：八边形塔体底面积 154.88m² (底部面积)，塔墩砌体底面积 62.24m² (仅塔墩面积)；

(3) 塔体高度：47.70m；

(4) 塔身砌体体积 V=3282m³；

(5) 塔身砌体总质量(按 1.8t/m³ 计算)：5900t。

8.3.2 京沪线苏州段列车运营振动测试

8.3.2.1 测点布置

京沪线苏州段在经过虎丘塔地区时是一段曲率半径小于 3000m 的圆曲线，为了测量列车运行在指向虎丘塔方向一侧产生的地面振动，从铁路路肩至虎丘塔一线布置测点，最远的测点距离铁路 358m。测点分布远离(300~400m)市区公路交通干线。测点布置如图 8.3.1、图 8.3.2 及表 8.3.1。

8.3.2.2 测试仪器系统

振动测量采用了三套测试系统。测试前，三套测试系统在中国地震局工程力学研究所北京强震观测中心对传感器、放大器、记录分析仪进行了系统标定，以保证各测试系统测量的数据的一致性。

8.3.2.3 测试工作基本情况

苏州段列车运行振动测量于 1998 年 7 月 6~7 日进行，7 月 6 日从 18 点至 24 点，7 月 7 日从 6 点至 12 点。7 月 6 日，测试记录了上行列车 15 次，下行列车 11 次；7 月 7 日，测试记录了上行列车 21 次，下行列车 17 次；总计记录上行列车 36 次，下行列车 28 次，合计 64 次，其中有 3 次是上下行列车同时到达。记录货车 15 次，客车 45 次。客车速度大多为 70~90km/h (其中 70km/h 有 12 次，80km/h 有 19 次，90km/h 有 8 次，110km/h 有 4 次)，客车最大速度为 119.5km/h。

图 8.3.1　京沪线至虎丘塔一线振动测点布置图

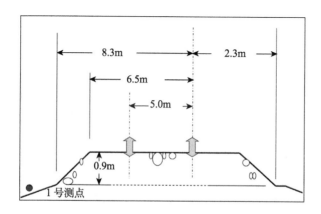

图 8.3.2　苏州段振动测量测点布置断面示意图

表 8.3.1   京沪线苏州段振动测试测点距离

测点编号	至铁路下行线中线的距离/m
1	4
2	55
3	135
4、4′	233
5	304
6、6′	358

8.3.2.4 测试数据说明

在分析整理各测点测试数据时，5 号测点的数据系统性明显高于距离铁路较近的 4 号测点的数值，现场工作记录了在测试后发现 5 号测点的传感器放置在一蚂蚁窝上。因此，在整理分析列车运行振动衰减规律时应舍去 5 号测点的数据。在 4 号、6 号测点同时布置了两套测试系统，得到的数据相近，说明不同测试系统有较好的一致性。

8.3.2.5 测试数据的整理与分析

铁路振动是一类在观测时间内振动幅值变化不大的环境振动。

为讨论比较不同车型、不同列车速度在同一测点产生的振动大小，分析列车运行产生的地面振动速度随距离的衰减特性，我们记录振动速度波形的最大值。

把在不同测点测得的不同车速、不同车型的列车通过时的振动速度峰值绘在双对数坐标图中，由于测量误差的存在，这些数据构成的是一个数据带，但它说明了一个总的情况。距离铁路近的地方，地面振动速度大，随至铁路距离的增加，振动速度减小。货车通过时产生的地面振动大于客车，即使客车运行速度比货车要快。

路堤肩测点的振动波形反映了列车通过时的最大振动作用，振动时间较短。距离铁路 55m 以外的 2 号~6 号测点，振动的时间较长，这是移动性震源产生的振动叠加作用。一般说来，在直线段振动作用时间短一些，而且在一定距离以外的振动是随着距离增加的，振动速度应近于平面波的衰减，即有 $v\sim1/R$。

在离铁路一定距离以外的地方，地面振动较小。在京沪线苏州段测试时，6 号测点距离铁路 358m，当不同速度的列车通过时其振动速度最大值无多大变化。可见在一定距离以外的地方，不同列车速度的变化、列车载荷的变化及地面振动强度无明显影响。

机车的重量大于列车车厢的重量，从单机车头通过时记录的振动波形看到，振动速度大小和列车通过时差别不大，只是作用时间短一些。

列车在连续高架桥上运行时，列车运行产生的振动能量引起高架桥的运动而被吸收，传至地面的能量减少，铁路道旁同样距离的测点测得的振动强度比路堤情况下的要小。

8.3.3　测试结果

8.3.3.1　综合铁路振动

综合铁路振动是不分货车、客车，不分列车速度快慢，列车运行时的地面振动平均速度衰减情况。

1998 年 7 月 6 日和 7 日进行了两天测量。分析整理了各测量系统现场记录的 54 次列车，其中 7 月 6 日 25 次，7 月 7 日 29 次。若以一天测试数据为一组，两组数据的平均值见表 8.3.2。将这些数据画入双对数坐标图中(图 8.3.3)，回归分析给出直线方程的参数，我们得到三个方向的振动速度平均值衰减规律，从衰减曲线看出垂直于地面的振动速度较大，垂直于线路方向的水平振动速度分量次之，顺铁道走向的水平振动速度分量最小。综合铁路振动的衰减指数变化不大(-0.69~-0.64)，其值大于-1，比平面波衰减略慢，这正是列车移动性振源的特点。

表 8.3.2　京沪线苏州段列车运行地面振动速度平均值　　(单位：mm/s)

测点编号	7 月 6 日(下行)				7 月 7 日(下行)			
	南北	垂直	东西	合速度	南北	垂直	东西	合速度
1	0.6397	0.7079	0.6960	1.1908	0.7119	0.8555	0.6509	1.2988
2	0.1744	0.1667	0.160	0.2911	0.2050	0.2164	0.1950	0.3531
3	0.0556	0.1267	0.070	0.1563	0.075	0.1743	0.0857	0.2108
4	0.0302	0.039	0.0257	0.0559	0.0507	0.0671	0.0433	0.0950
6	0.0389	0.0456	0.0322	0.0723	0.0464	0.0564	0.0457	0.0899

测点编号	7 月 6 日(上行)				7 月 7 日(上行)			
	南北	垂直	东西	合速度	南北	垂直	东西	合速度
1	0.4562	0.6393	0.5198	0.9544	0.4820	0.6635	0.4928	0.9653
2	0.1845	0.2118	0.1782	0.3378	0.1860	0.2305	0.1955	0.3576
3	0.0655	0.1309	0.0827	0.1688	0.0765	0.1820	0.0910	0.2197
4	0.0451	0.064	0.0410	0.0893	0.0555	0.0664	0.0451	0.0981
6	0.0364	0.0450	0.0360	0.06885	0.050	0.0570	0.0480	0.0919

各方向振动分速度及合速度随距离的衰减规律如下列公式所示：

$$南北：v = 2.02\,R^{-0.67}$$
$$垂直：v = 2.43\,R^{-0.64}$$
$$东西：v = 2.21\,R^{-0.69}$$
$$合速度：v = 3.85\,R^{-0.65}$$

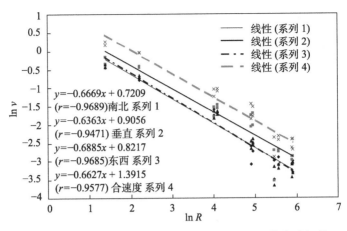

图 8.3.3　京沪线苏州段列车运行振动速度平均值衰减规律

从图 8.3.3 可以看出四条衰减曲线近乎平行，尽管测试的数据有一定的分散性，但是列车运行振动速度衰减有良好的规律性，回归曲线的相关系数为–0.90～0.97。

如果只考虑距离铁路较远的测点(2 号~4 号)的数据，回归分析给出的衰减曲线的指数增加(–0.76～0.96)，说明一定距离以外的铁路振动具有平面波的传播特性(~1/R)。

8.3.3.2　客货车不同类型列车运行的地面振动

图 8.3.4~图 8.3.6 分别为客车、货车运行时地面振动速度的衰减情况。很明显，垂直于地面的振动速度分量大于水平方向。其中图 8.3.5 是客货列车运行振动合速度衰减情况，图中两线比较说明货车运行振动明显大于客车，尽管货车运行速度低。三个方向振动速度分量及合速度衰减指数见表 8.3.3。

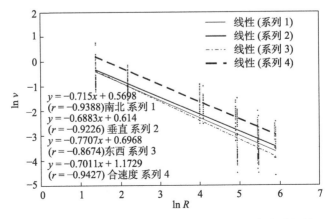

图 8.3.4　京沪铁路苏州工点客车运行振动速度衰减规律

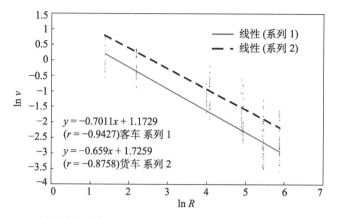

图 8.3.5　京沪铁路苏州工点客车、货车运行振动合速度衰减曲线比较

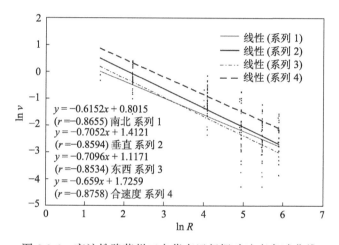

图 8.3.6　京沪铁路苏州工点货车运行振动速度衰减曲线

表 8.3.3　京沪线苏州段列车运行振动衰减指数

车型	K				α			
	南北	垂直	东西	合速度	南北	垂直	东西	合速度
货车	2.229	4.105	3.056	5.618	−0.615	−0.705	−0.710	−0.659
客车	1.768	1.848	2.007	3.231	−0.715	−0.688	−0.771	−0.701

图 8.3.7 是客车、货车运行在垂直、南北、东西三个方向的振动速度分量的衰减情况比较。很明显，货车运行时，地面振动速度大，衰减要慢，尽管货车运行速度低于客车运行速度。

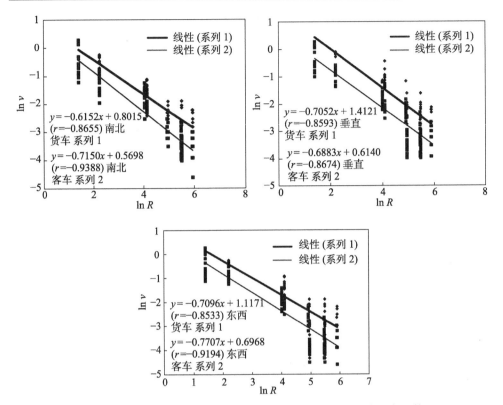

图 8.3.7   京沪铁路苏州工点客货列车运行不同方向振动速度比较

路肩 1 号测点(距铁路 4m)记录到的最大振动速度是一列客车(运行速度 100km/s)和一列火车(列车速度 60km/s)会车时。垂直地面振动速度 1.972mm/s，横向(南北)1.379mm/s，纵向(东西)1.266mm/s。

8.3.4   关于双线运行振动速度增大系数

在同一路段，上下行列车总有同时到达的时候，两列车相会会造成地面振动速度的叠加。在京沪线苏州段实测列车运行的地面振动时，上下列车相会的振动速度值较大。列车运行的地面振动为弹性振动，对于同一地面测点，上下列车相会时的振动合速度 v 可以简单地认为是上下列车运行振动的线性相加，有

$$v=v_1+v_2$$

$$v_1=K_1R^{-\alpha_1}$$

$$v_2=K_2R^{-\alpha_2}$$

所以

$$v=v_1+v_2=v_1(1+v_2/v_1)=v_1(1+\lambda)$$

$$\lambda=v_2/v_1=(K_2R^{-\alpha_2})/(K_1R^{-\alpha_1})=(K_2/K_1)R^{\alpha_1-\alpha_2} \tag{8.3.1}$$

我们称λ为双线列车振动叠加增大系数。λ值是随距离增加而减小的。根据在京沪线苏州段实测上、下行列车运行的振动速度衰减规律，有下行客车 $K_1 = 3.1022$，$\alpha_1=-0.6466$；$K_2 = 3.9169$，$\alpha_2 = -0.7568$。代入上式我们可以计算给出：距离铁路 55m 的 2# 测点振动速度增大系数为 0.81，距离铁路 358m 的 6# 测点λ值为 0.66。

8.3.5 虎丘塔处地脉动

苏州虎丘塔是一个高层建筑物，作为一个弹性体，在自然状态下(不同强度的风荷载总是存在)，塔体总是处在弹性振动中，只是振动的幅值很小。为了观测塔体的动态特性，我们在塔体附近进行了虎丘塔体的振动特性测试。

测试的振源有三类：

(1) 自然状态下(包括风荷载，远处的火车或汽车运行)；

(2) 近处的干扰(手扶拖拉机绕塔行驶，人员参观移动)；

(3) 距塔 50m 处的落锤夯击地面的冲击振动。

测试的目的在于了解虎丘塔区的环境振动水平、地脉动以及塔体外部交通振动干扰影响的程度。同时通过夯击振动作用下塔体运动的测试，分析塔体的动态响应特性。

测试工作于 1998 年 7 月 8~9 日进行。传感器分别布设在虎丘塔的一、三、五、七层上。三层和五层分别布设了两个速度传感器，测量东西和南北分量；一层和七层分别安放了三个、两个速度传感器，用来测量东西、南北和垂直三个分量的信号。塔体振动参数测试给出如下结果：

1) 虎丘塔处的地脉动

不论白天还是夜间，当铁路上无列车运行、公路上无汽车通过时，监测虎丘塔基础地面的振动速度为 1~5μm/s，就是说在无任何环境振动干扰的情况下，虎丘塔处在一个相当安静的环境之中。地脉动幅值仅为 1~5μm/s。

2) 虎丘塔区外交通干扰振动的影响

在我们观测的时间内，当铁路上有列车通过(无论是货车、客车)，或公路上有汽车，或是列车汽车都通过时，塔体基础地面振动速度也仅为 1~5μm/s。可见现有交通环境振动对虎丘塔没有干扰影响。

3) 塔体在夯击振动作用下的结构影响特性

为测试塔体在振动作用下的动态特性，在塔体西侧 50m 处进行了夯击试验，将 2.5t 的夯锤提升 2m、3m、5m、8m 后自由下落至地面上，产生冲击作用，监测塔体不同层的振动运动参数。

4) 塔体固有频率

通过对塔内不同层测试到的波形进行分析，可看到塔体的固有频率在谱图上有一明显的峰值。利用测试塔体地脉动的数据分析给出塔体的第一振型固有频率为1.23Hz (东西方向)，1.26Hz (南北方向)；用夯击振动波形给出的第一振型固有频率为 1.21Hz (东西方向)，1.20Hz (南北方向)。

8.3.6　小结

(1) 京沪线苏州段列车运行振动测试给出的客车、货车运行时地面振动速度的衰减情况说明：距离铁路近的地方，地面振动速度大，随至铁路距离的增加，振动速度减小。货车通过时产生的地面振动大于客车，即使货车运行速度比客车要慢。

(2) 分析影响列车运行产生的地面振动的参数，列车运行速度和列车轴重载荷是重要的变量。列车速度、列车轴重和距离组成的无量纲参数 R'' 是决定列车运行振动强度变化的基本参量。比例距离 $R''=R/(PV)^{1/2}$，基本上列车运行振动是随距离的增加而衰减的，随列车速度、列车重量乘积的 1/2 次方有所增加。

(3) 虎丘塔区环境振动测试给出塔体的地脉动振动速度为 1~5μm/s，虎丘塔处在一个相当安静的环境之中。当铁路上有列车通过(无论是货车、客车)，或公路上有汽车，或是列车汽车都通过时，塔体基础地面振动速度也仅为 1~5μm/s。可见现有交通环境振动对虎丘塔没有干扰影响。

(4) 在塔体附近落锤夯击地面的塔体不同层振动加速度和振动位移的测试分析给出了塔体被激振动的振型，实测塔体振动的固有频率和数值模拟计算值一致。实测在塔体中传播的振动波的纵波、横波速度计算的塔体弹性模量说明虎丘塔加固后塔体整体性刚度良好。

8.4　广深铁路石龙段列车运营振动

8.4.1　广深准高速列车

在 20 世纪 70 年代，北京正式建成了第一条地铁，新世纪北京地铁快速发展逐渐形成北京城市轨道交通网；中国高速铁路是从建设广深准高速列车开始的。广深准高速铁路由原广深铁路改建而成，起点为广州，经增城、东莞，终点为深圳，长147km, 1994 年 12 月 22 日通车, 为中国自行设计、施工建设的第一条时速达 160km的新型铁路。1994 年 10 月 20 日，全长 147km 的广深准高速铁路，圆满结束了为时 1 个月的第一阶段行车试验，列车最高时速达到 174km。铁路全线开通后，行车时间将由原来的两个多小时缩短为 1 个小时左右。到 1998 年，广深线提速，以"新时速"列车速度(200km/h)运行，连接香港九龙开通了广九直通车。

铁路列车运行振动对环境的干扰影响也越来越引起人们的重视和关心，特别是高速铁路和城市地铁列车的影响。早在高铁列车建设规划时期，国家就拟定研究列车运行振动对环境的干扰影响。

铁路振动是一类在观测时间内振动幅值变化不大的环境振动。距离铁路近的地方，地面振动速度大，随至铁路距离的增加，振动速度减小。离铁路一定距离以外的地方，地面振动较小。在一定距离以外的地方，不同列车速度的变化、列车载荷的变化对地面振动强度无明显影响。

货车通过时产生的地面振动大于客车，即使客车运行速度比货车要快。地面振动速度大小与列车速度有关，列车速度高，对地面振动影响也大。

铁路列车运行振动的力学分析告诉我们，影响地面振动强度的主要因素是：列车轴动载荷 P，列车速度 v，距离 R。随着列车载重量的增加，地面振动强度增大，所以，重载货车作用下的路基地面的振动强度大；地面振动速度大小与列车速度有关，列车速度高，对地面振动影响也大；随着距离的增加，振动强度减弱，距离越远，振动速度越小，随着至铁路的距离的平方关系而减少。可见距离的远近比列车速度或载重量的大小对地面振动的影响更为重要。

列车速度提高，对地面振动影响也会增大；如何变化，有什么变化规律是我们需要了解的。20 世纪 90 年代我国铁路运行的特别快速列车的时速为 110km/h，如果知道了列车运行振动传播规律，我们就对广深线上准高速列车时速运行的地面振动进行验证。广深线列车运行速度达160km/h(准高速列车)，还能以"新时速"列车速度(200km/h)运行。

8.4.2　铁路路堤与桥梁

为了研究高速列车运营速度对地面振动的影响，广深线准高速列车时速运行的地面振动监测地段选择在广深铁路 K66+300 路堤工点、石龙特大桥 10 号墩(K66+962.2)工点和海仔中桥 1 号墩(K65+930)工点，进行了"新时速"列车、准高速列车、旅客快车运营振动测试。"新时速"列车为一动六拖编组的动力集中性电动旅客列车组，最大时速可达 210km/h。客车列车按运行速度分三类：快车(110km/h)，准高速(160km/h)，"新时速"(210km/h)。监测时间是 1998 年 9 月 8~10 日。

高速铁路规划设计研究了不同路堤基础和不同结构桥梁的工程设计方案和运行效果，包括列车运行振动传播的差异。高速铁路建设在不少地段，将采用高架桥设计方案，高架桥的铁路振动特性不同于路堤。

石龙特大桥为高架桥,本项目的现场测试选择石龙特大桥进行了桥体及邻近地面振动测试。石龙特大桥是广深铁路上的一座双线铁路桥梁,共计104跨,其主跨为两部分预应力混凝土连续梁,该桥全长2913m。10号墩工点里程为K66+962.2,纵断面为5.5‰的上坡,平面位于缓和曲线上。

10号墩为200号钢筋混凝土方形双柱式双线桥墩,墩高10.8m,基础为8根15m长、直径100mm的200号钢筋混凝土灌注桩,基础顶面外露,高于地面0.15m,墩顶为2500kN盆式橡胶支座,桥墩两端均为32m跨度预应力混凝土简支梁。

在广深铁路K66+300路堤工点,对客、货列车运营振动进行了测试。该工点位于5.5%的上坡、半径为2200m的圆曲线上,由黏土和黏砂土填筑路堤,路堤高4.4m;路堤基底以下0~1.5m为褐灰色黏土,软塑,1.5~4.0m为黏砂土,软塑。

测点布置如图8.4.1和图8.4.2。

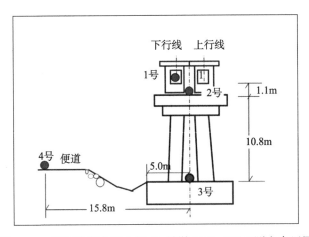

图8.4.1 广深线石龙特大桥10号墩(K66+962.2)测点布置图

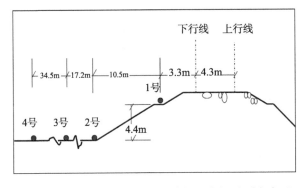

图8.4.2 广深铁路K66+300路堤工点振动测点布置

8.4.3 石龙段列车运营振动测量

测试工作主要由铁道部第四勘测设计院承担,测试系统由中国地震局工程力学所(哈尔滨)生产的 891-Ⅱ型测振传感器及配套的测振放大器、北京东方振动和噪声技术研究所生产的 INV 型智能信号采集处理仪及分析处理软件组成。

测试前对配套的传感器、电缆线、放大器和 INV306 采集仪组成的测试系统进行了标定,和之前在京沪线苏州段列车振动测试工作中采用的测试系统有良好的一致性。

测试工作于 1998 年 9 月 8 日进行。

测点布置如图 8.4.1,各测点布设三个传感器,分别测取纵向、横向、垂直向的地面振动速度。共测试了 23 次列车,其中上行列车 13 次,下行列车 10 次。

高架桥石龙特大桥工点测点布置如图 8.4.2,测试基本情况如下:

在该工点共测试了 23 次列车,其中"新时速"列车 3 次。上行列车 16 次,下行列车 7 次。

8.4.4 测量结果与分析

根据无量纲参数分析,我们知道,随着列车载重量增加,地面振动强度增大,重载货车作用下路基的振动强度大。当振动的仪器的测试参数不变,货车通过时,尽管车速不高,即 70km/h,振动信号出现限幅,可见载荷 P 是一个重要因素。地面振动速度大小与列车速度有关。列车速度高,对地面振动影响也大。随着距离增加,振动强度减弱,距离越远,振动速度越小,并随着至铁路距离的平方关系而减少。

列车速度和轴重载荷不同造成的影响是不一样的,我们以客车、货车分类进行数据处理,客车又按列车速度分成三类(200km/h,160km/h,110km/h)。"新时速"列车速度为 200km/h,实际运行速度有的不到 200km/h,有的超过 200km/h,在分析整理数据时作为一类运行速度的列车。同样,准高速列车实际运行速度或大于,或小于 160km/h。普通快车归为 110km/h 的列车类。

广深铁路K66+300路堤工点客货列车运行造成的地面振动速度数据如表8.4.1~表 8.4.4。图 8.4.3 和图 8.4.4 分别为不同类列车和不同速度列车运行的垂直地面振动分速度和合速度的衰减规律。

从图 8.4.3 和图 8.4.4 中我们看到,尽管货车车速低,但造成的地面振动速度不是最小。而且随距离增加衰减较慢,垂直地面振动速度的衰减指数为–0.57,合速度的衰减指数为–0.55。列车速度高的衰减快,列车速度为 200km/h 的垂直地面振动速度和合速度衰减指数分别为–0.73 和–0.71。不同载重、不同车速工况下,地面振动速度随距离的衰减指数大于–1,即移动的线性振源所产生的振动波比平面波衰减要慢一些,总有维持的振动跟进。

表 8.4.1 广深线路堤货车(轴重 23t)不同测点的振动速度和频率

编号	车型及运行速度	测振方向	1 号测点(7.6m)		2 号测点(18.1m)		3 号测点(35.3m)		4 号测点(69.8m)	
			mm/s	Hz	mm/s	Hz	mm/s	Hz	mm/s	Hz
LTU6	上行货车 70km/h	纵向	0.856	2.7	0.592	2.7,8.2	0.169	8.2,7.2	0.451	2.7,7.6
		横向	2.656	2.7	1.350	2.7	1.326	2.7	0.157	2.7
		垂直	2.169	5.4,6.8	1.205	2.7,8.2	0.740	7.2,8.2	0.551	8.0
		合速度	3.5344		1.9039		1.5279		0.7291	
LTU15	上行货车 74.1km/h	纵向	0.890		0.632	2.5,2.9	0.252		0.754	2.9,7.8
		横向	2.987	2.9	2.191	2.9	1.326	2.9	0.602	2..9
		垂直	2.492		1.522		1.126	11.7,8.8	0.781	
		合速度	3.9905		2.7416		1.7577		1.2413	
LTU18	上行货车 79.2km/h	纵向	0.304	7.4	0.163	7.4	0.121	7.4	0.279	7.4
		横向	1.041	7.4	0.530	8.3,7.4	0.368	7.4	0.325	7.4
		垂直	1.101	7.4	0.567	7.4	0.347	7.4	0.377	7.4
		合速度	1.5454		0.9996		0.5201		0.5706	

编号	车型及运行速度	测振方向	1 号测点(3.3m)		2 号测点(13.8m)		3 号测点(31m)		4 号测点(65.5m)	
			mm/s	Hz	mm/s	Hz	mm/s	Hz	mm/s	Hz
LTU5	下行货车 65.2km/h	纵向	1.531	5.7,6.8	0.665	6.8	0.249	7.6,7.2	0.751	7.6
		横向	2.987	6.4	1.327	6.4	1.271	6.8	0.168	7.6
		垂直	4.070	5.7	2.129	5.7	1.174	6.4,7.8	0.849	7.6
		合速度	5.2755		2.5953		1.7481		1.1459	

表 8.4.2 广深线路堤客车 200km/h 类(轴重 17.5t)不同测点的振动速度和频率

编号	车型及运行速度	测振方向	1 号测点(3.3m)		2 号测点(13.8m)		3 号测点(31.0m)		4 号测点(65.5m)	
			mm/s	Hz	mm/s	Hz	mm/s	Hz	mm/s	Hz
LTU8	下行客车 199.7km/h	纵向	0.746	15.6	0.472	17.8,15.6	0.257	17.8	0.367	13.3,15.6
		横向	2.179	13.3	1.634	13.3,15.6	0.563	17.8	0.093	15.6,13.3
		垂直	3.906	15.6	1.528	15.6	0.740	15.4	0.476	15.4,13.3
		合速度	4.5345		2.287		0.965		0.6082	
LTU26	下行客车 192.0km/h	纵向	0.239	17.6,15.0	0.476	15.0	0.241	17.0,12.7	0.289	15.0,12.7
		横向	2.732	21.3	1.355	12.7	0.744	12.7,15.0	0.313	12.7,15.0
		垂直	3.485	17.0	1.469	15.8	0.606	12.7,17.0	0.552	14.8,17.0
		合速度	4.4347		2.054		0.989		0.6973	

续表

编号	车型及运行速度	测振方向	1号测点(7.6m)		2号测点(18.1m)		3号测点(35.3m)		4号测点(69.8m)	
			mm/s	Hz	mm/s	Hz	mm/s	Hz	mm/s	Hz
LTU20	上行客车 174.35km/h	纵向	0.618	19.5,11.7	0.432	13.7	0.148	13.7,17.6	0.259	13.7,15.6
		横向	2.078	19.5,11.7	1.418	15.6	0.487	13.8,19.5	0.267	13.7
		垂直	2.695	19.5	0.875	15.6,19.5	0.641	14.0,9.8	0.372	13.7,15.6
		合速度	3.4588		1.7213		0.818		0.5261	

表 8.4.3 广深线路堤客车 160km/h 类(轴重 23t)不同测点的振动速度和频率

编号	车型及运行速度	测振方向	1号测点(3.3m)		2号测点(13.8m)		3号测点(31.0m)		4号测点(65.5m)	
			mm/s	Hz	mm/s	Hz	mm/s	Hz	mm/s	Hz
LTU4	下行客车 157.2km/h	纵向	0.814	19.7,21.0	0.491	14.8	0.203	14.8,11.5	0.317	16.6,14.8
		横向	2.052	14.8,16.4	0.0014	19.7	0.694	16.7,14.8	0.140	14.8,7.4
		垂直	5.753	14.8	1.929	19.9	0.970	14.8,11.6	0.518	11.6,14.8
		合速度	6.162		1.990		1.21		0.623	
LTU7	下行客车 159.5km/h	纵向	0.948	16.8,18.4	0.379	11.7,16.6	0.237	11.7,16.8	0.349	11.7,15.0
		横向	2.973	16.8,15.0	1.350	16.8,15.0	0.641	15.0,16.8	0.110	15.0,16.8
		垂直	4.871	16.8,5.0	2.992	16.8,15.0	0.752	15.0,16.8	0.649	16.8,11.7
		合速度	5.785		3.304		1.016		0.745	
LTU23	下行客车 156.7km/h	纵向	0.251		0.551		0.243		0.464	
		横向	2.848	14.8,16.5	2.276	14.8,16.5	0.658	14.8	0.525	14.8,16.5
		垂直	4.419	14.8,16.6	2.206		0.870	14.8	0.622	
		合速度	5.263		3.217		1.118		0.937	
LTU12	下行客车 160.km/h	纵向	1.258	18.9,14.2	0.589	14.2	0.296	18.9	0.434	14.1,15.8
		横向	2.987	14.2	1.674	14.2	0.702	14.2,15.8	0.107	14.2
		垂直	4.325	14.2,15.8	1.784	15.8,18.9	0.864	15.8,14.2	0.691	15.8,14.2
		合速度	5.4047		2.516		1.1519		0.8230	

编号	车型及运行速度	测振方向	1号测点(7.6m)		2号测点(18.1m)		3号测点(35.3m)		4号测点(69.8m)	
			mm/s	Hz	mm/s	Hz	mm/s	Hz	mm/s	Hz
LTU10	上行客车 155.7km/h	纵向	0.417	16.2,14.6	0.30	14.6	0.176	16.2,19.5	0.265	14.6,16.2
		横向	1.766	16.2,14.6	1.122	16.2,14.6	0.686	14.6,16.2	0.075	14.6,11.3
		垂直	2.345	16.2,14.6	1.510	16.2,14.6	0.585	14.6,11.3	0.579	14.6,11.5
		合速度	2.965		1.905		0.919		0.641	

编号	车型及运行速度	测振方向	1 号测点(7.6m)		2 号测点(18.1m)		3 号测点(35.3m)		4 号测点(69.8m)	
			mm/s	Hz	mm/s	Hz	mm/s	Hz	mm/s	Hz
LTU11	上行客车 151.7km/h	纵向	0.394	17.6,14.2	0.368	12.6,11.1	0.153	17.6,11.1	0.343	17.6,11.3
		横向	1.200	11.1,12.7	1.492	12.7	0.773	11.1,12.7	0.075	11.1
		垂直	2.104	17.6,16.0	1.147	16.0,12.7	0.699	11.1,15.8	0.608	11.1
		合速度	2.454		1.918		1.053		0.702	
LTU14	上行客车 162.7km/h	纵向	0.818	16.6	0.488	15.6,16.6	0.220	16.6,21.4	0.304	15.0,16.6
		横向	2.762	16.6	2.632	16.6,15.0	0.630	16.6	0.168	16.6,11.5
		垂直	3.168	16.6,11.1	1.781	16.6,15.0	0.813	15.0,16.6	0.573	11.7,16.0
		合速度	4.282		3.215		1.052		0.670	
LTU17	上行客车 150.4km/h	纵向	0.423	15.6,14.0	0.460	15.6,14.2	0.130	10.9,15.6	0.282	15.6,14.2
		横向	1.585	15.6,10.7	1.327	15.6,14.2	0.516	15.8,14.1	0.246	11.1
		垂直	1.762	15.8	1.121	15.6	0.792	15.6,14.2	0.607	14.1,15.8
		合速度	2.4074		1.797		0.9542		0.7131	
LTU19	上行客车 156.9km/h	纵向	0.562	14.6,19.5	0.481	14.6,12.9	0.192	16.2,14.6	0.344	14.8,16.2
		横向	2.673	16.4,14.6	2.422	16.4,14.6	0.832	14.6,16.4	0.302	16.4,11.5
		垂直	3.412	16.4,14.6	1.606	16.4,14.6	0.719	14.6,11.2	0.668	15.4,11.5
		合速度	4.371		2.946		1.116		0.810	

表 8.4.4　广深线路堤客车 110km/h 类(轴重 23t)不同测点的振动速度和频率

编号	车型及运行速度	测振方向	1 号测点(3.3m)		2 号测点(13.8m)		3 号测点(31.0m)		4 号测点(65.5m)	
			mm/s	Hz	mm/s	Hz	mm/s	Hz	mm/s	Hz
LTU21	下行客车 110. km/h	纵向	0.269	29.8	0.545	11.1,14.1	0.261	12.5	0.356	12.7,10.9
		横向	1.902	12.7	1.221	15.6,12.7	0.500	17.4,11.1	0.403	12.7,15.6
		垂直	3.694	12.5	1.628	15.6	0.822	15.6,12.7	0.736	12.5
		合速度	4.164		2.107		0.997		0.911	
LTU25	下行货车 109.4km/h	纵向	0.225	24.0,11.5	0.444	11.5,8.0	0.212	11.5,10.3	0.476	7.2,11.5
		横向	1.674	12.7,11.5	1.454	11.5	0.491	11.5,9.2	0.601	10.3
		垂直	4.016	11.5	1.711	11.5	0.636	10.3,11.5	0.763	11.5,10.3
		合速度	4.357		2.289		0.831		1.082	

续表

编号	车型及 运行速度	测振 方向	1 号测点(7.6m)		2 号测点(18.1m)		3 号测点(35.3.0m)		4 号测点(69.8m)	
			mm/s	Hz	mm/s	Hz	mm/s	Hz	mm/s	Hz
LTU13	上行客车 116.2km/h	纵向	0.785	10.9,12.1	0.367	10.9	0.156	10.9,12.1	0.321	10.9,12.1
		横向	2.048	10.9,12.1	0.896	10.9	0.393	10.9,8.4	0.103	10.9
		垂直	1.929	10.9,12.1	1.204	10.9,12.1	0.639	12.1,10.8	0.440	10.9
		合速度	2.921		1.545		0.766		0.554	
LTU16	上行客车 111.7km/h	纵向	0.430	10.3,11.7	0.278	10.5	0.120	10.5	.287	10.3,11.5
		横向	1.062	11.7,10.5	0.766	10.5	0.449	10.5	0.357	10.3,11.7
		垂直	1.672	10.5,11.7	0.728	10.5,11.7	0.653	10.5,11.7	0.453	10.5
		合速度	2.368		1.093		0.801		0.644	

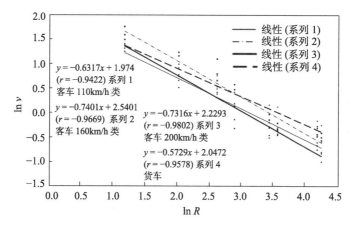

图 8.4.3　广深铁路石龙工点路堤客车、货车运行产生的垂直地面振动速度衰减规律

不同类列车运行垂直地面振动速度及合速度衰减公式如下：

货车：$v_\perp = 7.746R^{-0.57}$，$v = 11.1R^{-0.55}$

客车 200km/h：$v_\perp = 9.904R^{-0.73}$，$v = 11.98R^{-0.71}$

客车 160km/h：$v_\perp = 12.681R^{-0.74}$，$v = 11.22R^{-0.64}$

客车 110km/h：$v_\perp = 7.199R^{-0.63}$，$v = 8.74R^{-0.61}$

从图 8.4.4 中看到 160km/h 类客车速度的衰减直线位于 200km/h 类客车速度的衰减直线之上，振动速度较大。这是由于准高速列车(160km/h)的轴动载荷大

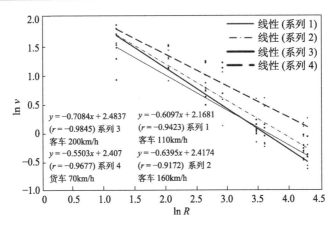

图 8.4.4　广深铁路石龙工点路堤客车、货车运行振动合速度衰减规律

(23t/m)，因为新时速列车的轴动载荷较小(17.5t/m)。所以其运行时的地面振动大于"新时速"列车(200km/h)。

8.4.5　高架桥列车运行振动速度测量

京沪高速铁路不少路段将采用高架桥设计方案，为预测分析高速列车运行产生的地面振动情况，监测既有线特大桥地段快速列车和新时速列车运行时的地面振动衰减规律具有重要参考意义。京沪高速铁路桥梁、基础、桩顶部的动力响应的模拟测试课题研究工作也曾在该特大桥进行过振动位移和振动加速度的测试，他们监测了桥面振动状态，并与桥基础地面的振动量进行了比较，其平均位移衰减率在垂直方向是84%，顺桥方向为82%，横桥方向为83%，位移衰减率与列车运行速度不存在明显关系，加速度也有类似规律。这里我们要研究列车运行时桥身及基础、邻近地面振动速度变化。

本次课题研究通过实测石龙特大桥十号墩工点在列车运行时桥身及基础、邻近地面振动速度变化，还安排了在桥跨短，墩矮的海仔中桥的监测。我们看到监测的振动速度的变化和之前的"京沪高速铁路桥梁基础桩顶动力响应的模拟测试课题研究"有同样的结果。

在石龙特大桥十号墩工点，纵向振动速度分量衰减率(82%)，横向(75%)垂直方向(76%)，三方向的衰减率差别不大。振动速度分量衰减率的计算是表 8.4.5 中各分量衰减率、不同列车的简单平均值。同样，根据海仔中桥数据表 8.4.6 给出在桥跨短、墩矮的海仔中桥的衰减率平均值，矮桥的横向衰减率(56%)明显低于纵向(76%)和垂直方向(79%)。

表 8.4.5　广深铁路 K66+962.2 石龙特大桥十号墩工点(橡胶支座)客货列车振动速度平均值

车型	列车速度	测振方向	梁体/(mm/s)	墩顶/(mm/s)	承台顶/(mm/s)	到基础顶衰减率/%	桥基外(15.8m)/(mm/s)
货车	71.4km/h (70.3, 72.5)	纵向	3.238	1.644	1.012	0.68	0.376
		横向	7.467	2.720	1.326	0.82	0.719
		垂向	8.350	1.444	1.233	0.85	0.585
客车	185.3km/h (180.1, 180.9, 194.9)	纵向	2.514	1.388	0.294	0.88	0.188
		横向	4.056	1.934	1.163	0.71	0.403
		垂向	2.939	1.019	0.919	0.69	0.603
客车	155.8km/h (159.1, 159.7, 154.8, 149.6)	纵向	2.250	1.548	0.340	0.85	0.226
		横向	4.009	1.846	1.107	0.72	0.368
		垂向	3.984	1.248	1.007	0.75	0.670
客车	111.3km/h (109.8, 112.8)	纵向	1.684	1.142	0.224	0.87	0.146
		横向	3.254	1.792	0.782	0.76	0.252
		垂向	2.424	0.638	0.664	0.73	0.486

表 8.4.6　广深铁路 K66+932 海仔中桥一号墩工点(刚性支座)客货列车振动速度平均值

车型	列车速度	测振方向	梁体/(mm/s)	墩顶/(mm/s)	承台顶(3m)/(mm/s)	到基础顶衰减率/%	桥基外(67m)/(mm/s)
货车	74km/h (71.6, 76.3)	纵向	5.398	2.226	1.402	0.74	0.707
		横向	4.693	2.391	1.326	0.72	0.692
		垂向	7.644	0.827	1.246	0.84	0.641
客车	201.6km/h (201.3, 201.8)	纵向	5.558	3.169	0.922	0.83	0.482
		横向	2.264	1.758	1.028	0.54	0.424
		垂向	7.981	1.046	1.231	0.84	0.263
客车	153.4km/h (148.1,151.9 152.1,158.6)	纵向	4.236	2.303	0.891	0.79	0.536
		横向	2.207	1.664	1.068	0.52	0.360
		垂向	6.213	0.846	1.062	0.83	0.338
客车	113.9km/h	纵向	2.914	2.500	0.875	0.70	0.276
		横向	1.703	1.414	0.892	0.48	0.269
		垂向	3.858	0.896	1.294	0.66	0.262

　　比较振动速度衰减率平均值,桥跨长、桥墩高的十号墩工点(橡胶支座)比桥跨短、桥墩矮的海仔中桥一号墩工点(钢性支座)从上向下的衰减率要快,前者为77.6%,后者为 70.7%。

　　石龙特大桥十号墩桥墩基础地面一定距离远处的测点(桥基外)(如图 8.4.1)数据(表 8.4.5)说明列车振动强度已衰减,仅为桥体的十分之一。

　　图 8.4.5~图 8.4.8 分别给出了列车速度为 110km/h,160km/h,200km/h 和货车运行时,高架桥和路堤地面垂直向振动速度的差别。不同车型、不同的列车速度下,高架桥段地面振动明显小于路堤段。近处差别大,随着距离增加差值减小。

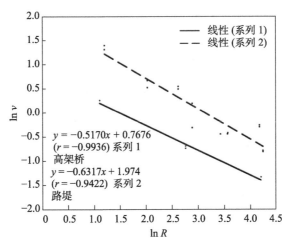

图 8.4.5　广深铁路列车速度 110km/h 高架桥和路堤地面垂直向振动速度衰减规律

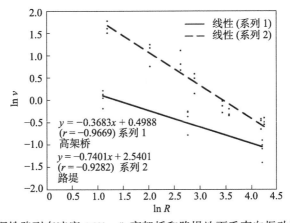

图 8.4.6　广深铁路列车速度 160km/h 高架桥和路堤地面垂直向振动速度衰减规律

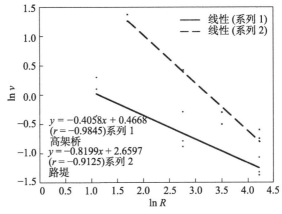

图 8.4.7　广深铁路列车速度 200km/h 高架桥与路堤地面垂直向振动速度衰减规律

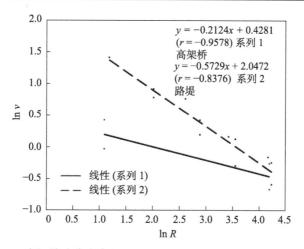

图 8.4.8　广深铁路货车高架桥与路堤地面垂直向振动速度衰减规律

以脚标 1 表示高架桥段地面振动速度

$$v_1 = K_1 R^{-\alpha_1}$$

以脚标 2 表示路堤段地面振动速度

$$v_2 = K_2 R^{-\alpha_2}$$

高架桥段地面振动速度相比路堤段减小的比例

$$\beta_1 = \frac{v_1}{v_2} = \frac{K_1 R^{-\alpha_1}}{K_2 R^{-\alpha_2}}$$

$$= \frac{K_1}{K_2} R^{\alpha_1 - \alpha_2} \tag{8.4.1}$$

将不同列车速度运行的地面振动速度衰减参数代入上式进行计算，列入表 8.4.7 中，连续高架桥地段相同距离处地面振动速度峰值仅为路堤条件时的一半。

表 8.4.7　高架桥相比路堤段地面振动速度减小的比例

列车速度 v/(km/h)	K_1	K_2	α_1	α_2	β_1(10m)	β_1(100m)	β_1平均值
110	2.1546	7.1994	−0.517	−0.6137	0.3739	0.4672	0.4206
160	1.6467	12.6809	−0.3683	−0.7401	0.3058	0.7198	0.5128
200	1.5949	14.292	−0.4058	−0.8199	0.2896	0.7514	0.5205
							0.4846

图 8.4.9 给出了高架桥上不同列车速度通过时垂直向地面振动速度的衰减情况，振动速度衰减趋势差别不大。不同速度的列车在距离铁路桥 5m 远的地方地面振动速度都小于 1mm/s。

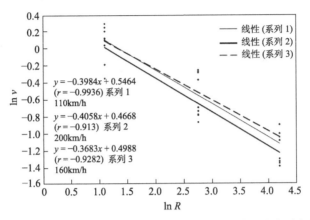

图 8.4.9   高架桥不同列车速度下地面垂直向振动速度衰减规律

由于广深线地段地基土质比较密实，铁路路基为高路堤；苏州段虎丘塔附近地区为松散软土，低路堤，当同样速度的列车运行时，在距路边同样距离的地面振动强度，广深线石龙点的要高于京沪线苏州段。

8.5 列车运行振动的传播与分析

8.5.1 列车运行振动传播的力学分析[3]

列车运行时，部分能量将转变成地面的振动。列车运行振动是一个移动性线状振源，铁路振动是一类在观测时间内振幅变化不大的环境振动，是一种稳态振动。

分析影响地面振动大小的因素，我们可以用下式表示：

$$v = f(P,V,N,\rho,E,R,L,\alpha,\beta) \tag{8.5.1}$$

其中，v 为地面振动速度(mm/s)，这里，我们关心的是考察地段的地面振动速度峰值，根据观测点在列车运行时间内所记录的信号时域里，在相应时刻判读取样，读取最大值；P 为列车轴动载荷(t/m)；V 为列车速度(km/h)；N 为列车车辆数；ρ 为地层介质密度(g/cm³)；E 为介质的弹性模量(MPa)；R 为至观察点的距离(m)；L 为车厢长(或轮距)或轨道长；α 为地形、地质构造因素系数；β 为轨道摩擦、路基或桥体的吸收系数。N，α，β 为无量纲参数。影响地面振动强度的力学参数有六个，采用无量纲参数进行量纲分析，上式可写成

$$\frac{v}{c} = f\left(\frac{P}{EL^2}, \frac{R}{L}, \frac{V}{(E/\rho)^{1/2}}\right) \tag{8.5.2}$$

式中，L 为每节车厢的长度(或轮距)，这是一个常数。在广深线监测准高速列车运行时产生的垂直向振动波形中，可以明显地看到列车车厢轮距的影响，车厢的车轮距离除以记录波形峰峰之间的时差就是列车运行的时速。

采用无量纲参数组合，我们可得到下式：

$$v = f\left(\frac{PV}{cER^2}\right)$$

$$\frac{v}{c} = f\left(\frac{PV}{cER^2}\right)$$

这里，P 为列车轴动载荷(MLT^{-2})；V 为列车速度(LT^{-1})；c 为介质声速(LT^{-1})；E 为地层介质的弹性模量$(ML^{-1}T^{-2})$；R 为传播距离(L)；v 为地面振动速度(LT^{-1})。

在我们观测的京沪线苏州段，介质的弹性常数有差异，不同地区的土壤含水量也不同，介质性质差别的影响是存在的。但在分析各个地区地震波的传播时，可假定介质是各向同性和均匀的，因此 $c = (E/\rho)^{1/2}$ 为一常数。这样影响地面振动强度的主要因素是：列车轴动载荷 P，距离 R，列车速度 V。

分析上式中无量纲参数的影响，我们知道随着列车载重量增加，地面振动强度增大，重载货车作用下路基的振动强度大。当振动仪器的测试参数不变，货车通过时，尽管列车速度只有 70km/h，振动信号仍出现限幅，可见载荷 P 是一个重要因素。

地面振动速度与列车速度有关。列车速度高，对地面振动影响也大。列车运行时在地层中产生的振动与列车运行的动量有关，随着距离的增加，振动强度减弱，距离越远振动速度越小，并随着至铁路距离的平方关系而减少。

在上式中，无量纲组合参数 PV/cER^2 是与距离 R 的平方成反比的，可见距离的远近比列车速度或载重量的大小对地面振动的影响大。所以我们不妨暂不考虑不同列车速度及载重量的不同影响，看看地面振动速度随距离的衰减关系。在双对数坐标图中，采用线性拟合，回归分析给出直线方程，地面振动速度衰减规律可用下式表示：

$$v = KR^\alpha$$

式中，v 为地面振动速度(mm/s)；R 为观测点至铁路的距离(m)；K 为系数，反映了列车速度、载重、地层介质力学性参数及列车编组的影响；α 为衰减常数。将上式取对数，我们得到 $\ln v = \ln K + \alpha \ln R$，在双对数坐标图中 $y = \ln v$，$x = \ln R$，α 为直线方程的斜率。

8.5.2　比例距离

在 $v = f(PV/cER^2)$ 式中，c、E 是地面介质的声速和弹性模量，在分析讨论不同列车速度、列车载荷的影响时它们是不变的，可以不计及它们的影响。

我们将上式改写成

$$v = K(R/(PV)^{1/2})^\alpha \tag{8.5.3}$$

下面，我们将 $R/(PV)^{1/2}$ 称作比例距离 R''，上式可简化成 $v = K(R'')^\alpha$。

在广深线上运行的不同时速的列车编组的机车轴重不一样，表 8.5.1 给出了各类列车及拟将设计生产的中国高速列车的轴重载荷参数。分析列车载荷的影响程度，列车机车轴重是最重要的。

表 8.5.1　不同类别或速度的列车机车轴重设计及列车轴动载荷

类别	速度/(km/h)	编组/辆	长度/m	总重量/t	机车轴重/t	列车车辆轴动载/(kN/m)	列车机车轴动载/(kN/m)
货车	40~70	最大重量	800	3500	23		
		小运转重量	500	2100	23		
普通旅客快车	110	18	500	1000	23	87	118.6
准高速列车	160	9	250	500		88	121.86
"新时速"列车	200	7	165	425	17.5	86	121.05
中国高速列车	200	14	350	850	19.5	86	121.05
中国高速列车	250				19.5	95	125.74
中国高速列车	300				19.5	100	133.82
中国高速列车	350				19.5	109	145.40

在 PV 值中，P 为列车机车轴重或是作用在轨枕下的列车轴动载荷，V 为列车速度。以 R'' 表示比例距离，即 $R'' = R/(PV)^{1/2}$，对于同一比例距离应有

$$\frac{R_1}{(PV)_1^{1/2}} = \frac{R_2}{(PV)_2^{1/2}}$$

若普通快速列车(110km/h)以脚标 1 表示，"新时速"列车为 2，代入相应 PV 值，得到

$$R_2 = [(PV)_2^{1/2} / (PV)_1^{1/2}]R_1$$

$$R_2 = \left(\frac{19.5}{23} \times \frac{121.05}{118.66} \times \frac{200}{110}\right)^{1/2} R_1 = (1.5726)^{1/2} R_1 = 1.254 R_1$$

不同类列车运行速度不同，其上比值不同。将不同类列车比例距离 R'' 计算值列入表 8.5.2。

表 8.5.2　不同类列车对应的比例距离 R''

列车速度/(km/h)	机车轴重/t	双线轨枕下的列车轴动载/(kN/m)	比例距离 R''
110	23	118.6	1.0
150	23	121.86	1.089
200	17.5	121.05	1.254
250	19.5	125.74	1.431
300	19.5	133.82	1.612
350	19.5	145.40	1.744

若以比例距离描述振动速度的衰减，在 v-R''图中，普通快速列车(110km/h)的比例距离 R'' 即是原距离坐标 R。其他编组的高速列车的比例距离要比普通快速列车(110km/h)的坐标 R_1 向右移动$((PV)_i/(PV)_1)^{1/2}$。我们把不同列车速度运行时测量的地面振动速度随比例距离的变化列入表 8.5.3~表 8.5.6。

表 8.5.3　广深线路堤货车 70km/h (23t)

编号	车型及运行速度	测振方向	1 号测点		2 号测点		3 号测点		4 号测点	
			mm/s	Hz	mm/s	Hz	mm/s	Hz	mm/s	Hz
LTU6	上行货车 70km/h	R''	6.06		14.44		28.16		55.68	
		垂直	2.169	5.4,6.8	1.205	2.7,8.2	0.740	7.2,8.2	0.551	8.0
LTU15	上行货车 74.1km/h	R''	6.24		14.86		28.97		57.29	
		垂直	2.492		1.522		1.126	11.7,8.8	0.781	
LTU5	下行货车 65.2km/h	R''	2.54		10.62		23.87		50.43	
		垂直	4.070	5.7	2.129	5.7	1.174	6.4,7.8	0.849	7.6
LTU18	上行货车 79.2km/h	R''	6.45		15.36		29.95		59.23	
		垂直	1.101	7.4	0.567	7.4	0.347	7.4	0.377	7.4

表 8.5.4　广深线路堤客车 200km/h(17.5t)

编号	车型及运行速度	测振方向	1 号测点		2 号测点		3 号测点		4 号测点	
			mm/s	Hz	mm/s	Hz	mm/s	Hz	mm/s	Hz
LTU8	下行客车 199.7km/h	R''	3.88		16.22		36.43		76.98	
		垂直	3.906	15.6	1.528	15.6	0.740	15.4	0.476	15.4,13.3
LTU26	下行客车 192.0km/h	R''	3.8		15.9		35.72		75.48	
		垂直	3.485	17.0	1.469	15.8	0.606	12.7,17.0	0.552	14.8,17.0
LTU20	上行客车 174.35km/h	R''	8.35		19.88		38.77		76.65	
		垂直	2.695	19.5	0.875	15.6,19.5	0.641	14.0,9.8	0.372	13.7,15.6

表 8.5.5   广深线路堤客车 160km/h(23t)

编号	车型及运行速度	测振方向	1 号测点		2 号测点		3 号测点		4 号测点	
			mm/s	Hz	mm/s	Hz	mm/s	Hz	mm/s	Hz
LTU4	下行客车 157.2km/h	R''	3.94		16.5		37.06		78.3	
		垂直	5.753	14.8	1.929	19.9	0.970	14.8,11.6	0.518	11.6,14.8
LTU7	下行客车 159.5km/h	R''	3.97		16.62		37.33		78.87	
		垂直	4.871	16.8,5.0	2.992	16.8,15.0	0.752	15.0,16.8	0.649	16.8,11.7
LTU23	下行客车 156.7km/h	R''	3.94		16.48		37.02		78.22	
		垂直	4.419	14.8,16.6	2.206		0.870	14.8	0.622	
LTU11	上行货车 151.7km/h	R''	8.92		21.25		41.45		81.97	
		垂直	2.104	17.6,16.0	1.147	16.0,12.7	0.699	11.1,15.8	0.608	11.1
LTU14	上行客车 162.7km/h	R''	9.24		22.01		42.93		84.89	
		垂直	3.168	16.6,11.1	1.781	16.6,15.0	0.813	15.0,16.6	0.573	11.7,16.0
LTU19	上行客车 156.9km/h	R''	9.07		21.62		42.16		83.36	
		垂直	3.412	16.4,14.6	1.606	16.4,14.6	0.719	14.6,11.2	0.668	15.4,11.5
LTU12	下行客车 160km/h	R''	3.98		16.64		37.39		79.0	
		垂直	4.325	14.2,15.8	1.784	15.8,18.9	0.864	15.8,14.2	0.691	15.8,14.2
LTU11	上行客车 151.7km/h	R''	8.92		21.25		41.45		81.97	
		垂直	2.104	17.6,16.0	1.147	16.0,12.7	0.699	11.1,15.8	0.608	11.1
LTU17	上行客车 150.4km/h	R''	8.89		21.16		41.28		81.62	
		垂直	1.762	15.8	1.121	15.6	0.792	15.6,14.2	0.607	14.1,15.8

表 8.5.6   广深线路堤客车 110km/h(23t)

编号	车型及运行速度	测振方向	1 号测点		2 号测点		3 号测点		4 号测点	
			mm/s	Hz	mm/s	Hz	mm/s	Hz	mm/s	Hz
LTU21	下行客车 110.0km/h	R''	3.30		13.8		31.0		65.5	
		垂直	3.694	12.5	1.628	15.6	0.822	15.6,12.7	0.736	12.5
LTU25	下行货车 109.4km/h	R''	3.30		13.8		31.0		65.5	
		垂直	4.016	11.5	1.711	11.5	0.636	10.3,11.5	0.763	11.5,10.3
LTU13	上行客车 116.2km/h	R''	7.82		18.6		36.4		71.9	
		垂直	1.929	10.9,12.1	1.204	10.9,12.1	0.639	12.1,10.8	0.440	10.9
LTU16	上行客车 111.7km/h	R''	7.6		18.1		35.3		69.8	
		垂直	1.672	10.5,11.7	0.728	10.5,11.7	0.653	10.5,11.7	0.453	10.5

从图 8.5.1 和图 8.5.2 中,我们看到垂直地面振动速度分量和合速度具有类似的衰减规律,衰减指数相近。对于同一测点(至铁路一定距离),随着列车重量大、车速高,地面振动速度要大。但是,地面振动速度的幅值增加是有限的。

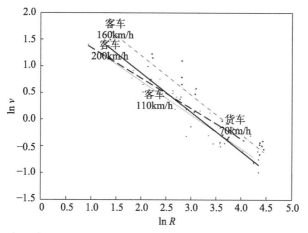

图 8.5.1　广深线路堤客、货车运行时垂直地面振动速度分量与距离的关系

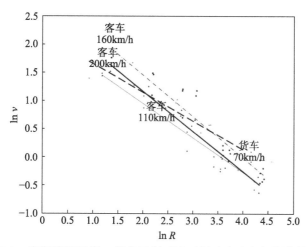

图 8.5.2　广深线路堤客、货车运行时地面振动合速度与距离的关系

8.5.3　振动速度与列车速度的关系

因为距离 R 是无量纲组合参数中最主要的影响参数，若以 $v = K\left(\dfrac{PV}{cER^2}\right)^{\beta}$ 替代 $v = f\left(\dfrac{PV}{cER^2}\right)$ 函数式，比较 $v = KR^{\alpha}$，若 R 的幂指数相等，则有 $-2\beta = \alpha$，因此，$\beta = -\alpha/2$。

在苏州段 $\alpha = -0.63 \sim -0.72$，在广深线 $\alpha = -0.63 \sim -0.74$，所以 $\beta = 0.32 \sim 0.37$，不妨取 $\beta = 0.4$。我们可以看出 $v \sim V^{0.4}$，就是说地面振动速度随列车速度的 0.4 方幂增加。在暂不考虑列车轴重影响时(实际不同列车轴量变化差异不很大)可以预测高速列车车速提高对地面振动强度增加的幅度。若列车运行速度 V_1 为 200km/h，距铁路一定距离处某点的地面振动速度为 v_1，当高速列车运行速度 V_2 为 300km/h 时，在同一测点由于车速提高可能造成地面振动速度 v_2 为

$$v_2 = (V_2/V_1)^{0.4} = (300/200)^{0.4} \, v_1$$

$$v_2 = 1.18 \, v_1$$

可见在同样路堤条件下，列车速度提高造成地面振动速度增加的幅度是不多的。图 8.5.3 是广深线路堤条件下距离铁路下行线 31m 处的 3 号测点，不同速度的列车运行时产生的垂直向地面振动速度。振动速度与列车速度的关系为

$$v = 0.0046V + 0.1416 \tag{8.5.4}$$

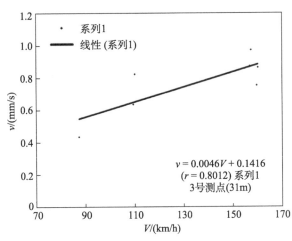

图 8.5.3   广深铁路石龙工点列车运行 3 号测点(31m)振动速度与列车速度的关系

按上式计算当列车速度为 90km/h 时，$v=0.56$mm/s。若只考虑列车速度的影响，列车速度增加到 160km/h 时，地面振动速度将为 $(160/90)^{0.4} \times 0.56$mm/s = 0.70mm/s。实测数据给出的振动速度与列车速度的公式计算值为 0.88mm/s，这是因为还有列车轴重载荷的作用。这里没有选用"新时速"列车运行时的数据，因为"新时速"列车机车不同，尽管"新时速"列车速度达 200km/h，但地面振动速度不大。

8.5.4   地面振动频率与列车速度的关系

图 8.5.4 给出了广深铁路列车运行在路堤条件下地面振动波的主频率与列车速度的关系。在距离路堤 13.8m，31m，65.5m 的 2 号~4 号测点地面振动波的主频率是随列车运行速度的提高而增加的。就是说列车速度高，地面振动频率也高。随距离增加高频分量衰减快，所以列车速度高，地面振动传播衰减快。

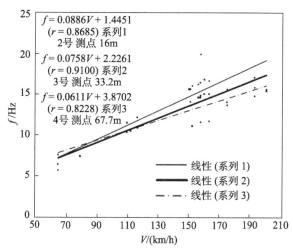

图 8.5.4 广深线客车、货车运行时地面振动频率与列车速度的关系

8.5.5 高速列车运营地面振动的预测

根据对既有线实测的地面振动衰减规律，我们可以采用由高速列车速度、列车重量和距离组成的无量纲参数比例距离来预测列车运行时的地面振动速度的变化，如公式(8.5.3)和比例距离

$$v = K\left(\frac{R}{(PV)^{1/2}}\right)^{\alpha}$$

$$R'' = \frac{R}{(PV)^{1/2}} \tag{8.5.5}$$

图 8.5.5 是在广深线上列车速度 110km/h 时的实测数据(下方直线)，采用比例

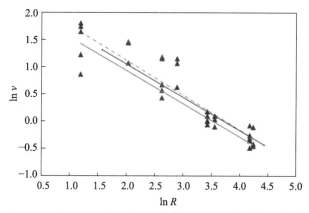

图 8.5.5 广深铁路石龙工点路堤列车速度 160km/h 时预测和实测数据比较

距离预测 160km/h 的计算值(中间直线)和实测值(点划线)，我们看到实测地面振动速度和预计值比较接近，说明在考虑不同车型高速列车运行时可以采用比例距离(8.5.5)的关系预测地面振动速度的传播规律。

图 8.5.6 是用比例距离方法推测列车速度为 200km/h 时的路堤或高架桥的地面振动速度的计算值和实测值的比较[3]。

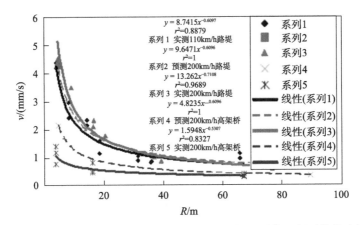

图 8.5.6　列车速度为 200km/h 的地面振动速度预测值和实测值的比较

8.6　轨道交通建设与文物保护[1]

8.6.1　京沪高速铁路苏州站位的确定

高速铁路以其速度快、运能大、安全、舒适等特点已逐渐被人们接受。京沪高速铁路全长 1318km，实施全封闭、全立交式的客运专线。铁路设计最高时速为380km。

京沪高速铁路原设计是在既有铁路苏州站处建设高速铁路苏州站，按既有线路，京沪高速铁路将在经过虎丘塔处减速运行后进站。为满足高速列车运行速度要求，高速铁路线路的曲率半径加大，高铁线路将要往北移动 200m，高速铁路将比既有铁路(至虎丘塔为 900m)更靠近虎丘塔(图 8.6.1)。

高铁线路将要往北移动约 200m，高速铁路将比既有铁路更靠近虎丘塔。虎丘塔是国家重点文物保护单位，是苏州的标志性建筑物。为了确保虎丘塔在高速铁路建成后不受影响，经过大量既有线路列车运行振动测量，还有广九直通车运行振动的验证测量分析，研究高速铁路列车运营振动传播规律的论证结果，我们可以采用由列车速度、列车轴重和距离组成的无量纲参数比例距离与既有列车运行振动数据分析来预测高速列车运行振动的传播规律。研究报告认为京沪高速铁路采用高

图 8.6.1 京沪高速公路与苏州虎丘塔的距离

架桥结构，4000m 曲率半径通过虎丘段，列车运营振动不会影响虎丘塔的稳定。其可能产生的振动强度远低于已有的安全控制标准。虎丘塔园区仍将是一个十分安静的地方。

京沪高速铁路是一条连接北京与上海的高速铁路，京沪高速铁路于 2008 年 4 月 18 日正式开工，2011 年 6 月 30 日全线正式通车。京沪高速铁路由北京南站至上海虹桥站，全长 1318km，设 24 个车站，运营速度 350km/h。京沪高速铁路途经苏州地段时的线位经多方论证，为推动苏州北部城区的发展，修改设计另建苏州北站，京沪高铁线路在虎丘塔北侧 10km 处通过的北线方案。

考虑重载货车运行振动的影响，京沪高速公路线路与虎丘塔保留了大于 900m 的距离。

8.6.2　北京地铁 6 号线绕道紫禁城

北京地铁 6 号线是经北京中心城区的东西向的主干道。地铁 6 号线一期已于 2012 年建成通车运行。6 号线上运行的列车最高时速为 100km，是市区中运营速度最快的列车，又是一条穿越北京旧城区的地铁线路。应当说，北京地铁要进老北京旧城是不可避免的，但是我们一定要做好老北京城内的文物保护，特别是紫禁城的保护。北京地铁 6 号线原规划设计的线位是从阜成门进入内城，经西四站、北海公园站、美术馆东街站向东，在东四和地铁 5 号线交汇。在北海公园站，6 号线将在故宫护城河下经过，地铁隧道距离紫禁城西北角楼仅 20m。

在 2007 年 11 月国家文物局召开的一次评审会上，力学专家从振动控制角度提出意见：根据北京、上海地铁列车运行振动规律，原设计路线列车运行在角楼处可能产生的振动强度将不满足国家标准，合适的振动安全距离应不小于 50m。

因此，专家们给出的评审意见是：①北京地铁不进旧城是不现实的，但是一定要做好文物保护。不进皇城是必须坚持的。②皇城根下不要动土，否则会影响皇城角楼地基的稳定，要有这个底线。③建议做一个北海、故宫段避绕紫禁城的比较方案，从北海下穿行或其他走向。④规划设计单位对运行振动对文物建筑的影响，要进行充分科学的论证分析，要从最安全的角度来考虑。

2013 年，北京地铁 6 号线一期工程已建成投入运营，其经过北海公园段便是听取专家评审意见后的修改线路，在从阜成门进入内城的北海段上，将原设置的西四站、北海公园站、美术馆东街站更换为平安里站、北海北站、南锣鼓巷站、中国美术馆站等 4 个站。换句话说，6 号线向北推移，经东黄城根绕到东四，再向东行(图8.6.2)。

图 8.6.2　北京地铁 6 号线避绕紫禁城线位修改示意图

北京在其他地铁线路建设中也十分注意避绕古建筑文物。例如，北京地铁 8 号线二期工程要经过鼓楼，为保护鼓楼，其线路没有从鼓楼地下穿过，而是西移距离大于 50m，还将鼓楼车站向南移，距离鼓楼 100m。从而避绕了近距离干扰鼓楼建筑的基础。又如，北京地铁 16 号线在通过动物园里面时为保护畅春楼，线路向南偏移。

然而，北京轨道交通建设还有一些问题值得关心。例如，北京地铁 2 号线在正阳门楼和前门箭楼间通过，我们从照片可以看到地铁车站就设在正阳门前。20 世纪70 年代建设 2 号线列车时，我们对地铁列车运行振动知道得不多，现在我们知道 2号线列车运行导致前门的振动强度超过国家标准规范允许值。

据报道，连接北京站和北京西站的北京地下直径线，是在崇文门、前门、宣武门地下通过的铁路线，该线可容纳两列电气化列车双向行驶、在两站间穿行。参照北京已建地铁的运营情况，列车运行振动对邻近的地面建筑有一定影响。已有监测资料研究报告表明：北京地铁 2 号线经过前门(图 8.6.3)，在前门处监测到列车产生的振动速度已达 3mm/s。其值已是国家标准《古建筑防工业振动技术规范》(GB/T 50452— 2008)(控制标准为 0.20mm/s)的 15 倍。

图 8.6.3　北京地铁 2 号线和前门的位置

　　明城墙、箭楼、正阳门老火车站等国家级文物建筑都紧邻地下直径线隧道。若直径线建成长期运行，以后里面跑的将是火车而不是地铁列车，由于在直径线间运行的动车机车轴重明显大于地铁列车，显然，可能产生的振动将进一步加重对前门等文物建筑的影响和危害。我们知道，直径线方案是多年前的设计思想，随着城市轨道交通的发展，我们需要重新审视该线的设计功能定位。如果把直径线的设计改为地铁线路运行，将大大节省投资，避免普通动车车组列车地下运行对沿线地段的振动干扰，特别是对前门和其他文物建筑的干扰。因此，为保护好前门地区文物建筑，我们应该调整北京站至北京西站铁路地下直径线的线路功能定位。

8.6.3　西安地铁 4 号线绕道大雁塔

8.6.3.1　西安地铁穿越钟楼引起的讨论

　　西安，古称"长安"，是举世闻名的世界四大文明古都之一(雅典、罗马、开罗、西安)，居中国古都之首，是中国历史上建都时间长(1100 年)、建都朝代多(13朝)、影响力大的都城。现在地面建筑仅存有唐代大雁塔、明长安城的钟楼和城墙等遗址。

　　西安钟楼，建于明太祖洪武十七年(公元 1384 年)，位于西安市中心城内东西南北四条大街的交汇处，是我国古代遗留下来的众多钟楼中形制最大、保存最完整的一座。和大雁塔一样，被称为西安的标志(图 8.6.4)。

图 8.6.4　西安钟楼繁忙的交通夜景

2011 年西安地铁 2 号线建成通车运营,西安地铁 2 号线穿越古城,并在钟楼两侧绕行。原设计认为由于周边建筑物的限制,2 号线在穿越钟楼时,2 号线右线距钟楼基座距离仅 15.4m,左线距钟楼基座 15.7m。修建地铁前,已有实测数据表明地面现有公共交通在钟楼、南北城墙处产生的振动都已超过 0.4mm/s,其值已大于 2008 年建设部颁布的《古建筑防工业振动技术规范》控制标准。2007 年西安地铁 2 号线制定的《文物保护方案》设定的钟楼振动控制标准是 1.8mm/s,其值大小为可感振动,显然不能满足钟楼文物建筑振动控制的要求。我们很难接受这样一个事实,就是让文物建筑处在可感的振动环境状态下,特别是全国重点文物保护单位。因此,2 号线不应在钟楼下通过,现有绕钟楼的公共交通道路也应外移,以减少振动对钟楼的影响。

规划中的西安地铁 6 号线拟要穿城而过并且在钟楼下与 2 号线交汇。在这样的线位下,地铁 2 号线和 6 号线的交叉将改变钟楼原来的受力状态,减弱钟楼基础抗震能力,两线地铁运行振动的叠加效应对钟楼的影响就更难控制到满足国家规范要求。因此,西安地铁 6 号线的线位设计要"慎重考虑四条地下线路是否必须均要穿入城区内"。6 号线应移出城外,走城南大道,避免在钟楼交汇,减少对西安古城文物建筑的影响。

8.6.3.2　西安地铁 4 号线避绕大雁塔

西安地铁 4 号线规划线路是从航天基地至草滩,沿途经过大雁塔、解放路、火车站、大明宫、北客站等大型客流集散点,该线拟从北向南穿城而过,出和平门后经大雁塔继续南行(图 8.6.5)。

图 8.6.5   西安地铁 4 号线避绕大雁塔线位图

大雁塔建于唐，平面呈正方形，由塔基和塔身两个部分组成。大雁塔在唐代就是著名的游览胜地，至今仍是古城西安的标志性建筑，也是闻名中外的胜迹。

大雁塔不比钟楼，已经倾斜多年，并且下面极有可能有地宫，要防止受到地铁建设可能带来的损坏。为满足国家规范标准要求，地铁不应从大雁塔下方穿越。为此，中国科学院专家向国务院上书关于地铁建设对大雁塔、城墙等文物的影响较大，建议调整线位。政府部门对此做了重要批示，西安地铁规划设计部门已修改原设计的线位，在 4 号线大雁塔段新方案中，地铁线路与大雁塔之间的距离，已东移到176m，绕过大雁塔后再回归雁塔南路，以尽量减少对大雁塔的影响。

地铁列车长期运行振动对钟楼、古城墙等文物建筑保护十分不利，对于古城保护，特别是西安古城保护，应当是城内做减法、城外做加法，要尽力使西安古城安静下来。

8.6.4   合武铁路避绕汉王刘庆墓

合武铁路是从合肥到武汉的高速铁路，位于我国铁路东西大通道-沪汉蓉快速通道的中部，是国家规划的"四纵四横"铁路快速客运网的重要组成部分，它的建成通车将使合肥至武汉的铁路运行里程缩短为 351km，旅客列车运行时间将由原来的 10 小时缩短至 2 小时以内。根据计划，合武铁路 2008 年建成，2009 年通车。2006年线路施工来到安徽六安市，在六安市三十铺镇双墩村境内，沿线路开挖路基施工遇到两座沉睡千年的西汉古墓，随着考古人员进一步发掘，确认双墩一号汉墓的主人为西汉六安王刘庆(图 8.6.6)。

原规划设计的合武高速铁路路基恰巧从双墩汉墓中间穿过。西汉王陵墓是全国罕见的珍贵墓葬文物，是文物搬迁还是铁路让行？因路基开挖施工遭遇汉王刘庆墓，不得不对汉王刘庆墓进行抢救性开挖考古发掘，但是双墩汉墓的另一座王后

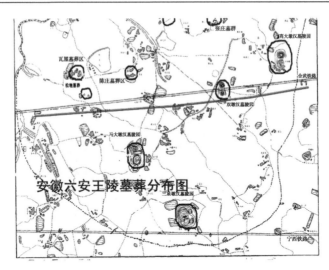

图 8.6.6　安徽六安汉王陵墓葬分布图

墓不在线路设计施工影响范围内，不宜发掘，根据文物保护法应当就地保护。经多方论证及专家评估比较，为兼顾文物保护与铁路建设两者利益，建议铁路就近改线移动，移动的距离以确保地下墓葬文物不受振动影响。

　　受安徽省文物局委托，作者对合武铁路列车运行时速为 250km/h，列车运行在 2 号墓处产生的振动强度要能满足《古建筑防工业振动技术规范》控制标准为依据，论证提出了高速铁路通过减震处理后对汉墓不产生震动影响的最小距离。如图 8.6.7，

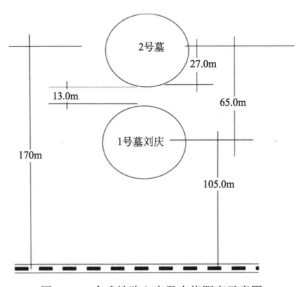

图 8.6.7　合武铁路六安段南绕距离示意图

经专家论证提出合武铁路从双墩 1 号墓至少向南平移 105m。铁路设计部门最后确定合武铁路南绕，距 1 号墓室中心 108m。这样铁路距 2 号墓室中心为 173.0m。当列车运行速度达 250km/h 时，铁路运行振动将小于《古建筑防工业振动规范》控制标准。

　　改线范围铁路线路以路基为主，以尽量减少对陵区环境风貌的影响。对改线地段不能利用的已建(构)筑物将全部拆除，恢复地貌，复耕还田。设计单位还对铁路线路采取了减震措施。在双墩 1、2 号墓正南方向 DK86+900—DK87+300 段 400m 范围内设置混凝土弹性轨枕(铺设橡胶垫)，采用跨区间超长无缝钢轨、有碴轨道和弹性扣件，以进一步减小对文物的震动影响。

　　文物建筑、文化遗产是老祖宗给我们后人留下的宝贵遗产，是全民族、全人类的共同财富。它们不但属于今天，更属于未来。因此，将它们真实、完整地流传下去，是我们义不容辞的职责。

　　保护好文物，人人有责。我们必须提高全民族的爱护、保护文物的意识，保护好文化遗产，为子孙后代造福。在现代建设和文物保护要兼顾时，应当遵循"建设避让为先、保护文物为主"原则，特别是当涉及北京的紫禁城、西安的钟楼、大雁塔等标志性古建筑物时。规划好城市发展的未来、建设好现代新城、展现好古代文明是北京、西安等文明古城发展面对的共同课题，要妥善处理解决好城市发展和文物保护的矛盾。

参 考 文 献

[1] 周家汉. 轨道交通建设与文物保护//科学在这里——"科普论坛"报告选集：第二辑. 北京：科学出版社, 2015, 181-195.

[2] 杨振声，周家汉，周丰俊，等. 爆破振动对龙门石窟的影响测试研究报告//工程爆破文集：第三辑. 北京：冶金工业出版社, 1987.

[3] 周家汉. 高速铁路列车运行振动传播规律研究力学 2000. 北京：气象出版社, 2000, 12.

[4] 刘维宁，马蒙. 地铁列车振动环境影响的预测、评估与控制. 北京：科学出版社, 2014.

[5] 住房和城乡建设部. 古建筑防工业振动技术规范. 中华人民共和国国家标准 GB/T 50452—2008.

[6] 国家环境保护局. 城市区域环境振动测量方法. 中华人民共和国国家标准 GB 10071—1988.

[7] 钱德生，马筠. 日本高速列车沿线居民区噪声和振动的允许标准. 噪声与振动控制, 1987, (3): 47-52.

[8] 钱德胜，马筠，辜小安. 铁路引起地振动的传播. 噪声与振动控制, 1988, (1): 20-24.